美丽的女人不一定有气质，有气质的女人必定美丽。

女人受益一生的
17 堂气质课

美丽的女人不一定有气质，有气质的女人必定美丽

张卉妍 编著

北京联合出版公司
Beijing United Publishing Co.,Ltd.

图书在版编目（CIP）数据

女人受益一生的17堂气质课 / 张卉妍编著. -- 北京：北京联合出版公司，2017.2
（2018.11重印）

ISBN 978-7-5502-8969-7

Ⅰ.①女… Ⅱ.①张… Ⅲ.①女性－修养－通俗读物 Ⅳ.①B825-49

中国版本图书馆CIP数据核字（2016）第263157号

女人受益一生的17堂气质课

编　　著：张卉妍

责任编辑：徐秀琴

封面设计：施凌云

责任校对：郝秀花

美术编辑：盛小云

北京联合出版公司出版

（北京市西城区德外大街83号楼9层　100088）

北京市松源印刷有限公司印刷　新华书店经销

字数486千字　　720毫米×1020毫米　1/16　28印张

2018年11月第2版　2018年11月第2次印刷

ISBN 978-7-5502-8969-7

定价：68.00元

前 言

　　女人不一定要美丽，但一定要有气质。有气质的女人，即使没有美貌，也照样光彩照人。对一个女人而言，气质的价值远远胜于外表的美丽。一个女人有了气质，就如同一座山上有了水就立刻显现出灵气一样。有气质的女人既令人有视觉上的美感，还有一种吸引人的特别力量，能不断地感染你。所以，女人不怕老，不怕丑，就怕没气质。

　　什么样的女人才算得上是有气质的女人呢？罗曼·罗兰说过："气质是很抽象的东西，但是它给人的印象却非常明显。"气质是一个人内在涵养或修养的外在体现。气质是内在的不自觉的外露，而不仅是表面功夫。女人的气质，犹如花之魂、水之韵、松之魄，无影无形，是女人最真实、最恒久的美。女人的气质，与年龄无关，与外貌无关。有这样一种女人，她们未必倾国倾城、闭月羞花，但是在她们身上却有一股特别的魅力，叫人看了久久不能忘却，升华成一种由神传形、以内养外的味道。这种味道，是一种境界，也是一种情调，是女人在一颦一笑、举手投足间自然流露出来的气韵。这种气质无论是对异性还是对同性，具有同样的吸引力。

　　气质是女人永恒的化妆品，是女人的经典品牌。时间就像一把刻刀，或迟或早都会在你平滑的脸上刻下深深浅浅的痕迹，唯有气质才是女人永恒的美丽的存在。一个拥有美丽容颜的女人未必有气质，而一个有气质的女人一定美丽。因为她的知识和智慧让你信任，她的细腻与关爱让你依赖。一个有气质的女人，即使脸上留下岁月的痕迹，依然能从容地面对时光的流逝、生活的沧桑。有气质的女人就像一本耐人寻味的书，常常让人读不懂，但又读不倦；有气质的女人俨然一幅好画，令驻足欣赏者不知不觉忘却了时间的流逝，深深沉醉于她的万千韵味之中；有气质的女人更如一缕清香，虽说容颜逃不脱枯萎老去的一天，但身上散发

出来的那一缕香魂却历久弥醇，经得起时光的雕琢，哪怕岁月的痕迹已经爬上了眉眼之间，内心的饱满丰盈却依然可见。

容貌只能让女人美丽一时，而气质则让女人幸福一生。气质决定着女人在公众心目中的形象，是女人在现代生活中获得成功的必要前提，很大程度上决定了女人一生的幸福。从这个意义上说，优雅的气质美是女人获得幸福的一大资本。在现代社会，人们对女人的价值判断更加注重内涵，除了才华之外，气质无疑是人性内涵的一个重要内容。因此，气质在女人的社会生活、人际交往中的重要性也是不言而喻的。气质能让女人不断地积聚正能量、扩大气场，让女人生命中的每一个层面都能够变得更加丰富而完整。

靳羽西女士曾经说过："气质与修养不是名人的专利，它是属于每一个人的。气质与修养也不是和金钱、权势联系在一起的，无论你何种职业、任何年龄，哪怕你是这个社会中最普通的一员，你也可以拥有你独特的气质与修养。"所以，气质对于每个女人来讲都是公平的，每个女人都能够得到气质精灵的宠爱，每个女人都有机会展现自己独特的气质。

但气质的养成是一个潜移默化的过程，气质不是着意装扮所能奏效的，而是需要历练的。它不但需要成年累月地精雕细琢和潜心修炼，更需要以文化内涵为铺垫的实战磨砺。胸无点墨不会有气质；没有修养不会有气质；内涵不够不会有气质；谈吐粗俗不会有气质；举止无拘不会有气质。而这些都是知识的熏陶、教养的历练和内涵的蓄积。要想成为真正的气质女人，不妨翻开这本《女人受益一生的17堂气质课》，本书从料理仪容、搭配服饰、保持健康、提升内在、控制情绪、学会修心、社交礼仪等不同方面展开论述，对现代女性如何培养自我气质与修养、内涵与品位的重要方面进行了总结。本书旨在告诉女性朋友们，如何让自己活得更精彩，如何让自己在发挥自我性格优势的同时，拥有更出色的气质。

它会教你如何从容不迫，如何优雅如兰，如何将自己生命中真正有价值的一面展现出来；它会让你无论在何时都可以做到秀外慧中、优雅贤淑，更能让你从现实而残酷的生活中挣脱羁绊、从容自由；同时，它还会教你不断地积聚正能量、扩大气场，优雅地行走在精彩的人生舞台上，使你美丽一生、幸福一世。

目 录

·第一篇·

女人有怎样的气质，就有怎样的人生

·第二篇·

外表是气质女人的魅力印象

第六课　食色生香，女人的气质是养出来的 ········· 128

·第三篇·
内在是气质女人的魅力源泉

· 第四篇 ·

礼仪是气质女人的隐形名片

第一篇

女人有怎样的气质，
就有怎样的人生

气质不同于人的外表。人的容貌如同一朵鲜花，会因为季节的变换而凋零枯萎，而气质却可以打破时间的桎梏，给人们带来恒久的魅力。美貌？性感？金钱？在气质面前都是浮云！

第一课

气质——完美女人的资质

气质是一种内在的人格魅力

一个人的真正魅力主要在于其特有的气质，这种气质对同性和异性都具有吸引力，可以说，气质是一种内在的人格魅力。

一本美国人写的书中有这样一句话："汤姆的母亲是一位40岁的绝代佳人。"乍一看到这句话有些疑惑：40岁的绝代佳人？女人40岁还能被称为"绝代佳人"吗？事实上，让我们看看身边的实例吧：40岁的张曼玉，50岁的林青霞，70岁的伊丽莎白·泰勒……原来，有些女人，不是以外貌而论的，沉淀在骨子里的气质把她们修炼成永远的绝代佳人。

那么，气质是什么呢？在《辞海》中，气质解释为人的相对稳定的个性特点和风格气度。生活中，有的女人性格开朗、潇洒大方，往往表现出一种聪慧的气质；有的女人温文尔雅，往往显露出高洁的气质；有的女人性格爽直、行为豪放，气质多表现为粗犷；有的女人性格温和、秀丽端庄，气质则表现为恬静……无论这些女人所表现的气质是聪慧、高洁，还是粗犷、恬静，都能展现出自身的人格魅力。

气质来源于内心，是女人人格魅力的主旋律。

气质是一种独有的个性，人的个性一旦养成，自然就会流露出来，就像玫瑰花一样，它不需要证明什么，流露出来的就是芬芳，就是最极品的美。女人独有的气质与个性是富有感染力的。只有拥有与众不同的韵味，才能成为一个让人难

忘的人。气质是一种潜在的灵性，大家都知道漂亮的女人不一定有气质，而灵性的女人则一定很美。漂亮是天生的，是外在的，如果没有内在的气质来支撑，那么女人的美就像是苍白的花瓶，难以给人深刻的印象。而有灵性的女人，虽然相貌平平，但她的一举一动、一言一语、一颦一笑都尽显气质，这种自然散发出来的韵味，让人过目不忘，回味无穷。

气质是一种智慧。秀外慧中这四个字恰到好处地解释了这个道理。在这个极尽声色的时代里，很多人很容易落入表象的陷阱中。有的女人往往误以为仅仅靠着浮华的装扮、体面的职业与高贵的身份，就能够吸引他人的视线。事实并非如此。气质女性所焕发出的魅力当中，智慧是最持久、最深刻的表现。

女人拥有气质，是她一生的财富，气质在日常交际、与人合作时都显得非常重要。当你遇到一个与你相交不久，对你还不甚了解的人时，你散发的气质将决定着别人是否愿意继续与你交往或与你合作。

一个有气质的女人，是外在形象与内在素质的完美结合。一个有气质的女人，就像一本书，每一次品读都给人新的感悟。也许这本书并没有美丽的封面，却依然能令人回味无穷、爱不释手。一个有气质的女人，就像一幅画，令欣赏者流连忘返，不知不觉忘却了时间的流逝，只深深沉醉于她的万千气韵中。

那么女人要如何修炼气质呢?

女人的气质是外表印象、内部涵养、礼仪行为的总和。女人的气质修炼是一个积累的过程。所谓"近朱者赤、近墨者黑"，想要增加自身气质的女性，平时就要注重从内而外培养自己的好气质。

总之，气质是女人内在散发出来的一种人格魅力，气质的释放与修炼要慢慢来。女性修炼气质不是玩心机的把戏，也不是只上几堂气质培训课就行了，而是要更多地激活自己的潜能，丰富自己的内在，让自己变得越来越美好。

气质是一种个性心理特征

在心理学上，气质是人的个性心理特征之一。通俗地说，气质主要表现在情绪体验的快慢、强弱、表现的隐显以及动作的灵敏或迟钝方面，这些特征在每个人身上独特地结合，并且稳定地表现在个人的心理和行为中，就构成了个体气质。实际上，气质与人们日常生活中所说的"脾气""性格""性情"等含义相近。

　　小孩子出生后，就会表现出各不相同的特点，这主要与他们的气质相关。气质是一种个性心理特征，它很早就在孩子身上表现出来了。就像世界上没有完全相同的两片叶子一样，更没有完全相同的两个人。每个人带着他独特的气质出生，更带着他独特的气质成长。

　　丽萨从小性格内向，有点胆小。长大之后，做什么事情都非常谨慎。她在工作中总是三思后行，几乎不出什么差错。丽萨和同事们在一起谈东论西时也是一个好听众，只有偶尔才发表一些自己的想法。她的朋友大多也仅限于同学、周围的邻居或公司的同事，很少有偶然认识就能成为朋友的人。

　　晚晚则完全是另外一种类型。她从小就性格开朗，喜欢到处探索新事物，喜欢玩新东西。长大之后，也经常做"第一个吃螃蟹"的人，在她身上很容易发现新的流行趋势。她也非常喜欢结交新朋友，总能和别人很融洽地相处。

　　从上面两个案例可以看出，丽萨和晚晚的个性有很大的差异。气质是人的一种稳定的个性心理特征，是个性的一个方面。每个人从一出生开始，就表现出不同的气质特点，就像丽萨和晚晚，她们儿时的气质表现也肯定大不相同。

　　在心理学的教科书中，气质有这样的定义：气质是在人的行为中所表现出的典型而稳定的心理活动动力特征的综合。表现在心理活动的强度、速度、灵活性与指向性等方面的一种稳定的心理特征。实际上，气质是一个古老的心理学问题。早在古希腊时期，医学家恩培·多克勒（公元前495～公元前435年）的"四根说"中，就已经具有了气质和神经类型学说的萌芽。恩培·多克勒认为，人的身体是由四根构成，固体部分是土根，液体部分是水根，维持生命的呼吸是空气根，血液是火根。"四根说"为后来的气质和神经类型学说奠定了基础。

　　之后，古希腊时代的另一位著名医生希波克拉底（公元前460～公元前377年）吸收了前人的医学成就，提出了四种体液的气质学说。他认为人体内有四种体液：血液、黏液、黄胆汁和黑胆汁。四种体液协调，人就健康，四种体液失调，人就会生病。希波克拉底还曾经根据哪一种体液在人体内占优势，从而将气质分为四种基本类型：多血质、黏液质、胆汁质和抑郁质。多血质的人体液混合比例中血液占优势，黏液质的人体内黏液占优势，胆汁质的人体内黄胆汁占优势，抑郁质的人体内黑胆汁占优势。

　　几个世纪以后，罗马医生哈林用拉丁语"emperametnum"一词来表示这个概念。这也就是"气质"（temperament）概念的来源。

古代所创立的气质学说，虽然用体液解释气质类型缺乏科学根据，但在日常生活中，我们确实能观察到这四种气质类型的典型代表。

例如，甲、乙、丙、丁四个不同气质类型的人去看演唱会，但都迟到了。那么他们会有什么不同的表现呢？

甲：知道检票员不会放他进去，他不会与检票员争吵，而是悄悄跑到楼上另寻一个适当的地方来看表演——这是多血质。

乙：面红耳赤地与检票员争吵起来，甚至企图推开检票员，冲过检票口，径直跑到自己的座位上去，并且还会埋怨说，时钟走得太快了——这是胆汁质。

丙：埋怨自己老是不走运，偶尔看一次演唱会，就这样不走运，接着就垂头丧气地回家了——这是抑郁质。

丁：看到检票员不让他从检票口进去，便想反正刚开始只是热场，不太精彩，还是暂且到小卖部待一会儿，待幕间休息再进去——这是黏液质。

可见，不同气质类型的人，他们的气质特征会有所差别，因此他们对待事物的反应是不同的，而这种反应的差别也很可能带来不同的后果，比如胆汁质的人很容易冲动，并将事情闹得很不愉快，既影响了自己的情绪，也影响了对方的情绪，问题也没有得到解决；多血质的人处理问题的时候则相对理智得多，问题也将会得到较为有利的解决。黏液质的人比较容易压抑自己，如果对方不了解黏液质的人，这样他（即黏液质的人）受到了委屈，对方也不会知道，这样也不利于双方沟通。抑郁质的人面对问题，没有做任何努力，他自己就已经先放弃了，这样做既不能解决问题，也不能得到对方的理解。

当然，一个女人的心理活动不可能完全决定于自身的气质特性，它也与个人的活动内容、目的与动机相关。无论有什么样气质的女人，遇到愉快的事情都会精神振奋，情绪高涨，干劲倍增；反之，遇到不幸的事情自然会精神不振，情绪低落。

总之，我们在生活中如果能更明确地了解自己的气质类型和心理特征，就可以更好地调节自己的情绪与行为，从而才能更好地适应环境与生活。

气质是一种潜在内心的美感

伟大的作家雨果说："塑成一个雕像，把生命赋给这个雕像，这是美丽的；创造一个有智慧的人，把真理灌输给他，这就更美丽。"雕塑需要赋予其生命才有灵魂，人需要真理的滋润才具魅力。这种魅力是一种气质，也是一种潜在于内心的美感。

美，可以净化人的心灵。对美的追求是人类从远古时就开始的行为。从石器时代的装饰品到今天对艺术的追求，将艺术融入生活，这些都是人类对美的追求。而在人类对美的追求之中，也把美丽的女人列入了其中。

现实生活中，有些女人尽管她们没有让人惊艳的娇容，也没有令人垂涎的身材，没有绝美的服饰，亦没有珠光宝气，但她们的气质却让人感到了美。这种美，是从内而外散发的气质之光，这种气质美更多的是指她们精神与品质上的美丽、温柔可爱的性格等。因此，女人的美丽不存在于她的服饰、她的珠宝、她的发型中，女人的美丽必须从她的心中寻找。

"看到她就感到舒服。"一位认识李女士的人如此评价道。从相貌上说，李女士长相一般，细眉细眼香肠嘴，但她的气质却是干净、雅致、知性的。李女士在香港做陶艺老师，她的审美力不俗，故她的衣饰、用品、家居布置、店铺装修等都透着一股子不俗的艺术之气。

一次，来自台湾的学生问李女士为什么气质如此之好。她没有直接回答，反而提了这样一个问题："那你先猜一猜我的年龄。"

这位学生说："32岁？"李女士摇摇头，"28岁？"李女士还是微笑着摇头否认。

"现在，我来告诉你，我只有18岁零几个月。"学生不解。

"至于这零几个月是多少，请你自己去衡量吧，也许是几个月，也许是几十个月，或者更多，但是，我的心情只有18岁！我永远像18岁一样，对任何事情都充满热情。"李女士说。

正因为李女士永远都葆有18岁的心情，笑对人生，所以她容颜不老，气质优雅。李女士的气质是一种充满活力的底蕴，一种对生活理解的态度和方式。在拥有外表美的同时，追求内部的潜在美感，才是一个会营造良好气质的女人，是健美的体魄和豁达的心境相结合的完美女人。

许多女人容貌并不出众，但在她们的身上却洋溢着夺人的气质美：认真，执着，聪慧，敏锐。这是真正的气质美，是和谐统一的内在美。

作家老舍就是一位很看重气质的人。在其中篇小说《新时代的旧悲剧》里，老舍在刻写陈廉伯的相好小凤时这样写道："她不健康，不妖艳，但是可爱。她的身上有点什么天然带来的韵味，像春雾，像秋水，淡淡的笼罩着全身，没有什么特别的美点，而处处轻巧自然，一举一动都是温柔秀气；衣服在她身上像遮月的薄云，明洁飘洒。"

对一个女人来说，气质无疑比她的容貌更重要，内在美也比她的外在美更持久、更迷人。如果一个女人的内心苍白、庸俗，你就不会感觉到她的美；反之，如果她有美好的精神品质，你会觉得她越来越美，越来越喜欢和她接触。这是因为她的气质会让你感觉她是活生生的、有灵性的，你就会觉得她很美。

总之，追求美而不误解美、亵渎美，这就要求我们每一个热爱美、追求美的人，都要从生活中领悟美的真谛，把美的外貌和美的气质、美的德行与美的语言结合起来，才能展现出女人的气质之美。

认识自己，了知生命的本质和秘密

瓦尔特·惠特曼曾经说过："一个人怎样，并非完全取决于他身体发肤的方寸之间。"因此，一个人的表现并不仅限于外表，更重要的是他拥有怎样的一种气质与性格，重点在于他是否了解自己。

人，经过时间的检验就会发现，总有一些东西比外表更为重要。这些东西既不在于这个人是否聪明，也不在于他是否漂亮帅气，这些东西是无法用详细的文字表述出来的，更加无法用照相机捕捉到，因为它是只能够靠感觉传递的东西，是从一个人身上散发出的生命力量，这种神奇的力量如同一种电流般让人难以捉摸。我们可以将这种神奇的力量叫作个人魅力或磁力，这种力量并不是来自于生理，而是来自于心理。

苏格拉底曾经说过："我只知道一件事情，那就是我什么也不知道。"如果你想要成功，想要在未来的路上走得更远，那么你也应当拥有这样的心态，因为只有一个人在知道自己一无所知的情况下，才能静下心来向别人学习。认识自己的过程也是一样，只有当我们对自身的情况一无所知或者知之甚少时，你才有精力，才有意愿去诚心诚意地认识自己，这其中的整个过程实际上就是一个自我审视的过程。一个不了解自己的人很难利用气质实现成功，他只会被笼罩在自身的失败阴影所遮蔽。只有当我们了解自己的气质时，才能激发出自己的气场，从而利用这种良好的力量和能量在竞争中取得优胜地位。

当我们审视自己的时候，我们应该先了解自己的优点，因为优点是我们的气质中最积极、最强势也是最容易被激发的能量。当我们在了解自身优点的时候，你首先应该知道自己究竟拥有什么，可能是技能、财富、知识，甚至包括你的身材、长相，等等，这些都是你所拥有的财富，它们可以奠定你成功的基础，只有利用这些才能达到最大的成功。

如果一个人的身高很矮，那么他就不该试图让自己成为一个篮球明星。也许你现在就可以举出几个矮个篮球明星的例子给予反驳，但是你要知道的是，如果天生没有这方面的优势，甚至处于劣势，想让自己出人头地的话，需要付出比常人多几倍甚至是几十倍的努力，可是如果他们愿意用同样的努力去从事其他工作，往往可以取得更大的成功。因此，对于那些自己无法改变的因素，我们应该学会因势利导，这样才能让我们的优势得到最完美的发挥，这样才会离成功越来越近。

然后，你应该了解自己可以改变些什么。像身高和相貌这种生理外在明显是难以改变的，但是幸运的是，每个人的知识和技能却可以通过后天努力来改变。培根曾经说过，"知识就是力量"。只要你愿意去努力，愿意去改变，那么知识的力量就可以帮助你走上人生的巅峰，获得成功的金钥匙。

当你在学会利用自己的优点之后，你还得学会注意自己的缺点，尽量躲开那些不擅长的领域，学会扬长避短。如果你一边运用自己的优点追求成功，一边又将自己的时间和精力消耗在自己完全不擅长的地方，那么你唾手可得的成功很可能就与你失之交臂。这一点在巴尔扎克身上同样有着深刻的体现。他曾经数次经商，但是事实证明，他并不是一个经商的好材料，最后债台高筑。这些也都迫使他不断透支自己的天才，于是最终他只能在繁忙的工作中过早地结束了自己的生命。

女人在了解自己的过程中，首先应当对自己的性格、气质等方面有个初步的认识和了解，如果你觉得不够肯定的话，你可以咨询下身边的朋友、亲人、爱人，看看他们对你的评价和你对自己的综合评价是否相一致。其中，爱人对你的评价会相对更为客观，而朋友则会偏重你"义"的一方面，父母对你的情感则渗透了慈爱，所以他们的评价都会有一定的偏爱而导致了不客观。如果你能通过周围人们的形容表述对自己有个比较清晰的认识，那么对你未来的成功会非常有助益。但是可惜的是，大多数人都还达不到这一层，并不清楚自己的性格与气质、优势和劣势。

更深一层次地了解自己，则需要在特定的环境和特定的条件下，才能发现自己可以被激发出一种潜能，也许这方面的能力一辈子也不会表现出来，也可能会在特定的场合和情景瞬间释放。这样的潜能需要你在真正认识理解第一层次的基础上发掘出来。这里要说明的一点是，很有可能，你在初步认识自己的过程中，只认识到自己的某一方面，但并非全部，所以，你在某一方面有突破的可能，而其他方面却还没有真正认识到自己到底是什么样子。

孔子曾经说过，"三人行，则必有我师焉"。在你审视自我的过程中，也应当学会听取别人的意见和建议，他人的观点有助于我们从一种客观的角度去更加深入地了解自己，他人的观点总是能帮助我们发现一些自己从未注意的方面。

总之，对自我的审视是激发自身气场能量的重要前提。只有当你通过审视自己并对自身优点合理利用，同时学会扬长避短，才能了解生命的本质和秘密，才有可能达到自己能够达到的成功。

用"气"来表现内在的"质"

对于男人来说，女人的气质就是一个巨大的磁场，她们优雅的气质具有极大的吸引力和诱惑力，那是一种能让众多男人拜倒在自己石榴裙下的神秘力量。

气质的词意较为广泛，它的内涵包含了方方面面，在前文中我们讲述了很多关于气质的话题，那么女人怎样才能展现出自己的气质魅力呢？女人的气质魅力又应当如何适当表现呢？下面我们不妨来看看用一些什么样的"气"来表现其内在的"质"。

1. 才气

由于古代重男轻女的思想文化氛围影响，女人普遍受教育程度较低，那么有才气的女人自然也是十分难得的，其数量相对于男人来说那要少得多。自古以来文人墨客多如牛毛，但是能留名千古的才女则是凤毛麟角。而才气与受教育的程度密切相关。

古代女子中只有官员和富家千金才能受到一些文化教育，而其他女子压根儿没有学习的机会，所以才气难以发掘。而到了近现代和当代，女人受教育的机会多了，因此才女也大量涌现。她们出现在各个场合：无论是文学、艺术或科学，各个领域都有着她们的身影。女革命家秋瑾不仅胆识过人，其诗才也引人瞩目。女物理学家吴健雄的辛勤实验为杨振宁、李政道获得诺贝尔奖作了杰出的垫衬。现代女作家张爱玲盛名至今不减，她那如金针般描龙绣凤的笔写尽了都市千般繁华下的满目苍凉和温柔富贵中的凄清哀婉。当然，也许你会说这些都是名人，和我没关系。其实在平凡生活中也不乏才女，可以说在每个单位都有被男人们称为才女的女人。她们或者在专业上胜人一筹，或者在技艺上高人一等，或者琴棋书画无所不能。

当一个女人拥有了才气，就更能赢得男人的尊敬和仰慕，这是毋庸置疑的。女人才气的根本来源在于爱读书、读好书。有了一定的知识基础，加上自己的独创性，那么拥有一份才气也是意料之中的事情了。不过有了才气要用到正途才能让人信服，如果用错了只会为人耻笑。真正的才女是受人敬佩、被人仰慕，也为男人们所爱慕的。

2. 秀气

秀气的女人最有女人味。因为秀气是女人天生的气质，它既体现在女人的身体上，更体现在女人的性格之中。但凡仪态端庄、举止文雅的女人，全身都会透出一股秀美之气。古代的西施、昭君、玉环、貂蝉四大美女可说是秀美女人的典范。现代社会也可说是美女如云，随便打开一个图片网站，都可以看到大量的美女照片，真可谓个个秀色可餐。虽然长相足够秀气美丽，但是她们是否在性格上也具备秀气的品质，那就需要经过一番仔细辨别了。而有的女人虽在容貌体态上稍逊一筹，但其内在却能很好地刻画出秀气的品格魅力，因此也能给人一种秀气的感觉，同样能散发出一种秀美的魅力。与之相反，如果拥有秀美的身体，但是性格刁钻泼辣，那么是无论如何也归不到秀气之中的。

虽然外在的美多为天生，但是内在的性格却大多是后天修养和锻炼得来。而温柔的性格与知识水平也关系密切，丰富的知识可以使人变得温文尔雅、温柔谦和、善解人意、体贴入微；而如今流行的健身运动也使不少女人的身材变得苗条、亭亭玉立。所以，如果你的外在不够秀美，可以通过健身活动锻炼；如果你的内在性格不够秀美，则可以通过知识弥补，大可不必为自己非天生秀美的外表和气质所苦恼。

3. 灵气

灵气是指女人的聪慧。完美的女人大多秀外慧中。女人的聪敏、机灵、机智、果决这些优良的性格和品质往往会令男人对她刮目相看。

女人的观察力天生就比男人敏锐，生活中许多容易被男人疏忽的东西都能轻易地被女人发现。她们的思维非常敏捷，在细小的事情上尤其能做到细致入微。一个有灵气的女人，对于一个事业型的男人来说是有力的贤内助，因为她不仅能很好地照顾男人的生活起居，更能帮助男人把事业料理得井井有条。为什么老板大多喜欢用女人当秘书、当助手呢？这恐怕与女人的聪慧不无关系吧。有灵气的女人是可爱的。因为她们知道在什么场合说什么话，应对得当，举止得体。当然这种灵气并不要求你要有如外交家的辞令，或口若悬河，只要有敏捷的思维就足够了。

4. 娇气

词典中将"娇气"一词解释为：意志脆弱，不能吃苦，习惯于享受的作风。听起来是个贬义词，但把这种解释用在女人身上恐怕就不完全恰当了。因为娇气也是女人的一种天性，即使一个女人历尽艰辛，吃过很多苦头，也会潜在地存在一种娇气。这种娇气并不限于肤浅地时时处处流露于外表，它只有在特定的环境和特定的时间面对特定的人才会表露出来，那时的娇气就是一种美和魅力。如果你能把一份娇气演绎得淋漓尽致，那就是撒娇得宜，而撒娇是女人的有力武器。

女人面对宠爱自己的人或者自己喜欢的人时，总是会情不自禁地小小撒娇，其实那就是一种浪漫，一种天真，一种对呵护的渴求，一种对爱的渴望。男人面对撒娇的女人只会更加怜爱、更加疼惜、更加呵护、更加陶醉。

因此，在女人的气质之中，一份娇气不可缺，但是娇气既不可多用，也不能乱用，否则，就只会令人厌烦。

当然，女人的气质之中还有一些其他因素的存在，诸如中性打扮的帅气，言辞犀利的霸气等，但是这些都不是构成气质的主要因素。

综上所述，一个女人的气质所展示出来的魅力，能带给男人以巨大的吸引力和诱惑力。当然，拥有这些气质不完全是为了男人服务，更多的是为了充实自己。

你具备什么样的气质

你具备什么样的气质呢？一个女人只有了解自己的特点，找到适合自己的气质，才能完美地演绎出气质的魅力，不必奢望拥有最完美的气质，因为没有十全十美的人，同样，完美的气质也不存在。

气质是女人长盛不衰的经典品牌，这是所有现代人的共识。美丽的容颜只能锦上添花，更为重要的底蕴在于气质。气质是厚重的、内涵的，更是一种文化底蕴、素质修养的升华。新时代的女性往往更加注重"内外兼修"，因此，女人的气质便演化为高贵、性感、情趣、妩媚抑或神秘，这就使得人们在欣赏女人时还怀着一种敬畏和仰慕。

1. 自然朴实

拥有这样气质的女性往往外表质朴、自然大方、不事雕琢，但是内心却亲切浪漫，她们个性低调不显张扬，凡事都不会主动争抢。这类女人并不局限于肤浅的表面，你只有走进她的内心才能真正地了解她，而你也会因为她独特的内在而慢慢变得欣赏她、喜欢她。因为她的气质和教养都是郁郁丰富的内心的自然流露，这也是别人赶不上她的原因所在。与这样的女子相处会让人感到十分安心、舒适。

基于良好的教养和修养，可以使她超越琐碎和庸俗，因此她从不会羡慕别人的风花雪月和辉煌人生，她内心的安定从容使她只求平淡而祥和的生活，可以专心又平和地折着手里的纸鹤。

2. 温柔善良

温柔善良气质型的女性往往也有着丰富的内心世界，并且重要的在于她们拥有一颗善良的心。外表的美丽风景固然很好，但是内心的风景才是她们的气质真正的来源。温柔善良的女性一般在品德方面的境界很高，她们会用自己的真心去对待身边的每个人。和这样的女性相处，会让人内心感到安全，她的真诚会感染身边每个人。

3. 知性大气

丰富的知识涵养会更加动人地展示出女人的风采。这类女性大多博学多才且有上进心，她们的美是拥有文化气息的美。要知道，求知是最能体现女性气质和品位的台阶，知识与文化可以塑造你的内在美，会让女性的内心更加的成熟和丰富。这种知性美的气质体现在一颦一笑、举手投足、待人接物中，使你显得热情却不轻浮、大方却不做作。

4. 活力四射

活力四射型的气质女性往往能够将这种活力与能量轻松感染身边的人，她的自然、纯真的天性可以影响着周围的每一个人，带给他人一种自信与快乐。这种

女性往往热爱生活和无拘无束的感觉，虽然有些随心所欲还有些漫不经心。她们很难执着、沉迷于一件事情，她们了解最新的时尚资讯，喜欢热闹的生活，是社交场的魅力明星。

5. 可爱天真

　　大多数人都会更喜欢可爱天真的女性，因为一个性格开朗、温柔亲切的女性总是能透露出一种天真烂漫的气质，也更容易表达自己内心单纯的感情。可爱、自然、天真是这种气质的最好体现。

6. 优雅妩媚

　　这种气质的女性总是拥有脱俗不凡的谈吐，她们具有中国女性的委婉。因为有着丰富的经历，所以内心往往会更成熟一些，正是因为这份成熟，她们会表现出一种与众不同的品位。她们的言谈举止总是能给人一种舒适、愉快的感觉，让每一个接触过她们的人都能印象深刻。

7. 小资气质

　　这种女性有着充实的物质基础，因此她们从不因为物质的满足而放弃精神的追求。她们洞悉一切的成熟，使她们可以在生活和事业中游刃有余。她们对生活的要求并不苛刻，她们喜欢轻松、愉快、平静、富足地活着，因此压力和波澜是她们所最不愿意经历和承受的。她们因为单纯而敏感的性格有较好的人缘。

　　那么，你想知道你在别人眼中属于什么气质的人吗？你又天生具备哪种招人喜欢的优点吗？下面赶快进入测试，给你的气质做一下评定，每个题的答案后面对应着下一个问题的序号。

　　1. 就算生气到极点也不会当着别人的面发火？

　　. 是的——2

　　. 不是——11

　　2. 认为外表整洁既是对自己也是对别人的尊重？

　　. 是的——4

　　. 不是——3

　　3. 非常乐意帮朋友的忙，不会觉得那是负担？

　　. 是的——14

　　. 不是——5

4. 你情绪低落的时候会怎么办?

.找个人倾诉或是将憋在心里的闷气发出来——17

.不想说话，只想一个人静静独处——5

5. 对朋友有意见的话，会直接说出来?

.是的——15

.不是——8

6. 眼睁睁看见不公平的事发生在自己身边，你会怎样呢?

.认为世界上不公平的事太多了，不想说什么——9

.站出来打抱不平——10

7. 喜欢与不同类型的人交朋友?

.是的——B

.不是——D

8. 平均每周会看一本课外书籍?

.是的——6

.不是——22

9. 心情不好的时候，在别人面前会极力装出没事的样子?

.是的——10

.不是——7

10. 别人给你提意见你一定会虚心接受?

.是的——7

.不是——19

11. 休假的时候喜欢跟朋友们欢聚?

.是的——4

.不是——12

12. 花钱比较有计划，买东西会量力而行?

.是的——13

.不是——16

13. 如果有人在背后说你坏话，你知道以后一定会找他理论清楚?

.是的——18

.不是——17

14. 朋友有事要出远门，临走前将宠物拜托给你照顾，你会想方设法推辞吗？

. 是的——8

. 不是——5

15. 当你与人争辩的时候，哪怕明知自己理亏，但为了保全面子，也不会先低头？

. 是的——22

. 不是——20

16. 在你不开心的时候接到好朋友的电话，你的反应会怎样呢？

. 很开心，觉得终于有人想起自己了——19

. 心里不太爽，但还是会应付过去——23

17. 很在意自己的形象？

. 是的——15

. 不是——18

18. 粉红色的玫瑰和紫色的勿忘我，哪种更像你？

. 玫瑰——20

. 勿忘我——21

19. 就算星期天没有人来家里做客，还是会穿戴整齐？

. 是的——D

. 不是——C

20. 人际交往中最怕别人发现你的缺点？

. 是的——24

. 不是——16

21. 你的好朋友跟别人很要好，你会怎样呢？

. 觉得这很正常——20

. 心里觉得不舒服——25

22. 喜欢跟温柔的人交朋友？

. 是的——10

. 不是——16

23. 你认为人际交往的第一关就是看对方的外表？

. 是的——C

. 不是——A

24. 出门逛街老是会担心带的钱不够？

. 是的——23

. 不是——25

25. 你的好姐妹或好哥们儿谈恋爱了，你会有怎样的反应？

. 超羡慕，真心希望她幸福开心——A

. 心里有一种莫名的失落感——23

答案：

A. 自信派

小提醒：适当温柔，别太强势。

你身上有一种自信的气质，不管你的外表是美丽瞩目还是平凡低调，这种自信的气质都会一直追随你、支持着你，它会让你变得非常有主见，同时对人生一直保持积极向上的态度。在生活中，你很爱交朋友，朋友也很多，时常主动关心朋友的生活。但是你可以适当地给对方保留一定的私人空间，千万不要将自己的想法强加于对方，更加不要理所当然地认为朋友们按照你的提议采取行动是理所当然的事情。这里需要提醒你的是，自信并不代表着强势，只有信任对方才能让你们的友谊更长久。

B. 温柔派

小提醒：内心坚强，勿太软弱。

你具有一种温柔的气质，你总是倾向于主动配合别人的行动，因此大多数时间都会以一种服从的态度去迎合别人的想法和决定。温柔固然不是错，但是如果你温柔得过分就会变成一种软弱，这种软弱是不被人欣赏的。千万别愚昧地认为凡事都听从别人的意见可以让你们的友谊更为持久，事实往往不是如此，如果你顺从过度，那么你的下场只会沦为小配角哦！因此，不要为了成全别人而轻易改变自己的决定。记住，你是一个独立的人，因此有时候硬气一点，坚决捍卫自己的意见和想法才对哦！

C. 神秘派

小提醒：稳定情绪，不要喜怒无常。

具有神秘气质的你情绪起伏颇大，当你开心的时候则会明朗如晴天，连笑容都变得格外迷人，与之相反，你闹情绪时板起一张脸也挺吓人的。正是因为你的性情多变，喜怒无常，因此身边的人都小心翼翼，怕你随时会发脾气，外人对你更是敬而远之，因为人家不知道你会在什么时候生气，更不知道怎样的话会踩到

你的雷区。虽然某些异性对这种变幻莫测的感觉相当受用，因为是它深深吸引男生对你的好奇，但是从长远来看，这点并不利于你的人际关系哦！

D. 母性派

小提醒：减少唠叨，注意空间。

具有超强母性气质的你，在与人交往之中都会很关心身边的人的生活状况，甚至细心到他们心里的想法，他们有什么样的需求和不满……但是这种性格的缺陷就在于，只要是与你认识的人有关的大小事情，你都要去管，都要插上一脚，这样往往会搞得自己像是别人的长辈一样哦！因此，母性气质过重的人往往会让身边的人觉得完全喘不过气来，你以为你是出于一番好意为别人打算，实际上只会阻碍别人的独立性。要知道，世界上没有人喜欢受控制，绝大多数人想结交的都只是平等相处的好友，而不是碎碎念的妈妈精。

第二课

总有一天，你会发现气质的魅力

是什么铸就了气质女人的桂冠

有女人问男人："你看我长得算不算是有气质的女人？"男人尴尬地笑了笑。其实，气质女人不是长出来的，是一种由内向外散发的优雅，是岁月沉淀出来的酵香。

作为一名女性，有时候可能会想：为什么光彩照人的女王不是我？为什么我无法成为聚会上的焦点？为什么我……

在为这些问题困扰的时候，我们不妨把问题放在"是什么铸就了女王的王冠"上。有的女人说是外貌，有的女人说是形象，有的女人说是气度。但这都不对，铸就女王王冠的最重要的东西，就是——气质。

不妨想象一下，如果自己身处于女王的位置会有什么不同？你会发现，自己与女王的环境显得格格不入，即便是穿上最昂贵的礼服、戴上最耀眼的珠宝，也似乎多了些俗气，少了些仙气。可以说，就像是一个"怪异"的丑小鸭。而这种感觉，就是丑小鸭与女王之间的区别。那不是外貌，不是服装，不是妆容，不是首饰，而是——女人的气质。

某部影片中的女主角是一个平凡女人，相貌普通、性格普通，但偏偏爱上了英俊潇洒、知识渊博、富有内涵的顶头上司。虽然她很勤奋，也很善良，但这并

不足以赢得这样完美型男人的爱情。

在一次大型酒会前夕，她看着镜中那个一身灰色装扮、毫无生气的女人，忍不住叹了口气，并决定不去参加酒会了。要知道，在那种场合，有太多美艳如花的美人，衣香鬓影，环佩叮当，她们一定会吸引到完美上司的注意和好感，而她又怎么甘心忍受这样的场面呢。

接着，她垂下头，在心中悄悄许下一个愿望：只要能变美，哪怕一个晚上，不管付出什么，也心甘情愿。

神奇的事情发生了：化妆间的灯光突然熄灭，几秒钟后再次亮起。此时，眼前的一切都变了！镜子中是一个美艳不可方物的女人，长发垂肩、明眸皓齿、纤纤细腰……除此之外，脚上还多了一双晶莹别透的水晶鞋。她惊奇地感受着这一切，觉得太不可思议了。当脱下水晶鞋，仔细欣赏的时候，她瞥见镜子中的女人又变回了卷发凌乱、戴副黑框眼镜的模样。等发现这个秘密后，她又穿上了这双水晶鞋。

凭着这双水晶鞋，她如愿以偿，在第一时间吸引到完美上司的注意和青睐。他那种热情似火的眼神让她又高兴又心虚，很快，他们就坠入了爱河。然而，接下来的日子却让她变得越来越不安——白天她是那个朴实、可爱的"丑小鸭"，用祈求和盼望的目光追随着完美上司的身影，晚上却要变成高贵的"白雪公主"与心中的王子约会。

对她来说，这种两极化的生活简直就是一种折磨。而且，这似乎对他也并不公平。如果有一天，他知道这一切只是个骗局，一定会感到恼火，甚至不会原谅她。

随着了解的加深，她发现完美上司并不是想象中的那么浅薄，他为人正直、诚恳、胸襟宽广。有的时候，她还会听到他称赞"丑小鸭"的善良和温柔。他与所有的男人都一样，在美色面前容易动心，但他同样在意爱的人是不是拥有一颗真诚善良的心。慢慢地，他对办公室里的"丑小鸭"也更加温柔和呵护。在这种真真假假中，她实在是无法承受了。终于，她决定和盘托出。

说出真相以后，她相信一切幻想都将烟消云散，并且会永远失去眼前的这个男人。然而，事情发生了逆转。他只是感到惊讶，说难怪和"公主"在一起的时候，总有似曾相识的感觉，甚至产生过错觉，把她们当成一个人。

接着，他握住她的手，深情地说："你变成什么样都无所谓，我一直以来喜欢的正是你的全部，是你给我了一种宁静温馨的感觉。"

她简直不敢相信自己所听到的一切，她觉得自己是那么幸运，竟然赢得了他的爱恋。从那以后，她就不再依赖那双神奇的水晶鞋，将它们抛进了深深的湖水中……

当然了，神奇的水晶鞋并不存在，这部电影只不过是想告诉我们：与外表美相比，内在美更深刻、更真实。

气质是女人身上一种无形的精神符号，能够告诉别人和展现自己是不是健康的、积极的、阳刚的、有能力的，或者是消极的、颓废的、无所作为的、阴郁保守的……事实上，每个人都散发着自己独特的气质。气质是无形无影的，是看不见摸不着的，但是当与人相处的时候，就能够感受到对方的气质。

可以说，内涵也是气质的一种，是女人魅力之本，保有真诚善良的心，比孜孜不倦追求外表艳丽动人更有魅力得多。

女王或女仆，信命不如信气质

你想成为一位女王还是女仆？大多女人会选择女王，的确，谁想成为一个女仆呢？那么，在做女王之前，先培养自己的气质吧！这和家庭贫富无关，和周围环境无关，只和"真心想做女王"的信念有关！

有的女人只要站在那里，就流露出一种超乎于常人的气质，令人忍不住多看几眼；有的女人即便是"穿上龙袍也显得滑稽"，让人视而不见或感到可笑。也许，你会认为自己成为什么样的女人是命中注定的，但是在这里，我们要说：信命不如信气质！

可以说，每个女人的气质都是有颜色的，不同的气质呈现出不同的颜色。有些女人的气质颜色是颜色艳丽的红色，她们像火一样的热情和热烈，总会感染到身边的人，这样的女人就如高贵的、强势的女王；有些女人的气质颜色是一种消极的、沉闷的灰色或暗色调，她们的脸上永远都看不到热情、积极、乐观，总会给身边的人一种死气沉沉的感觉，并会让人避而远之。的确，这种总是唯唯诺诺、总是在沮丧、总是在诅咒命运不公的女人，哪里谈得上气质呢？就算是想要和气质沾边，那也是一种平庸弱势的女仆气质。

为什么有的女人像女王，有的女人却像女仆呢？答案就在气质上。每个人都

有气质，都有一张"无声胜有声"的精神名片。这一张名片，向世界介绍了作为女王或者女仆的你。当别人接到这张名片后，就会根据对你的喜爱程度来决定：要不要喜欢你、接受你、甚至追捧你。拥有热烈的气质女人，总是会招来男性的喜爱和女性的欣赏。相反，那些灰暗的、唉声叹气的女人，只会让人有避之唯恐不及。

在生活中，相信我们都见过类似或经历过这样的事情：不喜欢和那些没主见的、懦弱的、悲观的女人一起工作或者生活，因为这种女人总是完全依靠别人，不具有自己的独立意见，也不能独立解决问题。除此之外，她们还没有什么想法，无论对于人还是事。这种状况，很是令人头疼；你十分怕见到自己的某个亲戚或朋友，就连电话也不想接到。如果是不小心接到了，就会萌生"怎么这么倒霉"的想法。为什么会这样呢？因为这位朋友或亲人逢人就诉苦，好像她的世界里永远没有阳光一样。如果说有什么好消息的话，那可能就是她最近没什么"坏消息"可以告诉大家；有的女人不把自己当成一回事，为了换取和博得男人的垂怜，放弃自我、放低身份，甚至没有自尊地活着。看到这样的女人，周围的人都忍不住感叹一声："做女人怎么能做成这样！"

这些具有消极或阴暗面气质的女仆，把日子过成这样，实在是一件累人累己的事情。消极的情绪会让魅力气质暗淡无光，也会让原本接近自己的人远离。虽然到处诉苦的亲戚或朋友只是希望得到大家的同情和关心，引起他人的注意。但是，每个人都有自己生活上的难题，谁也没有那么充沛的精力和时间去"分享"别人的苦痛。

社会心理学家经过实验表明：其实，人与人的交往比我们想象的具有功利性，人们总愿意跟一些能够为自己带来益处的人在一起。如果别人在与自己待在一起的时候，双方的情绪都很高涨，那么这就是魅力。魅力，就是对他人的吸引力，就是让所有人都喜欢和你在一起，都愿意受你影响，甚至听命于你的气质魅力，从而受到影响。

有的人说，美丽的女人都是有气质的。其实不然，美丽是父母给予的外貌，而气质却需要经过后天培养才能形成。在生活或工作中，总有一些长相普通但却因为具有独特的气质的女人，在纷纷攘攘的人群中卓然挺立。

著名节目主持人杨澜曾经说过，从来没有人夸过她长得漂亮，她也自认为长相一般。不过，她从来没有因为自己的普通而难过，而是觉得长相一般的女孩更容易在其他方面获得成功。她认为：不管自己如何打扮都不可能光芒四射。既然这样的话，那就只好多看几本书，多做些别的事了。

杨澜还说："我想'漂亮'一般光是指外貌，女性美在于一种母性，不管她是不是做妈妈。另外，我觉得女人的美丽更主要的是在思想方面。我曾经问过许多大导演：'你们整天生活在美女堆里，是不是老要动感情？'他们就说：'没有，许多女人只有漂亮的脸蛋，根本没法触动我们。'"

从杨澜的这些话中，我们可以知道：一个女人的思想很重要，甚至重要过外貌。换句话说，那就是思想上的气质，由内而外散发出来。有些女人总以为搽脂抹粉就可以留住男人的心，其实这只是一种妄想。只有在思想上不断挑战对方，给予对方一种新鲜感和刺激感，这才是赢得别人注意的地方。

拥有"花容月貌"，只会让女人美一时，而拥有气质才可以让女人美一生。女人飘逸脱俗的气质之美，在很大程度上决定了女人一生的幸福。从这个意义上说，气质可以说是女人获得幸福的最大资本。

如果在社交场合中用心观察的话，你就会发现：只要是品位出众、举止有修养、有水准的女人，都会让人有一种耳目一新的感觉。

相信大多数人都会比较喜欢与那些独立的、乐观的、快乐的人在一起玩乐，在一起交流，在一起谈天说地。在她们的身上，我们甚至可以看到一种不一样的气质，甚至能够影响到自己。相反，没有一个人会喜欢与那些成天愁眉苦脸的、消极的人在一起，因为没有一个人会喜欢让别人来破坏自己的好情绪。

总而言之，我们要记住：做女王还是做女仆，不是由命运来决定的，而是由自己的气质来决定的。要想成为女王，那就要拥有火红热烈的气质、生活态度和性格。

对成功没有渴望，怎会有好气质

对成功没有渴望，整天埋头于一日三餐、菜市场、超市促销……这样又怎么能具有好气质呢？对于女性来说，好气质和积极向上，想要成功的野心是分不开的。只有对事物、对人有渴望，才会督促自己进步。

一个女人可以没有貌美的容颜，却不能没有良好的修养；一个女人可以没有

凹凸有致的身材，却不能没有雄心壮志。随着时间的流逝，再年轻貌美的脸颊也会布满皱纹，再曼妙的身姿也有弯腰驼背、走不动路的一天。但是，如果一个女人对成功有渴望，有着雄心壮志，有着良好的修养，那么即便是随着时间流逝，容貌和身体出现变化，气质也会越来越香醇，越来越迷人。

俗话说得好：不想当将军的士兵不是好士兵。这句话用在女人身上也一样合适。试想：如果一个女人没有什么雄心，没有什么追求的话，那她就只能活在别人的世界里，或者活在别人的身后，从而在这个竞争激烈的时代中无法立足。

李蒙是清华英文系的一名高才生，也是学校的风云人物。她长得漂亮，学习成绩突出，人缘也好。在别人眼里，她的前程一片光明，随随便便就能找到良好的工作。

可是，她与其他人想的不一样。她不想按部就班，朝九晚五，而是想在更大的平台创造自己的人生价值。于是，她放弃了一次又一次的机会，毅然选择下海。

李蒙在商场上摸爬滚打，几经波折，终于有了自己的一席之地。在很多年后的同学聚会上，有的女同学都已嫁作人妇，成了标准的全职太太，变得身材臃肿或是一副小家子气。只有她还如当初那般光鲜亮丽。唯一不同的是，她不再是当年那个美丽而羞涩的女孩，而是一个气质非凡的跨国公司总裁。

当然了，没有人知道她在创业的路上吃了多少苦，但大家都永远记住了这个曾经放弃大好机会的女孩选择下海，并成为一个雄心勃勃的气质女总裁。

有的女人认为"雄心"这个概念很大，只要自己有雄心，就一定要在某些方面或领域表现得很出色。其实，事实并非如此。女人的雄心壮志，并不需要很大，毕竟最终能做女皇的只有武媚娘一人。但是，如果一个女人没有雄心壮志的话，生活就只能与平平淡淡、柴米油盐挂钩了。

当面对一个成功的女人时，人们会说"你的气质看起来真不错"；当面对一个每天都把精力放在柴米油盐中的女人时，你会说什么呢？肯定不会把她与气质、优雅等联系起来的。

因此，想要变得有气质，变得优雅，那就给自己一点"雄心壮志"吧！我们来看看君雅是怎么做的吧！

毕业后，君雅与相恋多年的男友结婚生子，并一直待在家中做起了全职太太。在外人的眼里，她依旧是那个天真烂漫的小丫头，即便是生了孩子以后，她的气质还是那么好，身材依然是那么婀娜多姿。当然，她身上还多了些魅力。

为什么君雅能够这样一直不变，或者说，她能够变得越来越好？因为君雅在结婚后，并没有放弃她的雄心壮志——为自己一个人活。每天除了打理家务之外，她还会坚持自己的兴趣爱好和保有自己的私人空间，比如：偶尔逛逛街、在朋友家里留宿几晚、和朋友一起听场音乐会、看几场电影等。有的时候，她还会自己出去旅游、做一些DIY的东西。

时间久了，君雅不仅把重心放在家中，还学会了如何运用自己的空闲时间。与她相比，那些做全职太太的女同学们却整天围着老公转，围着孩子转，成了以他人为中心的人。

当同龄人的气质都被平淡的生活磨掉的时候，君雅的气质却依然如故，甚至比之前更有魅力。

可以说，雄心是将理想、梦想转化为坚定的信念和明确目标的熔炉，它可以集中你所有的力量和资源，帮你走到幸福快乐的彼岸。又或者说，女人的雄心壮志越大，她的气质就会沉淀得越来越深厚。

生活中不乏这样的女人——"我要成为……""……不管怎么样我都不会放弃""就算没有别人的帮助，我也可以做得更好……"

这些都可以成为女人雄心壮志中的一部分。试想：有了目标，有了上进心，成功的路还会远吗？

女人只有有了雄心，才会对生活有着无限的热爱；女人只有有了雄心，才会为了目标而不断地努力；女人只有有了雄心，才有可能与成功相拥。即使最后女人什么都没有得到，女人也不是两手空空，而是变得越来越富有朝气。

女人应该懂得这个道理：成功是女人魅力的一大源泉，没有成功欲望和雄心的女人缺乏自信，缺乏成长和成熟的基本能力。有些女人不懂得成功，有些女人错误地理解了成功，这样的女人会变得虚荣、浮躁、市侩和功利，当然也就不会有魅力了。

下面，我们来看一下关于一个成功且有魅力的女人应具备的特质。

（1）她并不是非常聪明，但一定不能失去那独有的智商，一种属于自己的大智若愚。比如：多读书。书中有男人所不能给予的，别人所不能给予的，而自己却能够懂得和了解的。

（2）她并不是一个八面玲珑、处事圆滑的人。她要拥有良好的情商和智商，会耐心观察生活中的点点滴滴，富有迷人的个性，并会以一种积极的、乐观的心态去面对人生。

（3）她并不是浓妆艳抹，招摇过市，而是拥有一种女性独特的性别魅力，比如：幽默、风趣、大气、高贵。

（4）她并不是拜金女郎，也不具备仇富心理。她深深知道：金钱是一个人赖以生存的基础，而不是让人为之付出一生甚至性命的东西。可以说，她对金钱有一种理性而理智的认识：金钱很重要，但金钱不是生命和生活的全部。

（5）她敢于正视自己的性别，从而发挥和发掘自己女性的优势，去施展与释放女性的魅力。要知道，女性与男性能够平等地生存在一个空间中，并不是要相互对立或排斥，而是应该互补、互助。

（6）她懂得在什么样的年龄做什么事情，懂得在学习的时候学习，懂得在该结婚的时候结婚，懂得在该放弃的时候放弃。

（7）她不把名牌看得很重，也不胡乱地在地摊上挑选东西，而是注重品质和面料，不追逐潮流和价格。

当女人具备这些素质以后，相信她的魅力是一览无余的。

眷恋"安稳"不是气质女人的风格

"安稳"就好像是一个陷阱，让年轻的女人过早地步入老年生活，不敢对现状做出一点儿改变，更不敢去和命运赌什么。慢慢地，她们就会在岁月和安稳中老去。可是，"安稳"可不是一个气质女人该做的事，气质女人应该打破常规，努力去实现自我价值。

女人天生就有一种不安全感，一种不踏实的感觉，也因此，她们特别眷恋安稳的感觉，养成了一身"懒散"的毛病。那些平凡的、一生都没有什么大作为的女性，是因为她们一直在追求一种安全平稳的生活。一旦她们得到比较安稳的生活或工作、家庭位置，就想固守、不求进取了。

就这样，她们只会机械地工作，挣取勉强够温饱的薪金，从而等待着各种难题的降临和平淡的日子。

斯通曾经说过：生命是一个奥秘，它的价值在于探索。因而，生命的唯一养料就是冒险。换句话说，只有敢于冒险、永远不甘心的人才能够体会到生命的不同。那些眷恋安稳的女人，就会失去这些美妙的体验和感悟。在她们眼里，认为每一项计划和行动都需要完美的准备。她们只在自己熟悉的领域搭建一个舒适的温室。比如：喜欢待在家里，无所事事，将"在家靠父母，出门靠朋友"这句话随身携带，不敢向陌生的领域或人踏出一步。

当生活中出现什么困难的时候，她们更是不敢主动发起"进攻"，而是一躲再躲。她们认为：只要不被困难找到或砸中就好，安于现状吧！对于那些新鲜事物，她们也不敢去尝试。她们认为，搞那么多事干什么？做自己就好了嘛！

可以说，安稳是一个陷阱，让女人们丧失了斗志和激情，让她们不敢打破固有的生活方式，不敢追求改变。结果，她们就在懒散之中，松弛了自己的皮肤和精神，犹如一个老人一样。

小芳毕业于一所名牌大学。在学校，她是一名风云人物——不仅是班长，有着卓越的领导能力，还是学校文艺部的部长，能歌善舞。除此之外，她还在校外兼职模特，赚取生活费和零花钱呢！

其实，小芳的家境非常好，样貌和能力都好。也因此，无论到哪里，她都会是众人瞩目的对象。大学毕业后，同学们都为了前程各奔东西，小芳就慢慢消失在同学们的视线中。

5年之后，同学们组织了一次聚会，小芳也来了。看到她时，同学们惊呆了！几乎认不出那个曾经美丽热情的她了！眼前的小芳，身材臃肿，曾经那浪漫多情、迷倒众人的眼神也蒙上了层层的黯然。

经过了解才知道，小芳毕业后，找了份旱涝保收的安稳工作。上班以后，小芳日复一日地重复着嗑嗑瓜子、跟同事聊聊八卦的日子。在这样的环境下，她的热情和理想都被工作的闲暇所抹平，变得麻木，变得没有欲望。

看到这里，我们不由得为小芳感到惋惜，一个如此美丽的女子，却被时间丑化了。在悠闲宽松的工作环境中，小芳不仅失去了积极的、向上的动力，失去了更高的目标，还让自己失去了美丽，让自己在懵懵懂懂的生活中加快了衰老。

有句话叫"物竞天择，适者生存"，这不仅是自然界的生存法则，也是人类社会不断发展的内在规律。不论是生物学家还是社会学家都得承认：害怕变化、不敢冒险、贪图安逸的人，最终都会被这个社会和群体所淘汰。

有句名言说得好：一个人的思想决定一个人的命运。也就是说，一个人具备什么样的思想，那她的人生就有着不同的变化。比如：她具备冒险精神，不安于现状，那总有一天会在自己的事业道路上谋得一席之地；她安于现状，不去争取，不去竞争，那总有一天会成为别人的手下败将，并成为一个失败的人。

对此，卡耐基给我们的忠告是：必须信赖自己的精神力量、能力、经验。如此一来，你的人生才能得到完全的改变。

同样的道理，女人如果能够突破"安稳"这一关，那人生就会发生不一样的改变。比如：香奈儿的成功就是因为不安于现状，才拥有了灵感和动机，让她走出了"安稳"的牢笼，创造了一个经典的品牌。

安稳是心灵的腐蚀剂——这并不是一句冠冕堂皇的话，其中的深意让人触目惊心。在现代，有多少个小芳，在麻木和安稳中浪费了时间，浪费了青春。不要以为麻木是对现实的一种应对，这其实是一种逃避。麻木的生活就像是鸡肋，食之无味，弃之可惜，难道说，这就是我们为之追求的理想生活状态吗？

当然不是！所以我们要尝试改变，要生活有活力，并找到人生的快乐。那么如何去尝试呢？下面给女人们列出了几点建议：

（1）尝试改变自己的形象。比如：在周末的时候，做个新颖的发型，改变一下自己的发色；在生日或节日的时候，送自己一套化妆品，取悦自己，也取悦别人；得到意外的财富，如奖金时，可以送自己一套平时没有尝试过的衣服。

（2）尝试改变自己的言行举止和性格。在生活中，有些女人的性格比较内向，不怎么爱说话。虽然这并不是什么大问题，但在人群中的话，很容易被人们淡忘和忽略。遇到这种情况时，女人们可以在私下锻炼自己，让自己大胆一些，变得幽默一些。这样就能够很快融入别人的谈话中，并且交到一些好朋友。

（3）不要丢掉自己的兴趣爱好。有些女人，一旦工作或有了自己的家庭，就会不由自主地将注意力转移到丈夫或孩子身上。久而久之，就变成了一个爱唠叨的妈妈和絮叨的黄脸婆。试想，整天面对这样的一个女人，孩子又怎么能喜欢，丈夫又怎么能专心呢？因此，女人们不要丢掉自己的兴趣爱好，必要的时候，还可以发展自己的兴趣爱好。俗话说得好：时间就是海绵，挤挤就有了。女人们可不要偷懒，用"没有时间"做挡箭牌哦！

我的成长目标就是十年后的自己

人生是一个旅程，目标就像是一个又一个的高峰。当我们攀登了一个又一个高峰的时候，才能站得更高，看得够远。不过，设定目标可不能盲目，不然从一个高峰走向另一个与其一样高的高峰，那就白费力气了！现在，我们不如设定一个十年目标，设想一下十年后的自己是什么样子的。

美丽浑然天成，而气质却要经过一定的后天培养才能形成。许多普通的女人却因为独具特色的气质，总能让她们卓然挺立在熙熙攘攘的人群中。气质是女人一件永恒的化妆品！

人无远虑必有近忧，聪明的女人往往都懂得为自己制订长远的计划，一年后、三年后、五年后要过什么样的生活，她们都一一去准备。例如一年后，要为自己租一套更大的房子，远离"蜗居"的生活；三年后存足够钱给自己一场浪漫的欧洲之旅……那些女人会先定一个可以通过努力就能达到的目标，一旦尝到成功的滋味，便会沉浸在这种努力实现目标的状态之中继续前进。

藏獒生长在西藏，青藏高原的冬季寒冷而又漫长，它们在野外觅食的时候，从不会将得到的食物全部吃光，哪怕是那些非常容易捕捉到的猎物，也会留下一部分，为下次的食物做准备。因为藏獒知道自己的目标是要活过整个漫长的冬季，而不仅仅是这一顿饱饭。所以，藏獒每次出去寻觅猎物的时候，无论是否找到食物，回到巢穴后，总会有很丰富的食物等着它。藏獒的这种方式总能帮助他们度过漫长的冬季。

女人也一样，也许你现在已经很不错，有着所有成功需要的因素，但是，如果没有定下长远的目标，未来也不一定会有好的前途。有计划、有梦想的女人，会在自己的脑海仔细勾勒自己的梦想。如果你能够清晰地勾勒出自己十年后的模样，那么你才可能在十年后真的实现梦想。那么，十年后，你想成为什么样的人，就必须以此为目标，一步一步努力去靠近自己的梦想。

有这样一篇文章——《十年以后你会怎样》，文中写道：

有一个女孩在 18 岁之前，不知道自己想要成为什么样的人，在艺校里每天都跟着同学们唱唱歌、跳跳舞，偶尔会有导演来找她拍戏，无论角色多么小，她都会很开心地去拍。直到有一天，她的专业课老师赵老师突然找她谈话，问她：

"跟我说说，你未来想做什么？"女孩一下子就愣住了。她不明白为什么老师突然会问这么严肃的问题，不知该如何回答。

赵老师接着问她："你对现在的生活还满意吗？"她思考良久，然后摇摇头。老师笑了，"不满意说明你还有救。那么现在，开始想想，你希望十年后的你会怎样？"

赵老师的话很少、很轻，但是在她的心里犹如铅般重。沉默许久后，她说："十年以后，我希望自己能够成为最好的女演员，同时可以发行一张属于自己的音乐专辑。"

赵老师接着问她："你确定了吗？"她咬紧嘴唇，语速缓慢而沉稳地说出："是。""很好，既然你确定了目标，那么我们就把这个目标倒着来看。十年后的你是28岁，那时的你已经是一个红透半边天的大明星，同时出了一张属于自己的专辑。那么在你27岁的时候，除了要接拍名导演的戏以外，你必须要有一些完整的音乐作品，这样才能拿给唱片公司听，对不对？""当你25岁的时候，必须在你的演艺事业上，不断地进行学习和思考。另外，你还要开始录制不错的音乐作品。再往前的23岁，你必须接受不断地培训和训练，包括音乐上和肢体上的。而20岁的时候，要开始学习作曲、作词，在演戏方面要尝试接拍大一点的角色……"

赵老师的话犹如重锤一般狠狠敲击在她的心上。这样推下去，她必须马上着手为自己的梦想做准备。问题是她现在什么都不会，也没有任何计划，仍然在小丫鬟、小舞女之类的角色中转来转去。她觉得一种强大的压力忽然向自己袭来。赵老师欣慰地看着她说："你知道吗？你非常有天分，但是，你缺少对人生的长远规划。如果你确定了目标，那么我希望你从现在就开始为将来着手准备。"

赵老师的一席话，让她整个人都觉醒了。从那天起，她始终在心里提醒自己，十年后的自己要成为成功的明星。所以，毕业后的她开始很认真地筛选角色。渐渐地，靠着天分与努力，她被大家所接受，慢慢地尝到了成功的欢乐。

人的一生需要不时地给自己树立目标，规划好自己的人生。成功不是等来的，如果不想荒废自己的青春，女孩们就需要适时地问问自己：十年后，你想变成什么人？然后，按照自己制定的目标，通过自己的努力，一步一步地靠近自己的目标，每天早上只要一睁开眼睛，就会发现又是精彩的一天。

女人，一旦你着眼于十年后的自己，就能练就一颗"不以物喜，不以己悲"的平常心。王安石有言，"不畏浮云遮望眼，只缘身在最高层"。纵观女人的一生，常常经历许许多多的成功与失败。有的女人会因为一时的成功而沾沾自喜，故步自封，停滞不前；而有的女人会因为一时的失败而心灰意冷，从此一蹶不振。大部分原因都是因为她们没有给自己树立长远的目标，才会陷入眼前小小的成功与失败中。女人必须要为自己树立目标，这样才能超越成败得失，保持平常心态。聪明的女人以一颗平常心面对人生的大起大落，她们能够以泰然的胸襟面对生活给予的一切。

树立长远的目标可以让女人拥有更明智的选择。每个人的一生都会面临各种各样的选择，而选择则能决定我们一生的道路，直至终点。每种选择都会有优缺点，其中一些选择总是看起来很诱人，这就成为大多数女人的选择。仿佛看上去会给人带来更大的利益，但是这只能迷惑一些目光短浅的女人。而那些真正着眼于十年后自己的女人才知道，对她们来说什么才是最明智的选择。

有一部分男性觉得女人长得漂亮才具有魅力，但更多的男性则认为，女性的魅力包含了女性内在的气质。当今社会才女在公共领域中的优势越发突出，那种传统的以貌取人的花瓶时代渐渐离我们远去。社会不再对女性作单一的外貌评价，而更加注重的是对她们综合素质的考查。容貌的美犹如镜花水月，只能给众人留下表面的短暂美感，而内在的气质美犹如甘醇的美酒，在众人心灵上留下的却是无穷无尽的回味。

脱俗的气质才可以深刻地撼动人心，这往往来自于生活中千锤百炼的实践，不知要经过多少次尝试、多少回思考、多少次百折不回的历练，才能焕发出鲜活的气息。任谁也无法阻挡岁月留下的痕迹，青春与美貌不会永远存在，只有那些丰富的文化内涵和阅历所赋予她的气质，才能让她拥有无与伦比的持久魅力，这会随着时间的累积而与日俱增。青春的美貌漂亮一时，潇洒的气质则美丽一世。

气质女人的字典里没有"不可能"

气质女人的字典里没有"不可能"，因为她们在遇到难题或挫折时，总能未卜先知或尽力去做，化险为夷。或许，正是因为她们的不服输，才造就了自己的气质和魅力吧。

有些女人遇到事情，就不加思考地一口回绝，这意味着她已经丧失了触碰成

功的机会。不经过冷静地思考，更没有进行仔细地分析，却常常冷若冰霜地说："这种事情我做不到。"试问，这样的处世方法能不失败吗？"可否让我先试一试再说。"这才是智者的技巧。其实每个人的潜能都是无穷无尽的。

雅诗·兰黛，美国化妆品巨头雅诗·兰黛的创始人，曾经说过："美丽是一种态度。美丽没有秘诀。世上没有丑女人，只有不关心或者不相信自己魅力的女人。"她是化妆品界最具传奇的人物。她的公司在企业界呼风唤雨，她的名言被全世界各地的女人视为经典座右铭，她被人们称为"香水皇后"。我们来看看她创造的奇迹吧。

在1908年的纽约皇冠区山麓街，一个瘦小的女孩诞生了。谁也没有预料到，就是这个瘦小的女孩，长大后成就了全球美容界最大的护肤品、化妆品和香水公司，并历久弥新。她，就是雅诗·兰黛。

雅诗·兰黛在小的时候并没有显露出她独特的商业天赋，但是却始终相信"世上没有丑女人，只有不关心或不相信自己魅力的女人"。

平日里，她最大的爱好就是为母亲梳妆打扮。长大后的雅诗·兰黛选择去舅舅萧兹的实验室做他的助手。父母问其原因，她的回答是"因为我喜欢"。也正因为她的这份喜欢，雅诗·兰黛在舅舅萧兹的实验室里学会了如何调配香水，她的舅舅还将调配"六合一冷霜"的秘方传授给她。就是凭借着这份秘方和借来的五万美元，雅诗·兰黛开始了自己的创业之旅。1946年，她创立了雅诗·兰黛，以自己的名字而命名的公司。

在雅诗·兰黛的一生中，有两个最为重要的选择，一是决定去她舅舅萧兹的实验室做助理，二是尝试去棕榈滩自己闯荡。如果说前者为她从事美容行业提供了制作美容产品的基本技能，那么后者给她的则是用以征服美容界的秘密武器，那就是她自己。在棕榈滩的时候，雅诗·兰黛有幸结识了冯·阿美林根，后来成了国际香水香料联合公司的总裁。正是因为冯，才能够让雅诗·兰黛制作出让她一举成名的青春露。在1953年，香水还是奢侈品的年代，雅诗·兰黛看到大众女性们对香水的需求。

后来，她求助于号称"美国第一鼻"的著名香水师雪夫坦，希望他能够设计出一款价格低廉、能够保持香味的沐浴油——青春露。青春露一经推出就受到广大女性的喜爱。随后就推出了"青春露"的一系列产品，并抢占了美容市场相当大的一部分份额。也因此，雅诗·兰黛一战成名。

其实，雅诗·兰黛的成功拥有她自己的秘诀——推销，针对性地上门逐个儿推销。她强调接触客户的重要性，她注重产品的品质，聪明的她甚至在电梯间"不小心"打破"青春露"的瓶子，让周围的人感受到它香味的持久性。雅诗·兰黛通过赠送赠品这种营销手段扩大了她的销售圈，她揣测上流社会人士的心理，推出天价"再生霜"。

在20世纪50年代，雅诗·兰黛凭着敏锐的市场眼力及创意十足的商业头脑，使雅诗·兰黛公司的营业额达到每年80万美元。

"青春露"的诞生，体现出雅诗·兰黛在香水方面的天赋。公司所售的大部分香水都是她自己在实验室细心调制的，且品质都不低。

一直到20世纪60年代，雅诗·兰黛公司的发展进入黄金时期。这个时候，雅诗·兰黛意识到公关的重要性，那就是与上流社会人士的联系。聪明的她也深谙"名利"之道，知道如果自己成为上流人士中的一员，将会有利于雅诗·兰黛品牌形象的推广，这会给公司带来源源不断的红利。

因此，她不惜一切代价，尽力去结交上流社会的每一个人。晚年的雅诗·兰黛依然对此乐此不疲。平日里，她会经常邀请上流社会的女士们来家里开派对，她拥有一个不加位也可容纳30人同时进餐的餐桌。用餐时，许多的名人、富人、贵人齐聚一堂，酒杯觥筹交错、环佩叮当……

在棕榈滩，她结识了众多上流人士，其中就包括了当时被视为时尚风向标的温莎公爵夫妇，这进一步强化和提升了雅诗·兰黛的产品市场和地位。

在一个采访中，雅诗·兰黛回首自己的创业历程说道："我每天的工作无不与推销有关。如果我相信一样东西，我就会不遗余力推销它。"雅诗·兰黛由此成为20世纪最具影响力的推销天才之一。雅诗·兰黛的美丽气质告诉了我们：没有什么是不可能的！

总之，气质女人的字典里没有"不可能"。为了梦想，坚持不懈，是气质女人的性格特征，也正是这样，才使得她们的人生变得多姿多彩，创造一个又一个的奇迹。

第三课

你不能选择出身，但可以修炼气质

接纳真实的自己，享受多彩的人生

每个人都应该接受真实的自己。比如：自己的外表、衣着打扮、学业、事业等，都要有一个正确的认识。也只有接纳自己，女人们才能真正地感受到生命的快乐。

在我们很小的时候，就总是会听到别人说"人不是因为美丽才可爱，而是因为可爱才美丽"，所以我们便信以为真，拼命地想要去抓住"可爱"，从而赢得别人对自己的赞誉。等到长大以后才知道，原来要想美丽，并不是去找可爱，而是要经过后天的"修炼"，才能让自己变美丽。

在当今社会，竞争已十分激烈，很多人都为了能够在行业或者职场的发展中取得优势，付出了很多的努力，甚至因此承受了许多惨痛的代价：曾经参加过"快乐女声"的王贝，为了能够和唱片公司签约，选择了整容，最终死在了手术台上；河南女孩李某，为了能够在身高上取得优势而进行了增高手术，最终却导致了终身瘫痪；刚离开学校步入社会的白某，更是因为面试官的一句拒绝的话而精神失常……这些发生在我们身边的事情已经屡见不鲜，足以引起我们的重视。那么，在竞争激烈的职场中，我们究竟该如何面对自己、如何选择我们的生活和工作呢？

1. 理性对待"择业"的代价

不能否认，如今社会的就业压力很大，竞争很激烈。为了日后能找到一个相对不错的工作，我们必须好好学习，掌握好基本的文化课程。除此之外，我们还需要通过各种方式学习，过四六级，拿会计证、律师资格证等；当然，有了好的成绩和各种证件并不能证明我们就一定能得到一份好工作，我们还必须花费大量的时间实习，从而增强自己的社会能力和工作经验等。

这些，就是我们为工作而付出的"代价"。我们要清楚地认识到：这样的"代价"是可以提高我们自身素质的，是一种有益的"代价"。这"代价"不仅可以让我们的头脑更充实，还可以让我们更具内涵和素养，是一种能够对我们的成功产生积极影响的"代价"。换言之，那些会对我们产生坏处的代价，我们就应该尽力避免。比如说：如果是为了成为一个舞者、模特或者演员，就毫无顾忌地进行整形和地狱式地"劳其筋骨、饿其体肤"；为了成为一名篮球、排球运动员，绞尽脑汁地想要去增高；因为某一句话、某一件小事而丧失斗志、情绪低迷等，都可以归类于负面的影响，这些就是无益的代价。无益的代价会影响到身心和意志，所以应该努力避免。

因此，我们应该抓住现在年轻的时光，多学习、多磨炼，让自己的内心更加充实坚强。这样，才是实实在在的生活。也只有经历过这些，才能更好地掌握适合自身发展的职业方向。

2. 敞开"青春"的心扉

拥有"王贝心态"的人很多，其中尤以年轻少女的人居多。青春期是人生一个极为重要的时期，是人生观、世界观和价值观形成的重要时期。因此，处在这个时期的女孩更应该调整好自己的心态，以正确的态度面对自身的变化。

处在青春期的女孩，整天都面临着一些问题，如：代沟、恋爱等诸多问题。同时还会因为微微发胖的身体或者身高不如意等问题，再加上学业和择业的压力，极容易受到不安心理的影响；有的时候，由于与周围的同学、朋友存在各方面条件的差异，很容易陷入"攀比"的怪圈。因此，女孩们应该对青春期有科学的认识：正确接纳自己；懂得没有人是十全十美的。

美丽是一种心态，是一种健康、阳光、积极向上的心理活动。因此，学会心态放轻松、正视自己、面对自己，敞开心扉去接受自己，才能轻松应对各种接踵而来的烦恼。在这样的生命观的引导下，女孩们才会拥有丰富多彩的人生。

3. 接纳自己，快乐择业

每个女孩子都希望自己拥有完美的身材和姣好的面容，从而吸引别人的注意，

增加自己职场中的砝码。但我们必须承认，这种完美是不存在的！难道说就因为这样，女人们就应该沮丧地放弃自己否定人生吗？

当然不！

从心理学上讲，女人之所以会因为别人的评论而感到生气，甚至拼命地想要除去这些不足，根本原因就是别人的评论激起了我们对自己的认识。或者说，在别人评论之前，我们就已经对这些遗憾有了认知。也就是说，真正让我们生气的，是我们自己对自己的评价，是对自己的不接纳，而不是别人的言论。

针对这一现象，我们要做的就是：认识到这个世界上没有完美的人！只有承认了自己的遗憾，接纳自己的不足，才会让别人的评价没有攻击力。同时，我们要及时处理自己的负面情绪。

其实，负面情绪并不可怕！它之所以可怕，只是因为我们不接受它。当它出现时，我们还来不及感受，就感觉到了压抑，继而一味选择否定和逃避。于是，它就像一团火焰，深深地藏在我们的潜意识里。等到某一天，我们再被负面情绪影响时，火焰就会燃烧，直到爆炸。

所以说，我们要学会接纳自己、正视自己，勇敢地面对真实的生活，才能让自己的内心不断强大，才会不被外界影响。

要知道，生活是多姿多彩的，我们要学会享受人生；要学会享受，先要学会选择。只有这样，女人们才能够感到快乐，才能够享受到生活中无处不在的阳光。

很多人并不了解自己有多么优秀

气质并不是天生的，而是需要经过后天的刻苦修炼才能够拥有。对于那些已经具备气质的女人，我们不需要羡慕，而要以此为榜样，努力学习和塑造自己。要知道，天下没有丑女人，没有坏气质的女人，只有懒女人。

很多女人都会有自卑心理，而羡慕艺术女生的气质，实际上妄自菲薄只是庸人自扰。艺术院校的女孩一般拥有着靓丽的外表和充满艺术气息的气质，为什么她们身上会有如此迷人的气质？

气质并非天生，而是需要经过刻苦的修炼才能够拥有。对于这些充满气质的女人，我们完全没必要羡慕，这些在后天都可以弥补！

好莱坞的经典电影《出水芙蓉》，就为我们作出了完美的解答。记得其中一个片段是这样的：在形体室里，学习舞蹈的女孩子们一字排开，不停地练习着芭蕾手位。就在这时，她们的指导老师对她们说："你们想不想成为世界上最有魅力的女人？"

"想！"

女孩子们无不激动地说。对于这样的回答，她们的老师也很满意："那就从现在开始，告诉自己——我就是世界上最有魅力的女人！"

从这句话中我们就能看出：真正的魅力并不在于外表，而是源自心态。换句话说，气质的塑造，最关键的地方就在于心态。一个人如果连肯定自己的勇气都没有，就不可能得到别人的肯定。

在美国内华达州有一个叫玛丽的 13 岁小女孩，她总觉得自己没有魅力，不讨男孩子喜欢，因此产生了自卑的心理。

在一次上学的途中，她经过了一个商店。当她看到里面的一只绿色蝴蝶结发卡后，就深深地被吸引住了。于是情不自禁地走了进去，当她戴上这个发卡的时候，店主就说这个发卡很适合她，夸她漂亮。听到这种回答后的玛丽心里非常开心。

"玛丽！你今天真漂亮！"

玛丽刚坐到座位上，耳边就传来了同桌的赞美。这种改变更让玛丽兴奋！要知道，同桌可是很少跟她说话的。等到快要上课的时候，老师也很惊讶地看着玛丽，并且亲切地拍着她的肩膀说："噢！可爱的玛丽，你抬起头的样子真美！"

玛丽开心极了！她今天收到了很多的夸奖，甚至还接到了男孩子约会的信函。她变得开朗、活泼起来，还和同学打成一片。同学们也很喜欢这样的她，还纷纷夸她比以前更漂亮了。

对于这种变化，玛丽认为都是那个神奇的发卡的功劳。她想：这只发卡这么有魔力，我一定要再买一只！打定主意后，玛丽在放学后第一时间跑到那个商店。

商店的老板走了出来，一脸和善地说道："啊！美丽的小姑娘，你是来取发卡的吗？我就知道你会回来的。早上你走得太匆忙，发卡掉在了地上，现在物归原主。"说着，老板将发卡递到了玛丽手中。

看到这里，我们都已经明白：玛丽的变化虽然跟发卡有关，但别人并不是因为发卡的美丽而夸奖她。也就是说，真正让玛丽变得美丽的是她的心态变化！她的变化使得自己拥有了无与伦比的魅力气质，让她放下了自卑。

她不自卑了，精神面貌就好了，因此，才能够在一天里得到那么多的赞赏。由此，我们可以知道：真正吸引人的并不是外表，而是心态。也就是说，当你相信自己美丽时，身上就会散发出让人痴迷向往的气质，从而引起别人的注意。如果你都不相信自己的出众，认为自己平庸，那么别人又怎么能知道你的美丽呢？

德国哲学家谢林这样说过：一个人只有最先意识到自己是一个什么样的人，才会清楚自己要成为什么样的人。也就是说，一个人最重要的是要相信自己的魅力，也只有积极的心态才能塑造出强大的气质。

对于这一点，拿破仑·希尔同样作出了回答：你如何运用自己手中那件叫作积极心态的法宝，将直接决定你日后的财富、健康和幸福。也就是说，如果能做到时刻保持积极的心态，用以引导和强化自己的气质，那么你很快就会让别人感受到你的魅力。

当然，这种说法也是有心理学依据的，并非一种唯心主义。众所周知，在心理学上有一个非常著名的心理暗示定律：即个体在无意识情况下接受到来自人或者环境的这种信息，就会做出相应的反应。心理学家巴甫洛夫认为：暗示是一种人身所表现出的最简单、最典型的条件反射。从心理机制角度分析，这种假设是被主观意愿所肯定的，虽然不一定有根据，但却由于主观意念上的肯定，人在心理上便会趋向于这个内容。最后，这个暗示就会根植在我们的潜意识中，并通过潜意识影响我们的行为。

也就是说，当你肯定自己是个有魅力的人时，你的潜意识就会接受这个暗示，从而影响到你的行为。你会不自觉地装扮自己，会刻意要求自己注意谈吐……久而久之，你的气质就会产生极大的影响力。到这时，你就会是一个魅力四射的人！

如果你想要引人注目，想要成为别人眼中的焦点，成为众人眼中的明星，那么就调节自己的心态吧！只有拥有积极乐观的心态，才能不断去提高自己，成为众人眼中的魅力女皇。下面就教女性朋友们一些方法，让你变得更有魅力。

（1）学会自我调整，加强适应社会能力的培养。作为女人，在面对各种复杂环境时，要做到冷静地处理，自如地应对各种变化。在平时，可以多看一些有关自我心理调整和暗示方面的书籍，学会自我放松。

（2）知足常乐。作为女人，要懂得看淡名利，追求真实的自我，追求家庭的和谐以及保持邻里的正常关系。闲暇的时候，可以找朋友谈谈心；遇到困惑的时候，要与家人多沟通，与人发生矛盾时要及时用爱心去化解。

（3）保持乐观、积极向上的精神状态。作为女人，要学会自我释放压力，从容不迫地应付日常生活和工作的压力。

（4）有时间多参加外出旅游，感受大自然的温暖。作为女人，要学会享受生活中的点滴善意和关怀。有假期的话，可以约几个朋友出行，这样有利于沟通，可以增强彼此的感染力，从而对生活更加热爱。

（5）改变思想认识，把矛盾认为是增加彼此了解的桥梁。作为女人，最重要的一点就是要学会忘记，忘记那些不开心的事，做事要提得起、放得下，想得开、看得穿。不要对过去的事耿耿于怀，过去了的事就让它过去吧。

没有气质，华服加身也没用

气质是一件无形的外衣，能够将女人的魅力无限放大。气质，也可以说是女人内在魅力的外在体现。如果一个女人胸无点墨，那即便是穿上了凤袍，也毫无气质可言。有时候甚至会弄巧成拙，给人一种肤浅的感觉。

如果你想要让自己拥有出众的气质，就要在注意穿着和谈吐的同时，不断提高自己的知识和品德修养，丰富自己的精神世界。

在生活中，绝大多数女人都只注重穿着打扮，而不在意自己的内在气质培养。不能否认，华丽个性的服饰和精巧的妆容，确实能给人一种美感。但这种美感会在卸妆后荡然无存。与其将精力浪费在这上面，不如将精力放在培养自己的内在气质上。内在气质不会因时间的变化而让自己一时美丽、一时丑陋。

气质美是一种特别的表现方式，看似无形，实则有形。一个人的生活态度、个性特征和言行举止等方面都可以作为气质美的表现方式。一个人在举手投足之间所表现出来的风度，以及她走路的姿态和待人接物的风度，也都属于气质外在的表现。拥有气质的人，会给别人留下好的印象。而这种传递给别人的好感，就来自于他们言谈上的高雅以及他们恰到好处的作风举止。

气质美还有一种通俗的表现，那就是性格上的特性。在日常生活中，女人们要学会谦虚和忍让，懂得去关怀和体贴别人。当然了，忍让并不代表着逆来顺受，一味地沉默。相反，性格开朗一些，反而更容易表现出一种大气，更能表现出其内心的情感。这样，她的感情就会愈加丰富，就会与气质交相辉映，让她在气质上更添几分风采。

此外，高雅的兴趣也是气质美的一种表现。比如说：喜欢文学的人拥有较好的表达能力；爱好音乐的人会有比较强的乐感等。

生活中，我们还会发现，有些女人并不具备很美的外表，但她们的身上却依然散发着让人着迷的气质美。为什么呢？这是因为她们具备或认真，或执着，或聪慧敏锐的个性。也正是因为她们身上这种和谐统一的内在美，才让自己具备了真正的气质美。

那么如何才能成为一个拥有气质美的女人呢？不妨尝试以下这四点：

1. 要学会充满自信

那种只会自怨自艾、将希望寄托于别人身上的女人已经被淘汰，没有了市场。要知道，如今的社会，女人早已不再是男人的附庸，女人也同样拥有自己的主场。换而言之，女人只有学会了自我拯救和自我完善，才能够把握住幸福。选择等待男人赐予幸福，则是一种被动而不安全的选择。

在生活中，那些乐观自信的女人往往更能赢得男人的爱慕，从而让人生更精彩和多元化。如果面对一个消极的女人，即便她再美貌，相信也会吓跑男人的。

2. 要学会高贵

高贵并非是与出身或者地位相挂钩，而是一种精神上、态度上的高贵。试想，一个只是出身高贵、地位高贵的人，一张口就是脏话或没有素质的言论，那她就会与高贵无缘了。

在小仲马所写的《茶花女》中，主人正是因为茶花女身上那种高贵的气质以及十足的女人味，才会爱上她。事实上，这样的女人会让男人拥有生活的信心和勇气，从而让男人愿意跟她在一起。因为在她们的生命中，拥有着一种可以净化男人心灵、激励男人斗志的魅力。同样的，现代的女性如果想要做到不媚俗、不盲从、不浮华，就必须要拥有这种让男人着迷的高贵气质。

3. 要学会表达善意的温柔

温柔的女人会更容易博得男人的欢心，能够让男人疲惫的心灵感觉到温暖。但是，温柔并不是没有原则地对别人好。如果一个女人的温柔没有原则，那么这种温柔就会成为一柄利器，害人伤己。

可以说，女人的温柔应该是要有所节制的，要学会调适自己，不要将全部精力投入到感情中，以至于让感情取代了生活的全部。

在生活中，有些女人一开始就放错了自己的位置，将自己摆在了一个乞求感情的位置上，这种错误，就是悲剧发生的根源。试想，如果你自己不看重自己，又怎么赢得别人的看重呢？也就是说，如果你对男人过于看重，他们就可能认为可以主宰你的感情和幸福，从而不会对你太过用心。

因此，女人们一定要节制自己的温柔，不做一只依附于男人的金丝雀和溺爱男人的"老妈子"。

4. 做事有主见

据心理学家分析，女人是十分感性的，在选择感情、友情、事业或婚姻的时候，往往会放弃理智，而这种处事方式，也成为阻碍女人发展的致命弱点。

女孩来到深圳以后，踏踏实实地过着自己的日子。上班、下班……两点一线。偶尔，她会逛逛超市，逛逛批发城，淘一些价格便宜的服装。

与她一起来深圳的女孩，大多被现实的都市和浮华蒙蔽了双眼，有的女孩还劝告她："何必那么辛苦呢！你还不如像我一样，有人养，有人给钱花，日子过得多滋润啊！"

听到这话，女孩只会微微一笑，并不多说什么。几年以后，女孩已经获得了一些工作技能和经验，回到老家开始创业。随后不久，便遇到了自己的真命天子，步入了婚姻的殿堂。

可那些迷失过的女孩，最终被无情地抛弃。因为岁月已经让她们的美貌变得一文不值。即便是她们想回家，也无脸面对家人和自己……

的确，现如今的社会，总是充斥着各种各样的诱惑，在这个时候，我们最需要做的就是：有自己的主见。

一个有主见的人知道自己该做什么，不该做什么。一个有主见的人有自己的独立思想，知道自己要的是什么，并且会为之奋斗。像故事中迷失自己的姑娘们，当一切都没有了的时候，又去靠谁呢？

攀龙附凤，不如成龙成凤

女人们不需要为了短暂的"狐假虎威"，就去曲意迎合，百般讨好别人。与其这样，不如把自己也变成一只"凤"，做一个独特的自己，成为一个有魅力的、

有主见的女人。

溜须拍马、曲意逢迎或许能为你带来短暂的利益，但这样的人永远上不了台面。只有自主自立、成龙成凤，才能让你拥有逐鹿天下的资本。记住，女王的目标是成为武则天，而不是做个侍奉皇后的小丫鬟。要想成为一代女王，就要有"清高"的自己。

在现实中，有很多女人通过攀龙附凤，让自己拥有了"狐假虎威"的权力。她们像哈巴狗一样摇尾乞怜，像乞丐一样去乞讨想要的东西。但最终，她们的结局总是不好的。

其实，这完全没有必要！女人们不必去违背自己原则地去讨好别人，攀龙附凤，而是需要努力上进，让自己成龙成凤。

等到自己成为高贵的女王的时候，自然就不用去依附别人了，甚至还会得到别人的示好。当然了，人脉同样是成功路上必不可少的因素，没有人能靠自己就能成功。我们要分清主次，只有自身具备了强大的实力，才有资本迎接挑战。

如果一个女人想要获得永久的成功，那么就必须学会独立，让自己更有实力。

海伦·凯普兰是一个美丽的女人，她小巧玲珑、手脚利索，仿佛任何事都难不倒她一样。而事实也正是如此。

海伦·凯普兰出生于维也纳，后来在塞拉库斯大学学习艺术。在她母亲的老观念的影响下，她内心的这个念头早已根深蒂固——"女人一定要找一个金龟婿"。就这样，21岁的她就早早结了婚。但这段婚姻却没能长久，不久后她就离了婚。她说："我受到了母亲的观念影响，认为只有嫁给一个成功的男人，才会过上幸福的生活。在我母亲的认知里，只有我嫁给了金龟婿，才算得到幸福，才算拥有成功。这就是我从小所接受的观念，仅仅是嫁一个成功的男人，而不是靠自己去获得成功。直到最近我才发现，自己太过轻率地接受了母亲的理念。"

于是，她开始依靠自己去获得成功。后来，她拥有了自己的事业，成了一名心理学家。她这样说道："在我年轻的时候，我就想过要做一名心理医生，但我却觉得自己能力有限，进不去医学院。而在我大学的时候，我就曾与心理学家约会，并且嫁给了其中的一位。但在后来，我明白了，自己的理想是要成为一名心理医生，而不是嫁给一个心理学家。"

她为了自己的事业做了很大的努力，并且也取得了很大的成功，甚至成为性爱治疗方面的先驱工作者。在她的工作中，涉及很多女性都羞于提及的"性"的话题。她写了《新的性爱疗法》这一医学著作，让大众重新了解了"性"的概念。她的这种创新，即便是行业内的专家也对她倍加推崇。而事业成功后的她，却依然有自己的追求。

她说："我现在在专业上取得了一些成就，工作也十分愉快。但我依然有追求，我想做一名演说家，然后有很多的好朋友，有自己的乖孩子和一幢舒适的公寓，然后和世界上任何人都能够很融洽地相处。"

我们常常听到别人这样说："次等人攀龙附凤，一等人成龙成凤"。也就是说，将希望寄托于别人，只懂得依附别人的人，是不可能得到属于自己的成功的。因为她们此时站立的双腿，是在别人的搀扶下直立的。如果别人不再对她们进行扶持，那么她们将会蒙受莫大的损失，甚至会跌落原点。

由此可见，那些想要选择攀龙附凤，依靠别人，不劳而获的人，永远只是次等人。聪明的女人，一定会选择一条独立的道路，通过不断提高自己的实力，让自己成龙成凤，成为一个一等人！

其实，一个女人想要修炼自己的气质，并不是非常困难。在日常生活中，可以多读一些充满灵性的诗，听一些美妙的音乐，或者读一些优秀的著作等，让自己拥有一个充满内涵的心灵。与此同时，多去关注一些关于时尚、服饰等装扮方面的信息，让自己在装扮方面夺得先机。

除此之外，更要注意自己平时的言谈举止，让自己拥有高雅的待人习惯。当然，想要修炼自己气质的女人，仅仅做到这些还是不够的，我们还需要注重一些细节，比如：在自己走路时或者静坐时，尽量做到挺胸收腹。这不仅能够让别人感觉到自己的独特，更能为自己拥有一份独有的气质打下良好的基础。

没有贵族身世，也完全可以有贵族气质

气质并不只属于女王或者是贵族，即便是再普通不过的女子，只要抱有自己的信念和方向，不断攀登、努力，也可以成为傲视群芳的人。现实中，有不少的灰姑娘一跃飞上枝头，成为人人羡慕的人。她们的成功，就是因为她们那独特的气质。

上天是公平的，当它关上这一扇"天生丽质"的大门时，便会打开另一扇叫

作"魅力四射"的窗户，让人们能够透过它看到比美貌更加让人动心的风景。

作为传统的中国女性，由于传统文化的熏陶，身上所展现的文化美会更有特点，从而使气质多了几分温柔和内敛。众所周知，美女不仅仅是拥有迷人的外表，更多的评判标准则是看这个人是否具有心灵美和内在美。而只有具有美好的心灵、高尚的道德情操以及健康的身体和亲切的爱心，才能更好地展现自己的内心世界，才能更好地渲染出自己无与伦比的美。

没有人能够规定气质的所属，上帝在造物时，也没有配置这种衍生物。也就是说，气质是个人在人生中自行创造。因此，气质并不只属于女王或者是贵族，即便是平民女子，只要你充满魅力，那么你同样也可以拥有强大的气质！

2011 年 4 月 29 日，全球范围内都直播了这一场世纪性的婚礼。如果灰姑娘与白马王子的故事平凡，29 岁的英国王子威廉与和他同龄的民女凯特走到了一起，那这件事就不平凡了。这场传奇性的婚礼，吸引了全世界的瞩目。当然了，大家并不是仅仅想一睹王室的盛大婚礼，更多的则是想要知晓，这位灰姑娘究竟有什么独特的地方？

这个灰姑娘就是凯特·米德尔顿，出生在一个极为普通的中产阶级家庭。在她从英国著名私校马尔伯勒学校毕业以后，便进入了圣安德鲁斯大学攻读艺术。在这里，她认识了威廉，并且很快坠入了爱河，最终修成了正果。

那么，究竟是怎样的一种魔力，让这位平民出身的女孩征服了王室贵族？那就是——凯特身上所散发出来的那种优雅、高贵的气质。

凯特极其聪明，并且十分独立，在各方面的能力丝毫不比威廉差。她面对狗仔队时的那份从容淡定以及她身上展现出来的那种现代女性的自信，都受到了英国皇室的认可和英国人民的爱戴。英国时尚杂志 Tatler 的编辑就曾对她极为推崇地评价道：她身上具备了英国人谦逊、优雅的精髓；而且，她的美，不是用化妆品堆积出来的，她就是一朵清新自然的特殊玫瑰。

如果这些还不能够让你了解到凯特的魅力，那么最近一个名为谁是"最美王室成员"的民意调查，一定会让你对她有更清楚的了解。在这个调查中，12.7 万名网民选出了全球皇室的优秀成员，这位来自英国的平民王妃凯特，就一举超越了已故的戴安娜王妃，排在了第三位。

从凯特的经历中，我们不难得到这样一个结论，那就是贵族气质并不是贵族的专属荣耀，一个平凡的女人，同样可以具备这种气质。

时代已经变了，贵族气质，并不是可望而不可即的奢侈品。谁拥有贵族气质，谁就能拥有更为强大的气质，谁就能吸引别人的注意。正如这位英国王妃一般，现在的她已经成了英国时尚圈、政治圈、平民圈最受追捧和爱戴的公众偶像，成了一个拥有无限魅力的气质女王。

如果你也想成为女王，那你就要培养自己的贵族气质，就像凯特一样，即使是平民出身，也依然拥有贵族气质。不过，要拥有贵族气质，也不是一件容易的事情。我们首先要对贵族精神这个概念有一个正确的理解。

在绝大多数的中国人的眼中，贵族生活就是住别墅、开豪车，没事打打高尔夫。这种奢侈的生活，就是贵族。此外，很多人还将"富"与"贵"混为一谈。其实，这也是一种错误的认知。

富是物质上的富裕，而贵则是精神的富裕。所以说，贵族精神所代表的是一种以责任、勇气、自律以及高尚等一系列价值观念为核心与平民精神紧密契合的先锋精神。

简单来说，贵族精神的高贵所在，就是能够让人理解生命意义的精神，即干净地活着，优雅地活着，为尊严为荣耀而活着。拥有这种精神的人，绝对不会因为一些眼前的利益而放弃自己的信仰，不择手段地做一些背信弃义、为人不齿的事情。从这个观念上讲，精神的贵族和所谓的富有之人是没有任何联系的。这就是说，拥有贵族精神的人不一定富有，而富有的人也不一定拥有贵族精神。因为贵族精神并不是身价地位可以衡量裁定的，更不是金钱能够买来的。

这一点，法国政治学家托克维尔就给出了一个很好的解释，他说：贵族精神的实质就是荣誉。而通常意义上的"贵族精神"更是复杂，它包括高贵优雅的气质、宽厚亲切的爱心、悲天悯人的情怀以及圣洁高尚的精神和承担责任的勇气，而且它还蕴含了坚韧的生命力、人格的尊严以及人性的良知等诸多方面的准则。同时，它更是要求具备不骄不媚、不乞不怜，能够始终坚守"美德和荣誉高于一切"的人生原则这样的品质。

在世界上，有一些著名的贵族学校，也都对学生实行了严格而艰苦的军事化训练，他们的目的就是为了培养学生的团队合作意识和自控自律精神。我们不难发现，真正的贵族必然是要拥有超强自制力，富有精神力量和道德感召力的。想要拥有这种强大的精神力量和道德感召力，就必须尽早开始培养。

女人贵族气质的培养是模仿不来的，不是一朝一夕就能成功的事，它需要文化和素养的积累，然后由时间来加以沉淀，从而魅力外露，将你打造成一个气质女王。

所以，一个女人想要拥有贵族气质，拥有一种女王的气质，那么就要尽早培养自己的贵族精神，在不断的学习中培养自己的强大气质，从而变成一个名副其实的贵族。

提升源于你底蕴的个性气质

罗曼·罗兰曾说过：气质是很抽象的东西，但是，它给人的印象却非常明显。这句话是如此的富有哲理！用一个最恰当的形容，一个人的内在品位和气质，在外的表达就如同蒙娜丽莎的微笑一般，尽管只是视觉上的冲击，但却依然让人感觉到那优雅而恒久的魅力。

从一个女人优雅的举止上，我们还可以看到一种让人赏心悦目的修养，甚至能品位出她所独有的内涵。

无论何时优雅的女人都是能引人瞩目的，而且不管是男人还是女人，都会忍不住为之侧目，为之倾心。在这个时候，一个人的态度就尤为重要了。

女人大多注意外表，但聪明的女人一定懂得内外兼修才能立于不败之地的道理。底蕴深厚的女人善解人意、爱好艺术、聪明、富有内涵，并且眼光独到。她们活着就注定为了实现梦想而百折不挠、千辛万苦地去努力奋斗，这其中的每一段经历都是一种财富，积淀下来就能成为底蕴的一部分。

愚蠢而低俗的女人，会选择喋喋不休地报怨，抱怨上天不公，不能让自己拥有那样的美貌和气质。殊不知，优雅往往是那些聪明的女人通过后天的努力，去学习和修炼出来的魅力。当一个女人慢慢地从外表的自我过渡到深厚的内在时，她的整体便会呈现出一种极致升华的美丽。而当一个女人学会优雅之后，她的生命中就被注入了一种新的东西——气质。

对于女人来说，当优雅成为一种自然的气质时，她就一定会更显温柔和成熟，而且还会有亲切的爱心和少许的童真，从而给人带来无限的想象。当然，这种想象，并不仅仅能够愉悦人的眼球，还能够愉悦人的身心。

我们要清楚，优雅并不是模仿就能够得来的，而是需要不断地积累、升华，然后由时间慢慢沉淀出来的。

优雅的女人懂得用自己内心的品位来提升自己的气质美，反过来，用品位做底蕴的女人也是最优雅的。也只有这样经过后天修炼而来的美丽才会光彩照人，甚至形成一种超脱凡俗的气质。而这种气质，则来源于她的文化内涵。

这种气质，绝非传统意义上靠装扮而得来的气质，而是一种从内而外所散发出来的迷人魅力。只有当身体与心灵的气质都趋至完美、协调统一之后，才能够表现出这种独特的气质。也就是说，只有同时具备了气度、风度、魅力这三个人气要素之后，气质才能够达到完美，内外和谐，从而形成一种恒久而充满魅力的气质。所以，气质并不会因为容貌、年龄和衣着等原因局限，而是通过气质来吸引别人的。

讲到这里，相信你已经明白，气质并不是依靠简单的外在塑造就能够拥有的，而是要通过内外兼修来培养的。

一个女人想要将自己修炼成一个有气质的人，第一步就是要丰富自己的内心世界。比如说：如果一个人拥有顽强意志，但却思维简单；或者说拥有丰富的知识，但却性格软弱，就可能只拥有身体气质或心灵气质上的能量，而在气质上有所缺陷。因此，气质的培养，要着重"知"和"意"这两个方面，使自己的内在得到全面的提示。而这里的"知"，指的就是知识和思想。打个比方说，一个只拥有冲锋陷阵的勇气的士兵，最多也只能算是个好兵，却永远无法成为一个统领千军的将领，而这其中的差别，就在于他是否拥有丰富的知识和经验，以及纵观全局的眼光。

也就是说，只有拥有了丰富的知识，才能锻炼出强大的心灵。同样，若是一个人拥有丰富的知识，但却总是拘泥于小节，只懂得纸上谈兵，那他就只是个书呆子，也算不上拥有智慧。而想要把知识转变为气质，还需要用自己的思想来进行分析和判断。这一点，从辩证唯物主义角度分析，气质可以理解为是一种共性的基础上体现出个性。此外，统领军队的将军也需要具备一往无前的勇气，这样稳固军心，才能鼓舞众人。所以，想要更好地体现内在的力量，不仅需要具备高深的学识，同时还要拥有执着的精神。

气质修炼的第二步，就是要培养出自己稳定的性格。有人或许会说性格是天生的、注定的，根本无法改变。但我们要强调的是，通过气质，就可以来弥补性格的缺陷。也就是说，一个人的修养提升了，在保持个性的同时，还能赢得别人的欢迎。比如：如果一个人的性格十分活泼，那么就应该去着重培养他乐观的一面，而杜绝他过于轻浮的一面；如果一个人的性格是内向的，那么就应该让它学会在关键的时刻表达自己，并且学会用实际行动来表达自己的意志。其实，性格并没有好坏之分，也正因为如此，每个人才都可能通过气质的修炼，来让自己成为一个美丽而强大的人。

最后，外在因素也是十分重要的。当然了，这里所讲的外在，并不只限于衣着服饰，更多的则是强调一个人的外在表情。我们都知道，一个眼神、一个微笑或者一句简单问候，就能够体现出这个人接物待人的态度，进而体现出她的生活姿态。想要拥有一个完美的外在，就要注意到：言行举止要符合基本的礼仪，过于特立独行或者过于热情，都会影响到你在别人眼中的形象；在确定自己的行为符合礼仪的基础上，也要尽量去展现一些个人特点。不要总是人云亦云、唯唯诺诺，这样不仅不会引起别人的注意，反而会让人渐渐淡忘。所以，学会在言谈中表现自己的个性，是修炼气质的一个重要方面。

与此同时，我们还要了解到：气质是需要稳定的个性来体现的。因此，女人们要学会用自己的个性气质来提升自己的气质能量，从而通过强大的气质展现出自己独特的个性和魅力。

人的气质并非一直不变

人的气质并不是一直不变的，它会随着时间的流逝和周围环境的变化而变化。为了保存自己的气质，女人们应该为自己铸就一个小城堡，存放一些属于自己的东西，将影响气质的坏东西拒之门外。

青春是短暂的，无论你拥有多么漂亮的容颜，拥有多么高贵的气质，都会随着时间的变化和环境的变化，发生一点点改变。

我们都知道，性感歌星麦当娜曾是许多人心目中的梦中情人，是所有人都爱慕的对象。当她以电影角色"贝隆夫人"的形象再次出现时，人们所表达的情绪却变成了敬仰。她的这种气质上的转变，或许就很明显地解答了"漂亮"和"高贵"之间的区别，同样也解答了步入高贵所需要的付出以及"高贵"的真谛。

一个女人身上所散发的高贵气质，是她内心包括：爱心、善良和宽容在内的诸多品质在容貌仪态之上的体现。这种气质的美丽，根本没有任何的东西能够封锁住它的光芒。它能够直接穿透人的身体，摄人心魂。

在生活中我们却发现，很多散发着青春气息的漂亮女孩，却很少能拥有这种高贵的气质。其实这就说明了一个问题，那就是：一个女人只有经过生活的磨炼、爱情的磨炼以及文化修养的磨炼和艺术的磨炼之后，才可能修炼出高贵的气质来。

　　可是，女人们都有着一个共同的敌人，那就是岁月。刚开始的时候，女人们都是花丛中最娇嫩的鲜花，在很多年以后，鲜花没能经得起岁月的打磨，老了，衰了。只有到了中年，女人的魅力又开始一点点绽放了。

　　张曼玉的FANS给张曼玉带去这些话："你就像女人的图腾，有一般女人没有的魅力，你是女人中的极品！是我们见过的所有女人里最有女人味的女人，一个女人的体贴、幸福、婉约、高贵、雍容、自信、寂寥、愁怨、委屈、惆怅、怀念，甚至轻佻的怀春、娇媚的自恃，你全都有了，你明年四十岁了，我们很想知道你明年的生日计划。我们爱你，支持你，我们爱你那风情万种的气质，爱你快四十岁的时候，还能活得这样气定神闲，这样让男人欲罢不能。我们一直想成为你那样的女人，越老越醇，越老越耐品。可以告诉我，你是怎样做到的吗，能指导指导我们吗？"

　　不可否认，张曼玉是一个相当"完美"的女人，这主要是因为她身上所散发的那种让人痴迷的高贵气质，而且这种气质，还在随着她年龄的增长而越发明显。从《旺角卡门》中的略显青涩，到《阮玲玉》的成熟大方，再到《花样年华》中的风情万种，张曼玉的每次蜕变，都会带给我们不一样的感受。看着她从最初的可爱邻家少女，蜕变成如今高贵优雅的气质女人，任谁都会忍不住动心。

　　如果漂亮仅仅是指外表的话，那么张曼玉并不算是那种很漂亮的女人。在她刚出道的时候，并没有什么与众不同，尚算精致的五官，并不能让人对她产生很深的迷恋。但是，如今的张曼玉已经不需要太多的修饰和多余的造作表现，就已经拥有了极强的号召力和吸引力了。

　　每次看到她，总会为她那份气定神闲的感觉而惊诧。她所展现的这种雍容与华贵，已经完美地将法国的优雅与东方的含蓄融合到了一起，并且还将东方的素静神韵和西方的明艳色彩唯美地表现了出来。而促使她有这些气质的，并非她风韵十足的外貌，而是她丰富的内心。在她身上，岁月的消逝不会让她的这份魅力褪色，反而会让她的魅力更具历史的醇香。

　　由此可见：一个人的气质，在不同的时间所展现出来的魅力是不尽相同的，是会随着时间的推移、经历的改变而有所改变的。

　　人从一出生，身上就具有了某种由生理机制决定的气质。这点不难理解，从有的新生儿爱哭闹，有的则比较安静这方面就可以说明。也就是说，这种先天的生理机制使得一个人拥有了形成气质的最初基础。但是，这种个体生长发育过程中气质是不稳定的，是会随着年龄的增长和成长环境的变化而有所改变的。

对于这点，科学家做了大量的临床研究，结果表明：随着年龄的增长，遗传因素对气质的影响会不断减弱，而环境因素的影响则会不断扩大。并且会在特定的年龄段表现出特有气质。也就是说，在一定的年龄阶段，个体的气质具有一般的、典型的和本质的特征。

科学家们还对气质随着年龄变化的趋势进行了深度研究，结果表明：随着年龄的增长，青少年的气质类型也会发生极为明显的变化，但是这种变化却又是不同的。其中，胆汁质、多血质和黏液质的人，受到年龄因素的影响十分显著；而抑郁质的人则相对不那么明显。换句话说，胆汁质、多血质和黏液质，是对年龄变量比较敏感的气质，而抑郁质则是对时间因素十分迟钝的气质。

气质是一种内在心理品位的外在体现，是一种人生魅力的体现。所以，一个女人若是想要不断提升自己的品质，让自己拥有更加动人的魅力，就应该把握住这种气质变动性的特点，随着时间的推移而不断改变自己的行为，让自己的内心不断丰富。同时，我们还要知道，气质并不是学来的，而是经过刻苦修炼、培养出来的。

因此，女人们要多看书，多思考。相信经过长久的修炼，一定会让自己的气质愈发动人。此外，我们还要注意到环境的影响，懂得"近朱者赤，近墨者黑"这个道理，多去接近一些气质好的人，接受她们的影响。

总之，不论女人们的起点有多么大的差异，都不会影响到气质的培养。在人生的旅程中，气质并非固定不变的，所以，要尽自己所能，把自己往好的气质方向引导，让自己变得愈发迷人。

改变自己的气质，世界也会随你改变

女人们要懂得修炼自己的气质，不让自己随着时间的变化日渐衰老，丧失魅力。要知道，一个拥有魅力的女人，身上总是闪耀着金光，让人赏心悦目。

所谓气质，指的就是一个人的内在修养在外表的体现，是强大的气质和丰富的内心在完美协调统一后所展现出来的个人魅力。这种魅力，并不仅仅是表面功夫，它还需要丰富的内心世界做底蕴，只有这样所展现出来的美感，才能算得上是气质。

因此，女人如果想要让自己成为气质女神，那就应该在注意外在表现的同时，不断地提高自己的知识修养和品德修养，让自己拥有一个丰富的内心世界来支撑自己的气质。

接下来就为大家介绍一些如何改变自己气质的方法：

1. 养成早睡的习惯

充足的睡眠可以让一个女人的魅力得到完美的体现。压力过大、睡眠不足，则会使一个女人的魅力大大贬值。现如今，有一种被称之为晚睡综合症的流行病。这种病症的通常表现是：长时间地守在电脑或是游戏机前，即便早已没有了值得自己期待的东西，却还是无所事事地守在那里；有的则是不停地做一些十分无聊的事，或是来回徘徊在卧室或客厅里，或是来回抚摸书架上的书……总之就是不肯睡觉。压力越大、心事越多，这种病症就会表现得越明显。

女人想要改变自己的气质，就要学会减压，学会早睡，让自己远离这种病症的影响，变成一个生活有规律的人。

2. 养成晨读或夜读的习惯

如果你还没有喜爱上读书，那么从现在开始就要试着养成一个读书的习惯。你可以选择在清晨或夜晚进行这两小时左右的阅读。之所以选择这两个时间段，是因为这两个时间段相对安静，能够让你全身心地投入到阅读当中，更好地体会到读书的乐趣。当然，读物的选择也是十分重要的，你可以读一些故事或是一些游记，因为这些东西不仅简单易懂，还能让你有所收获。此外，如果你选择了夜读，那么一定要注意时间的安排，千万不要和自己早睡的习惯相违背。

3. 戒掉网络

这里所说的戒掉网络，并不是完全的杜绝网络，不再上网，而是要学会合理地规划时间，不要整天都泡在网上聊天、玩游戏。我们都知道，网络是一个纷繁复杂的空间，大量而驳杂的信息有时也会让我们迷乱，甚至会影响我们思考的习惯。所以，抽出一些时间，暂时告别网络，你就会发现，生活中依然有很多美好的事情可以去做，而且多数节奏不那么快，可以让我们细细品味和思考。

4. 坚持每天吃一个苹果

看到这个题目，或许你会觉得太过滑稽，没有丝毫的科学可言，甚至觉得跟培养气质没有丝毫的关系。其实不然，吃苹果同样能够给人带来一些收获。首先，这是一个很容易就能做到的事情，这样就可以作为自己"大计划"的开始，为自己积累信心。其次，吃苹果的时间同样可以让你的心灵得到片刻的轻松，让你能

够从忙碌中释放自己的心灵。此外，吃苹果也是一种展现自我内心的方式，而你吃苹果的方法，就能将你的内心修养一展无余。所以无论怎样，坚持每天吃一个苹果，就可以让你越来越接近气质那一层面纱。

5. 买一束花给自己

这样的做法，其实旨在让自己拥有一个愉悦的心情。所以在选择的时候，我们不需要去细究它的花语到底是勇气还是希望，也不必在乎它的价格，只要能够让你第一眼看上去就能够感觉到开心的，那就是最好的选择。

6. 学会记录

不管是看过的书，还是看的电影，抑或是听过的音乐……只要你觉得让你感动的，就可以试着把自己的这些感动整理成文字记录下来。你也不必在意自己的文笔是否华丽，因为这是让你回味的，并非是拿来炫耀的。你所需要做的，就是用记录这种方式来表述自己的想法。同时，学会记录，也是优雅的一个开端。

7. 释放情绪

谁都会有自己的情绪，但情绪是需要释放的，不管是愤怒或者悲伤，压抑久了都会影响到我们的身心，如此就更不利于气质的培养。所以，你要学会释放自己的情绪，寻找一个释放的出口。比如：你可以在空旷无人的地方尽情喊出自己的怒意；可以在看完电影后，陪着让自己感动的剧中人一同落泪……最后等到自己的情绪宣泄而尽的时候，再对着镜子，给自己一个微笑。这时，你会不会感觉到宛如重生呢？

8. 多看些时尚杂志

在生活中，你一定不好意思去关注那些气质超凡的美女吧！一方面是不想让自己变得没自信，一方面却又想着去模仿一下她们那优雅的举动。所以，你就要多去看一些时尚杂志，然后尽情地欣赏和模仿杂志中那些魅力无限的完美女人。相信终有一天，你也能变得跟自己既定的目标一样完美。

9. 改变自己的发型

有人说：一种发型就代表了一种心情。所以，女人们也需要去改变一下自己的发型，给自己换一种心情。说不定一种新的发式就能够让你拥有新的体验和新的感觉。

10. 学习化妆

如果说气质能够完美地展现一个人的内心品位，那么外在的装扮就是一个桥梁，一个媒介。对于这句话，我们可以简单地理解为：光鲜的外表同样可以给气质加分，可以让气质更好地展现在人前。因此，学会化妆就成了你的必修课。

11. 给自己一杯下午茶

试想一下，若是有那么一个场景，自己坐在窗边，闻着浓浓的茶香，然后静静地看着窗外的人来人往，那将是何等的惬意！尤为重要的是，喝一杯下午茶，会让你拥有很多的感触，从而引发你内心情感的变化，让你的气质更容易被人感知。如此，既可以培养气质，又能够享受自在的时光，你会拒绝吗?

12. 去做一件好事

记得有一则公益广告中这样说：帮助别人，快乐自己！而事实也正是如此，做好事，就能让自己快乐。当然，这也是为了更好地培养你的气质。因为做了好事，你就能感受甚至拥有力量，而这种力量就会让你更加吸引别人。同时，你身上所散发的快乐气息，同样也会感染到别人，引起别人的关注。

当然，这也并非培养气质的唯一途径，或许你就拥有一些我们所不知道的特殊方式，但无论方式如何，我们所追求的都是一样的。那就是修炼自己的气质、改变自己的气质。所以，只要我们拥有这个决心，并且按照上面的方式做下去，就一定能够培养出自己的气质，成为一个能够吸引别人的魅力天后。

女人内心足够强大，气质就会屹立不倒

气质并非每个人都有，也不是与生俱来的，同时也不是永恒不变的，一个真正拥有气质的女人必然是从塑造自己的内心开始的。只有内心足够强大，属于自己的那份迷人的气质才会屹立不倒。

作为女人，特别是理性生活的女人，我们应当明白气质是多么的重要。有些女人认为，气质是来源于外表的，那些拥有美丽容貌或妖娆身材的女人才配得上气质一词，所以，对于长得不好看的女人来说，气质也就与她们无关了。

其实，这是个错误的想法。气质，从一个人的内心来说，指的是不以人的活

动目的和内容为转移的心理活动的典型的稳定的动力特征。可以说，若想气质长存，内心强大才是正道。内心强大并不是我们随便在嘴上说说就能做到的，这需要我们在日常生活中不断地实践与探索。

1. 我们应该把每一个人都看成与自己一样的人，没有谁比我们高一等

有些女人在比自己生活条件差或学历比自己低的人面前趾高气扬，却转瞬间面对上司时低声下气，甚至只是与上司同桌吃个饭也会消化不良，这样的人怎么会有气质？我们需要做的是以一种平和的心态来面对，拥有平和心态的女人笑容也会比一般的人更漂亮。

2. 不要让他人的语言和行为影响你的心情

对于女人来说，往往更易于感情用事，受情绪的影响非常大。在这种情况下，我们需要做的是克制自己的情绪，做到喜怒不形于色。当然这也并非只是一味地忍气吞声，在克制自己情绪的同时，我们还需要化守为攻，从心理上占据优势，甚至我们也可以抱着枕头或者是做家务来发泄我们的不良情绪。

3. 消除他人强大的幻象

有些人在路上偶遇上司时不停地躲避，害怕面对上司。其实这些本不让人害怕，都是自己的心理在作怪。当你把上司当作同事一样来对待时，见面友好地大声招呼时，相信自己的形象就会截然不同，这种落落大方也会大受欢迎。

4. 学会理性面对人或事

人都有一种趋乐避苦的基本心理。当面对痛苦的事情时，我们就会选择遗忘这个事情，或者选择简易的方法随便遮掩过去。这样做的后果有两个，第一，我们不能解决问题；第二，从心理来说，反而强化了我们的软弱心理。这并非理性的做法，甚至带来的是更严重的后果。希腊的哲学家苏格拉底曾经说过，要认识自己。这并不是简单的事。认识自己首先需要的就是理性，不受外物的影响正确地做出判断，同时能够正视自身的问题。

生命是一个过程，怎样让自己的人生变得与众不同就是生命的意义所在。女人可以没有傲人的容貌或身材，但是我们可以创造一个有气质的人生。这就需要我们塑造强大的内心，也许这是个漫长的过程，可是谁又能说，这不是一个意义非凡的过程呢？所以，对于一个成熟、充满魅力的女人来说，只有足够强大的内心才能拥有屹立不倒的气质，才能拥有别样的人生。

第二篇

外表是气质女人的魅力印象

　　一个女人的外表，不仅代表着她的外在形象，还是衡量她是否具有魅力的一个标准。女人在修炼气质的同时，一定也要注重自己的外貌和服饰。毫不夸张地说，良好的外貌形象同样也可以表现出一个人的生活态度，而得体的衣着装扮可以让别人了解到自己的审美修养。

第四课

料理仪容，把最好的气质写在脸上

让牙齿在岁月洗涤中更美丽

人们常用"唇红齿白"来形容美女，拥有一口整齐白净的牙齿不仅是女性整洁外表的第一表象，更会增添几分意想不到的魅力。因此，美女们在注意容颜保养的同时，也不要忽略自己的牙齿。

试想一下，如果一位漂亮女士，气质优雅，美目流盼，笑靥如花，但是一开口却满口黄牙，那无疑令人惋惜不已。女性朋友想要让自己的牙齿在岁月的洗涤中依旧绽放出白亮光彩，就要注意以下三个保护牙齿的关键。

（1）勤刷牙，勤漱口。这最好在每日三餐后的三分钟之内刷牙或漱口，这样才能有效保持口腔卫生。

（2）采用正确的刷牙方法。很多人习惯于将牙刷左右拉，这样刷牙不仅无法彻底清洁牙齿缝隙里的残留物，还会对牙齿造成一定的磨损。正确的刷牙方法应该是上下摆动牙刷。

（3）不要做"瘾君子"。现在越来越多的女性也成了"烟民"，有人认为女性吸烟很时尚、很有个性。吸烟对于女性身体健康的危害不言而喻，除了会造成皮肤暗淡无光、肺部患病概率增高和患癌概率增高之外，最直接、最明显的后果是让人满口黄牙，而且说话时有一股难闻的烟味。如果实在不打算戒烟的话，更要注意牙齿保护，那最好定时去牙科诊所检查牙齿，并进行一定的专业清洁。

如同容颜一样，牙齿也有衰老。不妨尝试以下几种食物，帮助牙齿"抗衰老"。

1. 薄荷

薄荷叶里含有单萜烯类化合物，可经由血液循环到达肺部，有助于保持口气清新。

2. 无糖口香糖

嚼口香糖可以增加唾液分泌量，中和口腔内的酸性物质，从而预防蛀牙。

3. 乳酪

乳酪中含有的钙及磷酸盐可以平衡口中的酸碱值，避免口腔处于有利于细菌活动的酸性环境，造成蛀牙；而都吃含钙的食物可以增加齿面钙质，有助于强化及重建珐琅质，使牙齿更为坚固。

4. 芹菜

芹菜含有粗纤维，粗纤维有助于清除牙齿上的部分食物残渣，另外越是费劲咀嚼就越能刺激分泌唾液，平衡口腔内的酸碱值，达到自然的抗菌效果。

5. 绿茶

绿茶含有大量的氟，氟和牙齿中的磷灰石结合，具有抗酸防蛀牙的效果；同时茶素能够减少造成蛀牙的变形链球菌，并有助于口气清新。

6. 洋葱

洋葱里的硫化合物是强有力的抗菌成分，能杀死造成蛀牙的变形链球菌。

7. 香菇

香菇里所含的香菇多糖体可以减少口腔中牙菌斑的产生。

8. 芥末

芥末中内含异硫氢酸盐物质，可以抑制造成蛀牙的变形链球菌繁殖。

保护牙齿，除了要适当地吃上面所说的有助于牙齿健康的食物之外，更要在日常生活中注意一些护齿细节，特别是要改正过去的一些保护牙齿的误区。

1. 酸味食物和甜味食物一样对牙齿有害

人们都明白甜食对于牙齿的杀伤力，其实酸味的食物也一样会破坏牙齿，酸味的 pH 值较低的食品会软化牙齿，如酸糖、软饮料、果汁。其结果是招致珐琅层腐蚀，牙齿变小，其中柠檬酸是对牙齿最有害的。所以，要避免吃过酸的食物，以减少对牙齿的腐蚀。

2. 牙齿没有想象的那样坚硬

牙釉质虽然是人体中最坚硬的物质，但是冰块、爆米花谷粒完全能够让牙齿破裂。与皮肤不同，牙齿不能再生。吃爆米花谷粒就像吃"石头"，冰是尖利易碎的，这些食物都可能破坏牙釉质，吃这些东西的时候一定要小心。

3. 餐后稍停再刷牙

很多人认为餐后只有马上刷牙，才能够及时清除食物残渣和牙垢，但实际上饭后立即刷牙反而容易引起牙齿过敏症。这是因为牙齿表面有一层珐琅质，刚吃完东西，尤其刚吃完水果、乳制品等酸性食物，牙齿上的珐琅质会变软，这时刷牙会让珐琅质渐渐变薄，时间一久，牙齿会敏感酸痛。

4. 浓茶水赛过漱口水

漱口水不仅方便，还可以有效清除口腔细菌、净化口气。市面上的漱口水品种不少，其实生活中就有一种效果比漱口水还要好的护齿良品——浓茶。茶水中的儿茶酚可以防治龋齿，氟离子还能把牙釉质中的羟基磷灰石变为氟磷灰石，改善牙釉质结构，大大加强牙齿的抗酸度。同时，茶叶中还含有鞣酸，鞣酸可以改善口腔环境，强力对抗口腔内可能存在的致癌物质。

5. 牙贴要少用

现在不少人喜欢使用美白牙贴，认为使用美白牙贴就可以省去繁琐的美白过程。大部分美白牙贴中含尿素、氧化氢等成分，而长期使用牙贴，会大大增加牙齿敏感度，口腔软组织和牙龈也会受刺激。一喝凉水牙根就疼，说不定就是美白牙贴惹的祸。

6. 牙膏共用不得

如今一家人共用一管牙膏是很常见的事情，实际上每个人的口腔中都暗藏许多细菌，再谨慎刷牙也不能完全刷掉细菌，尤其牙刷刷毛间隙还会附着细菌。如果一家人共用一管牙膏，口腔中的细菌会通过牙刷在牙膏管口汇集，大大增加细菌传播概率。因此分用牙膏和分用牙刷同样重要。

绽放娇俏甜美的双唇

那一寸的娇柔，如花瓣一般娇艳欲滴，如蜜一般甜蜜，它不只表情达意，更是女人性感魅力的象征。嘴唇对于一个女人形象的塑造来说十分重要，因此，魅力女人一定要懂得保护好自己的嘴唇。

目前不少女性对于双唇的护理存在误区，具体说来，有以下几点。

误区一：润唇膏随便买一支就好

不少女性认为唇膏的选择大可不必像选择唇彩那样细致，只要随便买一只无色的唇膏就行，实际上只有正确选择质量有保证的唇膏，才能达到养护嘴唇的目的，而廉价唇膏对于双唇则伤害巨大，这些唇膏里含有大量未经仔细提纯的油和太多的蜡，其中一些是不稳定的动植物天然油脂，很容易氧化后发出异味，同时太多的蜡质，还会影响唇部皮肤的新陈代谢。另一方面，由于不脱色唇膏中含有易挥发成分，过多使用很容易导致嘴唇干裂，而且，大部分不脱色唇膏都不含油，滋润性比较差。

误区二：强果酸去唇部角质效果好

含有比较强的果酸成分的产品并不适合脆弱的唇部皮肤，这是因为唇部只有很薄的一层角质层直接覆盖在真皮上，并且没有皮脂分泌。因此，唇部的肌肤其实是非常脆弱的，如果此时使用含有比较强的果酸成分的产品或者脸部的磨砂膏，就会对唇部造成直接的伤害。所以美女们要给唇部去角质的时候，应当选择专门为唇部所设计的更为温和的去角质产品。

误区三：嘴唇从来不防晒

做防晒的时候千万不要忘记唇部皮肤，嘴唇的皮肤没有色素保护，颜色又比其他部位的皮肤深，所以最容易吸收紫外线。因此即便不是炎炎夏日，也要选用有防晒成分的唇膏。

娇俏的双唇不仅要靠平时的细心呵护，更要靠唇妆来绽放美丽。唇妆就是唇部的美容化妆。唇妆因人而异，嘴唇丰满者适合用透明、红润或巧克力色的唇妆。嘴唇偏薄者可用两种色彩的唇线笔作修饰，先用唇线笔画出唇线，抹上唇膏，再用一支白色或米色的唇线笔在上唇描出唇线，让轮廓分明。

　　美丽双唇需要唇妆来打造。嘴唇是五官里最动人、最性感的部位，即使平日不爱施脂粉的，只要偶尔拿出唇膏来，在双唇上轻轻点一下，唇上的光彩就能让女性整个身心都绽放出亮丽动人的神采。

　　唇妆一般用唇膏、唇彩（唇蜜）、唇线笔三种产品来打造。唇膏也就是我们常说的口红，一般是固体，质地比唇彩和唇蜜要干和硬。唇膏是最常用的一种化妆品。在口唇上涂一层恰到好处的唇膏能使人显得格外娇媚。唇膏具有色彩饱和度高、颜色遮盖力强的特点，而且由于是固体一般不容易由于唇纹过深而外溢，常它来修饰唇形、唇色。但是，为了健康不要经常地、大量地使用唇膏。

　　唇蜜或唇彩是一种修饰唇形、唇色的稍黏稠的液体。它的最大好处是可以营造出双唇水润的效果，要想给嘴唇最大限度的修饰，可以配合唇膏使用。唇蜜的特点是颜色非常淡，涂上去显得自然，适合淡妆、透明妆或者裸装，视觉效果晶莹剔透，但是遮盖力就比较差，专业化妆师一般都用它和唇膏搭配使用，较少单独使用。质地比较黏稠的唇蜜比质地较薄的唇蜜更具闪亮效果。

　　唇线笔主要用于改善唇型细节。唇线笔可以修饰过厚的嘴唇，又可以积极弥补嘴唇过薄等缺陷，使得唇型基本达到标准，因此唇线笔是唇妆的一大重点。

　　备齐了化妆工具，就要选择一种合适的唇色了，面对姹紫嫣红、色彩纷呈的口红世界，不少女性一定挑花了眼，如何选择合适的唇色呢？在综合考虑自身条件与外在因素时，不妨遵循以下建议。

1. 根据自身气质选择

　　如果你是清纯可爱型的美女，建议选择以粉彩为主的淡雅色系，如珍珠粉红、粉橘、粉紫等，这些柔和温婉的颜色能很好地流露少女的纯情与活泼，放弃那些浓艳和强烈的色彩吧。

　　如果你想给人留下高雅秀丽的印象，最好选择玫瑰红、紫红或棕褐色的唇色，这些颜色透露出成熟、柔美、知性、优雅的高贵感觉。

　　如果你是一名艳丽妖媚的性感美女，你需要大红、深莓、薰紫的唇色，彰显你冷艳无双、热情性感的魅力。

2. 根据肤色选择

　　皮肤白皙的人如果选择冷色系（带蓝色）的唇色，如紫红、玫红、桃红等，可使人焕发出青春浪漫的神采。如果选择暖色系（带黄色）的口红，如暖茶红、肉桂色等，则洋溢着成熟的优雅气息。

如果皮肤偏黄偏黑，选择的余地就小一些，需要选择暖色系中偏暗的红色，如褐红、梅红、深咖啡色等，这些颜色可以让皮肤显得白皙透明。千万不要选择浅色或含银光的口红，因为在这些颜色的反衬下皮肤显得更为暗淡。

3. 根据唇形选择

嘴唇薄的美女宜选择浅淡亮艳的唇色，或最后在唇的中央再涂上一层亮光口红，以使嘴唇看起来丰盈饱满。嘴唇厚的美女宜选择深暗沉实的唇色，最好用粉质口红，以使嘴唇显得纤小细薄。

4. 根据出席场合选择

唇色需要与周围的光线环境相配合，白天的光线强烈明亮，所以日妆宜选择自然柔和的唇红，可多用中间色调，予人纯净庄重的印象。而夜间照明暗淡，所以晚装宜选择浓艳热烈甚至发光的唇色，以衬托华贵艳丽的形象。

5. 根据着装选择

唇色要与服装的颜色成体系，如果身着粉彩系列的浅色服装，在唇色选用上就必须高雅，最好也选用如粉红、粉紫、粉橘等粉彩色系。

穿深色的服装基本原则是选用临近或同色系的唇色。如穿着冷色调的深色服装宜选用冷色系（带蓝色）的口红，如紫红、玫红；如穿着暖色调的深色服装则宜选用暖色系（带黄色）的口红，如橘红、肉桂红等。

如果穿戴的服饰是黑、灰、白这些无彩色，就宜选用鲜艳、不含银光的深色口红，这样在黑白服装的衬托下显得高雅稳重。

瘦削脸形简单塑造

拥有一张精致的小脸是所有女性朋友毕生的追求，如果你身上多一点赘肉，宽松的或紧瘦的衣服都可帮你掩盖它，但如果赘肉长在脸上就不得不"见人"了。女性不仅要对身上的脂肪"斤斤计较"，脸部也要进行减肥。

造成女性脸胖的原因既有天生的也有后天的，一般来说有脂肪、骨骼、肌肉三方面的原因。当身体内脂肪变多时，肥壮不只会体现在腰腹和四肢，脸部也是最清楚明了的地方之一。脸部脂肪过多，而又很少运动，就会变成胖嘟嘟的苹果脸。

而脸部骨骼则是造成"脸胖"的先天原因，有些女性天生脸部骨骼比较大，就很难通过减肥变成一个小脸佳人了。最后，有些女性由于脸部咬肌发达，给人以脸胖的视觉效果。

其实，瘦削的脸型塑造起来并不难，下面几个方法可以帮助你成功变身小脸美人。

1. 晨早推拿

不少女性夜间脸部容易水肿，次日会显得面部更胖，早上做一次简单的推拿，可以有效缓解。利用食指、无名指、中指的指尖部位，轻轻地从嘴角到太阳穴，以轻压和划圈的方式给予浮肿的地方按摩，还能促进脸部淋巴排毒。需要注意的是不要太用力，以免拉扯脸部肌肤产生皱纹。

2. 时常做脸部运动

想瘦脸就要让你的脸部肌肉运动起来，减去脂肪，当坐在家里没事做的时候，可以找来一个空的矿泉水瓶，用一吸一呼的方法让脸颊肌肉得到运动，也可以对着镜子做一下脸部运动，有时候龇牙咧嘴也可以帮助瘦脸哦。还可以发出"a""o""yi"等音，或者吐出舌头并保持下颌不动几秒。除此之外，没事的时候还可以咀嚼口香糖，不仅能够保持口气清新，还可以增加牙齿的咬合度，而左右两侧轮流嚼口香糖能够平衡牙齿与下颚平日的受力程度，也可以让唇部紧密，让下巴的姿势更正确。

3. 让口腔肌肉也动起来

不妨唱一些快歌，唱快歌时的表情与声音不仅能刺激血液及淋巴的循环，还能释放压力，因此多跟朋友到 KTV 欢唱，也能帮助瘦脸。

4. 给脸部洗澡

瘦脸也可以通过沐浴来进行，因为热水浴可以让全身都大量出汗，包括脸部，使得浮肿消除。即使是日常洗脸，只要用对方法也可以瘦脸，可以先用热水再用冷水清洗，做到冷热交替即可使得面部血液循环加快，使皮肤得到刺激，使面部肌肤充满弹性、消除赘肉，还能让皮肤更加紧致。

5. 多吃瘦脸食物

例如冬瓜、海带、西瓜、苹果等具有消肿利湿功能的蔬菜和水果对于瘦脸大

有好处。但是，如果脸庞是由于肌肉硕大导致的，就请拒绝口香糖、甘蔗等训练咀嚼肌的食物，因为它们只能促进你的脸部肌肉愈加健硕。

除了上面所说的几种瘦脸运动之外，近些年流行起来的精油按摩又给我们提供了一种新的瘦脸方法——精油按摩瘦脸法。在这里特别推荐一套瘦脸操，每天只要花 10 分钟，配以精油给脸部做做按摩就可以了。

首先按摩脸颊，这样可以使脸部轮廓更清晰。将适量的精油倒在手心上，两手轻贴以提高精油的温度，并在脸上均匀涂抹。将中间三根手指并拢，沿下巴至太阳穴的路线，按摩 8~10 次即可。

然后按摩眼部，防止眼部水肿，让整张脸看起来更胖。用双手食指和无名指由内而外地打圈，按摩眼眶四周，同样连续做 8~10 次。

接着是按摩鼻翼，同样用双手的食指和无名指，由内而外向斜上方打圈 8~10 次。

最后是颈部按摩，千万不要认为这一步跟瘦脸没关系，颈部肌肉的松弛不仅会造成大量皱纹，影响美观，还会让你的下颌轮廓渐渐消失，脸便显得胖。颈部按摩可以用右手由左侧锁骨慢慢轻推至左下巴，左手同样，两边各做 8~10 次。还可以沿着锁骨至下巴的方向，先用右手按住左侧颈部，然后用食指和无名指把所按的皮肤撑开，同时左手在上面打圈，两侧交替做 8~10 次。

瘦削脸形也能简单塑造，只要注意到以上的瘦脸细节并坚持做瘦脸操，相信不久你就能拥有一张精致小脸。

拥有玉瓷般精致的肌肤

作为现代女性，我们追求完美的个人仪容，要拥有纤纤玉手、如玉容颜……而所有的这些都是以健康、美丽的肌肤为基础的。肌肤不好，姣好仪容就不存在了，玉瓷般精致的肌肤，永远是女性所追求的。

好的肌肤是漂亮妆容的基础，以下六个生活习惯能帮助女性拥有玉瓷般的肌肤。

1. 补充充足的水分

水是生命之源，是人体一切生命活动不可缺少的。营养物质的消化、吸收，代谢产物的排泄，酸碱平衡的维持以及体温的调节等都需要水的参与。每天喝足够的水是维持身体正常新陈代谢所必需的，而多喝水还可以起到"洗肠"的作用，帮助肌体排除毒素，避免产生便秘，滋润皮肤，避免出现痤疮、色斑等肌肤问题。

2. 常吃含有胶原蛋白的食物

经常吃肉皮、猪蹄等含有丰富的胶原蛋白的食物可以帮助延缓皮肤老化。胶原蛋白对于皮肤细胞生长起到关键作用，胶原蛋白与水在人体内结合就能够影响某些特定组织的生理机能，补益精血，从而使皮肤丰润，皱纹减少。相反，如果胶原蛋白缺乏，就会引起细胞贮水机制故障，皮肤容易长皱纹。因此，要想皱纹少，还得多吃含胶原蛋白多的食物，吃肉时不要把肉皮扔掉。

3. 肥肉也不能少

很多怕胖的女性一点儿肥肉都不敢吃，实际上肥肉并非对美容只有副作用。肥肉中含有的胆固醇能够促使体内透明质酸酶的生成。透明质酸酶能够令皮肤细胞拥有更多的水分和微量元素等各种营养物质，从而促进皮肤表面的新陈代谢。而皮肤的光泽润滑或干燥粗糙正取决于新陈代谢的快慢和含水量的多寡。因此，要想皮肤好，就得保证体内有足够的透明质酸酶。每天摄入 50 克肥肉便能保证体内有足够的透明质酸酶，而且也不足以引起肥胖。

4. 远离紫外线的伤害

紫外线是脸部衰老的元凶，约有 60% 的脸部衰老都是来自于紫外线伤害。紫外线中的 UVA 与 UVB 两种物质能够严重伤害女性肌肤，UVB 能灼伤肌肤并降低肌肤免疫力，夺走肌肤表面的光泽，使肌肤变黑并产生皱纹；而 UVA 能致使自由基产生，使肌肤的弹性降低，形成皱纹等衰老现象。需要注意的是，防晒并非是夏季专属，UVA 的强度在一年中任何季节里都是一样的，因此，一年四季都要做好皮肤防晒。

5. 冥想美容随时做

冥想可以让女性美起来，练过瑜伽的人都知道，瑜伽分为调息、体位和冥想三部分，可见冥想的重要性。冥想指的是静思或沉思，是一种心无杂念、超凡入定的状态。冥想能在两方面带来美容保健作用，首先冥想能够对免疫系统的生化物质活动起到良好的促进作用。其次，冥想能够使紧张的大脑得到休息，并且产生熟睡状态才能形成的 α 脑波，而 α 脑波有助于调节新陈代谢和身体的其他生理活动，如降低心律和触觉敏感度等，甚至可对于控制周期性高血压、头痛及血

友病等疾病的发作都有帮助作用。

此外，冥想能让女性越"想"越美，这是因为大脑在冥想时会产生一种激素，促使遗传因子按照冥想的对象不断地进行调整，从而令其控制肌肉和其他软组织，甚至使骨骼形态的信息号码发生相应的变化。也就是说，当你想着一个靓丽的美女时，你自己的容貌也向她接近。

6. 均衡营养

养分充足，肌肤才有自然健康的美。要想获得完美肌肤，女人需要均衡营养，多吃含有各种维生素的食物。

维生素 A 能够润滑皮肤，防止皮肤粗糙和干燥，常见的含维生素 A 的食物有胡萝卜、番茄、柑、橘、橙及动物肝脏等。维生素 B 能够帮助消除色斑，抚平皱纹，含有大量维生素 B 的食物有牛奶、鸡蛋、瘦肉、豆类、谷物、菠菜、油菜及海产品中的贝类食物。维生素 C 能有效帮助美白，绿色蔬菜、柠檬、苹果、草莓等食物维生素 C 含量较高。维生素 D 能够有效帮助女人增强皮肤免疫力，防止过敏症状发生，可以多吃鱼、蛋黄、花生、鱼肝油等。维生素 E 不仅能够增强细胞活力，而且可以促进人体的荷尔蒙分泌，从而有效抵抗衰老，因此富含维生素 E 的黄豆、木耳、芝麻、花生、蜂王浆、卷心菜、甲鱼、萝卜等食物不妨多吃。

拔眉不如刮眉

柳眉杏眼、曲眉丰颊、鲜眉亮眼……这些形容女性美貌的词语，都少不了眉毛的点缀。整齐漂亮的眉形让人看起来更加清秀，很多女性也为此下了不少功夫，忍着疼痛拔眉毛的大有人在，不过，修眉也要讲究方法。

在女性的面部，最为简单、最容易改变的地方，而且在变化时给人的印象最为深刻的地方就是眉毛。很多女性朋友也都注意到了这一点，所以很注重对眉毛的修理。现在大部分女性在修眉的时候喜欢用眉钳拔眉毛，但实际上，用镊子拔眉之后长出的眉毛会更加杂乱，会破坏眉毛的自然生长，影响美感。

不仅如此，拔眉还会造成眼皮松弛，这是因为眉毛长在眼眶上缘，这个部位的肌肤本来就很脆弱，拔眉毛时的反复拉扯动作很容易令肌肤松弛、产生皱纹。更重要的是，眉毛周围是面部的"重点部位"，是神经血管集聚的地方，若常拔眉毛，易对神经血管产生不良刺激，使面部肌肉运动失调，从而出现疼痛、视物模糊或复视等症状，还可能会引发皮炎、毛囊炎。最后，眉毛拔除后，使毛囊张开，而如果不及时采取收敛护理，很容易感染发炎，造成红肿或暗沉。因此，修理眉毛的时候最好是用眉刀刮，而不是拔。

很多人觉得长期刮眉会让眉毛变得越来越粗，实际上眉毛的生长周期比较短，通常是两个月左右。也就是说只要每个眉毛的毛囊还在，两个月就会更新一次。毛发生长的多少会受性激素等因素的影响，所以眉毛粗细的变化并不完全取决于是否长期修眉。而之所以有人觉得刮完眉毛之后长出的眉毛变粗变黑了，是因为刮眉后再长出来的眉毛就是一个切面，看起来会粗，但其实眉毛本身没有变粗。

有的女性两边的眉毛长得很近，都快连到一起了，这时候就适合用刮眉刀刮眉了，这种眉毛被称为"向心眉"，可选用剃刀将两眉间鼻梁附近的眉毛去除，使眉头与内眼角对齐。再在画眉时，用眉笔从眉腰处开始画，可以从视觉上拉宽眉间距离。

有些女性在修眉后会觉得眉毛周围的皮肤总会有点儿痒，这是由于每个人的皮肤对刺激的反应都不同所致，当修眉时，毛囊难免受到刺激会出现发红、疼痛、痒等症状，之后会自动消失，这也是尽量刮眉而不拔眉的原因。为了减少刺激感，修眉前，还可以在眉、眼周围搽一些有舒缓作用的化妆水，让皮肤柔软放松，这样在修眉时会减少刺激感，修眉后也可以采用这种方法舒缓皮肤。

在刮眉时，要特别注意两边的眉毛高矮不一的情况，事实上大多数人两边的眉毛都有些不对称，为了让眉毛看上去自然，在修剪时不要刻意把它修剪得绝对对称，以免让修剪之后的眉毛显得太少。较高一边的眉毛要由上向下修剪，低的一边从下向上修剪，两边基本平衡就可以了。除此之外，修剪眉毛要顺着眉毛自然生长的方向，首先对着镜子观察一下，再用眉梳梳顺眉毛，上层的向下梳，下层的向上梳，梳理时会看到有些眉毛已经超过了眉毛整体的边缘轮廓，这些就是应该修剪的部分了。

嘴唇脱皮更要禁忌"暴力"

在干燥的环境与喝水不够的时候，嘴唇脱皮是常见的事。但很多女性却对嘴唇脱皮不以为然，甚至撕去翘起的唇皮，这么做无疑会伤害到娇嫩的双唇，所以

应当科学处理。

由于各种原因，我们的嘴唇会出现脱皮的现象。唇部起皮不仅影响美观，更让唇部化妆无从下手，于是不少女性就养成了看到唇部起皮就顺手撕去的习惯。这是个很不好的习惯，手上有很多细菌，唇皮一旦被撕破导致流血，手上的细菌很容易进入。嘴唇干燥脱皮的时候更不要舔嘴唇，否则会导致嘴唇结痂，这是由于唾液里含有多种消化酶，嘴唇上的唾液蒸发后，这些大分子的蛋白质会残留在嘴唇上，与唇部脱落的细胞一同形成痂皮。由于痂皮下方的组织不完整，如果强行撕去，就会造成更多的局部渗出，从而形成更多痂皮，造成恶性循环。

嘴唇的皮肤比较纤薄细嫩，嘴唇很容易被紫外线灼伤而引起脱皮。为了防止嘴唇脱皮，女性最好随身携带一个优质的润唇膏，特别是含有维生素 E 等滋润成分的润唇膏最为理想，能随时滋润唇部以防止双唇干燥脱皮。特别是在秋天等干燥的季节，最好还是使用滋润型唇膏，虽然滋润型唇膏要比持久型唇膏容易脱色，但对嘴唇伤害要小得多。另外，如果嘴唇干燥则不要天天涂口红，口红中的石蜡、色素都具有带走水分的作用，长期使用容易出现脱皮现象，所以一个星期最好有两天不化妆，只抹润唇膏。

如果嘴唇已经出现了脱皮的现象，不妨用下面两个方法急救。

第一种：先用拧干的热毛巾敷唇部，3～5分钟以后取下毛巾，注意毛巾的温度不要太高，然后慢慢擦拭双唇，注意力度一定要轻，绝不能用手直接撕掉。最后选一种天然成分的橄榄油滋润双唇，改善唇部肌肤干燥、脱皮的现象。

第二种：将纱布对折，蘸取面部使用的精华油，然后在双唇上轻轻地按照顺时针打转按摩，大概1分钟的时间，就可以温和地清除唇部的死皮，同时又能滋润干燥双唇，更能在按摩过程中促进血液循环。

干燥的嘴唇是舔不湿的

嘴唇一旦出现干燥脱皮，很多人就会不自觉地想用舌头"滋润"唇部，但结果常常适得其反，嘴唇干燥的问题不是靠"舔"能够解决的，需要采取科学的方法。

很多女性在嘴唇干燥的时候便舔舔嘴唇"滋润"，结果发现适得其反，这是因为当用舌头舔嘴唇时，由于外界空气干燥，唾液带来的水分不仅会很快蒸发，还会带走唇部本来就很少的水分，从而越舔越干，严重的甚至会使嘴角处的皮肤出现色素沉着。因此在嘴唇干燥时不可靠唾液滋润，干燥的嘴唇可以用下面两个方法急救。

可以在嘴唇上涂上厚厚的一层高滋润度的护唇膏或者蜂蜜、橄榄油，然后用保鲜膜将唇部密封起来，再用温热毛巾敷在保鲜膜上，坚持下去就会令双唇恢复湿润饱满。

还可以将适量的奶粉加温水调成糊状，厚厚地涂在嘴唇上当唇膜，大概 3～5 分钟后洗掉，然后含有维生素 E 等抗氧化成分以及芦荟、薄荷等具保湿、消炎功能的天然原料制成的润唇膏涂在干唇上，加上适当的按摩，帮助锁水，滋润唇部肌肤。

润唇膏也是嘴唇干燥者不错的选择，但是润唇膏一定要注意选择质量好的，有些人在嘴唇干裂后会随便使用一些廉价润唇膏，这样做对唇部健康不利。廉价润唇膏里含有大量未经仔细提纯的油和太多的蜡，甚至是不稳定的动植物天然油脂，氧化后容易发出异味；其所含的大量蜡，也会影响唇部皮肤的新陈代谢。还有不少女性习惯在干燥的嘴唇上直接涂抹唇膏，这样会导致唇膏中含有的色素渗透到开裂的嘴唇中，让嘴唇问题更加严重。

在干燥的季节里，要想保持双唇的水润，女性还可以采用以下两招：

1. 戴口罩

冬季出门戴个口罩能挡住外面凛冽的寒风，有助于保持嘴唇的温度和湿度，以免缺水、干燥，特别是对于冬季骑车的女性来说，戴口罩可以有效阻挡寒风对双唇的伤害。

2. 经常按摩嘴唇

蜂蜜是天然的润唇品，只要每天晚上临睡之前，拿化妆棉蘸一些蜂蜜，涂在嘴唇上，然后用手指头轻轻按摩，以帮助促进血液循环，使嘴唇获得养分，嘴唇就可以变得滋润了。

单侧咀嚼容貌就要付出代价

用右侧牙齿还是左侧牙齿咀嚼食物，看似是一件微不足道的小事，实际却是关系身体健康的大事，单侧咀嚼甚至会对女性容貌产生影响，如果有单侧咀嚼的习

惯，一定要纠正过来。

单侧咀嚼习惯，顾名思义，就是指长期只用一侧牙齿咀嚼食物。目前很多女性都有单侧咀嚼这个不好的习惯。形成单侧咀嚼习惯的原因很多，最常见是由于牙齿问题不得不这样做，如另一侧有坏牙，一吃东西就痛；或另一侧有缺牙，无法咀嚼、咀嚼效率不高；或者一侧牙齿先天发育不好，排列不整齐，也会不知不觉用另一侧牙齿吃东西；有时仅仅是牙与牙之间缝隙大，容易塞牙，很不舒服，这些大大小小的问题让人就逐渐形成了单侧咀嚼的习惯。除了上述各种客观存在的原因造成单侧咀嚼习惯以外，还有一类没有确切的原因引起，纯粹是一种无意识的习惯，就像左右撇子一样，在无意识中长期使用一侧牙齿。

单边咀嚼严重危害女性容貌，甚至能导致大小脸。有女性只用牙齿的一侧来咀嚼，会导致单边肌肉的发达，两边的肌肉呈现不对称形态，嚼东西的一侧脸面就会显得饱满，而不经常嚼东西的那侧脸面咀嚼肌无法得到锻炼，面肌也得不到活动，时间长了甚至会萎缩退化，形成凹瘪，结果导致两侧脸颊大小不一，虽然咬肌不对称一般对身体健康没有影响，但是严重影响女性脸型的美观。经常单边咀嚼还会导致下巴和脸衔接的关节动摇，两侧大牙的磨损情况不一样会导致两侧腮帮不一样大，脸上的法令纹也会不协调。对于还处于生长发育阶段的女性来说，尤其要避免单侧咀嚼，因为此时面部肌肉正处于生长发育阶段，单用一侧嚼东西很容易引起偏脸。因此，咀嚼一定要用正确的方法，同时已经养成了单侧咀嚼习惯的人要有意识地纠正，要注意下面几点：

（1）在做咀嚼运动时要两侧轮流进行，不要单用一侧牙齿嚼，以免引起脸部的畸形，如果单侧咀嚼是由牙齿问题引起的，一定要从根本上解决。

（2）已经形成了单侧咀嚼的人要注意多用不常使用的那一侧牙齿嚼东西，自己要有意识地对咀嚼肌和面肌进行锻炼，使不发达的那一侧肌肉逐渐发达起来，保证两侧脸面大小对称，纠正脸型。

（3）加强牙齿的咀嚼功能。可以经常嚼口香糖，吃口香糖有益美容，因为口香糖不会被嚼烂，可以反复咀嚼，在咀嚼的过程中可以锻炼面部和颈部的肌肉，使其逐渐发达，让面部显得健美均匀。而且咀嚼口香糖还会收缩脸部下垂的肌肉，让皱纹消失，使女性面容显得更加年轻，但切记不要一次咀嚼时间过长。在日常生活中，还可以用甘蔗等不易嚼烂的东西替代口香糖。

手部护理 ≠ 手背护理

手是女人的第二张脸，拥有一双漂亮、柔嫩的纤纤玉手，也能改变一个人对女人的印象。有人说想要知道一个女人的品位与年龄，不是看她的脸而是看她的手，所以女人一定要做好手部护理！

女人除了脸蛋之外，最能集中人们视线的就算是手了，保护手部皮肤与护理脸部皮肤一样重要。而且随着岁月的流逝，人体皮肤细胞生长减少10%，皮肤自我修复能力降低，并且手背肌肤厚度只有脸部的1/3，因此娇嫩的双手更容易遭到外界的干扰，透露出女人年龄的秘密，所以手部肌肤的护理就尤为重要了。

虽然很多女性现在已经意识到手部护理的重要性，但是普遍存在一个护理误区，那就是认为手部护理就等于手背护理，这是因为疏于保养的双手最明显的表现是手背起皱、有色斑、青筋突出、肤色暗沉、干燥干裂等，于是便将护手的重点放在手背上。实际上这种做法很片面。虽然手背皮肤是双手最显眼、面积最大的一部分，但纤纤十指也是衡量玉手的一大标准，而且手指使用频率最高也最容易受伤害，手指缺乏护理，会让关节粗大、皱纹深，粗糙手指会破坏双手的美感。指甲当然也不能忽略，糟糕的指甲形状、颜色和健康状况都影响美观。另外，手掌的大小鱼际及连接手指的地方也是重点，这些地方在平时劳动中经常会受到摩擦，如移动鼠标、搓洗衣服、提重物等，长期不注重保养会起茧、干裂。最后，虎口和手腕两个部位也千万不可遗漏。一般人搽护手霜总是只涂掌心和掌面，很少想到这两个部位，其实这两个地方最容易暴露手部"年龄"。所以，在做手部护理的时候要把手的每一寸地方都呵护到，这样才能让双手获得全面的美丽。可以按照下面的步骤来进行。

第一步：软化角质

将双手完全浸入滴入适量橄榄油的温水中，等待10分钟，使角质充分软化。再使用专门的去角质产品，轻轻按摩整个手掌和手腕，尤其注意按摩指甲边缘，这里很容易产生硬皮和倒刺。

第二步：调理肌肤

用毛巾将手部擦干，再用 1 ~ 2 张纸巾覆盖在手背上，喷上保湿喷雾，直至

纸巾完全浸透。这样做的目的是为了使手部肌肤保持良好的吸收力，为后面的按摩做准备。

第三步：手部按摩

将按摩霜均匀地涂抹在整个手上，先从手背指尖开始按摩到手指根部，动作要从容而柔和。然后呈螺旋状按摩手掌，并用指关节轻按手心上的穴位；最后是手指按摩，用食指和中指夹住手指，从根部向指尖螺旋状拉伸，每根手指都要按摩到。

第四步：细节呵护

对于甲床等细节部位也要涂上护手霜或者专门的护甲滋养液，防止倒刺和干裂。

除了时常给双手进行一次彻底的保养外，平时更要注意保护。比如做家务的时候，先涂上一层护手霜，然后戴上手套，手套最好选用外层橡胶、内层棉质的那种，这样就可以隔离清洁剂、洗衣粉等一些化学产品对手部皮肤的伤害。长时间劳动的话，还应该每隔半小时脱下手套，保持双手皮肤透气。

冬季注意涂护手霜，夏季也不能忽略，天热手部皮肤也会干燥，不过不用天天涂抹，隔天就可以了，涂一些类似于薄薄的乳液、冰凉的啫喱类的产品，不会感觉黏腻，也用于吸收。每次涂抹手臂连同双手一起涂一下，在关节处多涂一些，因为干燥度比较大，所以更需要多一点儿滋润。

对于亟须调理手部皮肤的女性来说，还可以进行晚上护理。晚上睡觉前把手洗干净，搽上护手霜，如果有手疾还可以配合搽点儿对症的药膏，然后把一次性薄膜手套的每个指尖剪去一点儿戴上，这样既能让双手充分吸收护手霜的营养，又能够锁住水分。经过一夜你会发现，手变得白白嫩嫩的了。

脸上的痤疮要内养

痤疮是困扰女性的一大面部问题，很多女性使用了各种护肤品、外用药之后都效果不佳。实际上，治疗痤疮也要"从内而外"。痤疮与身体的胃经息息相关，调理好胃经，才能治标又治本。

　　痤疮目前已经不仅是青春期女孩常见的皮肤病，更是许多成年女性的困扰。痤疮是毛囊皮脂腺慢性炎症性疾病，因皮脂腺管和毛孔堵塞，致使皮脂外流不畅，细菌感染所致。痤疮于面、胸、背等处，表现为黑头粉刺、炎性丘疹、继发脓疱或结疖，也就是我们平常说的"粉刺""暗疮"。

　　面部生有痤疮的女性实际上是胃经出现了问题。对照人体经络图，可以看到脸部和前额都是足阳明胃经的循经部位。胃经不畅最明显的表现就是面部出现各种症状，比如面黄、易生痤疮、口唇不红润、显现苍白色，而且人整体显得精力不足，甚至头发枯槁。

　　痤疮在中医被认为是胃经的病，应从胃经着手去治。痤疮大多是由于胃寒造成的，特别喜欢喝冷饮以及精神郁闷，都会造成胃寒。具体说来是这样的机理：

　　长痤疮的人往往喜欢喝冷饮，而人体内部是一个恒温机制，喝了大量的冷饮逐渐形成了胃寒之后，这个恒温机制就要发挥作用了，身体会攻出热来驱散胃里的寒气，它攻出来的热就是燥火，这时候人体就会感到更渴。一般不懂这个道理的人，在这个时候就会再喝冷饮，这样人体就会散出更多的热来攻胃寒。如此恶性循环下去，燥火最终就会表现在脸上，即为痤疮。所以，夏天喝水应该喝温水，反之，如果大家喝凉水，人体就攻出燥火来，就更不解渴了。所以，痤疮是燥火的表现，治疗痤疮要从治疗胃经开始。

　　当然，胃寒也不只是喝冷饮造成的，长期的紧张郁闷也会造成胃寒。现在的女性面对各种压力，难免会有精神上的困惑，各种烦恼表现出来就是痤疮。

　　痤疮还与身体中的毒素有关，据临床观察，大多数痤疮患者都有不同程度的便秘以及排便不爽等症状。经常长痤疮的人，说明其体内毒素太多了。毒素一旦被机体重新吸收后外发于肌肤，就在面部上生出痤疮。人体内的毒素还会阻碍人体气机，影响气血运行，导致内分泌失调，致使痤疮更加严重。要想解决这一问题，不仅要规范自身起居规律、饮食规律之外，还可以辅助调理阳明经，阳明经包括以合谷穴位为重点的手阳明大肠经、以天枢、梁丘、足三里等为重点穴位的足阳明胃经。调理方法可以是拍打、敲打、捶打、循按等。如果下肢足阳明胃经的穴位敲打起来不是很方便，可以按照以下的窍门：经常穿高跟鞋的女士在累了的时候会无意识地勾起脚尖，调理的时候可以仿照这个动作，如果站着，就稍息前伸一只脚，然后勾脚尖。如果坐着，可以勾起两只脚。坚持一会儿就会感到足三里往下有发热感，这时可以放下休息，这个方法不仅可以有效刺激足三里区，还可以把无意识的动作变成一种有意识的锻炼，十分方便。

胃经是通过面部的经络，对女人的面部保养来说十分重要，女人一旦过了35岁，就很容易变老，皮肤也不再像青少年的时候那么滋润了，更要注意调理胃经。一旦前额痛，包括眉棱骨疼，都是胃经的问题。而女人在35岁后，胃经功能就会出现衰退，人的容颜自然变老，这个时期是女性一生的转折点。女人只有在年轻时保养好自己的阳明经，才能防止早衰。而最好的保养方法就是常敲胃经。

敲打胃经按照经脉循环，从锁骨下，顺两乳，过腹部，到两下肢正面，一直敲到脚踝。敲打胃经时要稍用力，不要漏掉小腿胫骨外侧到第二个足趾间的连线。从足三里穴开始，有痛感的地方就是穴位，要重点敲；足背最高的地方也要敲。如果在敲胃经的同时，兼带敲肺经、大肠经，则保健效果更佳。

剔牙不当损害健康

有些女性有这样一种习惯，饱餐一顿之后，就拿起一根牙签，在牙缝间剔剔，显得悠然自得。殊不知，错误的剔牙方式或每天无故乱剔牙，牙缝会越剔越大。气质美女怎能一张口便露出大大的牙缝呢？

剔牙已经成了不少女性的生活习惯，殊不知，剔牙这个小小的动作里隐藏着巨大隐患，牙签使用不当会造成牙龈炎、牙龈萎缩、牙间隙增大，进而引发牙周疾病。牙签只适合在牙间有空隙存在的情况下使用，如果牙龈乳头正常，牙签就只限于用在牙龈沟内，这种情况下将牙签用力压入牙间乳头区，就会使本来没有间隙的牙齿间形成缝隙，食物更容易嵌塞，再用牙签去剔，久而久之，成为恶性循环，会让牙缝变得更大，牙龈乳头萎缩，不仅影响美观和功能，更为牙周病的产生埋下了隐患。

不仅如此，剔牙不当还会影响整个身体的健康。首先，消毒不彻底的牙签易引起疾病。任人抓取的牙签上附带的各种各样的细菌、病毒会通过牙签进入人体内。尤其现在的市场上不乏黑心商贩，他们销售的牙签多为"三无产品"，根本没有卫生许可证号，牙签包装和消毒也达不到要求。而饭馆的牙签很多也不放在经过消毒的专用牙签盒中，人人随手取用，这样一根小小的牙签上竟"藏"着几万个细菌，用它们剔牙，后果不堪设想。

然而由于各种原因，对于很多女性来讲，牙签的使用在生活中还是不可避免的，这就要科学地使用牙签。剔牙时，牙签应以 45 度角进入牙齿与牙龈之间，尖端指向咬合的方向，侧缘接触于牙齿间隙的牙龈；牙签顺着每个牙缝的两个牙面慢慢滑动。一定要注意的是：牙签剔牙只适合于牙龈乳头萎缩和牙间隙增大的情况下使用，使用牙签时动作一定要轻柔，千万避免牙缝"越剔越大"。除此之外，购买的牙签一定要保证质量，一般要求牙签要有足够的硬度和韧性，避免折断，表面要求光滑，没有毛刺，以免刺伤牙龈。

其实，既想要保护牙齿，又要达到清洁作用，不妨使用牙线，相对于牙签，牙线是一种更为理想的洁牙用具。牙线大多是扁形的，不宜太粗或太细，用以剔除牙刷不易刷到的牙缝中的食物残屑和牙面上的软垢。目前牙线在国外备受推崇，像穿衣戴帽一样普及，经常使用牙签的女性不妨购买牙线试用下。牙线在超市一般都能买到，不过很多人对于牙线还是持观望态度，更有不少人对那么一根细细长长的线在齿间旋绕，感到有些困惑和恐惧，其实牙线使用起来十分简单：

第一步：找到使用牙线时重点清除的牙齿部位。

第二步：首先拉取出一段约 20 ～ 25 厘米长的牙线；然后将线头两端分别以线压线的方式，在两手的食指第一节上绕二至三圈，两食指间的距离约 5 厘米。

第三步：将牙线贴紧牙齿的邻接牙面并使其略呈 C 型，以增加接触面积。然后上下左右缓和地刮动以清洁牙齿的表面、侧面以及牙龈深处的牙缝。

第四步：刮完牙齿的一边邻面后，再刮同一牙缝的另一边，直至牙缝中的食物嵌渣及软牙垢随牙线的移动都被清洁干净。

如患有牙周病而引致牙龈萎缩，牙根与牙龈之间会形成较宽的罅隙，这种情况下可选择使用牙缝刷代替，或者我们常用的牙签也行。值得一提的是，现在市面上的牙线设计得更加人性化，已经可以省去将牙线缠绕在手上的步骤，十分方便。

其实，无论是使用牙签还是牙线，塞牙后应该首先选择漱口，反复多次漱，如果效果不是太理想我们还可以刷牙，这些都是有效而且对牙齿没有伤害的做法，可以长期使用，如果达不到清洁效果，再使用牙线。

防晒帮你做好完善的皮肤防护

随着夏日的来临，炽热的阳光开始"侵袭"我们的皮肤，美女们都希望在享受阳光的同时，保护好肌肤不受紫外线的伤害，因此防晒就成了一门必修课，帽

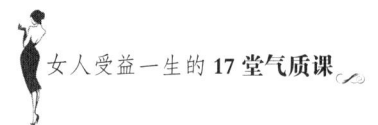

子、太阳伞、墨镜、手套、防晒衣……所有的防晒工具全都利用起来，其实女性更要会使用防晒霜。

夏季，最好的抵御紫外线的方式就是给自己选择一款合适的防晒霜。市面上的防晒霜多种多样，如何选购呢？

首先看防晒霜的 SPF 值。一般说来，SPF 指数越高，对皮肤的保护程度越高。一般环境下，普通肤色的人以 SPF8 至 12 为宜，皮肤白皙者建议选用 SPF30 的防晒霜。光线过敏的人最好选择 SPF 值选择在 12 至 20 间的防晒霜。对于只在上下班的路上才接触阳光的上班族，选择 SPF 值在 15 以下的防晒品即可，重点防晒部位是面部。在旅游、游泳时，人的肌肤长时间裸露在阳光下，防晒品的 SPF 值要在 30 以上。而且，游泳时最好选用防水的防晒护肤品并做全身防晒。

防晒霜还要根据不同的肤质来选择。对于油性皮肤的女性来说，一定要选择用起来清爽不油腻、不堵塞毛孔的，比如渗透力较强的水剂型、无油配方的防晒霜。

长痘痘型皮肤与油性皮肤需要选择渗透力较强的水剂型、无油配方的防晒霜，但是当痘痘比较严重，发炎或者皮肤破损时，就要暂停使用防晒霜，出门的时候只能注意遮挡面部肌肤。

干性肌肤的女性一定要选用质地滋润并添加了补水功效以及增强肌肤免疫力的防晒品，现在很多防晒品已经增加了防晒以外的补水、抗氧化功效。

买防晒霜的时候一定要试试是否过敏，可以在自己的手腕内侧涂上一点。10 分钟内如果出现皮肤红、肿、痛、痒，说明自己对这种产品有过敏反应，可以试用比此防晒指数低一个倍数的产品。如果还有反应，则说明这个品牌的防晒品不适合自己。

防晒产品不仅要选对，更要用对，下面这些使用防晒霜的误区一定要注意。

误区一：出门之前再涂防晒霜

想要防晒品的效果真正发挥出来，正确的使用方法是在出门前的半小时至一小时先行涂抹，就算不出门，在家里也同样会受到紫外线的"关照"，所以每天早上一洗完脸，就应该搽上防晒霜。涂防晒霜时，不要忽略了脖子、下巴、耳际等位置，因为这些部位的皮肤往往最容易显示出来衰老。防晒霜是"拍"的，不是"抹"的，取适量于指间或掌心，轻轻晕开后在需要防晒的部位拍开、拍匀即可。防晒霜分子很大，不要多揉、多按摩硬把它挤进毛孔，那样很容易"搓泥"，也会堵塞毛孔，不仅达不到防晒功效，反而对皮肤不好。

误区二：防晒霜涂一次即可

即使是防水型的防晒霜，确切的意思也只是"耐水"，可在一定程度上保持遇水后的功效稳定性，但并不是绝对的防水，因此在游泳和大汗、擦汗之后，还是应及时补霜。如果长时间在户外，防晒霜应每隔 2~3 小时补涂一下。

误区三：有了防晒霜不需要其他防晒品

防晒除了涂抹防晒油、防晒乳液外，还应该配合使用物理防晒品，准备太阳眼镜、防晒护唇膏以及防晒的衣物，特别是每天早上 10 点到下午 2 点间紫外线最强，最好避免让自己被太阳晒到。

误区四：只有在艳阳高照的夏日外出才需要防晒霜

事实上即使阴天或下雨天也有高达 80% 以上的紫外线，皮肤在不知不觉中加速了老化的进程，所以这个时候的防晒抗衰工作更应注意。另外，即使不是夏季，也要重视防晒，紫外线无所不在，随时都会对肌肤造成伤害，加上空气污染等问题严重，即使阳光并不令人感到炽热，也有相当程度的伤害性。因此，每天出门前，不论有没有化妆，都一定要以隔离霜或是防晒霜来为保湿后的肌肤添加一层完善的太阳防护。另外，阳光中含有的紫外线是可以穿过玻璃窗的，而且办公室内的灯光也对皮肤有一定的损害。因此在室内可以选择防晒系数较低的防晒霜。

误区五：使用防晒品不是化妆，因此不需要卸妆

防晒后一定要每天卸妆。因为防晒剂本身是油溶性的，其中的持久配方、防水配方，洗面奶难以彻底清洁，所以，先用卸妆油"以油溶油"，才能最有效、最温和地卸除干净。卸不干净的防晒品，很容易堵塞毛孔、引发痘痘。

误区六：防晒指数越高越好

SPF 值并非越高越好，防晒指数过高会对毛孔造成阻塞，排汗不及时，使肌肤的负担过重。涂在皮肤上会感觉不舒服，不适合每天使用。因此，女性不妨准备不同防晒值的防晒品，在不同的环境，根据不同的需要选用。

误区七：防晒系数可以累加

防晒系数是不可以累加的，防晒系数并不会因叠加而翻倍，防晒产品的防晒效果只能是防晒系数最高的那一个。比如说 SPF30 加上 SPF20 并不等于 SPF50，

而是 SPF30。使用时可以先涂抹防晒系数高的产品几分钟后，再用系数低的，如果先用 SPF 值低的再用 SPF 值高的，后者是无效的。

误区八：不怕变黑就不用防晒了

现在很多年轻女性喜欢追求健康的小麦色肤色，认为这样不怕晒黑就可以不用防晒了。实际上，变黑不仅是紫外线对肌肤造成伤害的一个表现，还会造成皮肤老化和皱纹。因此防晒还是有必要的。

真假眼袋区分好，防御治疗有高招

眼部的肌肤是非常脆弱的，加上现代生活节奏的加快，眼袋就不知不觉地已成为了下眼睑处的长住居民，挥之不去的眼袋让本来漂亮的眼睛也遗憾地变成了鱼泡眼，完全没有神韵，所以眼袋的防治刻不容缓。

眼袋让女人显得衰老、憔悴，会影响原本漂亮的容貌，所以爱美的女性千万要注意提防。其实眼袋也有真假，在祛眼袋时一定要分清楚，对症下药。

现在的很多年轻人都有假性眼袋，这种眼袋多是由遗传原因造成，主要表现为下眼睑的眼轮匝肌肥厚，但皮肤和肌肉并没有松弛，眶膈内脂肪也不肥大。而真性眼袋指的是随着年龄的增长，或因为体虚、多病、劳累等原因导致皮肤松弛，皮下脂肪减少，眶膈内脂肪移位，从而形成的眼袋。另外还有些假性眼袋是由哭泣、食物、药品、化妆品过敏，以及眼部局部感染而引起的眼睑水肿。这种眼袋通常会随着病状的缓解而消失，假性眼袋只要经过调理就能消除，但真性眼袋一旦形成，就没办法消除，只能通过手术切除。因此，在未形成真性眼袋之前，要及早采取措施。

1. 给眼睛补充"营养"，多摄取维生素 A 和维生素 B₂

假性眼袋的调理，要"由内而外"。注意均衡膳食，多摄取诸如动物肝脏、优质蛋白以及番茄、土豆等饱含维生素 A 和维生素 B₂ 的食物。这样可以提供必要的营养物质，促进眼部组织细胞的新生，帮助消除眼袋亦有裨益。

2. 多做眼保健操，促进血液循环

为了促进加速假性眼袋的消退，可以经常做眼保健操，按摩眼睛周边穴位，

促进该部位血液循环，使眼部周围的血细胞更为活跃。还要配合着多喝水，加速人体内血液的流动，让健康透出来。

给眼睛周围按摩，可以按照这样的步骤：用右手无名指从右眼的右下角开始顺时针慢慢地按摩整个眼圈，直至完全吸收。按摩4到5圈换另一只眼睛。左眼的操作同右眼。按摩完两只眼睛后再用两手的无名指，轻轻地点拍相对应的眼睛，进一步促进眼部血液循环，预防眼袋的形成。

3. 合理使用眼部保养品

很多人对于眼部保养品都存在误区，那就是眼部保养品是在眼部出现问题时才使用的，其实女性在还年轻眼部肌肤状态还好时，就应使用眼部保养品，只有这样，才能更好地预防眼袋。平时可用些补水型的眼霜或眼部啫喱来保养，当眼袋出现或较为严重时，可适当用些较为高效的眼霜来补救。

4. 眼部卸妆，温柔对待

眼睛周围的皮肤极为薄弱，化妆或卸妆的时候，动作一定要温柔，切忌用力拉扯皮肤。画下眼线时不要拉动眼皮，可以用干粉扑轻按在面上来稳定手的位置，这便不容易画错位置了。另外，眼部卸妆应用专用的卸妆液。

5. 小心减肥减出"眼袋"

节食减肥也可能减出"眼袋"，当致营养不良或体重突然下降的现象出现时，脂肪量迅速改变会影响皮肤弹性，导致眼袋产生。另外每天晚上则不适宜饮用太多水，以免水肿导致眼袋。

当出现眼袋时，有一种急救方法——敷眼，敷眼分为热敷和冷敷，热敷和冷敷的时间非常有考究。

热敷适合在睡前进行，它的主要作用是打开穴道，加快眼部的血液循环，从源头上消除眼袋，方法如下：

第一步：将橄榄油加温至37～40摄氏度左右，用棉棒蘸取，在下眼睑处轻轻地擦拭按压一会儿，然后用手指指腹蘸取橄榄油轻轻拍打眼部肌肤至充分吸收。

第二步：先将热水倒进碗里，然后加入一勺盐，待完全溶解后，把化妆棉浸泡其中，完全吸收了盐水后，直接敷在下眼睑处，可以将棉片剪成眼膜状。由于盐水敷眼会令眼周肌肤水分快速蒸发，因此敷眼时间要控制在3分钟以内，敷完之后要在第一时间涂抹超补水的眼霜，补充水分，预防因缺水给肌肤造成的伤害。

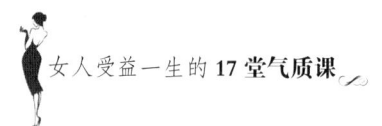
冷敷则适合在早上刚起床时进行，可以快速地消除眼袋，这种方法特别适合生活作息混乱的人群，冷敷后再涂抹一款保湿型的眼霜，同时具备消除眼袋和黑眼圈的功能，双重功效可以有效消除眼袋烦恼。

将两个铁质的汤勺放进冰箱里冷冻10分钟，然后用汤勺的凹槽面覆盖住眼睛，然后用凸出面熨帖在下眼袋处，根据自己眼袋的情况掌握时间。

茶叶也是敷眼的好材料，将喝剩下的黄春菊或是绿茶茶包收起，待冷却后使用。在敷眼前，首先要在下眼睑涂抹一层橄榄油，再将冷却的茶包敷在下眼睑处，闭上眼休息 5 ~ 10 分钟即可。

精油对于预防眼袋也有妙用，取迷迭香、玫瑰精油各一滴，滴在冷水中，然后用毛巾浸透在精油水中，待完全吸收后，敷在眼睑处 15 分钟即可。

让眼睛受益无穷的眼膜使用方式

眼睛是心灵的窗口，往往也是人们第一眼就会注意到的地方。如果眼部肌肤出现问题，实在是令人懊恼。因此，眼膜等就成为护理的必需品了，眼膜虽然是小小的一片，但恰当使用就能让眼睛受益无穷。

眼膜是日常面部护理必不可少的，它能在短时间内补充水分、消除疲劳、快速消除浮肿及黑眼圈，有效改善眼部肌肤。

常见的眼膜有三种：纸敷型、涂抹型以及水晶贴膜型，三种眼膜各有特点。

纸敷型眼膜更利于吸收。这类眼膜是利用膜类的具体形状，将有效成分固定于眼周，眼膜覆盖区域内的肌肤可以得到充分照顾，同时在膜片的压力下，让精华成分更有效地导入肌肤，更好地吸收。这种眼膜适合有一些眼部细纹、暗沉、黑眼圈等问题的女性做长期保养时使用。

涂抹型眼膜使用起来比较灵活，这类眼膜很类似于眼霜，用法更多，还能敷着过夜，也不受使用面积与形状的限制，还可以随意地控制用量。但这种眼膜的功效比较局限，多半是补水型的，所以适合眼部问题不是很严重的人，或者可以随身带着，方便外出随时取用。

水晶贴膜与皮肤契合得更好。水晶贴膜的精华分子被聚集在凝胶状的质地中，可以将有效成分更好地导入到眼部肌肤，冰凉的触感还能起到镇静肌肤、消肿的功效,即刻显效的能力很强,因此水晶贴膜更具有"急救"效果。并且因为质地冰爽,白天使用也不会有负担,尤其是早晨,对消肿及拉紧肌肤,对付黑眼圈、眼袋效果很好。

想要充分发挥眼膜的功效,除了选择一款合适的眼膜,更要注意以下几个眼膜使用的要点。

1. 眼膜要适合肤质

选择眼膜产品,不仅要参考平时使用的护肤品,还要再根据肤质状况进行选择。如果平时很少用高度营养的护肤品,就不要选用高滋养类的眼膜。如果肌肤属于敏感性的,可以选择有清凉效果或含植物精华的产品。如果时常感到皮肤干燥或已出现局部的表情纹,那么选择的眼膜最好有保湿补水功效。

2. 敷眼膜要找对时机

女性在月经期后一周由于体内雌激素分泌旺盛,代谢增快,吸收能力变好,此时敷眼膜,营养成分更容易被吸收。泡澡时血液循环加速,而运动后身体新陈代谢增快,都可以加速吸收。另外,睡觉前更是敷眼膜的好时候,敷完好好睡一觉,养分在睡眠中运作,更能发挥效果。特别是如果睡觉前喝太多水或哭过,眼膜有加速代谢的消肿作用,效果立刻可见。

3. 眼膜不要使用太频繁

眼膜能够起到快速补充养分和修补受损细胞的功效,是由于眼膜含有高倍养分精华,营养成分一般高于眼霜。但一般而言,它应是眼霜的辅助性产品,不能像眼霜那样每天使用,每周使用 1 ~ 2 次为佳。

4. 敷眼膜要有"前奏"

敷眼膜之前需要保证肌肤清洁,如果毛孔中的油脂和污垢因为没有彻底被清洗掉而堆积起来,那么眼膜的精华液就必须得通过这层层障碍才能到达肌肤底层被肌肤吸收,大大降低了眼膜的效果。所以只有把皮肤清理干净了,这样才能让眼膜的营养液更为顺利地被肌肤吸收。

另外,想要促进肌肤对眼膜成分的吸收,不妨在使用眼膜之前热敷一下眼部肌肤,可以让皮肤的毛孔打开,角质层软化。热敷后的肌肤是处于最为轻松没有负担的状态下,此时眼部肌肤对于眼膜营养成分的吸收效果就大大提升了。热敷的方法也很简单,只需准备一条热毛巾,在使用眼膜前在眼部肌肤敷上2分钟即可。

除此之外，敷眼膜也讲究步骤，以下是敷眼膜"五部曲"：

（1）将适合自己的眼膜敷于清洁后的眼部肌肤，使之完全贴合肌肤。

（2）闭上双眼，深呼吸，放松身体，享受敷眼膜的过程。

（3）使用眼膜 5 ~ 10 分钟后，用手指轻点眼部四周，促进活性成分的吸收。

（4）取下眼膜之后，由眼部的内侧向外侧轻轻按摩，让残留在眼周的滋养精华得到进一步吸收。

（5）最后配合使用相应的眼霜，以获得最佳效果。

其实，还有一种使用眼膜的妙招——冰镇眼膜，冰镇眼膜具有"急救"的奇特功效，经常有突发性的黑眼圈、眼袋或者眼部浮肿的女性，不妨试试敷冰镇眼膜。它通过突如其来的冰凉感来达到刺激眼部肌肤、促进眼部血液循环的作用，对于消除黑眼圈、眼袋、眼部浮肿的效果更加明显。

除了市面上各种各样的眼膜，我们还可以 DIY 眼膜，不仅自然健康，还能给生活增添情趣。

（1）牛奶自制眼膜，不仅制作简单，更有良好的去皱效果，只要将牛奶放到冰箱里冰镇，然后再用棉片浸满牛奶，并且敷在眼睛周围的肌肤上约 10 分钟即可，每天早晚各做一次，不仅可以去皱，还可以消除眼袋和滋养肌肤。

（2）黄瓜眼膜，将黄瓜榨成汁之后与蛋清混合，最后再加入两滴白醋，搅拌均匀后涂在眼部周围，具有去皱和滋润效果，而且这个眼膜也适合"懒"美人们，每周做一到两次就可以了。

（3）丝瓜眼膜，丝瓜是护肤良品，制作起来也非常简单，先将未成熟的丝瓜去掉外皮，然后去子，将它捣成泥状，涂在眼睛周围就好了，不仅能够防止眼部皱纹产生，还具有洁肤和抗过敏的作用。

（4）苹果眼膜。用苹果来制成眼膜也有不错的祛皱和祛黑眼圈效果，先将苹果切成薄片，然后再敷在眼睛周围，冷冻一下效果更佳哦。

（5）银耳眼膜。将银耳熬成浓汤，装进一个小瓶里放进冰箱冷藏，就做成了一款冰镇眼膜。每天取 3 ~ 5 滴出来涂抹在眼睛周围，长期坚持的话，效果可以与市面上的美容产品媲美！

第五课

注重服饰搭配，找到属于自己的流行

适当穿衣，让身高不再是美丽的距离

很多女性都为自己生得矮小而苦恼不已，她们认为身材矮小让自己与美丽产生了距离。其实完全没必要为此烦恼，适当的穿衣搭配可以让自己显得更高、更苗条一些。其实娇小也是一种资本，要知道韩国女性一般都长得很娇小，但正是因为她们的娇小才使她们能把可爱甜美的衣服穿出一种韵味。所以小个子的女性不用着急，在穿衣搭配的时候，最重要的就是要先确定自己的风格。

如果你的身材也比较娇小的话，那么就干脆走可爱路线吧，选择一些有花边、有褶皱、有可爱图案的衣服。也许你会说穿可爱的不是更显胖？但至少人家不会去取笑一个的可爱天使，对吧？如果你比较瘦、脸比较长的话，那么倒可以考虑一下走性感路线。

下面让我们来看一下小个子女生应该如何搭配穿衣可以显得更高挑一些。

1. 无袖上衣、一切从简

如果你的手臂不是很胖的话，可以搭配无袖上衣，因为它会让人的身体变窄，尤其是包住肩部的无袖上衣。另外，短上衣和及膝裙的搭配也不错，会显得你的腿更为修长。这里要注意的是一切从简原则，你所有的服饰、配件都要选择简洁大方的款式。虽然繁复的搭配会让你看起来更美一些，但会暴露你的身高缺陷。

2. 服饰颜色的选择

最好挑选清晰鲜明的色系。深色服装虽会令人显得瘦，但也会使人显得更矮小，黑色尤其突出。如果你的身材比较娇小，那么一定要抛弃黑色，尽量选择一些色彩鲜明、单纯的服装。喜欢暗沉、素净色彩的娇小女孩，则可以挑稳重又不乏生气的墨绿衫。

3. 搭配的长度要适宜

最好选择全长或者七分的长度比较适宜。五、六和九分的裤子最好都不要穿，因为它们会让你的腿看起来像被"截断"，那么就会更加暴露你的身高缺陷。合体的或者紧身的裤子都可以让你的腿部看起来很修长，所以收腰上衣搭配牛仔裤或者紧身短裤都会让小个子的女生看起来变得高挑又靓丽。要注意的是，小个子的女生尽量不要穿喇叭裤或者阔腿裤，因为这些款式都是为高个子量身定做的，而这些衣服只会让你原本矮小的身材变得更加矮小。另外，还可以多穿短裙、迷你裙、短裤或贴体裤这样的服装，不过裙子的宽度很重要，像梯形的略窄的裙子，就比较适合瘦小一点儿的女性。如果你个子不高又略显丰满的话，也没关系，只要选择好适合自己的衣服，多穿一些稍微亮色的衣服都可以把人的视线往上提，增加高度感，不过应该注意的是，袜子和裙子的颜色对比也不要太大。

4. 选择对的裙子很重要

太长的裙子会显矮，太短的裙子则会暴露大腿的不足，所以适合的长度为刚过大腿的一半，最长也只能到膝盖骨就可以了。平时可以多穿短裙，因为短裙和高腰有相同的功效，都可以使你的腿看起来更为修长，这样看起来身材会更高挑。而高腰的设计则可以让别人的视线向你的身体上部转移，使得你在别人视线里增高了。此外，腰带裙装也是一个不错的选择，要选择低调内敛，腰带相对比较收缩的，因为这样的穿着可以让你的腰看起来纤细，加上裙装轮廓，能产生一种修长的视觉效果。

5. 鞋子搭配

穿着超长裙的时候不宜搭配太过纤细的鞋子，此时搭配有点分量感的鞋子能产生一种和谐的平衡感。小个子的女生可以选择尖头鞋，因为尖头鞋既能弥补身型缺陷，搭配合体长裤还使腿型显得更为修长。很多身材娇小的女孩喜欢穿高跟鞋，因为高跟鞋能最直接地提高自己的高度，但是要注意的是虽然高跟鞋能显著地提高你的身高，但是如果你选择的高跟鞋过高的话，反而会破坏身体高度的平衡，特别是在夏天穿裙子或者短裤的时候，较短的服装和比较高的高跟鞋会产生鲜明对比，显得你的小腿又粗又短。所以，穿高跟鞋时，鞋子的高度要适合。对于一般的女生来说，五厘米左右是比较合适的，既能提高高度又不显生硬。

6. 图案的选择

最好选择小巧可爱的图案，且图案设计尽量摆在上半身，小巧精致的图案会和小巧可爱的你相得益彰。如果你比较喜欢穿 T 恤的话，胸口有文字图案的 T 恤也是很好的选择，因为它同样起到了将视线焦点上移的作用，能使你在视线里显得高挑一些。

7. 配件搭配

颈部或者头部的饰品都可以起到像文字图案 T 恤一样的效果，能将视线焦点上移。一条合适的项链或者一对漂亮的耳环，都可以拉伸你颈部的长度，可以在视觉上制造增高的效果。要注意，长裙不宜搭配太秀气的包包，可以搭配一个有分量、容量比较大的包包。金属质感的大包也非常的流行，选择它可以提升整体的时尚感。

8. 花纹搭配

竖条纹服装也是小个子穿衣的不二法则。其中，无论是宽的还是窄的竖条纹都有助于拉长你的身型。不过即使同样是竖条纹，细条纹要比宽条纹显得更纤细。但是需要注意的是，小个子应尽量避免横条纹，无论宽窄都不要选择。体形矮小瘦弱的人宜选素色、无花纹的服装，如果你真的很喜欢格子衫的话，最好不要选择大格子的服装，而应选择小格子的花纹，因为小格纹比大格纹显高的效果要好，当然大格子花纹会显得人更瘦，各有利弊。

9. 款式搭配

服装整体搭配的时候不要层次太多，简洁大方才是重点。比如：长款的裙子搭配一个短罩衫就可以了。喜欢走日韩风格的女性，千万不要选太小件的衣服或层次太多的日系风格的衣服，因为这样会显得太过厚重而把身体的高度截短。

这里还有 10 个小提示送给娇小的女生：

（1）不要把头发全部扎起来，剪个蓬松的发型会使你看上去更高一些。

（2）无论是围巾、精巧的项链、耳环，抑或是绣花的衣服，都可以让人们

的注意力集中到你的上半身，可以拉长视觉效果。

（3）不要穿横宽条纹，或者使你看上去一截两段的衣服。应该选择竖窄条、色彩反差小的衣服，这样搭配更显高、更柔和。

（4）一般来说，不要穿卷边的裤子，因为卷边的裤子很容易显矮，除非袜子、皮鞋与裤子搭配得合适到位。

（5）袜子、鞋子和裤脚边的颜色一定要一样。

（6）选择戴稍大一些的耳环，可突出你的眼睛和脸型，还可以在视觉上拉长脖子的长度，使你显得更高。所选的耳环应该与脸型、发型和肩膀的宽度保持平衡。

（7）戴帽子的时候，应注意帽子的边缘不应宽于肩膀，而且要与脸和身材成比例。

（8）应选择小图案的衣服，大小标准以不大于你的手掌为宜。

（9）裙子要选择柔软贴身的料子，忌用又粗又硬的料子。

（10）腰带可以拉长你的身材比例，但应与衣服的颜色协调，颜色反差不能太大，腰带也不能太宽。

经常会听见很多女生说，真羡慕那些高个子女孩，几乎所有的衣服穿在她们身上都好看！其实娇小的女生也可以拥有自己的美丽。除了人们常说的要自信以外，懂得一些服饰的搭配方法也很重要，你会发现，其实身材娇小也可以穿出一番韵味，美丽其实也很简单！

像设计发型一样精心设计你的第一印象

人际关系学专家阿尔伯特提出过一个关于第一印象的"7／38／55定律"：即一个人留给别人的第一印象受几个方面因素的影响。其中，说话内容本身占7％，说话方式（语速、语调、音量等）占38％，非语言信息（面部表情、身姿、行为、服饰等）占55％。由此可见，一个人的外在表现在给别人的印象中占有举足轻重的分量，而女人尤其如此，一个得体大方的外在表现可以留下一个良好的第一印象，对于工作和生活都大有裨益。

当你第一次见到一个人的时候，你会看到些什么呢？可能你第一眼看到的是长发、红色连衣裙、珍珠耳环之类的装饰，继而你的心里会对这些衣着打扮给予评论，例如：看起来既时尚又有气质，虽然看不出职业，但可能是个从事设计的白领。你看，当我们在看别人的时候，也通过服饰、发型等去判断工作、价值等。事实上，人们也会通过我们的穿戴来试图猜测我们身后那些无法直接穿出来的东西，进而判断我们的价值。

要知道，外在形象是一个女人的第一张名片，它不仅彰显着外在的气质，还反映着你的内在。正如欧洲一句名言说道："人们通常根据书的封面来判断书的内容。"女人也正如一本精致的书一样，如果你没有一个得体大方的外在形象，就很难给别人留下一个良好的印象，因此，我们要像设计发型一样精心设计自己的第一印象。

英国女王在给威尔士王子的信中曾写道："穿着显示人的外表。人们在判定人的心态以及对这个人的观感时，通常都凭他的外表，而且常常这样判定，因为外表是看得见的，而其他则看不见，基于这一点，穿着特别重要……"换句话说，女人的服饰具有展示自我的特征。一个穿着得体的女人会给别人留下良好的印象，这样良好的印象就等于在告诉大家："这个女人聪明、成功、可靠又自重。大家可以尊敬、仰慕、依赖她。"反之，如果一个女人穿着随便的话，就会给人留下不好的印象，它好似在告诉大家："这是个没什么作为的人，普通、粗心、没有效率，既不重要，也不值得尊敬。"

相关问卷调查的数据表明，一个公认的有魅力的女性的个人形象要具备以下要素：穿着得体、谈吐优雅、有条不紊和具备职业权威性。其中有两点都是外在形象，由此可见外在形象的重要性。美国有个知名女记者这么说过："如果你穿错了衣服，没有人会告诉你；如果你不懂得搭配，没有人会告诉你；如果你的头发不整，没有人会告诉你……但是，人人都会看在眼里、记在心里，这些小节正在诋毁着你！"因此，在这个时代，要先从外在形象开始设计和塑造自己的个人形象，此外还要注重场合和言谈举止。

很多女人喜欢经常穿着细肩带洋装或露背装。当然，在周末同学朋友聚会时，这样穿戴未尝不可。但是在正式的场合，例如较重要的工作场合中，最好选择大方、稳重、知性的衣着，这样给同事和合作者带来的印象分也能增加。

另外还需要注意的是，不要忽视外在形象的小细节，例如衣裤脱线、小污渍或头皮屑等，这样的小细节都会将你精心打造的形象毁于一旦。如果你身穿名牌衬衫却不熨烫，或是脚穿名牌皮鞋却从不擦干净，这些小的细节都会让你的形象

大打折扣。

此外，言谈举止还能体现一个女人的精神面貌。因此，在与人交往的时候，你应该放松心情，保持自己的特色而不矫揉造作。在跟人接触的时候，无论是过分热情或冷漠都不好，会有故作姿态之嫌。最自然的状态能让你和对方都舒服。而优美的站姿、优雅的坐姿和良好的谈吐都是你在与人交往时你的亮点，会给人留下独一无二的美好印象。

当今的职业女性，除了要具备应有的职业的魅力之外，还应该拥有优雅高贵的气质，而你的良好的个人形象，也是事业和爱情成功的金钥匙。无论在何种境界，女人都希望自己是最出彩、最漂亮的那个，所以，你还有必要为自己量身定做一个最适合自己的完美靓妆，应将"21世纪职业女性"的特质与白领丽人的气质完美结合，高雅中不失高傲，时尚亦不张扬。一个精心打造的个人特色强烈的适合你的职业形象，不仅可以为你增添一份自信，更会博取上司、客户和同事的信任和好感。

形象是一个抽象的概念，是女性展现于世人的外在美，也是由服饰和妆容可以渗透、体现出来的气质。想要精心设计一个良好的形象，不仅需要精巧的构思，最重要的还是要保持和谐。一个打扮得体的女性，并不需要精致的五官，但必须会塑造自己的知性美和气质美。其实，形象的好坏并没有特定的标准，但在女性的魅力当道的情形下，给形象赋予更深沉的韵味是大有必要的，一方面，我们需要吸引别人的眼光；另一方面，亦是自己人生价值中的一方面的诉求。

当今社会上，色彩、形象设计还不是很流行，也许很多人会觉得形象设计是没有必要的。而有的女性认为，平时只要多看时尚杂志和流行电视剧就会有穿衣打扮的灵感，自己也能变得更时尚美丽。甚至在很多时候都会刻意模仿模特的衣着，认为模特穿得漂亮自己穿也不会差。结果花了很多冤枉钱，买回了很多不适合自己的衣服，甚至周围的朋友还会觉得这种穿着怪怪的。于是她们开始觉得茫然：我明明是照着模特的样子去穿衣服的啊，我也很时尚，为什么还是不漂亮呢？

其实，其中的道理很简单。大部分的模特脸盘小、身材高，因此她们可以从容地驾驭很多的颜色和款式，一般来说，身材越高，人们对其身材的关注度越高，对面部的关注程度也就会下降。欧美女性的身材更为高挑修长，这也是欧美女性一般比亚洲女性驾驭色彩的能力更强的原因所在。相反，身材不好或不够高挑的女性也应该注意自己适合的颜色和款式，除此之外还要关注季节的变化，关注服饰的更新。所以，如果对自己的服饰把握不甚到位的话，最好能向专业的穿衣咨询师咨询。要知道人生只有一次，如果一辈子都穿错衣服，那可是很大的遗憾！

　　总之，在重视内在美的时候也不要忽视外在美。如果你已经是一个才华出众、事业有成的女人，如果你能在外在形象上多花点儿功夫，再加上你已经拥有的内在美，那么整个形象都会更加完美。当然，一个女人的外在形象也不仅限于外表相貌和穿衣，还包括化妆、个人风格等大大小小的方面。你需要从每一个小细节入手，精心设计自己的形象。只有这样，当你走到别人面前的时候，你的形象就会自动告诉别人："我是有修养、有能力的女人。"这样的一个良好形象胜过千言万语。

记住每天化好淡妆再出门

　　无论你现在是工作还是在学习，都需要学会化一点淡妆，这样可以让你看起来更美丽清新却不妖冶，会让人觉得很干净清爽。淡妆既不会让人觉得僵硬做作，又能让你的皮肤状态更好，提亮气色，适用的场合也非常广泛。因此，学会化一个漂亮的淡妆再出门，是任何一个爱美女性都必须具备的一项技能，这样既能给自己带来好心情，同时也是对别人的一种尊重。

　　那么怎样化淡妆才能显得更美丽呢？化淡妆需要一些特别的工具吗？不少女性都提出了这样的问题。其实化好淡妆很简单，就是一个秘诀：强调每一个部位。下面我们来看看如何化好一个淡妆。

　　化妆前需要做好以下准备工作：

　　（1）修眉。用剃眉法修好一个适合自己的眉形。

　　（2）清洁皮肤。化妆前需要彻底清洁皮肤，可以用洗面奶、清水将面部洗干净。因为洁净的皮肤是化好妆的基础。在清洁皮肤的同时，你还可以适当按摩，这样可以舒展皮肤的张力，加快局部血液循环，增强细胞活力。在这种皮肤状态下化妆，妆面牢固自然，而且也可以增强化妆品与皮肤的亲和力。

　　（3）化妆水或者保湿水。用化妆棉蘸化妆水涂抹在皮肤上，并用手指轻轻拍打，使其充分渗透，这样可以增加皮肤的湿润度，使妆容不会太干而显得厚重。

　　（4）涂面霜。面霜不仅可以使皮肤更滋润，而且能在皮肤与化妆品之间形成保护屏障，可有效防止有色化妆品的色素对皮肤的直接侵蚀。

　　下面我们就可以开始画淡妆了。

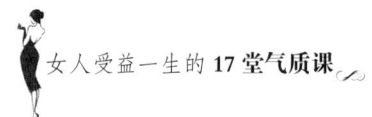

第一步：打好粉底

粉底的主要作用是均匀面部肤色，所以要尽量选择与自己肤色最接近的颜色，同时要注意脸与脖子的衔接，不要出现脖子和脸色差过大，也可以选择和脖子颜色相同的粉底，这样就可以避免出现面具脸了。选择粉底的时候，用粉底液就可以了，还可以根据自己面部的情况选择含油或不含油的。尽量不要用膏状粉底，因为膏状粉底很难掌握，打不好的话会显得底妆厚重而僵硬。脸上有痘痘的女性会觉得用膏状粉底打厚一些可以有效遮盖自己的痘痘，其实不然，如果是凸出的痘痘或者是凹凸不平的痘印的话，粉底越厚反而越明显，适当地用一些遮瑕产品就可以了。如果痘印很平的话，遮盖力较强的粉底液就可以遮住。涂抹粉底的方法也很简单，使用微微潮湿的海绵由上而下、由内向外以涂、拍、按的手法涂抹均匀即可，此外还可以用深浅不等的同色系粉底调整面部凹凸关系和脸形轮廓。

第二步：定妆

用散粉或粉饼都可以起到定妆的效果，同样颜色要选择和肤色接近的。可以用透明蜜粉或与粉底同色的蜜粉固定粉底。一方面可以减少粉底在皮肤上的油光感，另一方面可以防止妆面脱落，更好地定形。粉质要细而透明，扑粉要薄而均匀，散粉宜少、宜薄。

第三步：眼妆

晕染眼影：适当运用眼影可以强调眼部凹凸结构，显得眼睛更大更有神。眼影颜色的选择要与服饰色调相协调，淡妆的话采用柔和简洁的色调最佳。对于肿眼泡或眼袋下垂的女性，为了避免缺点更突出，眼影色忌用暖色。另外，眼部比较漂亮的女性可以选用单色眼影。化眼影的时候要从贴近睫毛的根部开始画，越往上颜色越淡，从外眼角开始慢慢过渡到内眼角，要有一个渐渐消失的过程，颜色的重点在外眼角上，切忌在眼皮上画出很明显的印记。淡妆的眼影面积不用很大，稍微能显出来便可以显得更精神。

第四步：眼线

睫毛浓密的女性可以不画眼线，睫毛条件稍差一点儿的女性可以选择合适的眼线笔，对眼线进行描画，然后用深色眼影做晕染。上眼线线条要细，平时化淡妆下眼线可以不画，化的话线条也要浅浅。画眼线的时候也要贴着睫毛根部开始画，一般是由内眼角画到外眼角，宽度和长度根据自己的眼型来定。还需要注意的是眼线的边缘也不要画得太明显，那样会使眼睛看起来很死。对于刚开始化妆眼线画不好的的新手，可以再用小刷子或棉棒将眼线晕开，这样就不会让眼睛看起来很死了。

最好根据自己的眼型来化合适的眼影和眼线：

吊眼：眼影和眼线的重点都在下眼睑的外眼角。上眼线也可内粗外细，这样有利于调整眼型。

下垂眼：眼影和眼线的重点需要放在上眼线的外眼角，眼线可内细外粗。下眼线可不画，如果妆容需要，下眼线要突出内眼角，慢慢过渡到外眼角即可。

两眼距离较近：眼线和眼影颜色的重点在双眼的外眼角，眼影可以往外扩，内眼角过渡即可。

两眼距离较远：要突出内眼角，眼影颜色重点在内眼角，可以向内过渡多一点，外眼角过渡即可。

单眼皮：眼线可以画得宽一些，也可根据睁眼睛为标准来画。眼影面积不宜过大，也可以画假双。另外还可以将重点放在下眼睑，上眼睑只要把睫毛夹翘、刷浓密就可以了。

肿眼泡：眼影颜色要选择暗色，冷色调，另外，眼影的层次要明显，这样可以扬长避短。

第五步：睫毛

其实淡妆的眼妆重点在于眼线和睫毛，眼影并不一定要画得很重、颜色多才好看。如果只画眼影而不注重眼线和睫毛的话，眼睛一样会显得呆滞无神。睫毛膏可以有效增强睫毛的浓密感，并使睫毛加长。夹卷睫毛后，再涂染睫毛膏，就能使眼睛显得更有魅力，但化淡妆的时候要注意睫毛膏不能涂得过厚，亦不宜粘贴假睫毛。夹睫毛是刷睫毛膏的前提步骤，在睫毛根部、中部、尾部夹三下，就能使睫毛以很自然的弧度向上弯曲。刷睫毛的时候，要将睫毛刷呈之字形从睫毛根部慢慢往上刷，可以多刷几遍，让睫毛看起来浓密。

第六步：眉毛

眉形可以帮助修饰脸型，天生眉形好的女性只需用眉刷蘸少量棕色、灰色眼影粉涂在眉毛部位即可，眉色较淡的女性可以用咖啡色或灰黑色眉笔轻轻描画，再用眉刷晕开，这样可以使眉色浅淡自然，显出自然之柔美。一般画眉的长度到鼻翼和眼角连线的延长线位置即可。

下面来看看各种脸型适合的眉形吧：

标准脸形，俗称鹅蛋脸，眉毛可以根据妆容的需要来定。

圆形脸，眉峰可以高一些，可带点儿棱角，不宜过长。

方形脸，眉峰可以高一些，要圆润，不宜过长。

长形脸，眉形要自然，有一点儿眉峰即可，像模特这样的眉形就可以。

颧骨较高的脸形，眉峰要圆润，不宜过长。

第七步：腮红

适当的腮红可以使人显得健康精神，还可以弥补脸形的不足。化日妆时，腮红宜浅淡，如果肤色健康就可以不涂。腮红的颜色也要根据肤色、眼影颜色或服装来定。腮红的打法主要有两种——团式和结构式。

下面介绍不同的脸型打腮红的方式：

标准脸形，不用多说了，根据妆容或自己喜好就可以了。

圆形脸，用结构式，从太阳穴的位置开始斜向下扫，由重到浅。

方形脸，用结构式，从太阳穴的位置开始往嘴角方向出发，但颜色不能低于鼻翼线。

长形脸，在笑肌最突出的位置，用团式横向扫，颜色要柔和。

颧骨较高，用结构式，从太阳穴位置开始斜向下扫。

第八步：唇妆

先用唇部专用遮瑕膏遮盖原本的唇色，然后再用唇线笔或化妆刷描画出适合的唇形轮廓，再以画爱心的方式涂抹上适合的唇膏。要注意淡妆的唇膏选色不要太鲜艳，尽量接近唇色，一般选用粉质无光的口红或者透明唇彩都可以。

第九步：修整妆面

整个妆面在完成之后，可以站得稍远一些，以便看清妆容的整体效果，再检查妆形、妆色是否协调，左右是否对称，底色是否均匀，如有不足，可作适当修补。

你的衣橱决定你的品位

如今年轻女性越来越重视衣着打扮，无论在服装、化妆、发型上都非常讲究，力求突出自己的个性美。但需要注意的是，这些衣着打扮不仅要适合自己的外形与个性，而且更重要的是品质要过硬。衣橱里的衣服不仅仅是美的代表，它还彰显着主人的品位和气质，因此，千万不要忽略衣橱里的衣服，要知道衣服的品质比数量更重要。

有些初入公司的年轻女性，经常不经意地犯一种错误，那就是将与工作性质不协调或者品位不够的装扮带到公司。例如，周末刚跟朋友约好要一起外出郊游，于是就直接穿着郊游的装束来上班，这显然不能显示公司的品位和气质，而且如果穿着这种衣服去见客户，是对客户的极大不尊重，这样的穿着打扮当然也绝对无法获得上司的好评。有些紧身衣、华丽的时装、低胸的小衬衫，虽然能使你看起来性感又吸引人，但却与工作环境极不相称，也无法适当地展示你的品位。而那些完全不在意自己的服装的女性，自然也会给人一种怠慢、品位低俗的感觉。

也许看到这里很多人会问一句："那么怎么提高穿衣服的品位啊？需要很多钱吗？"相信几乎每个女性都会有这样的疑问，那么先让我们解决两个疑问。提高自己衣橱的品位重要吗？回答是肯定的。无论是为了自己的工作还是生活，外在是给别人的第一印象，也是任何一个成功社交的先决条件。正如"孔雀理论"所说，很多动物在求偶的时候也把外表视为第一要素，因此色彩斑斓的羽毛也会更吸引对方的目光。在现代社会生活中更是如此，无论你在什么场合，穿着适当的衣服都能提升你的品位，自然而然也就能带给你一些意想不到的机遇。提高自己衣橱的品位需要花很多钱吗？这个答案却是不一定的，但是如果不花钱的话肯定无法提高自己衣橱的品位。因为很多商场有档次的衣服往往都价格不菲，但是即使很有钱把那些衣服全买回家也不一定就能提高衣橱的品位，原因很简单，看看那些"土大款"便知。但是如果不花钱的话，肯定没法买到有档次的衣服，白菜价衣服虽然好，但衣柜里总要有几件有价值的衣服，尤其是当女性年龄逐渐增长，宁愿一年只买一件好衣服也不要一个季度买十件便宜衣服。如果你现在只是学生或者收入不高的话，可以攒好钱之后去商场试穿，一年买一件适合自己的衣服，这样累积下来，你的衣柜里衣服虽然不多，但却件件是精品。

现在让我们来看看如何提高自己衣橱的品位。办法自然有很多，但前提还是"心态"。第一步你要学会随时留意和分析那些你觉得很有品位的衣服，同时留意身边的女性对这些衣服的看法，并养成习惯。在添置衣服之前，你需要至少了解一些各种着装的礼节和具体风格，各种风格有哪些代表性的品牌，了解这些品牌各自的特色。当然此处不要求你只看买得起的品牌，各种品牌都需要看一下。

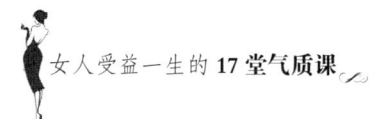

第二步就是接触。你在逛商场的时候可以看下各个品牌的搭配，了解时装的趋势，加强搭配的感觉。尤其是那些大牌，一般搭配起来会更有味道，经常逛逛这些品牌对于自己品位的提升十分有益。有些风格有些牌子的衣服是否适合你，也要通过接触和尝试，只有接触尝试过之后，才能确定适合自己的衣服。而且接触的时候还要注意一下衣服的水洗标，衣服的成分和面料会直接标注在水洗标上。因此，通过接触这些衣服的面料和质感，也能帮你在品位的道路上更进一步。总之，去接触你能接触到的有品位的东西，百益而无一害。

第三步是建立。其实建立对着装的品位和建立对人的认识是一个道理。如果你平时认识的人品位档次都比较好的话，那么你也会越来越善于和有品位、有档次的人交往，在这过程中你也会越来越有自信。对于着装也是同样的道理，如果你已经熟知各大商场品牌模特的搭配，或时尚杂志里大牌的衣服搭配，你自然会对衣服的风格、颜色、款式和潮流有更深一步的理解。品位的提升是潜移默化的，那时候你不用任何人教就已经慢慢具备了品位，当你看到不对的搭配的时候自然而然会觉得很别扭、不自然。虽然建立品位的过程很漫长，且具体时间因人而异，有些人也许几个月就能学会，有些人也许要几年。

最后一步是选择。根据你所处的年龄、收入，以及之前你对自己了解的自己适合的风格和职业。慢慢选择形成一种属于你自己的风格。当然在这过程中，你随时都可以咨询那些有品位的人士或者别的姑娘的意见，再根据这些意见尝试调整。等到那时候，当你随便看到一件衣服，都会立即知道它是不是属于你，你能不能和它相得益彰。所以在这时候你已经有了品位，而且此时你会比一般人更容易展现这种品位，就好像你身上的一切都是量身定制，形神合一。

衣橱里的衣服对于你来说是一种品位的象征以及更有魅力的生活的代表。就像对于穿衣达人来说，不知道自己最合适的尺码比不知道自己的胸围要可耻得多。

不要因为胖就只穿宽大的衣服

很多女性为了显瘦，买衣服直接买小一号的，另一些女性为了遮肉则喜欢买宽大的衣服，穿起来松松垮垮的，仿佛这样就可以遮盖自己的缺点。实际上无论是太瘦还是太宽大的衣服来遮掩身材都是不适宜的，太紧的衣服会把肉勒出来，反而显得线条粗壮；而太宽松的衣服则只会让人的身型看起来硕大无比。

不要因为胖就只穿宽大的衣服，适合的衣服也能让你显得身材苗条，主要要注意以下几点：

（1）买衣服的时候要根据你的身材特点买，不要因为看别人穿着好看，就跟风去买，适合别人的衣服不一定也同样适合你。挑衣服款式的时候，将重心放在"扬长"而不是"避短"上。也就是说，不要注重能掩盖你缺点的衣服，而要注重能突出你优点的衣服。当你的优点突出的时候，就能成功吸引别人的注意力，此时你的缺点就很容易被人忽视。举个简单的例子，如果你的手臂很美，但是小腿很粗，你可以穿一条长及脚踝的长裙遮住你的腿，再用一件无袖的衬衫露出优美的手臂。

（2）不要在你最胖的部位放上过多的装饰物。因为装饰物会吸引别人的目光，那么别人也就会注重去看那个部位。比如说胸部比较丰满的女性忌衣服前襟带荷叶边或其他装饰，臀部比较丰满的女性忌穿屁股兜上绣着惹眼的花纹或镶嵌闪亮的水钻的衣服。

（3）无论你是什么样的身材都要选择显腰的衣服，哪怕你很胖。因为没腰的衣服容易给人营造一种水桶的感觉。就算你的衣服不收腰也没关系，上身穿肩部平整的衬衫或一字领毛衣，下身穿一条 A 字裙，在腰部最细的地方扎上一根皮带，腰线就很轻松地制造出来了。裹身裙也很适合中年女性，既显腰还可以遮盖肚子上的赘肉。

（4）大胸、短颈或者肩膀肥厚的人最好穿大 V 字领，避免穿高领毛衣或者圆领衫。因为大 V 领可以使脖子变长，同时使人的上身看起来变瘦变长一些。此外，盘头和梳高的马尾也会使人看起来颈部修长，使你显得更高一些，这样就会显得瘦一些。

（5）臀部大的人最好选择直筒裤或微喇的牛仔裤，避免穿上宽下窄的裤子。同时裤子的臀部要少些装饰。

（6）腹部肥胖的人尽量不穿低腰裤，也不要选择橡皮筋腰。西裤则要选择腹部不打褶的。

（7）注重平衡。由于国内女性的胸部没有欧美女性那么大，因此大部分发福的中国女性的体型是中间大两头小，即肩不胖、腿不胖，但腹部大、臀部大。对于这样的体型要注重上下平衡，增加肩膀和上身的比重。即：上衣要有肩膀，袖子可以多玩些花样，或者围一条颜色比较鲜艳的围巾。上身多使用明快的颜色，中部使用暗色可以遮肉，鞋子则可以穿引人注目的颜色或款式。

（8）肉多的部位衣服颜色深一些，瘦的部分颜色要鲜艳一些。例如小西装

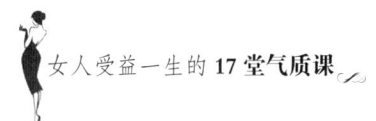

里面穿黑色打底衫，即使小西装是敞开的，看起来也好像没肚子。

（9）腿比较短粗的人不要穿在脚踝处系扣的鞋，因为这样做会从视觉上把腿切得更短。另外，鱼嘴高跟鞋和肉色的高跟鞋都有在视觉上拉长腿的效果。穿着长筒靴的时候要注意，长筒靴的靴口高度不要正好在小腿肚子最粗的地方，盖过最粗的地方为宜。

（10）穿质量好的塑形内衣。在你的经济条件允许的情况下，你需要投资质量好的塑形内衣，要穿上既整形又舒服的，这样可以把肚子收进去，把胸部抬起来，自然而然就显得瘦一些了。

（11）别忘了女人的好伙伴——高跟鞋。当人高一些的时候会改变长宽比例，这样看起来显得瘦一些。

（12）保持一个良好的站姿，站的时候要抬头挺胸。当你的胸挺出来了，肚子自然看起来会小一些。而且人站直了，个头就会高一些，自然会显瘦。

很多胖女性总是为自己的穿衣搭配烦恼，总感觉这么穿不对，那么穿也不对，于是每天出门前总是要为今天穿哪件而烦恼。虽然每天都在穿衣搭配上投入了大量的时间和精力，但不幸的是穿出去的时候还是臃肿不好看。而且有些胖女性还特别容易盲目听从别人的意见，于是很容易一不小心就走入了胖人穿衣搭配的误区。那么我们就来看看胖女性穿衣最常见的误区：

1. 黑色大码女装显瘦

百分之八九十的胖女性，衣柜里绝大多数的衣服都是黑色的。因为在常规认识下，黑色是所有色彩里最能吸收光线的一种颜色，自然而然也是最显瘦的颜色，所以胖女性就一个劲儿地往家里搬各式各样的黑色大码女装，无论是连衣裙、外套、长裤、T恤，所有能想到的衣服几乎都是黑色的。但是你不知道的是，单纯的黑色虽然显瘦，但是更显得压抑和难受，只会让你看上去更加的臃肿笨重，整个人看上去一点儿活力都没有。因此如果你想改进自己的穿衣搭配的话，最忌讳的一点儿就是一身黑的穿衣搭配方法。你可以搭配一些有颜色的元素，比如搭配一条彩色的围巾；在胸口戴一个比较鲜艳的胸针；腰间可以配一条嫩色的小腰带；甚至在搭配的包包上也可以下点功夫，选择较为鲜艳一些的包包，这样可以给人显瘦又活泼的感觉。

2. 竖条纹显瘦，横条纹显胖

一般人都会简单地认为竖条纹会比横条纹更显瘦。其实不然，遇到那些编织比较细密的大码女装，穿上之后突出部位的轮廓会被夸大，反倒看上去更显胖显粗，尤其会显得大腿又短又粗，所以在选择条纹衣服的时候，尽量选择颜色比较暗、纹路简单，不要太过密集的。那么横条纹就一定显胖吗？答案当然是不一定的，但跟竖条纹比较起来，横条纹的衣服搭配要麻烦得多。如果你比较喜欢横条纹的话，要注意，尽量穿在上身，下装颜色则尽量要简单，最好穿一条能拉长身形修身显瘦的裤子。还有就是渐变条纹的颜色不可太复杂，一件衣服上的颜色最好不要超过两种，三种已经是极限，色系也最好尽量相同，这样会显得在有层次的同时也不会太杂乱无序。

3. 大码女裤就是万能

绝大多数的胖女性，都会认为大码女裤就是万能的，就算自己腿型再差、身材再胖，只要一穿长裤这些问题就都解决了，特别胖的女性更青睐那些宽松肥大的长裤。其实这是最大的胖人穿衣搭配误区，虽然每个胖女性确实需要几条大码女裤，但是绝对不能一年四季都这么穿。试想一下，在炎热的夏天，当别人都穿性感的裙子的时候，你还在捂着长裤，不仅自己难受，还会给人一种毫无女人味的感觉。同时，长裤，特别是肥大的长裤，更容易让胖胖的臀部暴露无遗。因此应该根据自己的身材，试试微喇的长裤，或者是七分裤、五分裤。小腿粗壮的胖女性更适合微喇长裤，因为这种微喇的长裤在视觉上会有更好的拉长效果，可以非常轻松地打造出修身显瘦效果。而大腿比较胖的胖女性则更适合七分裤和五分裤，如果此时再搭配一双中跟或者高跟，就能使双腿更加完美修长，给人一种职场"白骨精"干练时尚的感觉。

所以，女人不要因为自己比较胖就专门穿一些松松垮垮的衣服，合适的衣服可以让你看起来更为纤细、有活力。

丝袜：性感与诱惑的结合体

不得不承认，丝袜带给女人的早已不只是完美的职业形象。各种流行的色彩、各式网眼、印花、蕾丝更为穿着的女性增添了一些甜美、可爱、诱惑的因素。丝袜作为性感和诱惑的结合体，如果你在细节上追求尽善尽美，那么一定不能缺少丝袜的搭配，这些紧裹着美腿的第二层肌肤会带给你无限精彩。

很多女性很讲究穿衣搭配，对身上衣着的每一部分都格外注意，但是往往忽略了丝袜的搭配。其实，如果丝袜搭配不当或者穿着失态，即使你的着装搭配再完美协调，这双小小的丝袜都会破坏着装的整体效果。

一般而言，丝袜与服装的颜色应选择同色或相近，以免产生突兀的感觉。丝袜的颜色也不宜比鞋子颜色深，否则容易产生一种头重脚轻的感觉。在穿好丝袜以后，可以在穿衣镜前自我检查，这样可帮助你更正确地判断丝袜颜色搭配是否恰当。按照自己的身材选择相应尺寸的丝袜，可以让你看起来更加修长，而深色丝袜则往往令腿部看起来较纤细，相反，浅色丝袜则有扩大的效果。故而，应至少拥有几种深浅不同的丝袜，以便随时搭配不同的装扮。女性一定要学会必要的丝袜搭配技巧。主要注意的三大搭配技巧如下：

1. 搭配要和谐

丝袜的色彩一定要和时装、鞋子的色彩谐调一致，不能穿反色。例如，穿浅色的衣服时，就不要搭配深色丝袜，而穿黑裙和黑鞋的时候配上黑色透明丝袜则更显协调。如果鞋子本身颜色比较多或者比较复杂的话，则要尽量选择最接近裙子底色或鞋上较深颜色的丝袜；如果穿的衣服花纹比较多或者颜色比较复杂，则配上素色的丝袜更和谐；而素色衣服配上带花点的丝袜则更出彩。肉色丝袜比较百搭，与任何服装色彩搭配起来都十分和谐。其次丝袜的款式要与服装、鞋子的款式相一致。例如，比较正式的西装和礼服最好不要搭配花色丝袜；而在穿旗袍或短裙的时候则最好配穿连裤袜；穿薄裙的时候如果穿上透明丝袜，则能给人一种轻快活泼感；大花图案和不透明丝袜适宜配平跟鞋，图案细小和透明丝袜宜配高跟鞋。总体来说，如果服装款式越复杂的话，丝袜就应该越简单清爽。

2. 配合腿形穿丝袜

丝袜的穿着还应该配合自身的腿形。腿粗的女性适合穿深色、直纹和细条纹丝袜，这样可以显得腿更纤细；腿形比较短的女性则更适合穿着深色无图案的丝袜，这样可以产生拉伸腿部的视觉效果，更显纤长；腿部较瘦的人可以穿浅色丝袜、不透明丝袜或颜色比较鲜艳的丝袜，更显青春活力；而腿型优美的女性不妨选择色彩鲜艳的丝袜，并不拘束于丝袜的类型。

3. 穿丝袜要注意场合

对于日常忙于上班的职业女性，一些黑色、肉色等素色的丝袜会更适合；社交的时候则宜穿着灰调的丝袜，像酒红色、黑色、灰色、紫色都会更加显得庄重、高贵、沉稳。至于在家的时候则可以随意一些，选择一双性感十足的带蕾丝边的透明丝袜。另外，穿着丝袜的时候切忌"露空"，即不能穿短得使腿分为两部分的丝袜，因此，无论是穿裙子或者是热裤，裙摆、裤角都要盖过袜头，否则的话容易失态。至于没有弹性的袜子则应使用吊袜带，否则袜子总往下褪，频频撩裙提袜有失大雅。

穿着丝袜的时候还应该注意以下几个小点：

（1）上班族切忌穿着彩色丝袜，因为它会令人感到轻浮，缺乏稳重之感。

（2）身材高挑的女性适合色彩鲜艳的丝袜。例如，明黄、天蓝等鲜艳的颜色，最适合优美的腿型。

（3）一般时髦前卫的女性着装比较复杂，则穿着的丝袜就应该清爽一些。

（4）对于上班的职业女性，不妨选一些素色的丝袜，只要遵循深色服装配深色丝袜、浅色服装配浅色丝袜的基本原则即可。

（5）剪裁简单及颜色明净的上衣，可以搭配略带细致花纹的丝袜，这样可以增加一些清丽动人的感觉。

（6）参加宴会穿着晚礼服的时候，配一双背部起骨的丝袜，可以让高雅大方的格调分外突出。但穿着此类丝袜时，切忌将背骨线扭歪，否则极其失仪。

（7）丝袜的色系和鞋的颜色一定要相衬，并且丝袜的颜色应略浅于鞋子的颜色，这样能更和谐。

（8）平时应该尽量避免穿着白鞋或白丝袜，如果不是身材姣好的话，这样的搭配很容易看上去又胖又矮，所以并不是一般的身型可以穿着的。

丝袜是女性腿部的第二层肌肤，尤其对于职业妇女而言，每天腿部与丝袜紧密依偎的时间大多超过8个小时。因此，除了舒适美观之外，还应该注意丝袜的保养和穿着得当，才能使丝袜的寿命增加，更好地为自己服务。许多女性常常有这样的经验，一双丝袜还没穿几次就破了，甚至刚买的新的丝袜还没穿出门就已经莫名其妙地被勾破了。其实这与丝袜的穿着技巧关系很大，具体要按照以下几个步骤进行。

（1）在穿着丝袜之前，应该先将手指甲、脚指甲打磨光滑，最好抹上护手霜，否则会刮坏丝袜。

（2）将丝袜从包装中取出的时候，一定要对好前后再开始穿袜。

（3）穿着丝袜前，在双腿略拍上清水或者涂上润肤露，都可以使皮肤粗略

带刺的皮屑软化，以免勾纱。

（4）穿丝袜时应以拇指为中心，将丝袜自大腿处折至脚尖；再分别将两脚自脚尖处向大腿处轻轻往上拉，然后细心向上慢慢滚着穿，穿着丝袜一定要耐心，切不可着急，尤其是穿着静脉曲张袜的时候，穿着难度比较大，一定要细心。

（5）将丝袜穿至膝部之后，慢慢调整，再匀速着穿，这样可以防止穿完后腿上的颜色不均。

（6）为使穿着的时候得到最佳的服帖效果，两脚脚掌应平贴地面，再轻轻向上拉上丝袜，并确保腿部的每个部位均完全服帖，将丝袜慢慢地边拉边穿至大腿根。

（7）再以两手平均力道上拉至臀部，并确认臀部的每个部位亦完全服帖即可，将丝袜均匀伸展至腰部，确定丝袜与腿部紧贴之后，用双手将裤身部分撑开，并将其拉上至腰间。

（8）此时将袜腿部分稍作调整，如果袜子有纹路的话则要对齐图案。穿着完毕后，轻拉脚尖部分，使弹性分布更均匀，这样穿着更舒适贴切，视觉效果也更好。

（9）脱下丝袜时，也要用双手轻轻地褪至膝盖处，再小心地用拇指抓着丝袜自脚底完全褪去。

丝袜是女人的第二层肌肤，在穿衣搭配的时候一定也要注意第二层肌肤的搭配。如果搭配合适的话，小小一双丝袜也能显得十分出彩。

做自己的色彩顾问

色彩对女性的重要性是无须多言的，上帝在创造了女人之后，也将色彩赠送给了女人，还在女人的体表打上了令男人吃不透的色彩的"烙印"。一方面，色彩是女人的最爱，另一方面，色彩还是女性展现魅力的有力武器。女人不能没有色彩，正如人类离不开水一样。

色彩的力量是无尽的，但如果运用不好的话则会令人头痛不已。有些女人认为多种颜色或者奇装异服打扮起来就会好看，其实，这是一种误解。色彩是明智的，色彩并不偏爱任何人，色彩既可以为女人"添色"，运用的不好的话也会减少你原本的魅力。所以每个女人都应该学会驾驭色彩，做自己的色彩顾问，让自己更有魅力。只有这样，色彩方能为你服务，为你创造美。

色彩是服装给人的第一印象，有着极强的吸引力，如果想要将色彩的魅力淋漓尽致地发挥，必须充分了解色彩的特性。如果你能学会恰到好处地运用色彩，那么不但可以掩饰、修正身材的不足，而且能强调突出你的优点。例如，对于上轻下重的形体，如果用深色轻软面料做成裙子或裤子的话，可以削弱下肢的粗壮感。而对于身材高大丰满的女性，则更适合深色外套，这条规律对大多数人都适用。总的来说，服装色彩的搭配也是需要技巧的。

搭配技巧一：掌握主色、辅助色、点缀色的用法

主色是占据全身色彩面积最多的颜色，大体要占全身面积的60%以上。它们通常作为套装、风衣、大衣、裤子、裙子等形式出现。辅助色是与主色搭配的颜色，腰占全身面积的40%左右。它们则往往以单件的上衣、外套、衬衫、背心等形式出现。至于点缀色，则和名字一样，一般只占全身面积的5%～15%。像丝巾、鞋、包、饰品等都是点缀色，往往起到画龙点睛的作用。衣服并不一定要数量众多，也不必花样百出，最好选用简洁大方的款式，这样可以给配饰留下展示的空间，才能体现出着装者的搭配技巧和品位爱好。

搭配技巧二：自然色系搭配法

暖色系不限于大家所熟知的黄色、橙色和橘红色，其实所有以黄色为底的颜色都是暖色系。暖色系一般会给人以华丽、成熟、朝气蓬勃的印象。而暖色系适合与无彩色系一起搭配，除了经典的白、黑两色之外，驼色、棕色、咖啡色一起搭配也会给人一种眼前一亮的感觉。而与暖色系相反的冷色系则大多以蓝色为底。与冷色基调搭配和谐的无彩色，最好选用黑、灰、彩色，此外要注意避免与驼色、咖啡色系搭配。

搭配技巧三：有层次地运用色彩的渐变搭配

如果只选用一种颜色，利用不同的明暗搭配，就能给人一种和谐、有层次的韵律感。如果选用不同颜色、相同色调的搭配，同样也能给人一种和谐的美感。

搭配技巧四：主要色配色，轻松化解搭配的困扰

单色的服装往往搭配起来很简单，只要找到能与之搭配的和谐色彩就可以了。但如果遇上有花纹的衣服，一般会难搭配一些。不过你只要掌握以下几点，再难的

搭配也会变得简单。

（1）使用无彩色。黑、白、灰是永恒的经典万能搭配色，无论多复杂的色彩组合，它们都能和谐地融入其中并带来一番韵味。

（2）在选择搭配单品的色彩的时候，在已有的色彩组合中，选择其中任何一种颜色作为与之相搭配的服装色，就能给人整体、和谐的印象。

（3）同样一件花纹的单品，与其搭配的单品选择花纹单品中的不同色彩组合的搭配，不但协调、美丽，还可以提升整个人的品位。

搭配技巧五：运用小件配饰品的装点，打破沉闷的局面

如果你也是一个上班族，衣柜里的颜色并不丰富，那么可以通过用一些小饰品来点缀并不丰富的颜色，这样可以让衣服更出彩。

搭配技巧六：上呼下应的色彩搭配

这种方法也叫"三明治搭配法"或"汉堡搭配法"。例如，外套和裤子的颜色一致，这样可以显得更有活力。

总之，当你不知道该如何搭配的时候，还有以下的原则可以运用一下。全身色彩以三种颜色为宜，当你还没有找准自己的穿衣风格的时候，不要尝试超过三种颜色的穿着。一般衣服搭配的整体颜色越少，越能体现优雅的气质，并且还能给人利落、清晰的印象。

此外还要了解色彩搭配的面积比例，注意各个颜色分别搭配。全身服饰色彩的搭配比例要避免 1：1，尤其是穿着的对比色。一般以 3：2 或 5：3 为宜。

认识色彩的力量，就可以更充分地认识自己，但要玩转色彩却非易事。我们还要在不断摸索的过程中，不断地在色彩的搭配中找出融合的技巧。此外你还应该在凸现自己的个人魅力的同时，与整体和环境相协调。好好把握色彩的力量吧，充分让自己"好色"起来！

将职业装穿出灵气和干练

人们大多以为职业装会显得更死气沉沉一些，搭配也没有什么新意。其实职业装的搭配和穿着是很有讲究的，不同的职业女性为了适应不同的场合，应正确着装搭配，这样才能在职场中更好地显示自己的魅力，成为一道靓丽的风景线。

女性职业装不管是颜色、款式还是搭配，很多时候都让女人感到无力与郁闷。职业装的样式，让职场女性对其失去了装扮的兴趣。实际上，服装搭配的时尚与毫无新意的职业装也可以联系起来。注重服饰搭配的女人也能在职业装中找到灵动和干练的感觉。

下面介绍五大风格的职业装搭配，让你将职业装也能穿出灵气和干练。

1. 庄重大方型：衬衫与套装搭配

适合职业：服务行业、客服、销售等职业的女性。

如果你的着装外形更为飘逸软柔一些，那么就不会给人一种强势的女强人的感觉。上身可以穿一件衬衫，衬衫的款式以简单为宜，可以选择白色、淡粉色、格子、线条等简单大方的衬衫，与套装相配衬。在整体色彩上，可以考虑灰色、深蓝、黑色、米色等这些沉稳的色系，因为这些色系可以给人留下干练朝气、充满亲和力和感染力的好印象。此外，白色也是不错的选择。职业女性一天近 8 小时要面对公众，必须始终保持衣服形态整洁，因此应当尽量选用那些经过处理、不易起皱的丝、棉、麻以及水洗丝等面料。

2. 成熟含蓄型：西服西裤、连衣裙

适合职业：从事保险、证券、律师、公司主管、公共事业和政府机关公务员等工作的职业女性。

许多职业女性着装的原则是专业形象摆在第一位，其次才是气质。其实想要穿得比较干练、有灵气的话，应当将专业形象和女性气质取得和谐平衡。即使是不同质地和剪裁的西服西裤，也能穿出不同的感觉。总的来说，西服和西裤的经典搭配，显得成熟稳重。而连衣裙则适合身材窈窕的女性。常见的连衣裙款式有很多，比如套裙，无论长短都能给人一种干练的感觉。而露肩的黑色连衣裙，如果长度及踝，那么它流畅而华丽的线条，就能全方位地展示你身体的美丽。而且神秘的黑色适合成熟含蓄的女性，适合的场合也更多一些。一般说来，优雅利落的套装，会给人一种井然有序的印象。至于颜色，当然还是以白、黑、褐、海蓝、灰色等基本色为主。如果你觉得这样的色彩过于单调，不妨扎条彩色的领巾，或在套装内穿件亮眼质轻的上衣。

3. 素雅端庄型：款式与面料的选择

适合职业：从事科研、银行、商业、贸易、医药和房地产等工作的职业女性。

职业女性的穿着除了要因地制宜、符合身份、保持清洁舒适外，还须以不影响工作效率为前提。例如，如果自己的衣着太过暴露的话，很容易让男同事不知所措，而且自己也要时常瞻前顾后，这样的话势必会影响自己的工作效率。因此，职业女性的上班服应遵守"流行中略带保守"的原则，既注重配合流行又不损及专业形象。尽量避免太薄或太轻的衣料，因为这种衣料容易让人产生不踏实、不庄重之感。而衣服样式则应素雅，即使花色衣服也应挑选规则的图案或花纹，如格子、条纹、人字形纹等。

4. 简约休闲型

适合职业：从事新闻、广告、平面设计、动画制作和形象造型等工作的职业女性。

简单中的优雅、舒适中的休闲的着装虽然简单，但照样可以打造不简单的女人。白色或者深蓝色细格的棉质衬衫，修身的设计，半透明的质感，内衬白色吊带背心，简约和性感混合在一起。穿这样的衣服，能令你在单位人气大增。

5. 清纯秀丽型

适合职业：网络、计算机、公关、记者、娱乐等工作的职业女性。

虽然在办公室里无须风情万种，但你也可以轻而易举地将流行元素融进枯燥沉闷的上班服饰中。其实时尚无须复杂，一双华丽斑斓的凉鞋、一个绣有花朵的包，都可成为将职业装穿出流行感觉的点睛之作，也同样能够让你的职业形象带出甜蜜的感觉。

要将任何一种衣服穿出最佳效果，都要讲究搭配，当然职业装也不例外。如果能恰到好处地运用色彩的搭配，不但可以修正、掩饰身材的不足，而且能强调突出你的优点。

1. 白色的搭配原则

白色是最好搭配的颜色之一，可与任何颜色搭配，但如果你想搭配得巧妙，也须花费一番心思。白色的下装配上一件带条纹的淡黄色上衣，将是柔和色的最佳组合；而象牙白的长裤，则适合上身的淡紫色职业外套，再配上一件纯白色衬衣，可以充分显示你的自我个性；象牙白的长裤与淡色休闲衫搭配起来一起穿，也是一种不错的组合；白色褶裙配上淡粉红色毛衣，则会给人以温柔飘逸的感觉。如果你喜欢大胆鲜艳的搭配的话，红白搭配最适合你的。上身穿一件白色休闲职业外套，下身穿红色窄裙，就能够显得热情潇洒。

2. 蓝色的搭配原则

在所有颜色之中，蓝色职业装最容易与其他颜色搭配，不管是墨蓝色还是深蓝色。而且，蓝色具有紧缩身材的效果，极富魅力。如果你用生动的蓝色搭配红色，则会使人显得妩媚俏丽，但应注意蓝红比例要适当。如果你用墨蓝色的外套，配上白衬衣，出席一些正式场合，都会显得神秘且不失浪漫。而如果你用鲜明的蓝色外套和及膝的蓝色裙子搭配，再以白衬衣、白袜子和白鞋点缀，则会透出一种轻盈的妩媚气息。如果你上身穿一件蓝色外套和蓝色背心，下身配上一条细条纹灰色长裤，则能呈现出一派素雅的风格，增添优雅的气质。蓝色长裙配上白色职业外套是一种非常常见的打扮，但是如果你能将白色职业外套换成一件高雅的淡紫色的小外套，便会平添几分成熟都市味儿。

3. 褐色搭配原则

褐色与白色搭配，给人一种清纯的感觉。选用保守素雅的栗子色面料做外套，配以红色毛衣、红色围巾，则会显得鲜明生动、俏丽无比。此外，褐色毛衣配褐色格子长裤，可体现雅致和成熟。

4. 黑色的搭配原则

黑色是百搭的颜色，无论与什么色彩放在一起，都会别有一番风情，在职业装的搭配中也不例外！在双休日逛街时，上衣可以还是夏季的那件黑色的印花 T恤，下装就换上职业装的及膝 A 字裙，脚上穿着白底彩色条纹的平底休闲鞋子，整个人看起来格外舒适，还充满着阳光的气息。

5. 职业装搭配原则

如果想将职业装穿出一丝严谨的味道来，也不难。一件浅职业装的高领短袖毛衫，配上一条黑色的精致西裤，穿上闪着光泽的黑色的尖头中跟鞋子，那么就可以将一位职业女性的专业感觉烘托得恰到好处。如果你想要一种干练、强势的感觉，那就选择一套黑色条纹的精致职业装套裙，配上一款职业化的高档手袋，既有主管风范又不失女性优雅。

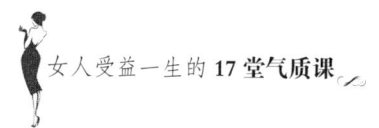

穿衣打扮，要顾及自己的年龄和身份

当到了一定的年龄，就是时候给自己的衣柜来个彻底整理了。整理衣柜就像整理人生一样，取精华去糟粕，把适合自己的留下，不适合自己的扔掉。此外还应该再制订一个购衣计划，好好把握生活，把握适合自己年龄和身份的衣服。我们常说文如其人，其实衣也如其人。你所穿的衣服就像无声的语言，在向外诉说你的品位和格调。

有些女人明明已经过了可爱的年纪，却总喜欢穿着公主类型的衣服，或戴上一个可爱的蝴蝶结，其实这常常让人忍俊不禁。须知道，女人穿衣打扮的风格要和自己的身份与年龄一起成长。在不同的年龄段都有它特定的穿衣打扮秘诀。例如：二十岁应是清新亮丽的，三十岁则应是精美知性的，四十岁是从容优雅的，五十岁是雍容富态的，而六十岁之后则应是淡然朴素的。

二十岁的女人正如一朵未绽放的鲜花，在这个年龄段不要把自己打扮得老气横秋，简单的款式都能搭配出彩。所以应该把握好这个衣服款式即使简单随便也很好看的年纪，一条简单的牛仔裤、一件大方的短袖就可以衬托出女孩的青涩和稚嫩；而一双简单的帆布鞋、一条直筒裤、一件卡通 T 恤，就能塑造出一个简单、大方、阳光的形象。这个年龄段的女性大多都已经开始工作了，除了公司规定的职业装之外，常备几件比较时尚的小西服也是很有必要的。但是，如果此时你在公司的地位还不是很高的话，那么在穿着打扮上尽量不要压倒上司，否则日后工作起来也会麻烦多多。

当女人一旦进入三十的门槛，就该和二十多岁时的穿衣打扮说再见了。这个时候的女人可以尝试向知性的方向靠近，但也没必要全身上下都穿着名牌，当你身上的奢侈品过多的时候，反而会让人觉得华而不实。因此，一件简单的职业装，或者剪裁得体的套装都是很好的选择。这个年龄段的女人切忌穿得太花哨，那样不仅显得浮躁还更有庸俗之疑。除了注意衣服的颜色和款式，还要特别留意衣服的品质和气质。上了年纪的女性大多身处领导岗位，你的穿着打扮的品质在很大程度上都会影响到你在下属面前的权威，甚至可以在上司面前表现出适度的职业责任感。比如，一件面料细腻的套装，既可以在上司面前表现出你细致认真的工作态度，还可以衬托出适当的成熟女性魅力。

总之，在穿衣打扮时，女人要懂得顾及自己的年龄和身份，这对你自身的展现和满足心理上的需求很重要。不同的年龄段和不同的身份，女人的穿着打扮也要不一样。

下面我们来看看具体的几种穿衣风格。

1. 如花般娇艳欲滴

有些女人历经千帆，独具慧眼，笑看过往的男人。其实她们心中总惴惴不安的是：在这个男人的眼中，自己还是否如花朵般娇艳。

应对绝招：

没有什么比海风味道的衣服更能衬托出娇艳味道了，争奇斗艳的印花裙，看着都仿佛能闻到海的浪漫气息。另外，无论彩条、方格、花卉或是波普图案统统以高纯度色彩亮相，纯粹的色彩让美丽绽放得更加坚定。

建议：

印花如果穿不好就容易显得庸俗，30 岁的女人如果想要将印花穿出高档次的质感，花色切忌选择例如大粉、大红、大绿的乡村色。不同性格和身材的女人也适合不同的印花的形状和花色。例如，大花型适合高挑的女性，而身材娇小的女性则可以尝试小而繁密的花型；同时，连衣裙会让你看上去个子高挑。

在选择搭配的时候，最好选择印花颜色中的一种或近似色作整体搭配，如果用同色系的棉织衫搭配，能透露淑女的恬淡与从容，即使在办公场合，也不会令人觉得唐突；至于出席聚会的时候，色彩艳丽的印花短裙也是很好的选择；而印花短裙的搭配范围广泛，随意搭配一件简单的 T 恤或者吊带抹胸都可以搭出出彩的感觉。

2. 宽松飘逸的柔美

有些女人略经人世沧桑，知道不是所有的梦都会变成现实，太多的无奈让她们学会理解自己、理解别人，并尝试着理解世界。一份年龄的淡然和从容都体现在一张一弛中。

应对绝招：

应选择宽松有度的款式，胸位线收紧托出完美胸型，下摆则放开。如果在搭配服装上能讲究松紧有道，则更能表现出女人 S 形柔美的曲线。

建议：

衣服的剪裁一定要合体，胸部收紧、下摆宽松的上装搭配起来更好看，而且

107

要注意胸位线一定要在合适的位置上，这样正好托出胸部线条。下装最好选紧身锥形七分或九分裤，或干脆穿小热裤，这样不仅可以突出腿部曲线，还能显示曼妙的身材。

如果你下身选择宽松的裤装，那么你的上身可以选择紧身的小背心或是小恤衫。紧身的衣服会勾勒出你完美的身材，而腿短身长的女性最好不要尝试这种搭配。

3. 真丝雪纺显品质

上了年纪有一定身份地位的女人有着自己的眼光和品位，她们总是能在审时度势、甚至有点儿挑剔中，把自己调整到一个最美丽、最舒适的位置。

应对绝招：

真材实料是高贵品质最好的表现方式。在所有的面料中，真丝、雪纺、亚麻，都是既舒适又抬身价的面料，其自然内敛的光泽能折射出无比高雅的气息。

建议：

真丝是最显高贵的面料之一，但要注意的是避免样式花哨，事实上，只有裁剪简洁、做工精细的才能更凸显档次，而且只有有内涵的女人才能穿出真丝的典雅气质。

4. 找童年影子

如果你已经上了一定年纪还想把自己归到女孩行列，没问题，合适的装扮可以让你今天 20，明天 18。

应对绝招：

娃娃装是最适合不过的装扮，此外，蕾丝、蝴蝶结、贝壳等也是小女生爱不释手的装饰，着装适度年轻化会提高你的亲和力，让你的心情轻舞飞扬。

建议：

可以说，其实女人随着年龄的增加，韵味也逐年增加，虽说年轻时尚的款式也可以穿，但是也不要多穿，还要注意服装搭配要简洁，装饰元素不要同时出现太多。

娃娃装可以穿，但要注意材料要优良。此外，蝴蝶结会给成熟的女人增加许多甜美感觉，在包包上添加一个蝴蝶结可以增添几分可爱的感觉。

蕾丝是一种女人味十足的面料，精致的蕾丝边若和一些对比鲜明的材质一同使用，例如棉布，就能带出一种温柔而神秘的感觉。而且蕾丝裙作为晚装也是不错的选择，配上钻石或珍珠加以点缀，可以塑造出成熟而性感的形象。如果在夏天用可爱的白色蕾丝上衣搭配牛仔裤或短裤，则会带来别样的清爽感觉。

5. 靠精致细节说话

到了一定年纪的女人懂得该放弃的就放弃。不一定非要在花枝招展中打拼，看似有点平淡的中庸款有时更能解决问题。

应对绝招：

此时穿衣最重要的是可以驾驭服装，穿衣达人可以在普通中庸的款式上，用一个精致的配饰让自己光彩夺目。

建议：

一件简单的连衣裙搭配得当就能很出彩，要注意的是颜色的多少一定要和款式的复杂程度成反比。颜色越多越需要简单的款式衬托，才不会给人凌乱的感觉。同时，配饰可以起到画龙点睛的作用，无须真金白银的昂贵，只需搭配适当的首饰即可。

选择任何一款带褶皱的衣服，再用一切简洁的服饰搭配，可以形成反差，让被装饰的部分更加突出主体。

6. 游走在性感边缘

有身份的女人，珠圆玉润万种风情，最有性感的资本。

应对绝招：

大 V 字领半露酥胸，一字领则可以露出迷人锁骨，露背装可以凸显背部完美曲线，只要稍稍掌握服装露与遮的尺度，就可以保持几乎百分之百的回头率。

建议：

如果你有高贵迷人的玉颈、闪烁健康光泽的皮肤，那么就没有什么比露肩款连衣裙更能突出你的特质。与此相配，你可以将头发高高束起，留给肩部最轻爽的空间，这样可以轻易营造出高雅的感觉。

如果你不太习惯露出来的话，可以干脆把自己包起来，高领坎袖衫小露玉臂也很性感漂亮。

7. 简单干练自信足

职场上的女人知深知浅。她们既渴望鸿雁双飞，更知道一个人搏击长空的必要性。

应对绝招：

大品牌的撑腰，考究的版型，精细的剪裁，还有一丝不苟的做工，都会衬托出你独立干练的力量。

建议：

要想穿出干练的感觉，最好选择 H 形的衣服，例如紧身裙或铅笔裙，同时尽量避免 A 形线条的衣服。这样利落的打扮在具亲和力的同时能更好地体现你的自信。

黑、白、灰、米基础色 + 植物色配件色更能显示干练自信的感觉。

有些女性年龄大些就不愿再穿得鲜艳，认为这是年轻人的特权。其实恰恰相反，中年人因为脸色稍稍晦暗，所以穿得老气的话只能显得更老，因此可选虾蓝、豆绿、金黄、枣红、蔚蓝，如果肤色和气质比较好的话还可大胆地穿玫瑰红、淡黄、海蓝、印度红、浅粉、浅绿等颜色。如果要穿套装的话，则可以选择黑色包裙或黑色长裤。春夏两个季节则可以选择一条白色长裤。此外要注意的是衣服的质地一定要好，包包和皮鞋的颜色也要与衣服一致。总之，全身衣饰配套的颜色最好不要超过三种。

如果你的个子不是很高的话，裙子就不要太长，齐膝或稍过膝盖就可以了，太长反而显得拖沓沉重。此外面料不要适宜，太厚看上去会呆板，太薄又无法有型。

此外，衣服的领子也很重要，千万不要选择圆形或朵形翻领，这些小女生的领型会使你显得幼稚没有品位，甚至俗不可耐。取而代之可以选择无领式或西式小翻尖领，或者小方领。

一次成功的装扮，能够体现出女性的身份、经济收入、审美观，甚至生活方式。一个真正优雅的女人，能够随时随地传达给别人准确的信息，而不是让他人在心里任意猜测。

寻找和自己相配的服饰

有人说："衣服和丈夫一样，适合自己的才是最好的。"也许你的衣柜里有很多漂亮的衣服，但是都不适合自己。很多女人在买衣服的时候，往往更加在意衣服漂亮的外表，而选择了不适合自己的衣服，忽视了衣服的实质。因此，女人的衣柜里永远都少一件适合自己的衣服。

很多女人都是购物狂，每个月的工资里都要拨出很大的一部分用来买衣服。衣柜里的衣服虽然很多，却还每天和朋友抱怨这件衣服不合适、那件衣服不大方等。其实这种情况发生的原因就是买的漂亮漂亮的衣服很多，但是适合自己的却很少。因此，她们经常觉得没有衣服可穿。

女人的品位和气质是相辅相成的。因此，找准适合自己品位的关键就在于找到适合自己的服饰。同样一件衣服，也许有人就能穿出优雅高贵的气质，有些人却只能穿出庸俗的感觉。很多时候，适合自己的衣服才是最好的，这个道理大部分女人都明白，但是在面对漂亮衣服的时候，还是很难做出抉择。因此，为了自己的气质着想，即使那件衣服再漂亮，你也一定要舍弃。

其实，一个人的脸型和肤色是选对衣服的关键。对于脸型较长的女性来说，漂亮的 V 字领上衣或领口很低的上衣都不适合，过长的耳环也不可取。而圆领口、高领口、马球衫或是带帽子的上衣就比较适合，稍微宽大一点儿的耳环也能显出她们独特的气质。如果你的脸比较圆的话，服饰的选择和长脸就刚好相反。很多女性脸比较方，她们就不适宜穿方形领口的衣服，也不适合宽大的耳环，其中 V 形领口的衣服可以很好地掩盖方形脸不够精致的缺点，此外还可以配上耳坠或小耳环。

如果一个女人展现给别人的第一幅画面是面孔的话，那么第二抹色彩就是肤色。很多女性一看到漂亮衣服就立即买回家，却不管它的颜色是否和自己相衬。于是，那些美丽的衣服只能在衣柜里变成"黄脸婆"。

国内大多数女性的肤色都是东方人标准的肤色——黄色，这种颜色既能体现一种被阳光照射的美感，但也往往显得不够健康。因此，肤色偏黄的女性在选择衣服的时候，不能选紫色或和紫色相近的颜色。因为紫色和黄色是互补色，紫色的衣服只会把你的皮肤衬得更黄。而粉色、橘色以及蓝色系的衣服就会更适合一些。而对于那些皮肤偏黑的女性而言，黑色系的衣服也并不是她们唯一的选择，红棕色、灰绿色、驼色这些色度比较低的衣服只会使你的皮肤变得更暗沉，紫色、红色、墨绿等明亮的颜色都会显得皮肤更白皙，在搭配衣服的时候，上下身衣服的色彩反差不能太强烈。至于皮肤比较白的女性就比较幸运了，因为几乎所有颜色的衣服都可以让她们更加明艳动人。但是也要尽量避免白色的衣服，因为这样的搭配会给人不够健康的感觉。她们更适合橙黄、柠檬黄、苹果绿等鲜亮的暖色系。如果你的肤色不属于上面任何一种情况，那应该就是偏红。那么，明亮而浅淡、干净的暖色调，如浅蓝、浅紫等中间色系都是不错的选择，且靠近脸的颜色最好

是浅色。生活中，有的女人优雅，有的女人活泼，有的女人可爱，有的女人贤惠，有的女人大方，那么你属于哪一种风格呢？作为女人要先了解自己的类型，再根据类型选择相配的服饰。

1. 戏剧型

个子高，一般在 1.70 米左右或以上，五官比较夸张，站在人群中有"鹤立鸡群"的感觉，格外引人注意。一般适合大波浪的长卷发，切忌小卷发，适合穿戴独特夸张的服饰，如大长风衣、高筒长皮靴、豹纹衣饰等。这种类型往往会显得不够温柔、不够女人，可以根据具体的衣装来改善。

2. 自然型

个子也较高，可以给人亲切的友好的邻家女孩般的感觉，不适合卷发，如果非要用卷发的话，也要烫那种似卷微卷很自然的卷发。一般来说，适合穿棉、麻、毛等面料，样子简单、略为宽松的服装，尤其不适合闪光金属色面料。适合自然材料制成的饰品。

3. 古典型

线条分明，给人以距离权威感。新闻节目主持人大都是这种类型的装扮。职业套装和盘头最适合她们，也能体现出特殊的古典美。

4. 优雅型

个子在 1.60 米左右，往往给人温柔善良、小家碧玉的感觉，也很有女人味。适合不长不短的小卷发，打扮中庸会更出彩。这类型的女性适合质地上乘柔软的衣服，如真丝和羊绒都非常适合，佩戴的饰品工艺越精致越好，否则会破坏其柔美感，显得庸俗。非常适合小碎花连衣裙和细线开衫，要注意裙子和大衣都要长过膝盖，不适合穿短裙。鞋跟不高不低、不粗不细，鞋头不要太尖。

5. 浪漫型

个子一般在 1.60 米左右，三围突出，身材丰满，曲线明显，是所有类型中最妖媚、最性感、最有女人味的类型。一般适合大波浪的卷发，低胸、紧身带大花边的服装，如鱼尾裙。但要注意打扮得宜，如果着装不当的话，则很易显低俗。

6. 少年型

偏瘦，会给人一种直线条的感觉，像小男孩一般。尤其适合短发，衣服也直线条为主。类似军装的款型、小立领、帅气的运动衣都很适合。

7. 前卫型

适合时尚、略夸张、标新立异的服饰，穿衣打扮没有固定的模式，跟着时尚潮流走就可以了。衣服图案要个性化、超前、抽象。发型则可卷可直。对于个别受年龄限制或性格上不是很突出的前卫型，在服装款式上、在细节上突出别致即可。上班着装的时候，则应突出干净利落，在领、袖、扣等方面突出别致就能增添一番韵味。

内衣：表现你 100% 的内在

内衣是女人的亲密伴侣，无论你是娇柔、纯真、简约的风格，或者是妩媚、奔放、性感的风格，都离不开内衣最贴身的关怀。内衣对现代女性来讲，也不仅仅限于是稳定胸部这样简单的功能，在更多层面上，它代表着一个女人的内在气质、生活品位和情感诉求。

近年来内衣的主要面料以软、薄、透为主，而颜色运用也十分大胆，并讲究多种颜色的搭配，款式多种多样，在设计上尽量把胸部外侧的肌肉内推并抬高胸部，同时用大 V 形领的低胸设计来缔造挺实纤美的动人曲线。

作为女人，就有义务让自己活得更精致、更有女人味，因此，修身内衣就是你享受生活的道具之一。修身内衣是带着一种"修改"而不是"修正"的使命诞生于世的，它可以让不完美的身材趋于完美，让魔鬼身材更加魔鬼。修身内衣指对身材有修饰作用的文胸、束裤、连身衣等，以及近年来比较流行的调整型内衣也包括在内。修饰内衣的基本理念是长期穿着尺码合适的修饰内衣，对局部进行修饰作用，改善不完美的局部。所以，从理论上来说，从你的身体开始发育成少女的那一刻起，应该穿着修饰内衣。基于这一理论，据说很多日本的母亲在女儿13岁的时候就让她穿着修饰内衣。所以，如果你已经超过了13岁且身材没有大的问题，那就赶快买件适合你的修身内衣穿上吧。

喜欢大胆前卫穿着的女性，可以突出自己玲珑浮凸的曲线美，因此蕾丝、镂空的内衣是她们的首选。穿着这样的内衣再配以透视或紧身的低胸装，内衣若有若无、隐约可见，可以使曼妙身姿又增添几分神秘和诱惑；而性格保守、温顺、

内向的女性则更适合素色棉制款式简洁的内衣，这样的内衣往往更能展示东方女性含蓄、传统的道德观念和生活方式。

但更重要的一点是，在选择内衣的时候，应该根据自己的具体体形扬长避短，选择适合自己身形的内衣。例如，扩散型胸部，就最好选用前扣型文胸；如果胸部比较平坦娇小，则用带衬垫 3/4 罩杯文胸会更合适；对于下垂型胸部，则适用硬度合适的钢圈文胸；比较丰满的胸部则更适合无钢圈而深全罩杯文胸。内衣的穿着不但需要配合体形，而且也要配合不同的外衣在不同的场合进行适当的搭配。如果能结合外衣的设计、面料和季节、场合多种因素挑选内衣，就更能体现穿衣者的品位和修养。

合适的内衣可以扬长补短，塑造美丽，同时减缓身材的变形。但是如果内衣穿戴不当，则会破坏身材。要尽量避免以下错误的出现：

（1）穿着方法错误。松松垮垮的内衣，在视觉效果和实际效果上都不好，也无助于你的体形；有些女性为了突出曲线美而选择紧身内衣，而过于紧束的内衣会在身上勒出印痕，长时间后，因紧束而勒在内衣外的肌肉则会向下慢慢下垂，形成赘肉。而且内衣的过松或过紧很大程度在于肩带调节的错误，很多一字肩或者斜肩的女性不会调节自己的肩带，斜肩的女性往往容易使肩带滑落，造成尴尬。建议使用左右、前后交叉等比较稳固的肩带扣法，而那些肩膀比较漂亮的女性，则可以使用绕颈或斜扣尽显妩媚风情。

（2）内衣款式不对。内衣的款式往往是根据实际功用相区别开来的。如果你只在意内衣漂亮的外观而不注重实际功用的话，这种漂亮的内衣会慢慢蚕食你漂亮的身材。一般设计师会针对千差万别的身材设计出功用不同的内衣。有全包式的、斜包式的、半包式的，或者是有托衬的、无托衬的等，很多内衣会用钢托，并根据不同的功效，钢丝的长短宽窄也会有区别。因此，如果只为内衣的花边或颜色所吸引，就有可能选错款式。而且需要注意的是，不要过多穿着无肩带内衣。因为少了肩带帮助的内衣，支撑性相对减弱，那么也就会自然增加地心引力对乳房的影响，对身材没有任何益处。

（3）内衣质地不良。一般来说，有包容性的内衣，才能有效地给乳房和臀部以托力。而内衣是否具备这种特性，与组成内衣的材料及材料的组织结构方式有关。用针织的方式来组织材料，那么不管所用的材料质地如何，都会使它们产生很强的弹性。而且双层结构的针织面料弹性往往会强于单层的。类似于花边状、网状等组织结构方式的内衣，则往往缺少弹性，没有包容力。其中最富有弹性、最耐用的是针织的全棉面料。

（4）内衣失去生命力。内衣在穿、洗、晾、晒的过程中或快或慢都会有所损耗。而内衣底托钢丝的扭曲有可能是洗涤不当引起的。清水漂洗后切忌用双手正反旋转来拧干，这样很容易使得内衣变形。而内衣的生命在于它的底边，当底边松弛的时候，就是你应该丢掉这件内衣的时候，因为底托不平会慢慢造成两个乳房不对称。而没有生命力的内裤会明显失去弹性，宽松的底边往往对臀肌失去承托作用，而使其自然下垂，所以内衣要及时更换。如果发现内衣的钢圈有变形，或肩带失去弹性等情况，就应该及时更换，一般内衣的使用寿命在 2 ~ 3 个月左右。

内衣是除了皮肤之外最亲近肌肤的一层，所以它对于女人的意义非同一般。而选内衣的标准也几乎等同于女人选男人的标准：合适的才是最好的。

每个女人随着年龄、体重等的变化，身体的曲线也会随之改变。因此每次在购买内衣之前，都应该正确测量具体的尺寸。在挑选内衣的时候，也应该告诉导购小姐自己想要的穿着效果，根据自己想要的穿着效果挑选合适的内衣。例如，想使胸部看起来大一些、想收紧下垂的胸部、想使小腹部平整些等等具体的要求，这样能使自己挑选到满意的内衣概率增大。另外，最好要不厌其烦地试穿，直到满意为止。如果你一直懒得多次试穿的话，就很难知道自己适合怎样的内衣。要知道，内衣合适与否，只有靠自己细心感受才能体会。

内衣一定要根据自己的身材来挑选购买，这样的话，身材也不会走样。因此，应尽量购买能紧贴包裹住胸部，并且面料舒适透气的内衣。要注意的是，尺码一定要买对，而且内衣尽量不要太薄，有点儿厚度的面料才能使胸部裹包力挺。

除了挑选合适的内衣之外，用合适的姿势穿着内衣也是一门大学问。

应当先保持前倾的姿势，钩上后扣，然后将乳房放入罩杯中。接下来用手将乳房底线的脂肪和余肉向中间收拢集中，然后是腋下部分，最后为上边，这样可以使乳房呈现丰满状，使内衣的穿着成效达到最佳。穿好之后，现在动动肩膀、抬手看看肩带是否会脱落？乳房是否放在罩杯的正中央？胸罩中心点是否平顺？腋下赘肉是否收纳进罩杯？肩带是否呈水平状？如果符合这些条件的话，说明你购买的内衣十分贴切合适。

高跟鞋，穿出美丽与健康

高跟鞋是所有女人用以张扬腿部性感的武器，如果你对自己的身材不是很满意也没关系，在穿上高跟鞋后，你的身材能更接近"黄金分割率"，在视觉上就能给人以美的感受。无论你是哪种身材，高跟鞋都能让你变得更挺拔、更有女人味，对于身材比较丰满的女性，高跟鞋还能起到让你看起来更纤细的作用。

曾为古弛做设计的汤姆·福特如是说："不穿高跟鞋的女人就谈不上性感。"女人如果没有一双高跟鞋，就像一个句子没有动词一样，是不可想象的。女人穿上高跟鞋之所以性感，就是因为高跟鞋托直了脚踝、延长了双腿，脚心就像芭蕾舞演员一样被拉长成弧线。整个下肢这样被拉紧后，人体前胸自然就挺出来，后背内弯，臀部外翘。不过，高跟鞋穿得不当会影响健康，那么怎样才能在保证美丽的情况下也保证健康呢？下面让我们来看看关于健康穿高跟鞋要注意的几点：

（1）在选购高跟鞋时，先要确定鞋底跟自己脚部的弧度是否相符。脚趾前端与鞋子顶端应留有2～3厘米的空隙，鞋跟不宜太小，避免压力过大，鞋头宽松一些会更舒适。鞋跟高度为2～4厘米最合适，最高不能超过7厘米。选购高跟鞋的时间应控制在下午3点至4点进行，因为此时的脚会有些肿胀，挑选出的鞋子可以更舒适、更合脚。试穿的时候可以穿10分钟或多走几步，能确保鞋子舒适合脚。每双新鞋都有一定的磨合期，所以可以先在家里穿一段时间后，再外出穿着。挑选高跟鞋的时候一定要注意它的跟和底，这两个部分是无可妥协、一定要完美的重点部位，因为那是影响走路的舒适度的关键。选择方法很简单，在买鞋的时候，把一双鞋放在方便检视的柜台桌面或平滑的硬椅子上，先看这两只鞋的鞋底和鞋跟是不是平稳地贴于平面，再看整条鞋跟是不是有歪斜偏颇。对于小腿比较短的女生，可以尽量穿无系踝或系踝带很细的高跟鞋，这样可以让被拱起的脚前背在视觉上也能成为小腿延伸的一部分，因而让腿部看起来线条更修长。

（2）平时穿着高跟鞋走路时，应该保持正确的姿势，即：脚尖往前伸直，臀部夹紧，上半身挺直，吸气收小腹，把气停在胸腔的位置。这样的姿势可以有效避免压力分布不均，从而改善腿部、足部浮肿的现象，还能促进血液循环，让你远离腿部酸痛。走路的时候主要用大腿的力量，用大腿轻轻抬起带动小腿往前跨出步伐。很多女性平时习惯用小腿的力量去带动步伐，其实这样不仅走路姿势不大美妙，而且对身体也没有任何好处。虽然你只是将大腿微微抬起，但这可以让你的身体的重心向上，而不是一直让重心放在下半身，这样步伐才不会沉重疲累，而是干脆的轻盈。当你跨步着地时，记得千万不要用脚跟或脚尖先着地，取而代之，要用脚板中间的部位着地才是正确的。因为这样的走路方法不但可以让走路时对双腿产生的压力减轻，更能让鞋跟着地所产生的不悦耳噪音降至最低。两脚交互跨出的时候，不一定非要成一直线，只要各脚自然往前走即可。两手则放松垂下，自然摆动，看起来就很大方自然了。

（3）穿高跟鞋时要注意场合，在挤公交车和地铁的时候要避免穿太高太细的高跟鞋，即使穿了也不宜疾走快跑，更不能上山爬坡。还要注意的是平时不能总穿相同高度的高跟鞋，尽量准备几双不同高度的鞋子，以免脚部同一处经常受到挤压。

（4）在穿高跟鞋走路时，应该及时注意休息，即使站着也可以把脚尖翘起，活动一下小腿。

（5）脚趾甲不要剪得太短，以防甲沟炎的发生。初穿高跟鞋的女性，在第一周练习时，可以每天穿着高跟鞋练习20～30分钟。到第二周时，改成赤脚但踮着脚尖走，走法、原则都不变。这样等到第三周你再穿高跟鞋走路时，会发现高跟鞋没有那么难穿，走起路来会非常的轻松容易。

同时，根据高跟鞋的高度的不同，配合适当的活动也能有效缓解身体的不适。

1. 4～6厘米的高跟鞋

身体问题：根据相关调查数据研究发现，4～6厘米的高跟鞋最有助于减肥，而且这个高度的鞋子能有效消耗腰腹部脂肪，加快新陈代谢速度，让你的小腹平坦又性感！但如果你常穿这个高度的高跟鞋的话，一定要注意这个高度会让你的背部压力增大，产生酸痛感。

解决方法：建议换一张软一点儿的床垫，这样可以有效减少背部压力。另外，如果你的背部肌肉比较僵硬，那么寒气更容易侵袭贯穿于背部的膀胱经，你会因此感觉手脚冰凉，免疫力降低。因此可以经常按摩一下背部，同时避免穿露背装，保持背部的温度。

2. 6～8厘米的高跟鞋

身体问题：当高跟鞋的高度上升到6～8厘米时，在走路的时候，你的身体重心自然而然就会上移。最近的一项研究发现表明，穿着7厘米的高跟鞋走2小时，

脖颈的僵硬度会上升 22%。因此，如果你是一个工作需要长期面对电脑的职场人士的话，尽量少穿 6～8 厘米的高跟鞋，因为这样只会让你的脖子越来越累！

解决方法：建议你每穿 2 小时高跟鞋之后，就把鞋子脱下来，让双脚休息 15 分钟，并做些中度的脚部按摩，重点按压可缓解肌肉紧张度的、位于脚掌前 1/3 处的涌泉穴。另外，要避免佩戴过重的项链，减轻脖子的压力。

3.8 厘米以上的高跟鞋

身体问题：当你的鞋跟在 8 厘米以上的时候，你的身体重心会在走路时进一步上移，根据科学研究显示，常穿 8 厘米以上的高跟鞋的女性，经常会产生神经性头痛、眼痛，而视网膜压力会比平均水平高 25%。

解决方法：如果你十分偏爱这种高度的高跟鞋，或者出于工作必要必须穿着，建议你一定多吃富含维生素 A 的蔬菜，这样可以为视网膜提供充分养料，也可以有效避免在大强度的工作后视力突然下降。另外，在穿高跟鞋的时候最好不要佩戴隐形眼镜，以免产生神经性眼痛。

4. 方跟或坡跟高跟鞋

身体问题：方跟和坡跟高跟鞋相对于健康的影响要小些，它们能帮身体维持一定的平衡性，当你工作强度较大的时候不致产生眩晕感。但是方跟和坡跟高跟鞋一般重量较大，会为脚面带来较大压力，经常穿着的话会让你下肢浮肿、发胖。

解决方法：建议你多敲打腿部经络，重点敲打位于大腿外侧的胆经和位于小腿肚上的膀胱经，每天敲打 2～3 次，直敲到出汗微微发痛为止。像这样经常敲打腿部经络的话，能加快下肢脂肪的代谢速度，帮你排出双腿毒素。

5. 尖跟高跟鞋

身体问题：一双纤细的尖跟高跟鞋确实能为你增添不少女人味，有关健康专家同时也指出，常穿尖跟高跟鞋，会让女性平衡感缺失，晕车、晕机的可能性也会随之大大增高。

解决方法：如果你每周穿 3 次以上尖跟高跟鞋，那么建议你每天做 1～2 次的"手指练习操"，它能有效提高小脑神经细胞的专注程度，提高你的平衡能力。

"手指练习操"方法：

两手合十用力相互对搓，当左手向上搓右手时，左手掌指关节握住右手指，右手指保持伸直状态 5～6 秒；同样，右手向上搓左手时，右手掌指关节握住左手指，右手指保持伸直状态5～6秒。照此动作，重复搓握掌指30次，每天早晚各做一遍。

发型搭配的错与对

一个漂亮的发型，可以改变头发的视觉效果，增加头发的层次感，可以使头发看起来轻柔、亮泽，给人耳目一新的感觉。而具体的发型则要参考脸型、肤色、工作环境、个人喜好等选择适合自己的发型。你可以自己在家做一个发型或者在理发店做，在理发店做的话，可以听取一些美发师的建议，当然也不要盲目听从。

每个人的脸型轮廓、五官特征都不尽相同，因此在选择自己的发型的时候要扬长避短，根据自己的脸型选择最适合自己的发型。你应当先学会分析自己的脸型，再依据自己的脸型挑选适合自己的发型。你可以先用毛巾或发带把所有的头发都梳到脑后，面对镜子，仔细端详自己。一般来说，人的脸型可以分为七种：菱形脸、心形脸、矩形脸（长形脸）、椭圆形脸、圆形脸、方形脸和三角形脸。

1. 菱形脸

特征：菱形脸的前额和下颌轮廓都比较狭窄，而颊骨则高而宽阔。

避免：短发中层次发型。这样平直的造型会使你的下巴显得更尖锐突出。还应该避免路出前额，或把两边的头发紧紧地梳在脑后，比如马尾辫或高盘发。

适合：在前额创造宽度可以使颊骨减少宽度。比较宽的刘海会柔和你的发缘，减少脸型的棱角。如果你的前额又高又窄，则可以在眉毛上剪高层次的刘海，这样可以使前额显得更短、窄。如果你要烫发，那么在做发型的时候，可以将靠近颊骨的头发作前倾波浪，这样可以掩盖宽颊骨。此外，可以将下巴部分的头发吹得蓬松些。

2. 心形脸

特征：下颌轮廓较狭窄，前额和颊骨较宽阔。避免：在颈背的头发长度太短。

适合：尽量剪短的刘海做出参差不齐的效果，露出虚掩着的额头，这样可以转移宽阔额头的焦点。适合梨花头，发长于下巴齐一，头发要自然下垂内卷。如果侧分发型的话，则要较长一边做成波浪略过额侧，这样可以增加下颌轮廓的宽度。如

果留长发的话，在下巴以下的头发烫成卷曲或微卷。总的来说，头发长度以中长或垂肩长发为宜，发型适合中分刘海或稍侧分刘海。如果做成发梢蓬松柔软的大波浪，则可以达到增宽下巴的视觉效果，更能增添几分媚力。

3. 矩形脸

特征：脸长比脸宽还要长。脸颊轮廓长又直。避免：斜刘海是长形脸的禁忌，因为它会暴露过高的发际线，增加纵向的线条。无刘海或者长直发也是不适合的。

适合：长度能盖住眉毛的比较厚宽的刘海。发尾卷曲的 BOBO 头，可以平衡长形脸。可以采用 7：3 比例的偏分，这样可以使脸显得宽一些短一些，避免脸型显得过长。齐下巴长的中长发式会比较适合。前额多留些刘海，两边发型丰满蓬松，不要紧贴脸颊。

4. 椭圆形脸

特征：脸宽约为脸长的一半，前额与下颌的宽度大约相同。

适合：这个脸型在专家眼中是一个完美的脸型，长发短发都比较适合，因此可以大胆地尝试任何发型。但是，选择发型的时候要考虑到一些其他因素，如年龄、侧面轮廓、两眼之间的距离以及是否戴眼镜。

5. 圆形脸

特征：前额和下巴的距离等于两侧脸颊之间的距离，也就是脸长度大约相等于脸宽度。

避免：需要避免卷发，因为卷发会更强调圆形与丰厚饱满。避免方向向后的长发。齐刘海，也会强调横向线条，使脸型更短，让你看起来更孩子气。

适合：两侧打薄的短发。偏分的刘海能够使脸型看起来修长，并与两侧的头发自然衔接，产生一种飘逸的下垂感。发型可以采用 6：4 比例的偏分，这样可以使其脸型看上去显得窄一些，如果刘海厚重一些还带有波浪的话，这种错觉与调和的效果，能使圆脸的轮廓显得更加优美。圆脸型的人最好选择头顶较高的发型，留一侧刘海。

6. 方形脸

特征：前额明显很宽，下颌很宽又有角的。

避免：头发中分，头发方向往后的发型，几何直线剪法的刘海都需要避免，因为这些都会使脸型的方形更明显。

适合：自然大波浪卷发是修饰方形轮廓的最好办法，顶部尽量蓬松一些，用自然弯曲发梢的偏分刘海，可以缓和方形脸坚硬的轮廓线。长而碎的刘海，则可以使两侧的头发向内收拢，使整个脸型看起来变窄。至于发型可以选择中分或4：6偏分，正面的头发尽量松软些。还有一种方法是剪两边对称的短发，把两边的发梢往前拉到腮帮可以遮盖方下巴，以此造成椭圆形脸型的视觉效果。

7. 三角形脸

特征：前额和颊骨较狭窄，下颌轮廓则较宽阔。

避免：低层次或发尾卷曲的发型，因为这些都会使下部更圆弧与丰厚饱满。

适合：将头发向后梳成宽型，这样可以在顶部增加宽度，还要留下几撮发束来修饰脸颊和下颌轮廓。此外留侧分刘海，可以改变额头窄小的视觉。头发长度要超过下巴，避免短发型。如果烫一下更好。

每个脸型都有自己适合的发型，也有自己的"禁忌"，如果一个发型不适合你的脸型，那么你的美丽也就只能打折了，那么这里就让我们来看看发型与脸型搭配间所存在的五个误区吧。

误区一：圆形脸中间分界

大部分东方人都是圆形脸，而且不少圆脸的人喜欢中分的发型，有的还喜欢往后梳或一把抓的发型。其实这种发型只会使圆脸显得更大、更圆。圆脸的发型重点应当是把圆的部分盖住，显得脸长一些。因此，应当知道头发侧分可以增加高度。两边的头发略盖住脸庞，头发宜稍长；或者两边的头发要紧贴耳际。不要露出耳朵，稍梳些短发盖住脸庞。

误区二：长形脸不留刘海

一些长形脸的女性会觉得自己脸太长不适合刘海，其实不留刘海会使脸显得更长。因此可以在前额处留刘海，前额的刘海不仅可以缩短脸的长度，与此同时两边修剪少许短发盖住腮帮，这样在视觉效果上就可以缩短脸长。

误区三：方形脸剪平直或中分的发型

平直或者中分的发型会使方脸显得更方。正确的搭配应该是使顶部头发变蓬松，这样可以在视觉效果上使脸拉长。此外，偏分刘海可以使前额变窄，头发最好可以长过腮帮。另外，侧分还可以使头发显得蓬松，让脸型变得柔和。方形脸也无须着急，其实另外还可用不平衡法来缓解。事实上，每个人的脸长得并不匀

称，总有某一边要比另一边漂亮。因此侧分头发可偏向漂亮的一边。将头发尽量往一侧梳可以造就不平衡感，这样可以缓解四方脸的缺陷。

误区四：东方人做沉重的大卷发

西方明星大多偏爱蓬松自然的卷发造型，这种行为也引起了不少国内女士的期待与向往。但是，亚洲人的脸型并不像西方人那样立体，因此西方人适合的大卷头放在亚洲人的头上只会变得沉重压抑。但是也有缓解方法，可以通过调整发色和发量来平衡视觉效果，可以将发色染成棕色或者适当减少发量。这样在视觉效果上会更好一些。

误区五：脸大不适合剪清爽短发

很多人认为，脸大的人剪清爽短发会很难看。其实这并不是绝对的，发型师可以通过适当的细节修剪打破这一传统想法，把两侧的剪法可以流线一些，就可以遮掩较胖的圆脸。

饰品，于灵动之处显绰约风姿

如果说，女人是一本书，那么服装就是书的封面，可以凸显女人的"大风格"。而那些饰品则是书的点睛之笔，点出女人的"小情致"。饰物，因为沾染了女人灵动婉约的气质，也便拥有了一份独特的个性魅力。在平时的生活中，你是否也善于利用各种饰品来点缀自己，使自己更有气质、更美丽呢？如果没有的话，那么现在就快行动吧！

饰品搭配主要看你的衣服和妆容，要根据衣服原有状态进行饰品的选择和搭配。

（1）衣服可以分为裸装和本身就带有饰品的服装。裸装是指衣服上没有图案，色彩单一不抢眼，设计简洁的服装。穿着裸妆的时候可以搭配任何饰品，贴衣饰品或旁衣饰品都能让整身装扮更有动感，让服装显得更有品质感，也会让你显得更年轻有活力。本身就带有饰品的服装是指那些由于服装的款型、色彩、图案或者材质，形成饰品效果的服装。此时最好搭配旁衣饰品或者不加饰品。因为本身就带有饰品的服装由于本身款型具有很强的设计感，或者色彩图案很醒目，又或者服装的材质很特别，镂空或者反光，这时若添加贴衣饰品，则很容易破坏服装原有的设计，遮掩服装原有的美感，给人杂乱的感觉，反而体现不出服装的味道。

（2）饰品包括鞋、包、首饰、手表、眼镜、丝巾、腰带、手套、胸花、袖扣、领带、领结、袋巾、帽子等。这些饰品大体可以分为贴衣饰品和旁衣饰品两类。贴衣饰品是指饰品在佩戴时与服装产生层叠效果的饰品，而旁衣饰品是指饰品在佩戴时只会与肌肤产生层叠效果的饰品。在进行饰品搭配的时候，首要原则是确保一个主题，采用对比或衬托的搭配方法。对比能收到醒目和前卫的效果，而衬托则能收到协调和低调的效果。

（3）穿职业装的时候，最好佩戴珍珠或做工精良的黄金、白金首饰，而穿晚礼服的时候则可以佩戴宝石或钻石首饰，穿休闲装时戴个性化或民族风格的首饰则更能突出你的风格与魅力。夸张的颈饰最适合的服装是 V 字领的，其次是比较大的圆领，最后才是合身的高领。

下面我们来看看具体的饰品应该如何搭配。

1. 耳饰——耳边摇曳的魅力符号

耳饰的式样繁多，造型也千变万化，但它的佩戴艺术的真谛在于能够与周围的环境，个人的气质、脸形、发型、着装等和谐融为一体，从而达到最美好的修饰效果。

（1）耳饰应与脸型搭配。适合的耳饰可以对脸部起到一种平衡作用，佩戴不当则往往适得其反。一般来说，椭圆形脸选择耳饰的式样可以随意一些，因为这种脸型佩戴任何耳饰都很好看，而其他脸形就要有选择地佩戴。四方形脸宜佩戴形状圆滑的耳饰，如水滴型、椭圆型、弦月形、新叶形、单片花瓣形、鸡心形、螺旋形都很适合。而且要尽量避免耳钉，因为它会凸显缺陷。长形脸宜选择圆形耳环，切不可在耳垂上挂长形耳环；尖下巴的人更适合佩戴圆形吊坠式耳环，可以增强脸部的圆润感；圆脸形如果佩戴坠式三角形或四方形耳环，会使脸庞更显活泼明丽，但切忌佩戴圆形耳环，那会使脸显得更圆更大。耳饰的大小应与脸部的大小成正比，另外要注意的是戴眼镜的女性不宜戴大型悬吊式耳环，贴耳式耳环会令她们更加文雅漂亮。

（2）耳饰色彩的搭配。耳饰的色彩应与肤色相映衬，肤色较暗的人不宜佩戴过于明亮鲜艳的耳饰，可选择类似珍珠的银白色的耳饰来掩饰肤色的暗淡；而皮肤

白嫩的女性则适合佩戴红色和暗色系耳饰，这些颜色可以更好地衬托肤色的光彩。

（3）耳饰的选择与服装的搭配。职业女性上班的时候可以佩戴简洁的耳饰搭配套装，这样既可以显示出女性美，又显得端庄稳重。而夸张民族的耳饰可在空闲时与牛仔衣、夹克相匹配，可使人富有豪放的现代感，别有韵味。晚宴时适宜佩戴与礼服协调的耳饰，既华贵高雅，又具女性魅力。还需要注意耳饰的色彩也应与衣服色彩相协调，同一色系的调配可产生和谐的美感。反差比较大的色彩搭配要恰如其分，可使人充满动感。

（4）耳饰与发型的协调。长发与狭长的耳坠一起搭配可以展现淑女的风采，而短发与精巧的耳钉一起搭配则可以衬托精明干练的感觉，不对称的发型和不对称的耳饰一起搭配可使人赏心悦目，而古典的发髻搭配吊坠式耳饰使人优雅高贵。

2. 颈上的"链链"风情

项链是女性必不可少的装饰品之一，一条恰如其分的项链不仅能显示你的高雅气质，更能有力衬托你美丽的面容。女性在佩戴项链时，应注意以下几个方面：

（1）脸型与项链。

①长形脸。镶宝石的细短项链，可以增加脸部的宽阔感。

②方形脸。较长的项链，并配上钻石、宝石，可以增加脸部的柔和感。

③圆形脸。佩戴原则是使两颊变窄、上下变长。细长的 V 字形项链可以增强脸部的轮廓。

④椭圆形脸。又叫鹅蛋圆脸，无论佩戴何种式样的首饰都可以。当然，如果佩戴中长款的项链，则会进一步衬托出脸部的优美感。

⑤正三角形脸。即额窄颚宽。可以在发型蓬松的鬓角上戴些色彩醒目的首饰，这样可以增加脑门宽度；佩戴带坠饰的 V 字形下垂的项链，可以减少脸下部的宽阔感。

⑥倒三角形脸。又叫瓜子脸，适宜佩戴细而短的项链，这样可以增加脸下部的宽阔感。

（2）肤色与项链。

①红润肤色的人可选择色彩较为鲜艳的项链，如 K 金项链、铂金项链，都可以使你的肤色显得健康美丽。

②肤色白皙的人可选择浅色或艳色带宝石项链，如镶嵌有色宝石的 K 金项链，以显示文静、秀美。

③皮肤略黄或灰青的人则更适合无色透明的项链，如铂金饰品、铂金钻饰、铂金镶红蓝宝石饰品、水晶项链、珍珠饰品等，这种透明的项链能增添优雅和刚毅感。

3. 丝柔滑丝巾，柔软女人心

丝巾在饰品领域中是最具有女人味的一种，就像男人的领带一样，充满着女性特有的别致与风情。而丝巾所能点缀出来的效果可以用"万绿丛中一点红"来形容，搭配合宜的话，整个人会因它而神采奕奕。

4. 手镯与手链

手镯与手链，在一定程度上都可以使女性纤细的手臂与手指显得更加美丽。戴手镯时应注意，如果只戴一只手镯，则应戴在左手上；如果戴两只的时候可以每只手戴一个，也可都戴在左手上，而且带了手镯的话就最好不要再戴手表；戴三个以上的时候应都戴在左手上。戴手镯的搭配原则应为宽宽搭配或者宽窄不一，但要注意搭配时手镯的颜色和材质，尽量选择颜色一致、材质类似的配在一起。而手链一般只戴一条。若要手镯和手链一起佩戴，手链应戴左手，手镯戴右手。对于丰润圆满的臂腕，适合宽松一些的镯子，细而紧的镯子反而会使臂腕显得更加粗大。与之相反，臂腕较细的应选择较窄一些的镯子。

5. 戒指

手指短小，应选用镶有单粒宝石的戒指，而且指环不宜过宽，这样才能使手指看起来较为修长。

手指短而扁平，则宜戴上蛋形、菱形、长形戒指面，会增加其手指的细长感。

手指纤细，宜配宽阔的戒指，如长方形的单粒宝石，会使手指显得更加纤细圆润。

手指丰满且指甲较长的，可用圆形、梨形及心形的宝石戒指，也可选用大胆创新的几何图形。

丝巾，女孩颈间的一抹风景

奥黛丽·赫本曾说过："当我戴上丝巾的时候，我从没有那样明确地感受到我是一个女人，美丽的女人。"因此，当她站在罗马大教堂的台阶上将一条小丝绸手帕在颈间随手一系，万道阳光都立刻为她翩翩起舞。一条美丽的丝巾也是女孩

颈间一抹亮丽的风景，比起其他的装扮更能增添几分韵味与气质。

每个女人的衣柜里或多或少都应该有几条美丽的丝巾。丝巾对于女人的重要性就像领带对男人的重要性一样。作为一个女性，尤其是职场女性，可以没有昂贵的饰品或者漂亮的时装，但一定要有一条符合自己气质和风格的丝巾。丝巾虽然只是小小的一块布料，但它却能为你完美的个人形象起到画龙点睛的作用。丝巾从概念上来说，属于围巾的一种，而从外观上看，则分为长巾、方巾、三角巾和领围。你的丝巾是否适合自己呢？在选择丝巾的时候，要注意以下几个原则。

1. 注意丝巾的颜色

颜色是造型的灵魂，一条适合你肤色的丝巾，能够为美丽加分。丝巾佩戴时最贴近脸部，选择适当的颜色以便衬托出肤色的亮丽。如果你的肤色比较白皙，就尽量避免十分亮的亮色系。如果你的肤色较浅，比较粉嫩，则适合粉蓝、暗粉、淡柠檬色、紫红色和薰衣草色，应避免大胆的颜色。如果你的肤色是象牙色，则选择很多，从浅入深，从象牙色、桃色、珊瑚色、金黄色、淡棕色到水绿色、明绿色再到鲜蓝色和正红色都很适合。如果你的肤色略深，则可以选择一些类似橙色、金色、深褐色、米黄、橄榄色的浓郁而朴实的颜色。当你中意某一款丝巾时，可以将其贴近脸部，看看是否和自己的脸色相配。如果和自己的脸色不相配，即使再漂亮也不要犹豫，当即丢开。

2. 注意丝巾的面料

现代女性，尤其是职场女性，如果你想用穿着打扮在保守中流露出一种典雅、高贵的气质，那么真丝材质的丝巾将是你的最佳选择；如果你是追求浪漫追求女人味，那么你可以选择一些质地柔软的丝巾，这样的丝巾可以显露出娇媚的美感，如真丝、雪纺纱等材质。

3. 注意丝巾的图案

典雅型的职场女性适合正统保守的印花，如较小的规则的几何图形，规则的条纹、格子等都是很好的选择；而轻松自然的女性则适合简单的条纹、格子；至于艺术型的女性则适合较为别致的主题和图案，包括花朵、动物、人物、几何、抽象派图案等；而浪漫型的女孩则适合浪漫的花朵印花、女性化的主题等。除此之外，还要根据场合、服装和当天的妆容、发型等来选择适合自己的丝巾款式和颜色。一般而言，身材高大的女性适合宽大、色彩柔和、花型小的丝巾。而身体纤弱的女性，则较适合花色繁杂艳丽、短小一些的丝巾。只有适合自己的丝巾，协调搭配，才能变成颈间的一抹靓丽风景。

可以素色衣服搭配素色丝巾。这样的搭配可以采用同色系对比搭配法，如黑色连衣裙配一条中性色系丝巾，可以塑造出很强的整体感，但如果搭配不慎则会造成整体色彩黯淡；另外采用相同颜色、不同质感的搭配方式也很协调。

也可以印花衣服搭配素色丝巾。可以选择衣服上最明显的一个颜色，或者最多的一个颜色，再用这个颜色的对比色去挑选适合的丝巾。

挑选丝巾的时候还应注意与自己的脸型应搭配得宜。

1. 圆形脸女性的丝巾搭配

脸部比较圆润的人，如果想要让脸部的轮廓看来清爽一些，就应该将丝巾下垂的部分尽量拉长，这样可以突出纵向感，还应注意保持从头到脚的纵向线条的完整性，尽量不要中断。系花结的时候，可以采取如钻石结、菱形花、玫瑰花、心形结、十字结等，避免在颈部重叠围系、过分横向以及层次质感太强的花结。

2. 长形脸女性的丝巾搭配

左右展开的横向系法既能展现出一种飘逸感，又能减弱脸部较长的感觉，如百合花结、项链结、双头结等都是比较好的选择。另外，还可以将丝巾拧转成略粗的棒状后，系出蝴蝶结状，可以渲染出一种朦胧的美感，但要注意不要围得过紧。

3. 倒三角形脸女性的丝巾搭配

这种脸型的女性常常会给人一种严厉和面部单调的感觉。利用丝巾可以让颈部的层次感加强，用一个华贵的系结款式，会产生良好的效果。比较适合如带叶的玫瑰花结、项链结、青花结等。此外还要注意减少丝巾围绕的次数，下垂的三角部分尽量自然展开，避免围系得太紧，并注重花结的横向层次感。

4. 四方形脸女性的丝巾搭配

四方脸的女性容易给人缺乏温柔的感觉。因此系丝巾时尽量做到颈部周围干净利索，在胸前打出些层次感强的花结，再配上线条简洁的上装，就可以轻松演绎出高贵的气质。丝巾花样则可以选择基本花、九字结、长巾玫瑰花结等。

一条漂亮出色的围巾，如果和你的服装与气质不相称的话，只会白白占据你的衣橱空间。此外还可考虑与口红颜色、腰带或提包等小饰物的配合。

第六课

食色生香，女人的气质是养出来的

女人不补容易老

女人的美，不仅仅是靠精致的妆容与靓丽的衣着打造出来的。真正的美丽，源自健康的身体。然而岁月的侵蚀与生活的劳累，却让青春与美丽一点点流失，这时女人就需要补品的滋润，让身体重新焕发出活力，散发出健康之美。

俗话说"女人不补容易老。"与男性相比，女性在一生中要经历怀孕、哺乳等阶段，更容易导致营养的流失，特别是现代女性，身兼家庭、工作两方面的重任，长期紧张劳作，忽略了自身的调养，衰老便提前来临。因此，女性应当适时适量地进补，延缓衰老，保持青春活力之美，而进补的关键，就是了解自身体质，对症下药。

1. 虚胖的女性

不少女性认为身体偏胖就是营养充足的表现，自然不必进补，实际上不少自认为肥胖的女性属于虚胖，而虚胖是一种亚健康的表现，也需要进补调理。虚胖的女性应控制脂肪及热量的摄入，饮食宜清淡，少吃盐和味精等调料，在进行食补的时候多采用少油的烹调方式，如清蒸、清炖、凉拌等。

推荐食补方案：鸭肉粥，赤豆薏仁红枣粥。

2. 压力大内分泌失调的女性

很多压力大的女性，经常感到焦虑、失眠、身体疲劳、月经不调等，实际上这就是身体机能衰老的表现，急需进行调理。压力大所导致的内分泌失调，在根本上要从调整机体的阴阳气血平衡来进行。

推荐进补食材：猪心、母鸡肉、海参、鱼、虾、红枣、猕猴桃、红薯、菠菜、洋葱及豆制品等食物。

推荐进补药材：人参、当归、川芎、黄芪等中药，亦可选乌鸡白凤丸、阿胶补血浆等中成药。

3. 用眼过度的女性

眼睛疲劳的原因除了经常使用电脑工作，还可能是体内缺乏维生素 A，进补应该以补充维生素 A 为主，以保持体内维生素 A 的日常含量。

推荐进补食材：含有丰富的维生素 A 的各种动物肝脏（血脂及胆固醇偏高的女性应少食或不食），富含胡萝卜素的蔬菜（如胡萝卜），红薯、橘子、柚子、柿子，乳、蛋类食品，如牛奶、鸡蛋、鸭蛋、鸽蛋等蛋黄内维生素 A 含量比较丰富。

推荐食补方案：将胡萝卜素含有量较高的枸杞子泡水以代茶饮用。

4. 畏寒的女性

有些女性尤其是更年期妇女，每逢冬季特别怕冷，医学上称为"冷感症"，是机体抵抗力差、营养缺乏等多种原因造成的，需要多吃具有温补效用的食物。

推荐进补食材：羊肉、牛肉、狗肉、鸡肉、鹌鹑、大蒜、辣椒、生姜、香菜、洋葱、桂圆、栗子等。

推荐食补方案：姜丝爆羊肉，大枣枸杞羊肉汤。

5. 经常熬夜的女性

经常熬夜的女性容易产生新陈代谢方面以及神经方面的问题，需要补充具有调节新陈代谢与神经活动的食物。

推荐进补食材：具有补肾益脑作用的肝脏、核桃、芝麻等，柑橘、橙、苹果、猕猴桃等碱性水果，鳕鱼、沙丁鱼等，富含植物纤维，预防神经衰弱的麦类、小米、玉米等。

除了以上五种具有针对性地进补之外，女性进补还要根据自身所处的年龄阶段，采取不同的进补策略，这是因为，女性处在不同的年龄阶段，有不同的生理

特征，营养流失的方向不一样，需要补充的营养也各有不同。

1. 30 岁以前：补血 + 补维生素

对于不到 30 岁的女性，缺铁性贫血是常见疾病，据估计有大约 64% 在 30 岁之前会发生不同程度的缺铁性贫血，表现出来的症状为头昏眼花、心悸耳鸣、失眠多梦、记忆力减退、面色萎黄、唇甲苍白、肤涩发枯等。因此，这一阶段，补血是首要大事。

推荐进补食材：动物的肝、肾、血，瘦肉，鸡蛋，鱼，紫菜，海带，黄豆制品，红枣、黑木耳等含铁量高的食物。

除此之外，30 岁之前也是女性工作的黄金时期，女性在这一时期很容易出现过度劳累，眼睛容易受到电脑、干燥、污染等多方面的伤害，如果得不到足够的营养补充，便会让衰老提前来临。因此，这个阶段应适当补充维生素。其中维生素 A 可以预防和治疗干眼症，改善眼睛发干发涩的症状；维生素 C 可以防止眼周皮肤受到紫外线的伤害；维生素 E 则能增强视力，起到明目的作用，相对地应当选择大量含有维生素的食物。

推荐进补食材：各种动物的肝脏、鱼肝油、奶类和蛋类、坚果类食物以及各种新鲜蔬菜和水果。

2. 30 ~ 40 岁：补钙 + 补充膳食纤维 + 补充叶酸

在 30 ~ 40 岁的阶段，女性的钙质流失成为首要健康问题，研究证实，女性在 28 岁以后，骨钙每年以 0.1% ~ 0.5% 的速度减少，很容易患上骨质疏松，此时补钙就成了进补的首要目标。这个时期，女性要多摄入乳制品等富含钙元素的食物，保证每日至少要摄取 1000 毫克钙。除此之外，还要经常享受一下阳光，从外部"进补"。

推荐进补食材：乳制品（每日饮用 1 ~ 2 袋牛奶）；含钙元素高的豆类；海产品、坚果类、蔬菜。

30 岁之后，女性的工作黄金时期进入了尾声，超负荷的脑力、体力劳动带来更大压力，加之家庭等方面的烦恼，让不少女性不堪重负，因此经常会有便秘、肥胖等苦恼。而膳食纤维在通便、排毒、降血脂、防治肥胖方面具有卓越功效，则可以很好地解决这个问题。

推荐进补食材：黑米、草莓、梨、菜花、西兰花、韭菜、芹菜、胡萝卜、苦瓜、大豆、海藻、食用菌等。

在这个阶段，女性面临的另一件大事就是生育，但怀孕、生育会造成女性营养流失，而叶酸则可以缓解营养缺乏症。叶酸是 B 群维生素中的一员，为人体细胞生长和分裂所必需的物质之一，多食叶酸类食物可以补充体力，增强免疫力。

推荐进补食材：豆制品、菠菜、油菜、梨、菠萝、蛋类、鱼、坚果、柑橘以及全麦食品等叶酸含量丰富的食物。

3. 40 ~ 50 岁：补充雌激素 + 补脑

40 岁之后是女性的一个重要转折点，这个阶段女性面临的第一大问题就是更年期，进入更年期之后，女性卵巢的功能逐渐衰退，女性体内雌激素和孕激素的分泌也会逐渐减少乃至消失，很多女性患上更年期综合征，一系列的不良反应如情绪激动、烦躁、面色潮红等接踵而至，体力、精力和社会适应能力都会有所降低，此时，补充雌性激素尤为重要。

推荐进补食材：黄豆、绿豆、豆芽、大蒜、甜菜、花粉等含有天然的荷尔蒙，对补充雌激素非常有利。

另一方面，此时的女性体力、精力已经大不如从前，而长期以来的用脑过度使女性在这个阶段的记忆力已大不如前，会经常出现反应迟钝、神经紧张以及心悸无力等症状，多吃具有补脑功能的食品则可以有效改善以上问题。

推荐进补食材：核桃、松子、腰果、黑芝麻、杏仁、栗子、红枣、草莓、小白菜、何首乌、百合、金针菇、鸡肉、鸭肉等。

丰胸食疗方，跟着年龄走

纤瘦的身体固然惹人怜爱，但美好的曲线最能体现出女人的妩媚与妖娆。漂亮女人不会一味求瘦，而是重在塑造自身曲线，让自己浑身上下散发出女人味，让丰满上围胸部跟着年龄一起走。

怎样让自己拥有"S"形的完美身材，是不少女性烦恼的问题之一，现在各种丰胸方法层出不穷，但是最安全的方法自然是从饮食入手。不同年龄段的女性身体状况不同，不同年龄段的女性更需选择适合自己的丰胸方法，这样才既能收到良好的效果又能保持身体健康。

1.青春期的女孩（18～25 岁）

这个阶段的女性刚刚经过青春期的发育走向成熟，此时大部分平胸的出现，都是因为青春期发育时没有使乳房得到充足的营养导致的，因此乳房生长细胞缺乏动力，潜力就没有被完全挖掘出来，因此胸部发育就会不丰满。这个阶段丰胸的主要任务则是为胸部提供充足的营养供应，同时激活生长细胞活力，使乳房重新经历一次青春期，实现胸部的二次发育。

因此，此时应多摄入刺激胸部发育的营养物质，可以多吃一些富含维生素 E、B 族维生素、蛋白质以及能促进性激素分泌的食物，从而达到乳房健美的目的。含有各类维生素的水果就是不错的选择，特别是木瓜，堪称是丰胸的最佳食物，木瓜的丰胸作用在所有的食物中是最为突出的，木瓜中含有的木瓜醇素具有很好的促进胸部发育的作用，同时木瓜中的维生素 E 含量较高，对于丰胸美乳保健也有着重要的意义。另外还可以多吃坚果，坚果类食物中含有大量的蛋白质，蛋白质又是丰胸最需要的物质，并且坚果中也含有丰富的维生素 E，还可以增加乳房的弹性。在这个阶段丰胸还可以采用以下食谱：

菊蛋：配料——肉苁蓉、杭菊、松子仁各 10 克，鸭蛋 2 只。做法——将以上材料共煮，等蛋熟，敲开一头再煮，弃渣食蛋。每日服一次。

羊肝焖黄鳝：配料——羊肝 10 克，黄鳝 150 克，调味料，黑枣 20 克，花生 30 克，生姜片 10 克。做法——将羊肝切片，黄鳝切段，加调味料腌 20 分钟。然后用油爆羊肝及黄鳝，加入黑枣、花生以及生姜片，酱油等，焖熟即可，每晚食一次。

2.成年女性（25～35 岁）

这个阶段的女性要经历怀孕、分娩、哺乳等对乳房有影响的大事，身体的内分泌系统会发生巨变，很多女性会出现很多内分泌失调的问题，而雌激素也会因此受到很大的影响，其中受影响最大的部位就是乳房。特别是有些成年女性本身体形偏瘦，乳房的脂肪积聚也较少，乳房不够丰满。这个阶段的女性应该多吃一些热量高以及对调节内分泌有帮助的食物，如蛋类、肉类、豆类和含植物油的食品。其中蜂王浆就是不错的丰胸食品，蜂王浆本身作为补品就有很高的营养含量，含有蛋白质、氨基酸、维生素等，而它更具有很好的丰胸美乳的功效，这是因为它含有一种能够刺激女性荷尔蒙正常分泌的比较特殊的物质，而这种物质直接作用于女性胸部的生长发育，可以缩短胸部丰满所用的时间。同时还可以多吃些大豆，大豆内含有大量丰富的异黄酮，可以降低女性体内的雌激素水平，减少乳房不适。

如果每天吃两餐含有大豆的食品，比如豆腐、豆浆等，将会对乳房健康十分有益。这个阶段的女性可以采用以下丰胸食谱：

豆浆炖羊肉：材料——淮山 150 克，羊肉 500 克，豆浆 500 克，油、盐、姜各少许。做法——将以上食材合炖 2 小时，每周吃两次即可。

人参莲子汤：材料——人参 5 克，莲子 20 克，冰糖 10 克。做法——以上食材合炖 1~2 小时，隔日吃一次。

3. 35 岁以上的女性

进入这个年龄阶段，女性的生理功能开始衰退，身体的各部分也开始发生变化，其中作为女性特征性器官的乳房是变化最大的，很容易随着年龄的增长变得松弛萎缩。因此更要注意呵护乳房，除了注意睡姿、采取按摩等方法纠正外，可以多吃些鱼类。

鱼不仅味道鲜美，而且营养价值极高。鱼类不仅含有大量的蛋白质，且属于优质蛋白质，人体吸收率高，对于紧致肌肤有很好的效果。此外，鱼类还含有丰富的硫胺素、核黄素、烟酸、维生素 D 和钙、磷、铁等矿物质，这些物质更有助于步入中年的女性食用，其中维生素 D、钙、磷能有效预防骨质疏松，此外鱼肉中的脂肪含最低，而其中的脂肪酸则有降压、防癌的作用。除了鱼类，海带也是不错的丰胸食物，海带对于女性来说，不仅有美容、美发、瘦身等保健作用，还能辅助治疗乳腺增生，而海带中含有大量的碘恰恰是可以使胸部变得更为丰满的重要元素。这个阶段的女性可以采用如下丰胸食谱：

海带煨鲤鱼：材料——海带 200 克，猪蹄 1 只，花生 150 克，鲤鱼 500 克，葱、姜、油、盐、酒各少许。做法——先用姜、葱煎鲤鱼，煮后放入配料。

荔枝粥：材料——去壳的荔枝干 15 枚，莲子、淮山各 150 克，瘦肉 250 克。做法——将以上材料与粥一同煮，每周吃两次。

嫩肤养颜饮食五注意

女人的美丽是由内而外散发而出，娇嫩的肌肤不仅仅是靠护肤品打造出来的。皮肤是身体状况的一面镜子，想要皮肤水嫩白皙，便要从身体调理入手，饮食自然更是要多多注意。

健康的肌肤才是最美的肌肤，护肤的方法数不胜数，唯有从饮食入手，将身体调理好，才能为肌肤健康打下底子，具体说来，嫩肤养颜饮食要注意以下五点：

1. 常吃富含维生素的食物

维生素对于女性皮肤健康有着至关重要的作用，它对防止皮肤衰老、保持皮肤细腻滋润起着重要的作用。维生素的种类不少，女性在补充维生素时既要保证每一种摄入充足，又要保证种类均衡。维生素 A、维生素 B_2 也是皮肤光滑细腻不可缺少的物质。若缺乏维生素 A，皮肤会变得干燥、粗糙有鳞屑；若缺乏维生素 B_2，会出现口角乳白、口唇皮肤开裂、脱屑及色素沉着。富含维生素 A 的食物有动物肝脏、鱼肝油、牛奶、奶油、禽蛋及橙红色的蔬菜和水果，富含维生素 B_2 的食物则有肝、肾、心、蛋、奶等。而维生素 E 则可以延缓衰老，有效减少皱纹的产生，保持青春的容貌，其含量丰富的食物有卷心菜、葵花籽油、菜籽油等。

想要补充维生素，有一种水果是绝对不能错过的——猕猴桃。猕猴桃被称为"美容圣果"，含有丰富的维生素 C，平均每斤猕猴桃的维生素 C 含量高达 95.7 毫克，而每斤苹果的维生素 C 含量只有 2.2 毫克。维生素 C 是美丽容颜的捍卫者，对于防止雀斑、黑斑、延缓老化都非常有助益。此外，猕猴桃还含有大量的可溶性纤维，平均每斤猕猴桃的纤维含量为 2.6 克，可以促进人体碳水化合物的新陈代谢，帮助消化，防止便秘。每天早晚各吃一个猕猴桃，就能补充人体每天需要纤维量的五分之一。除此之外，猕猴桃中含有特别多的果酸，果酸能够抑制角质细胞内聚力及黑色素沉淀，有效地去除或淡化黑斑，在改善干性或油性肌肤组织上也有显著的功效。而且吃猕猴桃美容还不用担心发胖，猕猴桃是最合适的减肥食品，它虽然营养丰富但热量极低，其特有的膳食纤维不但能够促进消化吸收，还可以令人产生饱腹感，更是减肥女性的好选择。

2. 多吃含铁质的食物

补铁也是美容养颜不可忽视的，皮肤光泽红润，需要供给充足的血液。铁是构成血液中血红素的主要成分之一，故应多吃富含铁质的食物。如动物肝脏、蛋黄、海带、紫菜等。特别是一些女性常有"黑眼圈"问题的苦恼，甚至除了眼周，双唇也容易泛黑，更容易手脚冰冷，这就与缺铁相关，很可能是"贫血性黑眼圈"，因为色素容易沉积，所以眼圈大多会呈现茶色，只要平时多摄取红色肉类、深色蔬菜等含铁的食物或营养补充品都能改善。

什么食物美味又补铁呢？当属樱桃，樱桃色泽红润欲滴，含铁量为苹果的 20

倍、梨的30倍，铁是血液中血红素的重要成分，血液充足肌肤当然白里透红。同时，樱桃也含有丰富的胡萝卜素，在体内可以转成维生素 A，能使皮肤柔软细致，祛除粗糙皱纹，爱美的女人不妨多吃樱桃。

3. 多吃富含胶原蛋白和弹性蛋白的食物

胶原蛋白与弹性蛋白能够有效提升肌肤手感，胶原蛋白能使细胞变得丰满，从而使肌肤充盈、皱纹减少；弹性蛋白可使人的皮肤弹性增强，从而使皮肤光滑而富有弹性。漂亮女人要想让肌肤手感"醉人"，就要多吃富含胶原蛋白和弹性蛋白多的食物，比如猪蹄、动物筋腱和猪皮等。

由于肉类含有的热量较高，不少女性不爱吃肉，事实上胶原蛋白并非只集中于肉类，豆类的胶原蛋白一样丰富，而且植物蛋白更不易发胖。同时，豆类大多含有黄体酮以及具有双向调节作用的雌激素，能够有效改善人体内循环，不爱吃肉的女性不妨多吃些豆类食物。

而在多种胶原蛋白中，鱼类的胶原蛋白成分的结构与人体最接近，也是最容易为身体组织吸收的胶原蛋白，吸收率也最高，且鱼肉热量低，口味鲜美。鱼类的胶原蛋白主要来源于深海鱼类的软骨，因此美女们可以平时多吃深海鱼类来补充胶原蛋白。

还有一种富含植物胶原蛋白的食物——银耳。银耳性温，更是适合补身体的食物，能够健脾开胃、滋阴润肺，很适合秋燥的时候食用。长期食用银耳可以润肤，并有祛除脸部黄褐斑、雀斑的功效，可以做成银耳莲子羹，美味又美容。

4. 注意碱性食物的摄入

嫩肤养颜，不仅要保持各要素的摄入量充足，更要保持它们之间的平衡，特别是摄入食物的酸碱平衡。日常生活中所吃的鱼、肉、禽、蛋、谷物等均为生理酸性。重量酸性食物会使体液和血液中乳酸、尿酸含量增高。如果这些有机酸不能及时排出体外，就会侵蚀敏感的表皮细胞，使皮肤失去细腻和弹性。为了中和体内酸性成分，需要吃些碱性食物。

我们日常摄入的食物，除了五谷杂粮外的植物性食品，如水果、蔬菜、豆制品等都是碱性食品，而在动物性食品中，只有奶类和动物血属碱性食品，其他都属酸性食品。具体说来，弱碱性食品有豌豆、大豆、绿豆、竹笋、马铃薯、香菇、蘑菇、油菜、南瓜、豆腐、芹菜、番薯、莲藕、洋葱、茄子、萝卜、牛奶、苹果、梨、香蕉、樱桃等；强碱性食品有茶、白菜、柿子、黄瓜、胡萝卜、菠菜、卷心菜、

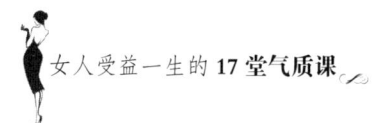

生菜、芋头、海带、柑橘类、无花果、西瓜、葡萄、葡萄干、板栗、咖啡、葡萄酒等。

需要注意的是，有一些食物因吃起来酸很容易被当成了酸性食物，如山楂、西红柿、醋等，其实这些东西正是典型的碱性食物。另外，注意碱性食品的摄入并不是指多多益善，一定要保证酸碱平衡。

5. 适时摄入含锌食品

锌对于皮肤的愈合有着重要作用，锌可增加抵抗力，加速蛋白质合成及细胞再生，并促进伤口愈合。脸上经常长痘痘的女性，经常多吃一些含锌丰富的食物，不但可以治疗痤疮，还可使矮个子长高。人体缺锌则会导致皮肤迅速长皱纹。含锌丰富的食品很多。植物性食物中有豆类、小米、萝卜、大白菜、扁豆、茄子、玉米、小麦、土豆等；动物性食物有羊排、鸡、鲟鱼、瘦肉、鸡鸭肉、蛋等也含有较丰富的锌，其中以牡蛎含锌最为丰富；水果中香蕉中含锌量较多。除此之外，葵花子和南瓜子也富含锌，所以，平时适量吃些葵花子或南瓜子，可使皮肤光洁，延缓皱纹的形成。

容颜俏丽的七法则

食物是女性最好的美容品，美容讲究多，一日三餐讲究更多，饮食"一至七"法则，为女性全方位打造俏丽容颜。

女人每天饮食遵循这"一至七"法则，不仅身体健康疾病少，美丽更是指日可待。

法则一：每天一个水果

爱美的女人每天应当吃一个水果，而且最好吃不同种类的，不仅可以一饱口福也能保证营养的全面摄入，下面的七种水果各有好处，不妨一周换着吃。

（1）香蕉。香蕉虽然口感上非常甜，但热量却很低，一根重 100 克左右的香蕉只含有只有 87 卡的热量而已，与一餐的白饭量相比，只有一半以下的低热量，想要减肥的女性吃它最好。

（2）蓝莓。具有"抗氧化之王"之称的蓝莓果，除含有常规的糖、酸、维生素 C、矿物元素外，还富含大量超级的抗氧化物俗称 OPC 的花青素以及烟酸、SOD、黄酮等特殊成分，具有良好的防脑神经老化、强心、抗癌等保健作用，是有效的抗衰老食物。

（3）猕猴桃。猕猴桃富含钙、磷、铁、钾等多种矿物元素，并且含有丰富的维生素，素有"VC 果王"的美称，热量低，糖度低，脂肪含量低，且食物纤维的含量丰富，中医认为它是辅治肥胖症的果类，它利水、化痰、润肺、健脾胃。猕猴桃更被称之为"美容圣果"，美容效果自然无须多言。

（4）苹果。俗话说"每天一苹果，医生远离我"，苹果有一定的防治疾病的作用。富含果胶及食物纤维，并且脂肪含量极低，但是营养却很全面，经常被减肥者用作代餐食品。

（5）木瓜。木瓜内含木瓜酵素，这些木瓜酵素不仅可分解蛋白质、糖类，更可分解脂肪，通过分解脂肪可以去除赘肉。木瓜更是有丰胸作用，想要打造 S 形曲线的美女们不可错过哦。

（6）葡萄。葡萄中富含葡萄糖、蛋白质、钙、磷、铁、胡萝卜素、烟酸和维生素 B_1、B_2、C 等多种维生素和矿物质。每天吃上十来颗葡萄有益于心血管健康，还能补充营养。

（7）西红柿。西红柿的果胶等食物纤维含量丰富，有助于促进新陈代谢，建议便秘的女性多吃西红柿，同时还能补充维生素和矿物质。

法则二：两盘蔬菜

每天摄入的蔬菜在数量以及种类上都应当有保证。每人每天蔬菜的实际摄入量应保持在 400 克左右，须进食两盘品种多样的蔬菜，同时还要避免常吃一种蔬菜，而这两盘菜中必须有一盘蔬菜是时令新鲜的、深绿色的。

每天两盘蔬菜，除了要吃够，更要讲究吃法，很多错误的吃菜方法让蔬菜中的营养白白流失。首先，最好先吃一些大葱、西红柿、凉拌芹菜、萝卜、嫩莴笋叶等，以免加热烹调对维生素 A、维生素 B_1 等的破坏。其次，做菜时要避免爆炒，这是因为爆炒的蔬菜油脂多、盐分多，这样一来，蔬菜非但不能带来减少脂肪的效果反而起了增加体重的负作用，盐分过多则容易造成血压增高。同时，炖菜也要少食，蔬菜中的维生素 C 和一些抗氧化功能非常不耐热，遇热就会逃跑，若经过长时间的炖煮这些保健成分会损失一大半，甚至更多。除此之外，人们总是习惯性地取蔬菜的一部分食用，把味道不好的丢掉，比如茄子、萝卜、甘薯、番茄等蔬菜的皮。

实际上把它们去掉就等于去掉了防癌物质。辛辣的萝卜皮中含有大量的异硫氰酸酯类物质，它正是萝卜防癌作用的关键部分。茄子皮集中了茄子的绝大部分花青素抗氧化成分，也含有很高浓度的果胶和类黄酮。甘薯和番茄的皮富含抗氧化成分和膳食纤维，也有一定防癌功效，而这些才是蔬菜的精华所在。

法则三：三勺素油

想要健康就要少吃油，每人每天摄入的油量要控制在 25 ~ 30 克，而这 25 ~ 30 克是每人每天、包括烹调所有食物的油量。特别是患有高脂血症和高血压的女性，最好控制在 20 克。30 克油用白瓷勺衡量大约是三小勺的量，因此每天的烹调用油限量为 3 勺。此外做菜的油最好选择素油即植物油，植物油是我们获得不饱和脂肪酸的主要来源，其中尤其含有 DHA 和 EPA，不仅具有降血脂、改善血液循环、阻抑动脉粥样硬化斑块和血栓形成的作用，更具有光洁皮肤、塑造苗条身材等的美容作用。

法则四：四碗粗饭

精细谷物凭借着好的口感与外形成为日常生活中的主要主食，但是在加工过程中，谷物中宝贵的膳食纤维、铁、锌、镁、维生素 E、维生素 B 族等营养素都被去除了，长期食用会吃出营养性疾病。爱美的女性平时应该多吃些粗粮，粗粮具有很高的营养和健康的功效，摄入足够的粗粮或全谷食品能帮助降低心脑血管疾病的风险，预防便秘，适度降低 2 型糖尿病的发病风险，更能够提供饱腹感，有利于控制体重。每天 4 碗杂粮粗饭不仅能壮体养颜美身段，更能帮助想瘦的美女们抵制美味可口零食的诱惑。

法则五：五分蛋白质

在吃含有蛋白质的食物时要注意摄入蛋白质的多样性，因此各种含蛋白质高的食物都应当吃些，按照女性每天所需摄入的蛋白质量计算，建议每天吃肉类 50 克，最好是瘦肉，鱼类 50 克（除骨净重）；豆腐或豆制品 200 克；蛋 1 个；牛奶或奶粉冲剂 1 杯。

法则六：六种调味品

酸、甜、苦、辣、咸、甘等必要的调味品，作为每天的烹饪作料不可缺少，但要注意调味料少放，尽可能饮食清淡。

法则七：七杯开水

女性朋友每天喝水不少于 7 杯，以补充体液、促进代谢、增进健康，而且还要尽量少喝加糖的高热量饮料或添加色素的饮料。

油脂过多，"吃喝"巧安排

油脂是女人的"天敌"，皮肤分泌的过多油脂与美丽容颜"势不两立"，而体内淤积的油脂更是健康的杀手。排油、控油是女性减肥美容必修的功课。上好专门课，要从"吃喝"安排入手。

油性皮肤容易引发痘痘等各种肌肤问题，还原肌肤清爽是不少油性肤质女性迫不及待的。油性皮肤的护理，除了使用合适的护肤品之外，更要从内部调养。按照中医理论，从人的体质上看，油性皮肤多为"体内湿重"，而从现代医学观点看，油性皮肤者，皮脂腺分泌较旺盛，体内雄性激素分泌较多，皮肤毛细血管扩张，油性皮肤的女性在饮食上建议选择凉性、平性食物。比如冬瓜、丝瓜、白萝卜、胡萝卜、竹笋、大白菜、小白菜、卷心菜、莲藕、黄花菜、荸荠、西瓜、柚子、椰子、银鱼、鸡肉、兔肉等。相反，辛辣、温热性及油脂多的食品要尽量避免摄入，如奶油、奶酪、奶油制品、蜜饯、肥猪肉、羊肉、狗肉、花生、核桃、桂圆肉、荔枝、核桃仁、巧克力、可可、咖喱粉等。此外，油性皮肤的女性还可以选用如白茯苓、泽泻、珍珠、白菊花、薏苡仁、麦饭石、灵芝等具有祛温清热效果类的中药。

解决了皮肤的油脂问题，身体里的油脂也要及时排除，下面几样食物都是人们餐桌上常见的，它们具有很好的刮油功效哦。

山楂：山楂的主要营养成分有山楂酸、柠檬酸、脂肪分解酸、维生素 C、黄酮、碳水化合物等，这些物质具有扩张血管、改善微循环、降低血压、促进胆固醇排泄而降低血脂的作用。饭后吃点儿山楂，既清除口中的油腻感，又助消化。

玉米：玉米含有丰富的钙元素，钙元素可以帮助人体排脂，当人体含有较为丰富的钙元素时，钙元素会为了保持体内水分的平衡而把一些堆积起来的脂肪排出体外，能帮助促进代谢，带走身上的油脂，这样就有了排毒减肥的功效。而且，玉米还具有降低血清胆固醇的作用，特别是对于水肿型的肥胖的女性而言，玉米

能有效减肥。

燕麦：燕麦以其所含有的可溶性纤维深受减肥女性的青睐。因为可溶性纤维可以减少人体对胆固醇的吸收，也就是可以促进胆液的分泌进而降低血液中的脂肪含量，起到消脂减肥的作用。同时燕麦能够给人很强的饱腹感，可以充饥从而抑制自身的食欲，减少其他食物的摄入量，从而起到减肥的作用。

香菇：香菇所含有的营养物质可以作用于人体肠道，达到消食、去脂、降压等功效。其中所含的纤维素能促进胃肠蠕动，防止便秘，减少肠道对胆固醇的吸收。此外，香菇还含有香菇嘌呤等核酸物质，能促进胆固醇分解。常食香菇能降低总胆固醇及甘油三酯。

洋葱：在西餐中，我们经常可以见到洋葱搭配高脂肪、高热量的食物，以解油腻，这是因为洋葱含有环蒜氨酸和硫氨酸等化合物，有助于血栓的溶解。想去油脂的女性朋友不要因为洋葱的味道而将它忘在脑后。

顺应时节的食物最养颜

《黄帝内经》中提到，"智者之养生必顺四时而适寒暑"，一年之中有春温、夏热、秋凉、冬寒的四时气候更迭，而人与自然本为一体，各个器官的情况也随时节的变化而变化，女性养颜，自然也要顺应时节。

顺应时节养生的最基本一步就是多吃顺应时节的食物，也就是多吃时令菜。随着农业技术的提升，时令菜的概念日渐淡薄，蔬菜水果一年四季都不缺，本应夏天才有的东西冬天也能出现在人们的餐桌上，从一定意义上讲这给我们的生活带来了方便，但这也让很多人失去了季节感，割裂了身体与自然之间的那种微妙的联系，实际上顺应时节的食物最养颜。

俗话"冬吃萝卜夏吃姜"说的就是这个道理。在中医上，人以天地之气生四时之法成，养生要顺乎自然、应时而变。养生要顺应四季，养颜也要顺应四时，不同的季节吃不同的食物。从根本上讲，应季的食物蕴含了这个时节的变化，往往最能应对那个季节人体的变化。比如，夏天虽然热，但阳气在表而阴气在内，内脏反而是冷的，所以人很容易腹泻，所以要多吃暖胃的姜，而冬天就不同，冬天阳气内收，内脏反而容易燥热，所以要吃萝卜来清胃火。如果在冬季需要败火的时候反而吃了属性相同的食物就等于火上浇油了。除此之外，反季节的瓜果蔬菜多由温室种植，并且需要用各种农药促进生长，大部分都含有化学成分，吃完之后，化学品的残余就会积累在身体里，对身体有害无益。

下面就来介绍下四季时令蔬菜：

春季，即农历一月到三月，时令蔬菜有：辣椒、青椒、彩椒、洋葱、花椰菜、甜豆、豌豆、芹菜、莴苣、荠菜、油菜、菠菜、香椿、春笋、马兰头、瓠瓜、韭菜。

夏季，即农历四月到六月，时令蔬菜有：辣椒、丝瓜、苦瓜、冬瓜、菜豆、芦笋、茭白、洋葱、黄瓜、佛手瓜、南瓜、苋菜、山苏、空心菜、龙须菜、地瓜叶、竹笋、生菜、西红柿、卷心菜、茄子。

秋季，即农历七月到九月，时令蔬菜有：秋葵、菱角、莲藕、辣椒、冬瓜、四季豆、地瓜叶、豆角、山药、白菜、扁豆。

冬季，即农历十月到十二月，时令蔬菜：青椒、卷心菜、白菜、洋葱、花椰菜、胡萝卜、萝卜、甜菜、芹菜、菠菜、芥菜、冬葵、莴苣。

远离衰老，做无毒女人

女人如花，需要温柔呵护，然而现在女性长期暴露在污染、辐射之中，加之各种原因导致的不良饮食习惯，让体内的毒素越积越多，美丽之花日渐褪去往日的娇艳。做一个"无毒"的女人，才能时刻美丽。

每位女性都希望自己看上去更年轻漂亮，但不少女性朋友使用各种护肤品、营养品之后却往往事与愿违，甚至有些女性看上去比实际年龄更显老。这是因为，过早衰老是由多种原因造成的，而经常摄入某些易催人早衰的食物则是其中一个重要因素。

女性朋友如果在日常饮食中不注意而摄入了含铅食品、腌制食品、霉变食物、含水垢的水等，就等于让衰老离自己进了一步。

含铅食品：食用过多含铅的食物，会直接破坏神经细胞内的遗传物质脱氧核糖核酸的功能，对于女性而言，就会表现出脸色灰暗、过早衰老。

腌制食品：腌制食品的有害物质主要是亚硝酸盐。在腌制鱼、肉、菜等食物时，加入的食盐容易转化成亚硝酸盐。它在体内酶的催化作用下，易与体内的各类物

质作用生成亚胺类的致癌物质。女性多吃此类食物，不仅容易早衰，更易患癌症。

霉变食物：粮食、油类、花生、豆类、肉类、鱼类等发生霉变时，会产生大量的病菌和黄曲霉素，食用了这些毒素之后，不但会使人早衰，甚至会发生腹泻、呕吐、头昏、眼花、烦躁、肠炎、听力下降和全身无力等症状，严重的话可致癌、致畸形。

水垢：茶具或水具中的水垢如果没有及时清理干净，就会随着饮用水进入体内，水垢中含有较多的有害金属元素，如镉、汞、铝等，这些金属会引起消化、神经、泌尿、造血、循环等系统的病变，导致衰老。

实际上，让女性早衰的有害物质远不止以上几种，"毒素"包括各种对健康不利的物质，既有外部环境带来的，也有身体产生的。高脂肪食物、食品添加剂、杀虫剂、空气中的有毒排放物，越来越多的毒素充斥着我们的生活，平时一些看似并不严重的身体问题其实都是体内毒素过多的信号，比如痤疮、口臭、便秘、头疼等。当健康面临威胁，排毒成了每日必不可少的功课，否则，毒素积聚引起疾病，那就悔之晚矣。

除了尽量避免摄入有害物质之外，"解毒""排毒"更为重要，肝脏是重要的解毒器官，各种毒素经过肝脏的一系列化学反应后，变成无毒或低毒物质。女性朋友在日常饮食中可以多食用胡萝卜、大蒜、葡萄、无花果等来帮助肝脏排毒。而肾脏则主要负责排毒，它过滤血液中的毒素和蛋白质分解后产生的废料，并通过尿液排出体外。黄瓜、樱桃等蔬果有助于肾脏排毒。此外肠道也是帮助身体排毒的重要器官，一定要保持排便顺畅，防止造成毒素停留在肠道，被重新吸收，给健康造成巨大危害。

虽然这些毒素说起来令人害怕，但是平时只要多吃帮助排毒的食物，就可以轻轻松松清除体内毒素。以下是几种排毒食物，能让你变回"无毒"女人。

1. 魔芋

功效：清肠。

魔芋是一种非常有利于肠道健康的食物，有"胃肠清道夫""血液净化剂"的美称，它能有效清除肠壁上的废物。魔芋含有丰富的膳食纤维，能迅速活跃肠道功能，排出体内毒素及降低肠道疾病发生率，还可以将肠内的血脂和血糖清除掉，以降低血糖值，预防糖尿病。此外，魔芋还含有丰富的葡苷露聚糖，可刺激肠壁，促进通便，对女性健康特别有益。魔芋还能抑制胆固醇，减少体内盐分，发挥降脂的作用。

2. 海带

功效：排除放射性物质。

海带中含有丰富的碘化物，当它们被人体吸收后，能加速病变物和炎症渗出物的排除，有降血压、防止动脉硬化、促进有害物质排泄的作用。同时，海带还含有一种叫硫酸多糖的物质，能够吸收血管中的胆固醇，并把它们排出体外，使血液中的胆固醇保持正常含量。海带含甘露醇，它是覆盖在海带表面上的白色粉末，味道略带甜味，具有极高的医疗价值，有良好的利尿作用，可以治疗药物中毒、浮肿等症，可以说，海带是女性排毒的法宝。

3. 猪血

功效：清粉尘、金属微粒。

猪血的营养价值高，富含维生素 B_2、维生素 C、蛋白质、铁、磷、钙、烟酸等营养成分。猪血中的血浆蛋白被人体内的胃酸分解后，产生一种解毒、清肠分解物，能够与侵入人体内的粉尘、有害金属微粒发生化合反应，加速这些有害微粒的排出。

4. 绿豆

功效：解百毒。

绿豆具有清热、解毒、祛火等多重功效，我国中医就常常用它来解多种食物或药物中毒。绿豆中富含维生素 B、葡萄糖、蛋白质、淀粉酶、氧化酶、铁、钙、磷等多种物质，常食能帮助排泄体内毒素，促进机体的正常代谢。绿豆还可以降低胆固醇，又有保肝和抗过敏作用。而在夏秋季节，一碗加入蜂蜜的美味绿豆汤，不仅让人感到心情舒畅，更是排毒养颜的佳品。

5. 蜂蜜

功效：润肠通便、排毒养颜。

蜂蜜含有多种营养物质，包括维生素 B、维生素 D、维生素 E、果糖、葡萄糖、优质蛋白质、钾、钠、铁、天然香料、乳酸、苹果酸、淀粉酶、氧化酶等多种元素，对毒素的排出有显著功效。

6. 胡萝卜

功效：降低体内汞的浓度。

胡萝卜不仅能够养血排毒，还能健脾和胃。胡萝卜富含糖类、脂肪、挥发油、

维生素A、维生素B₂、花青素、胡萝卜素、钙、铁等营养成分，是有效的解毒食物，特别是胡萝卜中含有的大量维生素A和果胶，与体内的汞离子结合之后，能有效降低血液中汞离子的浓度，加速体内汞离子的排除，是易遭受金属污染的女性朋友的排毒佳品。

7. 苦瓜

功效：抗癌美容。

不少女性或许不喜欢苦瓜的味道，但苦瓜对于女性的益处却不可小觑。中医认为苦瓜有解毒排毒、养颜美容的功效。苦瓜中存有一种具有明显抗癌功能的活性蛋白质，能够激发体内免疫系统防御功能，增加免疫细胞的活性，清除体内的有害物质。特别是女性多吃苦瓜，可以帮助调顺经血。

8. 黑木耳

功效：消除血液热毒。

在中医上，黑木耳被认为具有补气活血、凉血滋润的作用，能够消除血液里的热毒。黑木耳所含有的植物胶质，具有较强的吸附力，可将残留在人体消化系统内的杂质排出体外，起到清胃涤肠的作用。黑木耳对体内难以消化的谷壳、木渣、沙子、金属屑等具有溶解作用，对胆结石、肾结石等更有化解功能。除此之外，黑木耳还能减少血液凝块，预防血栓病的发生，对于身体健康有多重功效。

保持健美身材也要吃肉

拥有窈窕的身材，是每个女人所梦想的，而减肥，更成为了现代女性的一门"必修课"，在各式各样的减肥偏方、秘方之下，女人似乎成了"苦行僧"，不知要与多少美味食物说再见。其实减肥大可不必如此痛苦，减肥不用与"肉"告别。

在现在流行的各种减肥方法中，单一食物减肥法最为流行，如只吃水果、只吃蔬菜等，但这样的方法虽然在短时间内可以使体重减少，但反弹率却很高，更有损于身体健康，很多女性采用这些层出不穷的减肥方法之后，不仅达不到效果，还产生了各种健康问题，得不偿失。事实上，减肥也必须将人体必需的营养素添补齐全，这样减肥效果才能事半功倍，瘦身才能变得科学又健康。

　　很多想要减肥的女性都有一个误区，那就是盲目认为吃肉是致使发胖的元凶，为了保持曼妙的身材就把肉拒之门外。但事实上，不吃肉变瘦了是因为人体缺少了肉中含有的那部分热量，"瘦"是自然的事。若把不吃肉改为不吃其他食物，比如不吃米饭等，实际上也是减少相应的热量，结果也是一样的。可是这样做的结果是导致营养失衡，长此以往，会对健康产生不利影响。因此，减肥也不能盲目与"肉"断绝一切联系。

　　而与此同时，另外一些减肥的女性也发现，有时候明明没怎么吃肉，但体重还是掉不下来，这就要从减肥的根本原理说起了。减肥从根本上来说就是要控制饮食的总热量。糖、脂肪、蛋白质的代谢是互相联系的，通过体内的化学反应，糖可以变成脂肪，蛋白质也可以变成糖、变成脂肪。我们平常吃的主要是米、面、副食品等，从能量角度看，主食与副食同样提供热量。主食中的碳水化合物是热量的必要原料，如利用不完，便会变成脂肪，储存在体内。想减肥的人如果只减少或不吃肉而不减少淀粉（主食）及各种油类的摄入，即不控制总热量，结果往往是仍然肥胖。也就是说，即使本身没有吃肉，如果吃了过量的糖与蛋白质，总热量超过了人体消耗的热量，还是无法减肥。因为胖的原理主要是能量失衡，即进入人体的热量多于消耗的热量。所以，把肉和减肥看成冤家，实在是冤枉了。

　　在减肥的时候，只要科学食肉，不仅能保持身体营养均衡，更不必牺牲掉"口福"。事实上，肉里面含有丰富的动物蛋白质，蛋白质则是构成人体的重要物质，如果每天不摄取一定量的蛋白质，就会营养不足，特别是动物蛋白质及构成蛋白质的氨基酸是人体不可缺少的。那么如何才能既吃肉又减肥呢？

　　首先需要重新认识一下肉类。肉食类以颜色的有无及深浅可分为三大类：深色肉或红肉、浅色肉或白肉、无色肉。第一种肉颜色呈现出鲜红或暗红：如猪肉、牛肉、羊肉等。第二种肉肉色嫩白：如鸡肉、鸭肉、鹅肉、兔肉及鱼肉等。第三种肉几乎无色：主要是水生贝壳类动物肉，如蛤肉、牡蛎与蟹肉等。

　　那么想要减肥的女性该多吃哪一种肉呢？营养学家更看好后两类。这是因为浅色和无色肉中的饱和脂肪及胆固醇含量明显低于红肉。尤其值得称道的是接近无色的肉食，其饱和脂肪含量较其他任何类肉食都要低，仅为奶酪和鸡蛋的一半，吃这种肉可以最大限度地避免胆固醇的增高。因此减肥吃肉，无疑按照无色—浅色—红色的顺序。下面具体来介绍几种适合处于减肥期的女性吃的肉。

　　（1）鱼肉。一般畜肉的脂肪多为饱和脂肪酸，而鱼的脂肪却含有多种不饱和脂肪酸，具有很好的降胆固醇作用。胖人吃鱼肉既能避免肥胖，又能防止动脉硬化

和冠心病的发生。瘦人吃鱼肉则可以避免发胖，而且多吃鱼肉还可缓解心情抑郁，更有助于缓解减肥时烦躁的心情。

（2）鸡肉。鸡肉的脂肪含量比各种畜肉低得多。每 100 克鸡肉含蛋白质高达 23.3 克，脂肪含量只有 1.2 克。所以，适当吃些鸡肉，不但有益于人体健康，也不会引起肥胖，减肥期里可以用鸡肉"开荤"。

（3）兔肉。兔肉含蛋白质较多，每 100 克兔肉中含蛋白质 21.5 克；含脂肪少，每 100 克仅含脂肪 0.4 克；除了这两个优点外，兔肉更含有丰富的卵磷脂，并且含胆固醇较少，每 100 克含胆固醇只有 83 毫克。由于兔肉含蛋白质较多，营养价值较高，含脂肪较少，是减肥的女性比较理想的肉食选择。

（4）牛肉。从营养价值上来看，牛肉也适用于想要减肥的人吃，牛肉的营养价值仅次于兔肉，每 100 克牛肉含蛋白质 20 克以上，牛肉蛋白质所含的必需氨基酸较多，而且含脂肪和胆固醇较低，患有高血压、血管硬化、冠心病和糖尿病的女性也可以食用。

（5）瘦猪肉。除了以上几种肉之外，瘦猪肉也比较适合，瘦猪肉含蛋白质较高，每 100 克高达 29 克，每 100 克脂肪含量为 6 克，而且经过煮炖后，脂肪含量还会降低。

以上几种肉，可以说是无肉不欢的女性朋友们的减肥好招。通常女性在减肥的时候都会产生既想吃肉又怕吃肉的矛盾心理，担心吃肉会使身体进一步发胖，但不吃肉却又没了口福。其实无肉不欢者也是可以适当吃些肉类的。特别是在减肥的时候更应该平衡膳食，了解食物的营养成分及热量，根据各人的具体情况合理饮食，保持能量平衡，才能预防肥胖的发生，而不是随意改变饮食结构。

女人就得要"水"当当

无论是一泓秋水般的美目，还是似水般的温柔，美丽的女人总是与水分不开。人们常说：女人是水做的，做女人，就要"水"当当，要会补水，享受水，让"水"给自己带来特别的滋润。

女人如花，花朵只有精心灌溉才能美丽绽放，女人也一样，缺水的女人就如同没有水的花一样会枯萎。

现代女性热衷于使用各类护肤品，却忽略了水是大自然赋予女人再好不过的营养素和美容品。水的作用不言而喻，水不仅是人体内多种营养物质的溶剂和载体，而且也是各种生化反应的媒介，参与调节人的体温、热量、电解质的平衡，维持正常的消化吸收、血液淋巴循环、皮肤代谢等多种功能。正常情况下，人体摄入包括饮料、固体食物、体内自身合成在内的水，需达到 2000 毫升左右，方能维持机体的水平衡。特别是现代生活压力下，很多女性都处于亚健康状态，补水更为重要。

水不仅是生命的源泉，更是美丽的源泉。人体内这么多的生命之液，约 20% 蕴藏在皮肤中。据测定，皮肤的含水量是其自身重量的 70%，所以皮肤被誉为"人体水库"。对于每一个爱美的女性来说，让皮肤保持充足水分是护肤的根本，当含水量充裕时，皮肤就显得丰满、细腻、富有弹性，缺水时皮肤便变得干燥、粗糙、角化，出现脱屑、皱纹，缺少柔软性和伸展性，因此让肌肤保持充足的水分是美容养颜必不可少的。

如何做个娇嫩欲滴的女人呢？不仅要喝足水更要会喝水。一般来说，人体一天需要 8 杯水，这 8 杯水要喝对时间。

（1）早晨饮水。每天起床后，空腹先喝一杯水，过十几分钟再去吃早饭，这是第一杯水。每天起床后饮一杯水对身体健康十分有益，可以润肠通便，降低血黏度，让整个人看上去水灵灵的。但早晨这第一杯水却不能乱喝。牛奶、碳酸饮料、果汁、冷水以及盐水、菜汤、肉汤都不合适作为早上第一杯水饮用。水的温度也十分讲究，过冷过热都会刺激肠胃，温开水或温水冲调的蜂蜜比较合适早上起床后饮用。

（2）上午饮水。在早上九十点的时候再喝一杯水，特别是对于坐办公室的女性，千万不要一进办公室就忙起来，等到口渴再喝就难以达到喝水养生的功效了。

在中饭前半小时再喝一杯水，有助于润肠，这个时候补水，既不会冲淡胃液影响消化，还会调动食欲，调节体内无机盐浓度，减轻饭后盐分摄入过多引起的体渴。

（3）下午饮水。下午时间较长，可以在一点到两点喝一杯水，三点到四点喝一杯水，然后在晚饭前半小时再喝一杯水，这样是六杯水。特别是下午两三点的时候，可以沏一杯绿茶给自己，既提神醒脑，又能抵抗辐射。需要注意的是，绿茶必须是茶叶沏的，不是市场上卖的茶饮料。事实上，茶饮料里茶的成分非常少，含糖量却非常高，经常饮用对体重有很大影响，甚至有的人因为暴饮甜饮料而患

糖尿病。

（4）晚间饮水。晚上在七点到八点之间再喝一杯水，然后在睡前半小时再喝一杯水，这样一天8杯水就喝完了。

为自己安排好饮水"时间表"之后，还要注意在所有水中，凉开水是最好的，在喝的时候应该一口气将一整杯水（约200～250毫升）喝完，因为这样才可被身体真正吸收、利用。

如果日常生活中没有较为剧烈的运动，则可以按照以上方法饮水，但运动后体内极其容易缺水，更要特别注意补水。补水要掌握以下原则：

不能渴时才补。因为感到口渴时，丢失的水分已达体重的2%；运动全程都要补水。运动前2小时补250～500毫升；运动前即刻补150～250毫升；运动中每15～20分钟补120～240毫升；运动后按运动中体重的丢失量，体重每下降1千克需补1升。

多喝水好处多多，并不意味着以水养生就是喝得越多越好，更不能只注重饮，不注重排，否则很容易让身体浮肿。还要注意多吃利尿食物"排毒"，利尿食物是指能增加身体水分排泄的食物，如西瓜、咖啡、茶等含有利尿成分，能促进肾脏尿液的形成；还有粗粮、蔬菜、水果等含有膳食纤维，能在肠道结合大量水分，增加粪便的重量；辛辣刺激的成分通过促进体表毛细血管的舒张以及汗液的产生，使体表水分流失。只有协调好补与排，才能让身体保持水分平衡。

解决了"怎么喝"这个问题后，还要注意"喝什么"。日常生活中人们常饮用的水一般有纯净水、矿泉水以及矿物质水等，虽然口感几乎无异，但是其中成分相差甚远。纯净水是指经多重过滤去除了各种微生物、杂质和有益的矿物质，突出的是饮用的安全性，它是一种软水，许多人认为它不够营养，长期饮用不利健康，可是这种观点未被证实。矿泉水则更为"自然"，由地层深处开采出来，含有丰富的稀有矿物质，略呈碱性，更有利于健康，但是不排除有机物污染的可能。最后一种矿物质水是一种"人工水"，它是在纯净水中按照人体浓度比例添加矿物质浓缩液配制而成的人工矿泉水，标志着饮用水科技的新高度。女性朋友可以根据自身的需求适量饮用相应类型的水。

与此同时，饮水时更要注意改变那些不良饮水习惯。比如饮用久置的开水。开水久置以后，其中含氮的有机物会不断被分解成亚硝酸盐。尤其是存放过久的开水，很有可能已经遭到细菌的污染，此时含氮有机物分解加速，亚硝酸盐的生成也就更多。饮用这样的水后亚硝酸盐与血红蛋白结合，会影响血液的运氧功能。

所以，喝水要喝"新鲜"水，在暖瓶里多日的开水、多次煮沸的残留水、放在炉灶上沸腾很久的水，其成分都已经发生变化，是千万不能饮用的。应该喝一次烧开、不超过24小时的水。此外，瓶装、桶装的各种纯净水、矿泉水也不宜存放过久。大瓶的或桶装的纯净水、矿泉水超过3天也不宜饮用。再有，现在很多家庭都有类似于水处理器的设备，这些设备虽然大大方便了生活，却存在严重的护理问题，一旦设备清理不充分，很可能造成饮用水污染，危及健康。

除了要喝"新鲜"水，还要会喝盐水。众所周知，喝淡盐水有益于身体健康，特别是在运动之后以及夏天出汗之后，补充盐水是十分必要的。于是，不少人认为晨起也可以喝淡盐水，这种认识确是错误的，这对于晨起补充水分来说非但无益，还是一个危害健康的错误做法。这是因为，人在整夜睡眠中未饮滴水，然而呼吸、排汗、泌尿却在进行中，这些生理活动要消耗损失许多水分。早晨起床时，血液已成浓缩状态，此时如饮一定量的白开水可很快使血液得到稀释，缓解夜间的高渗性脱水。如果此时喝了盐水会加重高渗性脱水，感觉更加口干舌燥，而且早晨是人体血压升高的第一个高峰，喝盐水会使血压更高，非但没有起到养生效果，反而有损健康。

"女人问题"，豆浆来解决

豆浆四季总相宜，春秋饮豆浆，滋阴润燥，调和阴阳；夏饮豆浆，消热防暑，生津解渴；冬饮豆浆，祛寒暖胃，滋养进补，女人与豆浆更是四季不分。

豆浆是我国的传统食品，豆浆营养成分均衡、口感细腻、食用方便，已经成为公认的美容养颜佳品，并逐渐被世界上越来越多的人所推崇，甚至在欧美被称为"植物奶"。解决"女人"问题，豆浆是高手。

豆浆以大豆为原料，大豆的蛋白质含量高达35%～40%，1公斤大豆的蛋白质相当于2公斤瘦肉或3公斤鸡蛋或12公斤牛奶的蛋白质含量。尤其有益的是，大豆不含胆固醇，对于大脑极为有益。而豆浆的优点与大豆相比更是有过之而无不及，大豆经水泡、磨碎，充分加热制成豆浆后，营养吸收率高达90%，豆浆含有丰富的植物蛋白和磷脂，还含有维生素 B_1、B_2 和烟酸。除此之外，豆浆还含有铁、钙等矿物质，尤其是其所含的钙，虽不及豆腐，但比其他任何乳类都高，对

于各个年龄段的女性来说都是极佳的饮品。

豆浆含有丰富的氧化剂、矿物质和维生素，对于人体好处不言而喻。特别是豆浆中含有一种名为"黄豆苷原"的植物雌激素，具有调节女性内分泌系统的功能。众所周知，女性的衰老与雌激素减少密切相关，女性要想保住青春和美丽，就得想法保住逐渐减少乃至消失的雌激素。这是因为雌激素分泌的减少会导致皮肤的含水量也随之减少，致使皮肤失去以往的光泽和弹性。而豆浆中的大豆异黄酮、大豆蛋白、卵磷脂等，是公认的天然雌激素补充剂，不仅有助于美容养颜，还可预防危害女性健康的癌症如子宫癌、乳腺癌等。女性坚持每天喝 300 ~ 500 毫升的鲜豆浆，可以调节体内雌激素与孕激素水平，使分泌周期的变化保持正常，让心态和身体素质得到明显的改善，延缓皮肤衰老，使皮肤细白光洁。不少女性都患有贫血，而豆浆对贫血病人的调养作用比牛奶要强。总之，中老年女性喝豆浆，可调节内分泌、延缓衰老；青年女性喝豆浆，则美白养颜淡化暗疮。而在喝豆浆时，再根据自身需要加上各种谷类和水果，配合做成五谷或者花色豆浆饮用，更能起到败火、驱寒、调节肠胃、排除毒素、减肥等意想不到的效果。

豆浆虽然对女性好处多多，但并不意味着可以无所顾忌地喝，在饮用豆浆时一定要注意，否则很容易诱发疾病，以下几点是喝豆浆的时候必须注意的。

1. 忌空腹喝豆浆

豆浆不能空腹喝，否则里面的蛋白质大都会在人体内转化为热量而被消耗掉，不能充分起到补益作用。而淀粉类食物可使豆浆蛋白质等在其作用下，与胃液较充分地发生酶解，使营养物质被充分吸收，因此建议豆浆与面包、糕点、馒头等淀粉类食品共同食用。

2. 忌"同饮"

豆浆如果与以下几样东西共同食用，不仅会造成营养价值的流失，甚至会对身体造成危害。首先，有些药物会破坏豆浆里的营养成分，如四环素、红霉素等抗生素药物。其次，豆浆不能与鸡蛋同吃，豆浆加鸡蛋绝不意味着营养加倍，这是因为鸡蛋中的蛋清会与豆浆里的胰蛋白酶结合，产生不易被人体吸收的物质。再有，喝豆浆时不能为了提高口味而加红糖。红糖里的有机酸能够和豆浆中的蛋白质很好地结合，产生变性沉淀物，不仅使豆浆失去营养价值，而且对身体无益。白糖虽然可以加入，也必须等到豆浆煮熟离火后再加入。最后，煮豆浆的时候不能加牛奶，这是因为豆浆要煮 8 ~ 10 分钟才能够煮熟，而牛奶如果煮这么长时间的话，它里面所含的蛋白质和各种维生素会遭到严重破坏。

3.忌过量饮用

如果一次饮用过多的豆浆，很可能出现过食性蛋白质消化不良症，比如出现腹胀、腹泻等情况。

4.忌饮未煮熟的豆浆

未煮熟的豆浆里含有皂素、胰蛋白酶抑制物等有害物质，而饮用生豆浆则会发生恶心、呕吐、腹泻等中毒症状。在平时煮豆浆的时候，要特别注意豆浆的"假沸"。豆浆的"假沸"是指当80摄氏度左右时，豆浆中的皂素便会产生大量的泡沫漂浮在豆浆液面上。急于饮用的人不了解这种情况，误认为已经煮沸，便开始饮用，致使一些对人体有害的物质，未经高温破坏就进入胃肠道。所以在煮豆浆时，看到沸腾还要继续煮一段时间。

牛奶，减肥养颜的上品

谈到美白嫩肤，牛奶功不可没，但牛奶的功能可不仅仅如此，从满足口腹之欲，到美容养颜，再到帮助减肥，牛奶益处多多，爱美的女性每天喝上一杯牛奶，可谓是一举多得。

牛奶自古以来就受到佳人们的青睐，相传，罗马皇帝的妻子每天都要用牛奶洗澡以使自己青春常驻，而无论是外国还是我国的美女们都对牛奶浴趋之若鹜，而现在很多化妆品中也含有牛奶或奶制品成分。牛奶之所以是养颜佳品，还要从它的成分说起，牛奶中的蛋白质主要是酪蛋白、白蛋白、球蛋白、乳蛋白等，所含的20多种氨基酸中有人体必需的8种，含有较多维生素B族，具有美白养颜的作用。不仅如此，牛奶还能帮助人体消化食物、降低脂肪含量，是美容纤体的好产品，更是有减肥的功效。

牛奶美容可以外用的方式制成面膜等，长期坚持能滋润肌肤，使皮肤光滑、白嫩，从而起到护肤美容的作用。牛奶中所含的铁、铜和维生素A，有美容养颜作用，可使皮肤保持光滑滋润，可以说是纯天然护肤品。牛奶中的乳清对面部皱纹有消除作用。牛奶还能为皮肤提供封闭性油脂，形成薄膜以防皮肤水分蒸发，另外，

还能暂时提供水分，所以爱美的女性朋友一定要好好利用这个"纯天然护肤品"。

除了将牛奶作为护肤品外用之外，饮用牛奶更是有利于养颜以及补充营养，但是，饮用牛奶需要注意到以下几点，否则非但不能补充营养，更会损害健康。

首先，不少人误以为牛奶越浓，身体得到的营养就越多。实际上，所谓过浓牛奶并不是所含的营养物质的浓度高低，而是牛奶中加水的多少。不少人觉得新鲜牛奶太淡，便在其中加奶粉，使牛奶的浓度超出正常的比例标准，这会引起腹泻、便秘、食欲不振。

再有，牛奶与巧克力不能同吃，很多人误认为牛奶属高蛋白食品，巧克力又是能源食品，二者同时吃一定大有益处。但是，液体的牛奶加上巧克力会使牛奶中的钙与巧克力中的草酸产生化学反应，生成"草酸钙"，而草酸钙是对人体有害的物质。

牛奶与果汁也不能同时饮用。也有人认为牛奶中加入果汁就可以增加维生素，实际上牛奶中的蛋白质 80% 为酪蛋白，牛奶遇到高酸度果酸时，大量的酪蛋白便会发生凝集、沉淀、难以消化吸收，严重者还可能导致消化不良或腹泻。

除此之外，也不能认为牛奶与饭一起吃可以互相补充营养，这是因为牛奶中含有维生素 A，而米汤和稀饭主要以淀粉为主，它们中含有脂肪氧化酶，会破坏维生素 A，让牛奶丧失营养价值。

最后，还要注意喝牛奶的方式，比如早上不宜直接喝牛奶，建议先喝一杯白开水或淡蜂蜜水，以补充身体水分。然后再喝牛奶或酸奶，并摄入少量淀粉类食物，如 1 至 2 片全麦面包或一碗燕麦粥。早餐若喝酸奶，最好提前一小时从冰箱里取出，或用热水温一下，以免太凉引起腹泻。有胃溃疡或胃酸过多的人更要注意，不要空腹喝酸奶。

除了美容，牛奶的另一个功效就是减肥。牛奶含钙丰富，且易被人体吸收，每天从中摄入足够量的钙，可以抑制使人发胖的激素的释放，有助于抑制脂肪堆积。而且人饮用牛奶后易产生饱腹感，有助于抑制食欲、控制食量，对减肥也有利。减肥的女性，可以充分利用牛奶的饱腹感，可以代替饼干、糖果、零食等，作为两餐之间的点心。也可在餐前食用，能适当减少一下餐食量，还可以在晚餐减少三分之一食量，把酸奶或牛奶当夜宵，在临睡前 2 ~ 3 小时喝下牛奶，还可以提高睡眠质量。

当然，牛奶减肥法也有一些注意事项。首先，在减肥期间，要选择合适的奶制品，脱脂、低脂的牛奶比全脂牛奶要好，但不能用豆奶之类的来代替牛奶，因为二者之间在营养成分上还是有差别的。更不能以炼乳代替牛奶，这是因为炼乳是将鲜牛奶蒸发至原容量的 2/5，再加入 40% 的蔗糖装罐制成的，如果将其加水稀释到与牛奶营养含量相同的时候，糖分含量则偏高，十分不利于减肥；而糖分含量适宜时，营养又达不到了。

各种减肥方法对于不同体质的人来说都有适合与不适合之分，牛奶减肥法也一样。因为有些正常人和一些疾病患者并不适合饮用牛奶，所以也不是每个人都适用牛奶减肥法，比如乳糖不耐受者、速发型过敏反应者、患急性胃肠炎与胰腺炎者、患肠道传染病者、肝昏迷患者、有些糖尿病人不能喝牛奶减肥。而即使是可以采用牛奶减肥法的人也要注意，虽说乳制品营养丰富，但铁、锌和维生素 C 含量较低，因此，必须从其他食物中补充。只有摄入均衡的营养才是正确的减肥方法，才不会损害健康。

美容养颜离不开蜂蜜

蜂蜜晶莹剔透，丝般甜蜜，无论是内服还是外用，蜂蜜都是女人最好的滋养品。它所具有的润泽皮肤、营养皮肤、清洁皮肤多重功效，可以与护肤品媲美，美容养颜自然离不开蜂蜜。

蜂蜜以其含有的大量纯天然成分大受青睐，而蜂蜜不仅营养丰富，更是女性的护肤佳品。蜂蜜中所含的营养成分对我们的皮肤非常有益，这些营养成分被皮肤吸收后，会起到多种养颜作用，具体说来，蜂蜜有如下的美容功效。

（1）滋润皮肤。蜂蜜能有效滋润皮肤，能吸收空气中的水分，不仅可以较好地防止表皮表面水分蒸发散失，在一定条件下，还可补充皮肤所需的水分。

（2）营养皮肤。蜂蜜含有多种天然营养物质，如单糖、维生素、酶类。皮肤细胞吸收了这些生物活性物质之后，表面的营养状态得到明显的改善，变得肤质细腻，保持自然红润。这些营养物质还有利于延缓皮肤细胞的衰老，想要除皱的美女是绝对不可错过蜂蜜的。

（3）清洁皮肤：蜂蜜有较强的杀菌消炎作用，将少量蜂蜜或蜂蜜配成的护肤品涂在脸上，可以有效地抑制皮肤表面细菌的感染和存活，从而起到保护皮肤、清洁皮肤的作用，有利于皮肤保持光洁、亮泽和旺盛的活性。特别是蜂蜜中含有

多种酸类物质，具有较强的杀菌作用，能够帮助淡斑祛痘，加之其滋润、营养等作用，可以有效地淡化面部痘印或者斑痕，防止粉刺感染。

蜂蜜的养颜作用可以与护肤品相媲美，因此，受到皮肤暗淡、粗糙、没有弹性、长痘痘等肌肤问题困扰的女性，可以试着用蜂蜜来调养皮肤。坚持有效地使用，它就会对皮肤慢慢地起到"内外兼修"的调养效果。蜂蜜美容，不妨按照以下几招：

1. 喝蜂蜜水

每天早、晚各一杯蜂蜜水好处良多，蜂蜜有很强的抗氧化作用，有帮助增强体质、美容养颜的作用，让你更健康、更美丽。现代研究表明，蜂蜜的营养成分全面，食用蜂蜜可使体质强壮起来，身体底子好自然会反映在肌肤上，符合秀外必先养内的美容理论。蜂蜜里的抗氧化作用来自于含有的氧自由基，能清除体内的垃圾；因而有葆青春抗衰老、消除和减少皮肤皱纹及老年斑的作用。喝蜂蜜水美容十分简单，每日早、晚各服天然成熟蜂蜜 20 ~ 30 克，温开水冲服，就可增强体质，滋容养颜，使女士们更健康、更漂亮。需要注意的是最好用纯天然蜂蜜，并且用温开水，这样才能保证蜂蜜中的营养物质不被破坏。除此之外，还可以将蜂蜜和醋各 1 ~ 2 汤匙温开水冲服，每日 2 ~ 3 次，按时服用。长期坚持，能使粗糙的皮肤变得细嫩润泽。

2. 将蜂蜜直接涂在脸上

像水果可以做成面膜那样，蜂蜜也可以直接涂抹。直接涂抹还可以使蜂蜜中的葡萄糖、果糖、蛋白质、氨基酸、维生素、矿物质等直接作用于表皮和真皮，为细胞提供养分，促使它们分裂、生长。特别是可以将蜂蜜和其他材料制成不同功效的蜂蜜面膜，增强其美容效果，下面就来介绍几种。

（1）嫩肤面膜。

材料：蜂蜜、鸡蛋、橄榄油等。

将蜂蜜 100 克与鸡蛋混合，慢慢加入少许橄榄油或麻油，再放 2 ~ 3 滴香水，彻底拌匀后放在冰箱中保存。使用时，将此混合剂涂在面部，要避开眼睛、鼻子、嘴，待 10 分钟后用温水洗净，每月做两次以上，能使皮肤光洁细腻。

（2）除皱紧肤面膜。

这款面膜十分简单，只要将蜂蜜加 2 ~ 3 倍水稀释后，每日涂敷面部，并适当地进行按摩即可，也可以用纱布浸渍蜂蜜后，轻轻地擦脸，擦到脸部有微热感为止，然后用清水洗净，坚持使用可以有效紧致肌肤。

（3）祛斑祛痘面膜。

材料：蜂蜜、鲜蜂王浆、鸡蛋清、花粉、水等。取蜂蜜 1 匙、鲜蜂王浆 1 匙、鸡蛋清 1 个，加入适量花粉和水调成糊状，涂于面部，30 分钟后用温水洗去，再用鲜蜂王浆 1 克加少许甘油调匀涂于面部，每周一次。

（4）保湿面膜。

材料：蜂蜜、奶粉、鸡蛋清等。取蜂蜜 1 匙、奶粉 1 份、鸡蛋清 1 个，混合均匀制成面膜，用棉签将其在脸上涂上薄薄一层，20 分钟后用温水洗净，建议连续使用一个月。

3. 蜂蜜浴

蜂蜜还能像牛奶一样，在沐浴时使用，将蜂蜜直接加入温水中，配成 1% 左右的蜂蜜水溶液，用它洗脸或洗澡，特别是"蜂蜜浴"，既可以消除疲劳，还可以使皮肤变得光洁润滑。也可以在沐浴前用蜂蜜涂抹全身，特别对于脚底、膝盖、手肘等皮肤粗糙部位要多涂一点儿，10 分钟后，进入浴缸浸泡，然后用香皂洗一遍，不仅皮肤滑腻而且全身轻松。

蜂蜜的美容功能良多，而且无毒副作用，是绝对的"绿色护肤品"，美容养颜绝对不可错过。

流质食物更滋补

流质食物更容易被人体消化和吸收，冬季喝上一碗热粥，暖胃又营养，夏季喝上一碗凉粥，消暑又开胃。对于爱美的女性来说，用不同食材制成的具有不同功效的滋补粥，更是美容佳品。

什么食物最利于消化与吸收？恐怕非"粥"莫属，人们日常所吃的食物中，只有维生素、无机盐和水可直接吸收，而蛋白质、脂肪和糖类都是复杂的大分子有机物，都必须先被分解成结构简单的小分子物质后，才能通过消化道内的黏膜进入血液，送到身体各处供组织细胞利用，使各个脏器发挥正常的功能，这个过程便是"消化"。简单地说，消化就是要将吃下去的食物磨碎，分解成小分子物质，因此，那些呈液态的、糊状的食物比起固态的食物更容易被身体消化和吸收，这也就是为什么要多吃流食。

粥是流食的一种，粥进入体内后非常容易被消化，适合脾胃不和的人食用，粥因为含有大量的水分，平时多食用能够防止便秘，增加饱腹感，而对于想要美容养颜的女性来说，将具有养颜功效的食物熬成粥，可以促进营养吸收，下面介绍几种美容滋养粥。

大枣粥：俗话说"一日食仁枣，百岁不显老""要使皮肤好，粥里加红枣"，大枣中含有丰富的维生素 E，常喝大枣粥，可使人面色红润、精神焕发。大枣还具有补虚益气、养血安神、健脾和胃等功效，是脾胃虚弱、气血不足、倦怠无力、失眠女性良好的保健营养品。大枣粥的做法十分简单，只要取粳米 60 克、大枣 10 枚，煮至米烂枣熟即可。

菊花粥：菊花含腺嘌呤、氨基酸、胆碱和维生素等物质，特别是菊花中含有丰富的香精油和菊色素，能够有效地抑制皮肤黑色素的产生，并能柔化表皮细胞，因而能去除皮肤的皱纹，使面部皮肤白嫩，具有很高的美容功效。而以糙米煮粥，借米谷之性而更助菊花药性，菊花粥清香扑鼻，饮用起来心神舒畅，久服则美容保体、抗老防衰。菊花粥的做法为：将菊花去蒂，晒干，研成细粉，粳米 50 ～ 100 克煮粥，待粥将成时调入菊花 10 ～ 15 克，再煮一两分钟即可。

除此之外，还可以将银耳、菊花、糯米等美容佳品做成银耳菊花糯米粥，需要银耳 10 克，菊花 5 朵，糯米 50 克。将菊花洗净、银耳水发同糯米煮粥，吃的时候还可以加入一些蜂蜜，提升口味又有益健康。

莲藕粥：莲藕甘凉，能凉血生津，煮熟后由凉变温，有养胃滋阴、健脾益气养血的功效，是一种很好的食补佳品，对于因脾胃衰弱、气血不足而造成肌肤干燥、面色无华的女性来说，莲藕有重要的进补意义。而莲藕与粳米一起熬粥食用可轻身、健身，而且不会使皮下脂肪沉积过多，更是减肥的好食品。

制作莲藕粥需要取粳米 50 克，鲜藕 50 克，白糖适量，将粳米煮至半熟，再加入洗净的藕片煮熟加糖即可。

豆腐粉丝粥：豆腐蕴含着丰富的大豆异黄酮、优质蛋白质、钙及维生素 E，具有很强的抗氧化作用，经常食用皮肤会变得润泽白皙。而粉丝里富含碳水化合物、膳食纤维、蛋白质、烟酸和钙、镁、铁、钾、磷、钠等多种矿物质，同时粉丝还有很好的附味作用，一同煮粥既美味又营养。做豆腐粉丝粥需要取糯米 200 克、豆腐 100 克、粉丝 50 克及盐、味精适量，首先将豆腐切成小丁入锅微炸捞出，再与粉丝、糯米一起加水煮 3 个小时，最后撒上调味料。豆腐粉丝粥滋阴养液、嫩肤除皱，常吃会使皮肤润泽且精神饱满。

"醋"味十足更有女人味

"醋"与女人分不开，正如说话、动作上略带"醋"味能为女人增添一份娇羞可爱一样，饮食上注意醋的摄入也会为女性的身体健康带来益处。醋的保健美容功效让女人变得健康美丽，所以，不妨做一个"醋"味十足的女人。

随着生活水平的提高，人们吃醋越来越成为一种时尚，醋也不再只是一种调味料了，它所具有的特殊的保健美容功效越来越得到人们的重视。醋中富含各种营养成分，有丰富的氨基酸，有多种糖类物质，有含量较多的有机酸，有诸多维生素和无机盐，这些营养物质是身体必不可少的，饮用或食用适量的醋能令血液和体液保持正常的弱碱性，能预防结石、舒缓痛风和降低血压及胆固醇，还可提供人体每天所需的大量维生素，缓解消化不良、促进新陈代谢、减轻因感冒引起的咳嗽以及软化血管。特别是其中的醋酸、氨基酸等，对人的皮肤有柔和的刺激作用，能使血管扩张，增加皮肤血液循环，并能杀死皮肤上的一些细菌，使皮肤光润，有助于美白嫩肤和消除斑点，对女性来说具有很强的美容功效。

女人"吃醋"怎么"吃"？不妨先喝一杯醋饮料。所谓吃醋并不是去喝食用醋，现在市面上有很多醋类饮料，不仅能够达到功效，味道也不错。比如苹果醋，就是不错的选择。苹果醋果香浓郁、酸甜柔和、清爽可口、沁人肺腑。不仅不含色素及防腐剂，更富含冬氨酸、丝氨酸、色氨酸等人体所需的氨基酸成分，以及磷、铁、锌等十多种矿物质，其中维生素 C 的含量更是苹果的 10 倍之多，比苹果本身更有营养价值。经常饮用苹果醋可以达到疏通软化血管、杀灭病菌、增强人体的免疫力和抗病毒能力，改善消化系统，调节内分泌的目的，特别适合需要降低血脂和排毒保健的女性。

在食用方法上，建议用苹果醋拌蜜糖冲开水口服。苹果醋含有大量果胶，能疏通血管凝聚的脂肪物质；另一方面，蜜糖营养丰富，内含 12 种矿物质，9 种维生素和大量具抗菌防病作用的生物类黄酮。二者相互配合，不仅口味更佳，效果更好，经常饮用还可活血通络、消除疲劳、防止色斑、美白肌肤，促进新陈代谢。

现代女性在忙碌生活的压力下，经常受到痤疮或者色斑的困扰，而这些女性常常存在不同程度的便秘。陈醋在此时就能发挥功效了，现代医学研究表明，老陈醋中含有丰富的氨基酸和某些酵解酶类以及多种不饱和脂肪酸，可促进肠道蠕

动，维持肠道内环境的生态菌群平衡，有助于便秘的缓解。陈醋治便秘，操作起来也十分简单，只要空腹喝一匙陈醋，如果便秘较重，可每天早晨空腹服一匙老陈醋，再配合喝上一杯凉开水，服用一周后即可见效。

不管什么时候，减肥是女人的永恒话题，醋中含有20多种氨基酸和16种有机酸，可促进糖代谢，降低胆固醇，因此。经常食用醋中所含的氨基酸，不但可以消耗体内脂肪，还能促进糖、蛋白质等新陈代谢顺利进行，起到减肥效果。而用醋减肥，既不用像服用减肥药那样担心损害健康，也不用忍受节食的痛苦，更是不爱运动的懒人的好办法，只需要在每晚睡前饮用10～15毫升米醋。

除了直接饮用之外，用醋泡制黄豆或者核桃仁也是养生美容良方。以500克食醋浸泡250克黄豆，将瓶盖密封好之后浸泡15天，之后每日取10至15粒浸醋黄豆在早餐后嚼食，对褪减脸部色斑很有功效，同时有降低胆固醇和改善肝功能的效力；或者以250克核桃仁浸于500克食醋中，将瓶口密封放置10天，每日饭后饮两汤匙，能改善皮肤粗糙、晦暗，是美容养颜的良方。另外还可以取新鲜鸡蛋10个，洗净晾干煮熟后，以500克香醋浸1周后使其软化，然后剥取蛋白和蛋黄，研碎后搅入醋液，每日服1匙醋蛋液，常饮用可使肤色红润光华。醋除了美白嫩肤之外，还有助于祛痘，用黄瓜、南瓜、胡萝卜、白菜、卷心菜各适量，洗净切片，用盐腌6小时后，以食醋凉拌佐餐，不仅面部色素沉着问题有所改善，还可以防止青春痘的生长。

一直以来，人们对于醋在烹饪中的作用认识得并不准确，醋不仅仅用来调味，更是促进营养吸收的催化剂。比如食补中的补钙，并不是吃了含钙高的食物就一定能得到很多的钙质，有些含钙量高的食物，由于受某些因素的影响吸收得并不好，比如排骨中含有很高的钙质，但若是把它和蔬菜同煮，就会不利于骨头中的钙质吸收。然而，如果在煮骨头汤时加入一些醋，就可使骨头中大量的钙质溶于骨头汤内，还能促进钙质在身体内的吸收；同样，如果在做鱼时加入醋，不仅可软化鱼骨刺，避免扎伤喉舌，还能使鱼骨中的钙溶解在汤里，让菜肴更美味、更营养。

除此之外，醋还有很强的药理作用，"醋制"就是中药炮制中重要的炮制方法，在中医中，常用醋与各种药物共制。在妇科中，经常将醋与柴胡、当归、白芍等结合使用，治疗月经不调、崩漏带下等妇科疾病。常见的药方有：将香附分成三份，分别用盐、醋、黄酒浸泡，制丸内服，可调经止痛；将地榆50克，米醋50克，以水共煎服，用于治疗血热月经过多、血热崩漏。

除了内服，外用更是发挥醋美容功效的一大途径。平时洗脸时在清水里加一匙白醋，长久使用则可以使皮肤显得白皙、柔嫩。同样，洗发后将头发用含有少量醋的温水漂洗一下，经过 20 分钟后再用清水冲洗，可以有效改善头发干枯。

醋还可以像护肤品一样使用，每晚睡前做过面部清洁工作后，以五份食醋与一份甘油的比例调成混合剂，涂抹于脸部和颈部，夜间可不清洗，也可在半小时后以清水洗净再涂晚霜睡眠，经两星期左右，皮肤情况有明显改善。

美女不做暴饮暴食的傻事

暴饮暴食对于女性来说危害极大，相当于慢性自杀，"每餐七分饱""少食多餐""永不吃饱"才是女性饮食养颜的金科玉律，任何一次暴饮暴食，解了嘴上之快，却伤害身体，美女无论何时都不能做暴饮暴食的傻事。

人的身体在吃得太饱之后会产生一系列不适的感觉，比如昏昏欲睡，警觉力、创造力及工作效率都会降低，只有吃七八成饱才能保证身体的最佳状态，这样吃饭才能身壮力健。

吃饭最忌讳暴饮暴食，这是因为人的胃、肠及所有其他器官的工作是有一定规律的，其承受能力也是有一定限度的，一下子吃得过饱等于破坏了器官的工作规律或超过了其承受能力，会对器官造成伤害，同时导致疾病发生，严重者可影响寿命。暴饮暴食还会影响血液正常循环，吃得过多后身体为了尽快消化食物，胃肠道血液循环增加。人空腹时其胃肠道的血容量占人体血总容量的 10% 左右，饱食后，胃肠道血容量可达到人体血总容量的 30%，本该在其他器官如心、肺、肝、肾、大脑等地方的血液都聚集到肠胃部，这些器官会出现血液供应不足的现象，严重者会出现心肌缺血和肌肉缺血的症状。身体会出现心跳无力、心律缓慢、胸闷气短、头晕，而本身患有心血管病的人将会加重病情。如果是高脂肪的食物暴饮暴食，再加上饮酒，很容易发生心肌梗死。同时肌肉缺血则使肌肉中的大量乳酸不易代谢，肌肉松弛无力，让人感到疲倦困乏。

特别是对于女性来说，暴饮暴食除了对身体不好，更是美丽容颜的杀手。漂亮女人最大的一个养颜秘诀就是绝对不要暴饮暴食，即使上一顿没吃，饿得饥肠辘辘，也不会放任自己这顿吃个痛痛快快把上一顿的补回来。

吃得过饱会加快女性的衰老，饱食所摄入的能量超过肌体代谢能力，体内抗氧化酶的活性大大降低，身体清除自由基的能力会慢慢减弱。过多的自由基会破坏人体抗氧化与氧化的速度的平衡，必然引起正常细胞加速退化、变性，加速女性衰老。经常暴饮暴食，对女性皮肤保养十分不利，尤其是吃一些油腻的食物，会使皮脂分泌失控，肌肤比平常更油腻，长此以往，皮肤会变得粗糙，容易长痤疮，而痤疮发炎后的色素沉淀则会形成黑斑。

所以，美女是绝对不会做暴饮暴食的傻事，一顿饭控制在七八成饱就够了，这样才能让肌肤白皙红润富有光泽。想要让自己离娇颜美女更近一步，需要先从调整饮食习惯做起。

女性更容易暴饮暴食，主要源于压力，很多人都表示在心情不好的时候只要吃东西就停不了，总觉得饿，或者吃得很撑，然后胖了再节食或绝食，甚至有的女性朋友因为心情烦闷狂吃零食，把胃吃坏了，已经严重到去就医的程度了。现代女性面临职场、感情多方面的压力，当这些失意烦闷的情绪来拜访的时候，很多女性都会去超市买不少零食，打开电脑边看电影边狂吃，或者会不由自主地打开冰箱，将其中储存的所有食物扫荡一空，试图用这种方法转移内心的痛苦，而实际上，这种看上去很犒劳肠胃的方法其实不仅对身体是一种伤害，而且只是回避问题，所以，看上去相当释然的生活，实际上是一种对身体的内在折磨。在失意的时候暴饮暴食虽然能一时地缓解你的情绪，但是狂吃过后，它不仅带来了肥胖，还带来了罪恶感、自责及失控的焦虑感。很多女性在之后会选择催吐、节食或者绝食的不健康方式减肥。如果一直坚持这样的饮食习惯，不仅会患上暴食症，还会诱发很多疾病。

对于女性来说养成良好的生活习惯要从饮食开始，吃得健康才能身体健康，身体健康才能展现出女人的美丽。女性朋友需要培养健康的心态，重视自己的身体，而这种意识最好从二十几岁就开始，要学会调节自己的心态，好好地保护自己的身体。虽然说起来简单，但是在真的做起来时，并不是一件简单的事情。二十几岁的女孩在饮食方面已经应该开始注意了，建议多了解关于饮食方面的知识。任何一个女孩，无论什么样的原因，都不能不照顾自己的身体健康；不管遇到什么，都不能做出以牺牲自己的健康为代价的事。

第七课

百变女人：气质女人的妆容要点

用彩妆装扮你的气质人生

化妆，不仅能帮助女人弥补相貌中的不足之处，更能够放大一个女人的美。女人之所以美丽，不是因为她全身上下无一处不美，而是因为她知道自己美在哪里，并且懂得通过打扮，让这些美丽的地方发光，所以不妨用彩妆突出你特有的气质。

化妆的最基本作用是掩盖缺点，哪怕一个女人的五官并不精致，通过妆容修饰一样可以变美。更何况，在如今五官完美已不再是流行的焦点，只要恰当地修饰"缺陷"，这些"缺点"也会变为你特有的美之所在。所以，女人通过修饰总会获得属于自己的独特之美。

因此，如今的装扮也逐渐从"弥补不足"转变成"彰显魅力"。拥有漂亮眼睛的美女，可以用颜色较深的眉笔、眼线笔、睫毛膏来突出迷人双眸；拥有完美脸型的美女，那就穿净色衣服，再搭上稍大的耳饰来突出脸部，如此一来，人们的目光自然而然就会更多地停留在脸部……正如一句话所说——哪里美就要让哪里更"惹眼"，如何让美丽"加倍"呢？捷径就是把自身气质中最美的部分充分展示出来，而彩妆是不可忽视的关键。下面为不同气质的美女们介绍几种彰显自身气质魅力的彩妆。

1. 理智慧敏的美女

彩色选择：颜色要适中，最好选用中间色，让人耐人寻味，变化微妙，用来装点整个面部，绝不会给人飘浮轻薄的感觉。

化妆关键：简练至上，即眉毛、眼线、颊骨等线条，都要干净利落，弧度适中，切不可任意加粗，更不要大幅度地晕染。

2. 妖媚艳丽的美女

色彩选择：用色须鲜明清晰。比如，嘴唇鲜红，皮肤洁白，睫毛乌黑，穿着也配上玫瑰紫或者鲜红等鲜艳的颜色，突出你的娇艳欲滴。

化妆关键：首先要用飘逸的线条，在眼线和嘴唇轮廓上下功夫。因为线条流畅的眼睛和嘴唇，能给人一种特别的感觉，突出女性的韵味。同时，嘴唇显得厚些。厚实的嘴唇本身就有说不尽的魅力。若再加以强调，使嘴角上翘，唇峰曲线浑圆，就更加妖媚动人了。

3. 天真活泼的美女

颜色选择：颜色要柔和。化妆色调应以可爱的暖色为主，衣着也应该选择柔和的颜色。肤色呈现白嫩，要注意防晒，并涂发白的粉底霜，再扑上淡淡的白粉。涂些淡粉色的胭脂，使脸部变得水灵娇美。

化妆关键：嘴角要描得上翘一些，将嘴角描高，给人笑意盈盈的感觉。唇线也应画成圆圆的曲线，充分显示出活泼与天真。

4. 古朴典雅的美女

颜色选择：这类美女无须用过多的色彩，比如颜色以黑色或灰色为主即可，保持皮肤的红润洁白以及头发的乌黑是彰显古典美的关键。

化妆关键：眉毛要呈平稳、流利的线条，不加眉峰。同时，要选择能表现头发光泽的发型，如直发、短发、发辫等。

5. 野性爽朗的美女

颜色选择：棕黑色皮肤会产生一种强烈的野性魅力。要耐心地、适当地将皮肤晒黑，或者使用防晒粉底霜。这是显得健康、利落的前提。应该用黑色眼线、黑睫毛油把眼睛描成黑色，使目光坚定。与之相配，眉毛也要描黑描粗。要充分利用嘴唇的魅力，用淡褐色或淡灰色把它描绘得光泽红润、大而丰满，从而显得生气勃勃、精力充沛。

化妆关键：与经过精心修饰的眉毛相比，粗粗的稍稍散乱的精线条眉毛更能突出气质特点。

6. 健康自然的美女

颜色选择：淡棕色的眉色与淡棕色的眼部彩妆十分相配，塑造出自然的效果，给人一种清新感。艳丽的红唇，仿佛春天里的阳光，不仅提升了肌肤的气色，更透出一种健康的气息。

化妆关键：唇妆一定要水润，泛着动人的光泽。

清新裸妆营造自然美女

当你已经厌倦了各式各样浓艳夸张的彩妆之后，不妨从浮夸的色彩中逃脱，画一个清新淡雅的裸妆。裸妆可以帮助美女们卸下化妆的"面具"，所以，爱美的女人如果想要在自然中吸引别人的眼球，清新的裸妆是你一定要学会的。

所谓裸妆，就是要给人以没化妆的清新自然感觉，但是，这里的"裸"字并非"裸露"、完全不化妆的意思，而是妆容自然清新，虽经精心修饰，但让别人看不出化妆的痕迹。与以往那些精致的妆容相比，裸妆更能体现出女人的魅力，令肌肤呈现出宛若天然的无瑕美感，彻底颠覆了以往化妆给人的厚重与"面具"的印象。与此同时，清透自然的裸妆没有人群的限制，毕竟，清新与自然永远是美的代名词，而对于那些皮肤质地好的女性，裸妆更是展现肌肤之美的机会。

打造裸妆的关键就是要根据自身皮肤的状况，选择最适合的裸妆产品，帮助肌肤找回最佳美态。

对于肌肤状况原本就不错、几乎没有瑕疵的女性来说，裸妆产品可以选择BB霜或者饰底乳与蜜粉的组合。而如果你的肤质足够好，甚至可以将妆前霜和保湿精华以 3 ：1 的比例调和使用，可以让肌肤质感更湿润，更能呈现无妆感，展现肌肤最真实的美丽。

对于那些要求上妆之后肌肤完美无瑕的女性，裸妆产品就要选择饰底乳＋粉底液＋蜜粉或者饰底乳＋粉饼的组合。这种组合具有纠正肤色的作用，让裸妆更加完美无瑕。需要注意的是，选择粉底的时候一定要注意颜色，专柜灯光与妆镜极具欺骗性，在室外阳光下看起来最自然的粉底才作数。如果脸上肤色不一致，

选择最深的颜色。脸部和颈部有色差时，可以根据锁骨肤色来选择。

有的女性由于各种原因肌肤状况不佳，瑕疵较多，不过不要以为"裸妆"就跟自己无缘了哦。使用饰底乳＋粉底霜（饼）＋遮瑕品＋蜜粉的组合照样可以打造出裸妆，需要注意的是遮瑕面积越大，裸妆产品的质地就要选越水润的，保湿效果强才会服帖。

现在，BB 霜可以说是打造裸妆最简单、最流行的化妆用品，不过 BB 霜虽然使用起来方便，但是里面的学问可不少，下面就以它为例，说说打造完美裸妆的五大学问。

1. 裸妆根本——基础护理

无论何时肌肤的基础护理都不能忘，BB 霜虽然有一定的护肤功效，但不能完全代替基础护肤品，想要保持肌肤水分还需要一定的基础护理。在上妆之前，需要按照平时护肤程序，在洁面后使用化妆水、乳液或者精华进行补水和锁水，一步也不可少！

2. 裸妆搭档——妆前乳

妆前乳是专门为 BB 霜搭配的在 BB 霜之前使用的产品，可以令 BB 霜更贴合肌肤，达到更自然的修颜效果，为 BB 霜选择一个搭档可以为你的裸妆大大加分。

3. 裸妆关键——BB 霜

BB 霜是打造裸妆的关键，"工欲善其事，必先利其器"，要选择一款质地轻薄、上妆贴合自然、具有较好护肤功效的强大裸妆，并且按照一定的方法涂抹。

4. 裸妆后续——定妆

涂完 BB 霜后可不是万事大吉了，做好定妆工作，才能令妆容更持久。想要更自然的裸妆效果的话，上点散粉就可以了，还能帮助提亮局部肤色，更有立体感。如果想要妆容更明显，可以加上粉饼、粉蜜。想要完美遮瑕，可以局部再用点遮瑕膏或遮瑕笔，让裸妆更加精致。

5. 裸妆勿忘——卸妆

裸妆虽"裸"，但根本上还是彩妆的一种，因此一定要卸妆。BB 霜属于粉底，如果卸妆不干净的话，很可能会堵塞毛孔。最好在不需要以"妆"见人的时候立刻卸妆，可以用 BB 霜专用的卸妆油：用完洗面奶之后，把卸妆水倒在化妆棉上，然后从上往下把脸擦拭干净。最后用干净的湿巾纸逆向擦拭，如果纸巾是干净的，就表示卸干净了。

以上裸妆的五大学问也是打造裸妆的五个步骤，掌握它就离裸妆达人不远了。

靓丽得体的职业妆技巧

靓丽得体的职业妆可以帮助职场新人完成从俏皮可爱的学妹到干练爽朗职场先锋的蜕变，给同事和领导留下亲切却又庄重、专业而又能干的印象，为人生的崭新路途增添一抹新的色彩。

很多女性都有这样的疑问：上班是一定要化妆么？其实这个答案并非"是"与"不是"，化妆就如同你总是把家清扫干净，以展现最舒适温馨的一面给来访的客人看是一样的道理，这是对人的一种尊重。同样，在工作中，人与人之间难免会互相接触，美丽而精致的妆容可以让看见的人赏心悦目，拥有好心情；相反，如果以一副脸色暗淡、没有精神的样子出现在同事、领导甚至是客户面前，则让人觉得心情沮丧。因此，出于对他人的尊重，为了能带给他人一份好心情，女人最好装扮好自己以后再去上班，而打扮得美美地上班去，也能给自己带来自信。

职业妆的关键是一定要与身处的工作特点或与工作相关的社交环境相符合。靓丽得体的职业妆能突出一个女性在工作中需要的气场。如果你是管理人员，妆容就要突出你精神、利索的一面，给人以坚毅严谨的感觉；如果你是销售人员，妆容需要帮你树立起亲切可靠的形象；如果你是从事公关工作的女性，妆容应当突出亲切、温柔的气质，帮助你与各方面建立良好的工作关系。在职场中切忌妆化的不合时宜，如果你是一个记者，就不能把自己化得很高贵典雅，也许聚会和生活中可以，但是工作中绝对不行。因为记者是需要经常和人交往的，如果你的妆容太过于强调自己的美丽，是不利于工作的开展的。相反，你可以试着化让别人觉得你很有亲和力的妆，有利于你工作的展开。

与其他场合的妆容相比，职业妆强调淡雅、含蓄，虽然有时可以根据工作或活动场合的需要适当靓丽一些，但切忌浓妆艳抹，否则会给人以不踏实工作的感觉，职业妆着重表现出职业女性理智与成熟的风韵，妆型与妆色协调一致，符合工作环境与特点。

和其他场合的妆容一样，色彩的选择永远是化妆的关键。靓丽得体的职业妆首先要选好底色，这是化妆的基础步骤。底色选择的目的是将肤色的自然美感充分表现出来，因此粉底的选择要以自己的肤色为基础，底色稍明亮的颜色，在自然光的照射下会显现得较为漂亮，但在办公室的荧光灯下会显得苍白而不健康。职业妆切忌将底色涂抹过厚，否则会让同事、上司、客户感到你戴着个"面具"，缺乏真实感。总之，办公妆要在均匀地涂抹定妆粉后保证面部无油腻感且不失透明度，让面部更洁净、清爽，富有生气和活力。

色彩的组合是职业妆是否得体的关键，职业妆需要展现一种舒适和谐、赏心悦目的美感，因此既不要过分耀眼刺激，也不要过分含混模糊。职业妆属于生活妆的一种，而生活妆通常为淡妆，用色要单纯、自然一些，应选用同类色相调和，类似色相调和。摒弃给人以夜生活感觉的蓝、绿色以及浓黑的眼影吧，职业妆的颜色应以暖色调为主，为使肤色更加明快，应选择粉红或橙红，而如玫瑰色等冷色调会带给人夜生活感，使用红茶色作眼线使人感到亲切，尤其是下眼线，切忌用纯黑色。

眉毛的形态是打造你印象的关键，所以化职业妆一定要注意修饰眉毛。眉过细，眉向下，都给人不可信的感觉。在描眉时，尽量避免过于女人味，稍粗重些的眉毛则给人以能干的印象，眉峰尖锐显得精明、果断。

最后，不要忘了让你的嘴唇也美丽起来。办公室唇妆的关键在于色彩的选择。口红的颜色过暗、过艳或者闪亮亮的都会给人以不专业的感觉。同样，唇形太夸张都不适合办公室环境，这些都会为你的能力减分。而自然的粉色系、橙色系走到哪个办公室都受欢迎。唇妆像眼线一样可以体现立体感，上下唇角要用唇线勾画，中间涂上口红，千万不要满唇涂上亮光口红。

底妆——为自然妆容做铺垫

底妆是靓丽妆容的基础，完美的底妆已经成为化妆的女人们最本质的追求，因为只有精致、持久与完美的底妆，才能让女人拥有透明自然的肤色。

底妆对于精致妆容的重要性不言而喻，不过不少女性对一些底妆的技巧并不了解，上妆时也忽略了一些步骤，下面就来介绍一下底妆的技巧和步骤。

当各种粉底、散粉、遮瑕产品这些底妆产品摆到眼前时，恐怕很多女性不知道选什么品牌、什么功能的好了，其实，无论是选择底妆产品还是化底妆，都要根据自身年龄。

对于 20 岁的年轻美女们来说，由于面部瑕疵不会太多，也没有细纹的烦恼，因此选择轻薄无油的底妆即可，可以选遮盖毛孔效果好一些的。由于这个年龄段皮肤分泌旺盛，T 区出油的情况普遍会出现，所以不妨买一些吸油面纸。

30 岁轻熟女们的肌肤会出现一些初期老化，比较严重的是会严重缺水。所以上妆时，保湿打底是关键，还需要轻度遮瑕。

40 岁熟女们的第一大任务就是与皱纹做斗争，因此抗皱类的粉底是不二选择，从隔离到粉底都要选择修饰效果较强的，利用优质的粉底刷制造出完美肌肤。

千万不要认为到了 50 岁就不需要化妆，其实通过不同层次的底妆也能让你的肌肤有减龄效果。为了达到效果，优质的粉底刷是必不可少的。

明确了各个年龄阶段的化底妆的侧重点之后，再来了解一下底妆的程序，这里面可是隐藏了不少技巧。

第一步：护理皮肤

良好的肤质是成功妆容的关键。保湿面霜、防晒隔离乳加上保湿眼霜能带给肌肤水润光滑，为之后的底妆做好准备。在涂乳液的时候有一个技巧，那就是上妆前涂抹两次乳液，在涂抹完第二层乳液肌肤还微微湿润的时候涂抹粉底液，不但更好上妆，乳液融合在一起的粉底液还能更好地贴合肌肤，让妆效看起来非常自然。

第二步：眼部遮瑕

眼部遮瑕膏也是完美底妆的第一步，眼部遮瑕膏能帮助你瞬间提亮眼周，即便前晚通宵熬夜，也不会有黑眼圈困扰。

第三步：粉底上妆

根据自身皮肤条件和要达到的彩妆效果，选择最适合的粉底上妆。如果你想打造出自然轻薄的妆容，可以直接用手或者专业粉底刷涂抹粉底，在特别需要均匀肤色的地方，比如鼻翼两侧和嘴角边可以用化妆海绵加以修饰；如果你的肌肤瑕疵较多，需要借助专业粉底刷将粉底均匀扫在全脸，可多扫两层以保证遮盖力，如有痘痘、痘印或斑点，可用全新的净脂修饰遮瑕笔轻点，达到完美遮瑕的效果。

你的粉底也并不是一成不变的，可以根据不同风格的需要变换，比如润色隔离类的粉底是打造休闲日常妆的决胜法宝，它会比一般粉底显得更为自然轻透。还可以根据季节变化考虑给粉底换季，比如冬季使用滋润保湿类粉底，夏季使用控油粉底。

在这里，有一个底妆技巧——在粉底前使用散粉。一般来说，散粉在底妆的最后一步使用，但在粉底前就在肌肤上轻刷薄薄一层散粉却能达到令人意外的效果，轻薄细腻的粉质能牢牢抓住之后的液态底妆，能让粉底紧紧贴合在肌肤上，并且能更好地遮盖毛孔。最妙的是，如果你喜欢亚光质感的妆效，这个方法还能让底妆呈现出雾面效果。

而如果你是油性肌肤，不妨在使用粉底前先将珠光散粉薄薄地刷在肌肤上一层。用珠光的主要作用除了提亮，还能让肌肤泛着自然光泽，肤质看起来变得均匀、细腻，绝不会有泛着油光的感觉。

第四步：遮瑕修饰

这一步是对底妆的进一步美化，选用特别的遮瑕笔或者遮痘笔轻点在脸部突起的痘痘、痘斑痘印以及斑点处。

第五步：蜜粉定妆

选取适合的蜜粉颜色轻扫全脸，定妆可以使妆容持久。这步的作用不可小视，如果皮肤底子好的美女，在遮瑕过后可以直接使用蜜粉。

如果你是干性或者混合性肌肤可以在底妆的最后一步使用珠光散粉，将它大面积轻刷在整个脸颊，让面部笼罩在淡淡的光泽下。

最后，在底妆完成后，用一把干净的大号粉刷，在脸颊上按照由内向外的顺序，每个部位来回刷上数次，这样做能让肌肤呈现出平滑的状态。尤其在用完粉饼后，粉饼的质感不如粉底液细腻和滋润，粉刷则能让粉饼的颗粒感变平滑。

看看肌肤时刻表，按时踏上美容直通车

正如我们每个人都有自己的生物钟，它决定着人体在一天中每个时刻的不同状态一样，我们每个人的皮肤也有自己的作息时间表。

女人的皮肤的美容保养只有符合肌肤生物钟，才能达到最好效果。

时间：上午 6：00 ~ 7：00

任务：对抗眼袋，补水。

清晨起床，美容的第一大任务就是对抗眼袋。很多女性都有晨起浮肿的症状，这是因为人体肾上腺皮质素的分泌从凌晨 4 时开始加强，六至七时达到了一天中的高峰期。它能抑制并减缓人体的蛋白合成，并将细胞的再生活动降至最低。由于水分大多积聚于细胞内部，淋巴循环速度的减慢会使许多人的眼部及脸部在这一时刻产生肿胀现象。此时需要使用增强眼部循环、分解积聚毒素和收紧眼袋的眼霜。

另一方面，早晨起床后必须给肌肤以足够的滋养来应付一天中所需承受的压力。一夜未补充水分的皮肤此时已处于缺水状态，最简单有效的补救方法必然是喝一大杯清水，同时洗脸的水不能太热，否则只会让皮肤更干燥紧绷。

时间：上午 8：00 ~ 12：00

任务：美容，补水 \ 控油。

上午是进行美容项目的黄金时间，由于这个时间段是肌肤机能运作最好的时候，抵抗力最强，皮脂腺的分泌也最为活跃，所以肌肤在这个时刻的承受力较强，因此脸部与身体的脱毛、除斑、脱痣及去除粉刺丘疹等美容项目可预约在这个时间段里进行，不但效果好，肌肤恢复得也更迅速。

不过，虽然上午是肌肤技能运作最好的时候，但是也不忘抽空"照顾"一下它。久坐于办公室空调环境中的女性，皮肤水分很容易流失。这个时候，小巧的保湿喷雾便可解燃眉之急。而对于油性肤质的女性，往往才到中午，肌肤就油光满面了，可以在午间用洁面品清洁一次肌肤，再将深层控油精华或收缩水涂在棉片上，敷在 T 区 5 ~ 10 分钟，再用手指轻轻按摩。

时间：下午 1：00 ~ 3：00

任务：补妆。

午后往往是我们工作效率最低的时候，此时也是肌肤最为倦怠的时候。人体的血压及荷尔蒙分泌都会降低，皮肤也容易出现细小的皱纹。办公室女性的肌肤格外容易发生脱妆、浮粉等状况。不妨先用喷雾化妆水为肌肤增添水分，然后稍加补妆，让自己精神起来。

时间：下午 4：00 ~ 8：00

任务：保养。

困倦的下午已经过去，随着人体微循环的加速，血液中含氧量逐渐提高，胰腺开始变活跃，补充的营养被充分吸收。也就是说，此时肌肤的吸收能力再度增强。这段时间最适宜职业女性到美容院做保养。如果不去美容院做护理，也可以放松身心，喝些美容汤。

时间：晚上 8：00 ~ 11：00

任务：抗过敏。

这个时候人体微血管抵抗力衰弱，血压下降，易水肿、流血及发炎，皮肤最易出现过敏反应，故不适宜做美容护理。

时间：夜间 11：00 ~ 5：00

此时是细胞生长和修复最旺盛的时间段，肌肤对护肤品的吸收力也上升到最佳点。如果能在 11 时前就寝，涂抹于面部的各类保养品的效果将发挥至最佳状态，无疑对肌肤大有益处。因此，不妨在享受一个完全放松的淋浴后，进行系统的皮肤护理。

细心规划眉毛的美丽

画眉虽然可以说是化妆中最简单的一环，而这份简单中却蕴藏着巨大的影响力，它能掌控脸部轮廓和明眸的神采，所以我们有必要细心地为眉毛规划美丽。

眉毛是成功彩妆的关键，一个人的气质往往都透露在"眉宇之间"，因此，眉毛的形状、位置以及与面部五官的配合，在画眉之时，都要考虑周全。两条眉毛之前的距离稍有偏差，都会给人不舒服的感觉，如果眉头过于向脸的正中靠近，往往显得很凶，让人觉得很紧张、严肃；如果眉头过于远离脸中线，也会显得"苦相"和"滑稽相"。眉峰位置的高度，以及眉峰与眉头、眉梢之间的关系，也直接影响着人的外貌以及给他人的印象。眉峰到眉头有一定斜度的人，显得英俊。眉梢越高，脸显得越长；眉峰低，脸形会显得较宽。眉梢的位置对人的脸形以及散发出气质也有影响。比较平的眉梢，可以缩短并加宽脸形，给人文雅的感觉；向上挑的眉梢，给人感觉活泼，但过分向上挑，则给人感觉比较"愤怒"；眉梢向下斜，给人以温柔感，但过分向下斜又不美观。所以，画眉毛时一定要把握好眉毛各个部分的相对位置和绝对位置。

一般来说，根据以下规则修饰出来的眉毛视觉效果比较好：

眉毛弧度：根据眼睑缘形状，从内眦角沿着上睑的睫毛延至外眦角设计一条眼虚线，一般眉毛的弧度应该和这条眼虚线的弧度相平行。

眉头：眉头的标准位置位于内眦角的正上方，并且两眉头之间的距离约相当于一只眼睛的长度。

眉峰：位置在眉梢到眉头距离的外1/3，大约是在外眦角的上端。

眉山：眉山部分应该采要画出平圆的形状，在接近眉毛中间的位置就可以出现眉弯了。

以往的处理方法是把眉头的位置弄得比较低，而且还喜欢把它画得很锐利。这样其实会让人感觉很严肃、难以亲近的。现在画眉毛的方法是把眉头部分稍微画得高一点点，然后把眉形弄得柔和一点。

眉梢：眉梢自眉峰起微微向下倾斜，眉梢的末端和眉头应该大致在一条水平线上。

除此之外，眉毛位置与眼、鼻、唇之间还要保持以下关系：眉头与内眦角和鼻翼外缘应该在一条垂直线上；眉峰与外眦角应该在一条垂直线上；眉梢、外眦角、鼻翼和唇峰四点应在一条斜直线上。

无论是画眉还是修眉，都应该注意这些位置关系，然后再结合自己的脸形设计不同的眉形。

好的眉形是不够的，还需要颜色的配合，如果说眉形是由脸型决定的，那么眉色要根据头发的颜色来确定，黑色头发最适合的颜色是深棕色和深灰色；深棕色或咖啡色头发最适合红褐色或红棕色；偏酒红的发色适合偏金的灰色或驼色；浅棕色的头发最好选择紫灰色或浅咖啡；颜色较浅的金发，则适合浅灰色或浅金棕色。

在修眉毛的时候，按照这样的顺序：先用眉笔把理想的眉形勾勒出来，然后用眉刷蘸取适量的浅色系眉粉，涂抹在眉毛上，对眉形进行修饰，画出好看的眉妆。而在画眉之前，通常要做一些准备工作，根据脸部特征对眉毛进行修整，具体的方法如下：

（1）清洁：用眉刷轻刷双眉，除去灰尘、粉剂及皮屑。

（2）软化：用温水将化妆棉浸湿盖住双眉，使眉毛部位的组织松软，也可使用眉毛专用柔软剂。

（3）修整：用眉钳拔去多余的散眉毛，修出理想的眉形；用眉刷轻刷双眉，

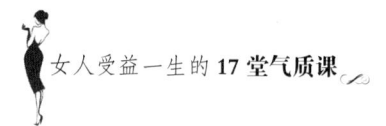

使眉毛保持自然的位置。观察眉毛的长度，用专用的眉剪将过长的眉毛修剪到适当的长度。

（4）梳理：眉毛下垂时，可使用透明睫毛膏，沿着眉毛的生长方向，从眉头至眉尾来刷理。如果透明睫毛膏量多时，可把刷头放在卫生纸上，刷掉多余的液量，以免眉毛粘成团块状。眉型修好之后，用化妆棉蘸收敛性化妆水，轻拍双眉及其周围皮肤，使皮肤毛孔收缩。

别让残余唇色毁坏优雅形象

经常涂口红的人恐怕都有这样的经历：饭前，唇部的妆容好好的；饭后，只剩下嘴唇边缘一圈，十分尴尬，不仅在瞬间破坏自己精心打造的优雅形象，还会影响心情，得不偿失，那么如何让嘴唇保持优雅形象呢？

嘴唇脱妆是一件很尴尬的事情，为了避免嘴唇脱妆，可以选择不脱色唇膏，这种唇膏在一定程度上可以缓解嘴唇脱色问题。不脱色唇膏中一般都会加一些复合蜡元素，来保持表层的清爽，同时保证防水和不易粘连脱色，也能够保持表面的光泽感。另外，不脱色唇膏内还含有一些易挥发成分，促进蒸发唇膏内的湿气，令颜色更好地紧贴嘴唇。尽管不脱色唇膏的优点十分吸引人，但是，大部分不脱色唇膏都不含油脂，滋润性比其他唇膏要低。因此，在涂唇膏前，建议先涂一层润唇膏，然后用面巾纸抿一下吸取一部分油脂，以免融化唇膏降低不脱色功能。同时，早晚更应用一支具有滋润修护功能的润唇膏滋润双唇。

如果你不习惯用脱色唇膏，下面还有一些方法，帮助你的双唇保持优雅。

1. 用润唇膏或无色唇膏打底

润唇膏和无色唇膏不仅能保持嘴唇水润，把它们涂在嘴唇上还可以形成一层无形的保护膜来防止口红花妆。

2. 用唇线"锁住"口红

为了避免口红溢出嘴唇之外，不妨这样给嘴唇上妆：先在嘴唇上盖上薄薄的一层散粉（这一步并非一定要有），再用无色或浅色的唇线笔勾画唇线，然后把口红涂抹在这个范围内，这样口红就不会溢出嘴唇外，导致花妆的尴尬状况了。

现在很多造型师都用和口红同色的唇线笔来加强嘴唇轮廓，但日常中你可以用无色或者肉色唇线笔代替。

3. 使用蜜粉或者吸油纸

即使不画唇线，也有办法阻止嘴唇脱妆，上妆前先在嘴唇上拍点蜜粉，再涂口红，然后抿开。重复以上过程一次，但是第二次就不用再抿开了。或者第一次抿开后用吸油纸或者面巾纸轻轻盖上，去除那些浮在表面的口红，然后再涂抹一次，能有效避免口红脱妆。

4. 去角质

嘴唇皮肤问题是导致嘴唇脱妆的一个根本原因，因此，去角质是防止口红花妆、嘴唇脱皮最有效的办法。可以用脸部磨砂膏给嘴唇去角质，也可以将红糖与橄榄油混合制成纯天然磨砂膏，让嘴唇保持最柔软的状态。

5. 唇部底妆

唇部也有底妆，一些唇部底膏产品富含硅树脂成分，涂上之后给嘴唇营造一个光滑的表面。

6. 改变化妆手法

不要怕麻烦，上妆的时候先用唇线笔涂抹整个唇部，像平时化妆一样用口红涂抹整个唇部，再涂上珠光，以增加立体感。这种化妆手法的秘诀在于将涂抹唇线的范围扩大，从原来描画嘴唇轮廓部分，改为涂抹整个唇部。这样一来，即使口红或者珠光的部分稍微脱落一点也不会十分明显，因为唇线笔打出的底色可以起到弥补的作用。

7. 用唇蜜代替口红

如果以上方法全部失败，那就用色泽鲜艳的唇蜜或者具有高柔软度的口红代替。

戴镜化妆有诀窍，教你做个知性美人

相信很多戴眼镜的美女在化妆时都会遇到这样的苦恼，戴隐形怕对眼睛不好，可是戴框架眼镜的话，好不容易画好的眼妆又会被镜框给遮去原本的光彩，化妆前后不见区别。其实，只要稍稍留意化妆技巧，照样可以成为一个美妆美女。

　　眼镜并非只会为美丽减分，也不一定只有戴隐形眼镜才是美丽的唯一选择，戴眼镜的人总给人气质优雅的印象，只要用适合的妆容打造这份美丽，你就是一个有智慧的气质美人！如果你视力不好也不要排斥框架眼镜了，来学习几招戴镜化妆的技巧吧。

　　在化妆之前，首先要根据想要达到的彩妆效果以及自己的脸型选择一款合适的眼镜框，一般来说，蛋形脸的人几乎适合每一种镜框；方形脸则适合宽的圆形镜框；而圆形脸要选择有角度或方形的镜框。另外，还要注意镜框的材质，如果你是敏感肌肤，就要选择不会引起过敏的合成纤维镜框，或钛金属、玳瑁框。

　　戴镜化妆的一大关键之处就是一定要考虑眼镜给彩妆带来的视觉影响。

　　以近视眼来说，眼睛在镜片后看起来会较小；而远视眼的人，眼睛在镜片后看起来较大。针对这种现象，在选择彩妆色系时，就要留意近视、远视的效果及镜框式样、颜色的搭配。下面提几条化戴镜彩妆的建议。

　　眼影：近视镜和远视镜都会在视觉上改变眼睛的大小，而眼妆就需要起到弥补的作用。对于戴眼镜的妆容，在眼影的选择方面最好能够选用同色系的，因为太过丰富的眼影颜色会把眼睛的形象减弱的。切忌选择浅紫色、淡粉色和淡蓝色的眼影，因为这些颜色会更加凸显眼球的外凸的。所以最保险的是选择咖啡色或者是带有点珠光色的棕色。如果近视镜让你的眼睛看起来变小，不妨通过由深到浅的色彩渐变达到增大眼睛的目的，在眼睑的边缘使用深咖啡的眼影，之后是使用同色系的眼影，慢慢地过渡到眉毛下面。

　　眼线：无论是单眼皮还是双眼皮的眼睛，都可以通过描画出略粗的眼线，刷上浓密卷翘的睫毛来放大双眸。用眼线笔沿着睫毛的根部进行描绘，描出浓黑偏粗的眼线。

　　眉毛：眼镜会将人们的目光吸引到眉毛上，因此在戴眼镜时，最好把握一个原则——眼镜的上框需在眉下，让修整优雅的眉形能全部露出。

　　唇妆：因为戴眼镜使得整张脸的焦点落在眼部，为了达到平衡，嘴唇的轮廓必须清楚明显。先以唇笔描出唇形，再涂满口红。

　　腮红：戴眼镜的人最好避免擦腮红。因为腮红必须全部外露才好看，如果被眼镜遮去一部分，效果反而不好。

　　实际上，不同的眼镜框也会对整个彩妆产生影响，下面就推荐几种彩妆形象，风格迥异却美丽相同。

1. 高雅清丽型：金属细框镜架 + 简洁淡雅妆容

斯文娟秀的金属细框镜架配合细致、简洁和单纯的彩妆给人以高雅清丽的感觉。眼线或眼影以棕色基调为佳，注意将眉毛的杂毛修齐，并用最接近眉毛的眉粉轻刷，突出眉型，上下睫毛略卷，并刷上黑色睫毛膏。唇彩以淡雅的浅桔、浅紫红和粉红及端丽的大红为主，整个面妆表现一种脱俗的气质。

2. 妩媚性感型：琥珀彩纹框镜架 + 靓丽娇艳妆容

琥珀彩纹框镜架融合了古典、活泼、柔美、性感等多种元素，且装饰性强，化妆相对应"靓"一些。配合镜框选择墨绿、宝蓝、冰蓝或茄紫色的眼线笔或眼影，上下睫毛需以黑色睫毛膏补强，最好在上睫毛再刷一层纯棕色的睫毛膏令眼眸更俏丽。唇彩配合镜框这色彩，多取艳红、玫瑰红、银紫或紫红，让人觉得娇艳欲滴。

3. 自然清纯型：复古圆型细框镜架 + 古典自然妆容

复古圆型细框镜架看上去便透露出一股"学院范"，显露智慧和自信，放弃那些带银粉的亮彩眼影和其他夸张色调的眼影和睫毛膏吧，以淡灰色或淡棕红系列为佳，用眼线笔勾出眼线，眼尾稍稍提高。眉毛应清淡且配合镜框模样，着重展露自然清纯气息，唇彩以含蓝调的红最为古典俏丽。

最后，还有一种戴镜化妆的特殊情况——戴太阳镜。这种情况要特别注意太阳镜颜色与眼影颜色的协调。眼影应与镜片同色系，如果镜片颜色是灰色系，眼影也应该使用灰色系。选用和镜片同一色系的眼影，才显得和谐而富有吸引力。又因为彩色镜片会改变眼影所显示的色泽，所以眼影宜用中和色，切忌眼影颜色与镜片颜色反差过大，否则会显得很不协调。

尽显指端末节的万般风情

纤纤玉指，是女性健康、美丽的标志。玉指美甲是都市丽人不可忽视的细节，会美甲的女人，能够在指端末节的方寸之间，挥出变化万千的造型和美丽风景。

美甲的第一步是根据自己的气质和手部条件修剪指甲的形状，不同形状的指甲会给人不同的感觉：

（1）方形的指甲：个性、坚毅。

方形指甲备受都市白领们的青睐。这种方形指甲不但是个性化的体现，也引领时尚的潮流。并且这样的指甲受力均匀，比较强健，不容易折断，避免受伤。尤其是这样的指甲两侧呈直角，前端成一字型，更体现出干练坚毅的气质。

（2）方圆形：舒适、柔和。

方圆形的指甲十分适合那些手指纤细修长的女性。因为这样的指甲能弥补一些骨节的不足，从外观上看上去比较舒适。方圆形的指甲不仅从形状上给人一种柔和的感觉，而且它拥有圆弧的轮廓，给人一种享受的感觉。

（3）圆形：成熟，柔美。

圆形的指甲最能体现出女人味，非常适合那些成熟的女性。圆形的指甲前端是圆形，两侧是直线，给人一种成熟的、柔美的感觉。

（4）椭圆形：温柔，宁静。

椭圆形的指甲能够让手指显得修长，因此更适合较胖手型的女性，同时还体现出温柔、优雅、宁静的感觉。因为两侧到指甲之间都是椭圆的，更能让人感到一种宁和的心境。

另外还有一种尖形的指甲，不过因为这类指甲较薄，容易断裂，易造成伤害，所以这类指甲不是非常的流行。

确定下来指甲的形状，就要为它染上一抹靓丽的色彩了，选择指甲的颜色，可是一门学问。

首先，指甲的颜色要与肤色搭配。如果你的皮肤自然白皙，那么可以搭配任何颜色的指甲油；如果你的皮肤有些暗淡，就要避开黑、紫、蓝、灰等冷色，黄色也要慎重使用，建议选择肤色、浅粉色、红色、玫红、番茄红等；如果你的手部皮肤已经显示出岁月的痕迹，建议选择淡雅的珍珠色系，例如珍珠粉、珍珠紫、珍珠绿、浅棕、自然色等，也可选择朦胧的中间色。

其次，指甲的颜色要与妆面搭配，选择指甲油时不妨带着口红和腮红，指甲油的颜色只要和你的口红色系一致，涂出的效果肯定是和谐的。

再有，指甲油的颜色还要与衣服的颜色、身上的饰品相搭配，下面是几种常见的指甲油颜色的搭配原则。

1. 黑色

搭配黑色的指甲油时需要使用对比方法，其他的地方都太耀眼了，用黑色的指尖压一压色，会让人显得沉稳不少。当你"穿金戴银"时，黑色指甲油是绝佳的选择。

2. 深红色

深红色是一个性感的颜色，黑色是它的绝佳拍档，任何黑色单品或者全身黑色，都可以和这个深红色完美搭配。而同属于红色系的豆沙红色，辣椒红色、豆沙红色、大红色、粉红色则能凸显皮肤白皙。

3. 粉色

很多女孩子钟情粉色，但是粉的指甲油有很多搭配忌讳：不要和粉色、红色的衣服一起用，这样会像个礼物；不要和金色的服饰搭配；不要和浅蓝色、绿色或者棕色搭配。建议与白色或者灰色的衣服搭配。

4. 海军蓝

海军蓝是一种时尚的颜色，搭配机会也颇多。可以和黑色的衣服搭配，也可以和同一色系的衣服搭配，不过，最好选择比衣服颜色稍微深一色的蓝色指甲油。搭配金色的饰品也很不错，如果搭配银色的衣服和配饰将更出彩。更不用说的是白色，任何风格的白色和蓝色的指甲在一起都会让人眼前一亮。

5. 黄色

选择黄色系的时候，要注意具体的色号，否则会显得像是生病的指甲。黄色指甲可以使灰色的衣服显得很有生气，其中浅灰色比深灰色要好。若是白色衣服的话，选择浅黄色很不错。

6. 天蓝色

天蓝色比较适合颜色淡雅的衣服。若是上衣或者裤子、裙子是天蓝色的，那么最好不要用同颜色指甲油。但若是衣服上的天蓝色只是点缀，没问题。拥有一些天蓝色原色的白色衣服与指甲油能够相互呼应。海军蓝色的衣服和天蓝色指甲搭配起来会很好看，但如果反过来就不是很好看了。

7. 棕色

棕色其实和海军蓝一样，属于比较好搭配的颜色，黑色和海军蓝色的衣服都比较和谐，而搭配棕色系的衣服显得很有气质。同时，金色系和银色系也是不错的选择。

8. 金色

金色的指甲油更像是一种珠宝首饰，来点缀就好，不要大面积使用。黑色的服饰带有金色的点缀，再配合金色的指甲就会很漂亮。

卸妆，美丽妆容的最后一步

对于每个化妆的女性来说，卸妆是很重要的一门功课，学会卸妆，才能让肌肤光洁自由、轻松呼吸，保持更好的状态，同时也能够让你自然散发自信的光彩。

懒惰是美丽最大的敌人，为了让自己美丽，千万不要怕麻烦，不要不卸妆。由于眼部、脸部、唇部的肌肤各不相同，因此给这些部位卸妆也要分别采用不同的方法。

1. 给眼部卸妆

眼周肌肤是非常薄的，它一般只有其他部位肌肤厚度的 1/3，因此卸眼妆动作一定要轻柔，眼部肌肤需要细致护理，所以卸眼妆步骤更多，分为六步。

第一步：去除睫毛膏。准备一支棉花棒及纸巾，将纸巾对折放在下眼睑，合上眼，再用蘸了卸妆液的棉花棒，由睫毛根部向下抹去。然后张开眼睛，将纸巾放在下眼睫毛底部，然后用棉花棒逐下逐下由睫毛根部向下抹。

第二步：溶解防水成分。用化妆棉蘸眼部专用卸妆液，在眼部轻按 5 秒，充分去除防水成分。

第三步：清除眼部彩妆。滴一点卸妆液到化妆棉上，然后闭上双眼，依眼皮的肌理，由眼头向眼尾方向慢慢抹去，抹下眼线位置时双眼向上望。尽量避免过度拉伸眼部肌肤产生细纹。

第四步：清除眉部彩妆。由内经外轻擦眉毛后，再用化妆棉的另一面逆着眉毛的方向从外向里再擦一遍。用棉花棒蘸取卸妆液小心擦拭。

第五步：深层清洁。睫毛与眼影卸完后，眼线或眼影的残妆还遗留在细小的睫毛间或眼皮皱褶中。用棉花棒蘸取卸妆液，以与眼睛垂直的方向小心擦拭。以免化妆品停留在脆弱细致的眼周肌肤上伤害肌肤。

2. 给唇部卸妆

与卸眼妆相比，给唇部卸妆则简单得多，分为两步。

第一步：将卸妆棉蘸取充分的卸妆产品，从嘴角向内擦拭，遇到唇纹深的地方可以将唇部左右拉开，卸除积于唇纹中的残留口红。

第二步：唇线这种线条较深的彩妆可用蘸取卸妆产品的棉签按轮廓擦拭，但是不要太用力。

3. 给脸部卸妆

脸部卸妆注意一定要卸干净，否则残留的化妆品成分会给皮肤造成很大伤害。脸部卸妆分为四步。

第一步：取适量的卸妆产品，用化妆棉或指尖均匀地涂于脸部、颈部，从脸颊、额头，以指腹从脸颊的部位以螺旋方式轻轻揉开。而面部的一些凹陷部位是重点清理的地方，如鼻梁凹处，以螺旋状由外而内以指腹轻轻按摩数分钟。卸除脖子的粉底要由下而上清洁。

第二步：第一步虽完成了基本的卸妆工作，但要将妆卸干净，清洁是远远不够的。可以连续用化妆棉擦拭 2 ~ 3 次，到化妆棉不留下粉底颜色为止。

第三步：卸妆之后，用适合自己肤质的洁面产品进行面部清洁。

第四步：洗完脸后，再做进一步的护理，取一小片干净的化妆棉，蘸些爽肤水，轻拍于脸部，平衡肌肤的 PH 值。

值得一提的是，现在很多女性并不化妆，因此也自然而然地认为，既然都不化妆，当然用不着卸妆，每天只是把脸洗干净，再进行基础的皮肤护理即可。但其实不是这样的，即使不化妆也要卸"妆"。这是因为，我们的肌肤长时间暴露在周遭的环境之中，脸上的污垢除了肌肤主要的分泌物——油脂、汗液之外，还有灰尘、粉底，等等。现在的环境污染很厉害，空气中的脏物很多，这些东西会直接附着于肌肤上，洗面奶等产品难以将这些脏东西清洁干净，必须先用卸妆品溶解，让它们浮出肌肤表面，然后以面纸拭净或以水冲洗，最后再用洁面乳洗脸，以达到彻底清洁的目的。因此，素面朝天的女性也要注意"卸妆"。

走出化妆世界的盲区

化妆的时候你是否依旧一直是按照自己故有的习惯不假思索地上妆？你是否也和不少人一样不知不觉地走入了化妆世界的盲区？

不恰当的化妆方法不仅令你的彩妆大打折扣，更会危害皮肤。

化妆盲区一：不在意化妆环境

不同光线会影响妆后的效果。如果在光线较暗或脸部有阴影的地方化妆，不仅颜色不容易涂均匀，而且很容易将妆化得过浓。当你走在自然光下时，会叫周围的人大吃一惊。所以化妆时一定要选择自然光充足的地方，如果是照明，要选择接近自然光的白炽灯。而你的妆容还要根据要去的地方的光线情况调整：如办公室一般为明亮、冷调的荧光灯，餐厅、PARTY 一般为黄调灯等。

化妆盲区二：眉毛颜色忘记换

染发之后，很多女性不注意将眉毛的颜色也变化下，眉毛与头发颜色的巨大反差会显得很突兀，而且给别人的第一感觉是你染过头发了，而不是你头发的颜色很漂亮。在头发变换了颜色之后，特别是颜色比较独特的时候，你应当特别注意你眉毛的颜色。所以染发之后别忘给你的眉毛也染上色彩。

化妆盲区三：唇线颜色过深

唇线可以帮助塑造完美的唇形，又可以防止口红晕开。但化妆师认为，目前口红的品质都相当不错，基本上不容易晕开，因而塑造完美唇形是使用唇线笔的关键。很多女性目前都会使用比唇膏颜色深的唇线笔，结果就使嘴唇在唇膏变淡或脱落后会留下极不协调的唇线痕迹，甚至还会显得嘴唇像肿起来一样，所以唇线颜色的选择也要花些心思。

化妆盲区四："闪粉"当成"万用粉"

实际上，"闪粉"所能使用的场合是十分有限的。含有闪粉成分的化妆品会照亮你脸部的每一根线条，当然也包括皱纹和毛孔。如今在各种化妆品中都能见到"闪粉"的踪影，从眼影、粉底、唇彩，到美体乳，无不光彩炫目，闪亮一片。"闪粉"闪亮的效果可以让你成为人们目光的焦点，但这仅仅是一种点缀，切不能当作"万用粉"随意用，少而亮才是重点，而自然妆、工作妆更要注意不能随意使用。

化妆盲区五：嘴唇越"吸引"人越好

艳红色或其他的饱满度高的颜色的唇彩如果能恰当地配合彩妆，也是令人喜爱的。这里所谓的"吸引"不是指让人眼前一亮，而是通过亮唇彩或者与整体很不搭的色泽引起他人的注意。

化妆盲区六：用浓厚底妆打造无瑕皮肤

不少女性为了让自己的肌肤看起来完美无瑕而过度贪恋修饰，将各个部位都描化得浓烈夸张，让人看着眼晕，这种妆若在演出时还算合适，一旦到了眼前，就只会让人觉得你用力过度，好像在故意掩饰什么，或是显老或是不合时宜。我们总想追求时尚杂志封面或是电影大片中的女明星们的那种无瑕的肌肤质感，然后自认为只要涂较厚的粉底就行。实际上女明星出镜确实粉底厚，但一定会有灯光的配合，柔化掉脸上的粉粒，才显得自然。而若在白天的自然光线下，厚厚的底妆只会让人看起来像戴着面具。正确的底妆不是以"厚"取胜，而是将五官当中最满意或最不满意的地方作为妆容重点，意思就是，或是将满意的部位加强，让人从视觉上忽略你的一些面部缺点；或是努力修饰弱项，整体追求自然和谐风格。

第八课

坚持运动：健康是气质的外衣

选择一项适合自己的运动并坚持下去

生命在于运动，对于女性来说更是如此，女人若想永远留住青春，就要从享受运动开始。特别是那些整天坐办公室的女人们，常常腰酸背痛、肩颈酸痛、手腕酸麻。其实，这些不适正是身体在提醒我们：是时候了，该运动运动了。

运动对于健康的意义早已人尽皆知，但是对于那些整天忙于工作或者被家庭琐事绊住手脚的女性来说，恐怕没有心情也没有时间去运动。事实上，与其花大量的时间和金钱购买各种各样的保养品，不如抽出时间运动一下。和不运动的女人相比，经常参加运动的女性表面看来比同年龄的女人显得年轻并且充满活力，而且她们的身体强健而苗条，肌肤更富有弹性、更健康。对于女性，运动具有促进身体健康、留住青春的双重益处。而且，据哈佛大学研究显示，每运动一小时，可以延长两小时的健康寿命；每天只要积累5000步以上的快走，就能减重缩腰塑造健康身体。而实际上，体能活动量与强度并不要求很强烈，每天完全不必强迫已经劳累的身体再去做剧烈运动，只要我们每天利用零散时间累积运动量就够了。所以，年轻的女性，更应当在自己体能状况良好的时候，好好伸展肢体，做做运动。越早加入运动的行列，益处就会越明显，不要等到身体这里酸、那里痛的时候，才意识到运动的重要性，那就有点晚了。

无论你是整日工作的都市白领，还是忙于家务的专职太太，都不妨从现在开始养成每天运动的习惯。请把健身运动当成和吃饭睡觉一样重要的事情来对待，让它真正融入每天的生活之中。想必很多女人都会抱怨说不可能每天都有时间去健身房，其实，运动就要去健身房是误解，运动不一定要去专门的健身房或体育馆。运动可以不拘形式，诸如晨跑、踢毽、饭后散步、爬楼梯、骑自行车等都可以，甚至可以把做家务当成一场运动。因此，健身可以在路上、睡觉前、饭后等各种零散时间进行。

对于忙碌的职业女性来说，日程安排得再满也有时间运动一下，比如刷牙时，向两侧扭扭身体；洗盘子时，在脚踝上绑一条长长的橡皮筋，然后抬腿，运动之余盘子也被洗得闪闪发亮；或者在超市排队结账时，做一做侧倾运动；在打电话时，做做收腹运动。这样下来，每次几分钟的积累，量变总会引起质变，身体会越来越有生气。

除了这些日常的小动作，女人最好选择一样你喜欢且适合的运动，坚持做下去。譬如游泳能让全身动起来，还能提高心肺的工作效率；舞蹈能活动全身还能释放压力；球类等有氧运动能增加跑动，锻炼心肺功能……下面来介绍几种最简单最经济的运动方式。

1. 滑冰

现在大大小小的滚轴冰场、真冰场到处都有，不妨在夏天的时候去滑滑旱冰，冬天的时候在冰上一舞，滑冰对于女人协调能力的锻炼是很有帮助的。滑冰也没有什么年龄的界限，只要学会就能时常玩玩。滑冰所需要的运动装备十分简单，只要一套运动装以及一双溜冰鞋就好。滑冰虽然不难，但是有很好的运动效果，有助于锻炼身体的协调能力，在身体方面，它可以使你的腿部肌肉更加结实而有弹性。同时，滑冰属于大运动量的运动，它还会提高你的肺活量。总的来说，滑冰是一种比较简便健身的运动，很适合那些不喜欢有难度运动的女性。

2. 自行车

自行车作为代步工具再熟悉不过了，其实骑自行车有效地把健身与我们每天的生活结合在了一起，也就是说，它不会占用我们多余的时间。骑自行车这项运动适合任何年龄段的女性，而且完全不要求你有运动员般的身体素质。

运动装备只要一辆自行车即可，如果不是运动员，一辆普通的自行车就可以了。运动花费更是便宜，如果已经有了自行车，除了自行车的正常维护，就不需要任何额外的花费。很多运动由于比较复杂很难坚持下来，而骑自行车是一项最

易于坚持的运动方式，它可以锻炼女性的腿部关节和大腿肌肉，并且，对于脚关节和踝关节的锻炼也很有效果。同时，它还有助于女性的身体血液循环系统。总的来说，骑自行车是最有利于坚持的运动项目，也是最接近于自然、低碳环保的。

3. 慢跑和散步

如果说滑冰和骑自行车还要运动装备，那么没有什么运动比慢跑和散步更简单和大众化的了，它几乎不需要任何的投入，却可以有很大的收益。

慢跑与散步适合所有人群，如果你热爱运动或者热爱减肥的话最好是跑起来，即使平时没有时间，不妨把每天的晨练放在上班的路上，最好是能走路就不要坐车。慢跑或散步只要穿上适宜活动的衣服和鞋就好，只要坚持下来，对心脏和血液循环系统都有很大的好处，每天保持一定时间的锻炼（30分钟以上），会有利于减肥，最好的方式是跑走结合。

爱美的女性不要再将没有时间、没有心情作为借口，赶快选择一项适合自己的运动并坚持下去吧，将运动作为生活中的一个习惯，将会收获健康、青春、美丽！

瑜伽，健康美丽新生活

看上去就很美的运动总会受到女人的追捧，瑜伽这项运动当然不例外，瑜伽要求肢体的柔韧性，并且更富有艺术气息，是女性修身养性的良好选择，因此，瑜伽越来越受到青睐。

瑜伽可以说是女人的闺蜜。男人追求的是力量，因此健身房内的各式各样器械是他们挑战自我的帮手。而女性，则钟情于那些让她们更苗条、更具有优美曲线的运动，因此，女人对瑜伽的喜爱到了无以复加的地步。乍看起来，瑜伽似乎并不像其他运动那样让你汗水流淌，但是却具有其他运动难以带来的神奇之处。一般的体育锻炼，往往注重的是外在的美丽，内在的东西却很少顾及。瑜伽则不同，它在雕塑外在形象的同时，还能给人一种来自内心的力量。经过一段由内而外、由外入内的锻炼后，你会惊奇地感受到不仅身体更加轻松，心境也平和了不少，让外在美与内在美在自己的身体上达到统一。

下面介绍几种瑜伽的基本姿势以及它们的奇妙之处。

姿势一：莲花坐

动作：坐正，双腿向前伸直，曲起右腿，将右腿放在左大腿上，脚心朝上；再曲起左腿，将左脚放在右大腿上方，脚心朝上。挺直脊背，收紧下巴，让鼻尖同肚脐保持在一条直线上。手掌向下放在双膝上。

作用部位：胸口，即横膈膜以下部位，包括胃部、膀胱、肝脏和神经系统。

功效：帮助调整头部和胸部区域的血液循环，有助于使人的身心平和稳定，增强专注力，同时还可协调新陈代谢，促进消化系统，排出毒素。

姿势二：单腿伸展式

动作：坐正，右腿向前伸直，左腿从膝盖向里弯曲，正好碰到右膝内侧，双臂上举伸直，身体慢慢前倾，头尽量向下低，双手努力够到右脚。越向前伸展则效果越好，保持20秒，然后换左腿完成同一动作。

作用部位：身体底部，即脊椎骨底端；肾上腺、双腿、骨骼和大肠。

功效：帮助伸展腿部肌肉、韧带、腰脊肌，放松髋关节，缓解肌肉僵硬和疼痛；促进新陈代谢，调节消化系统，改善腹泻和便秘等，帮助女人远离衰老。

姿势三：猫伸展式

动作：动作像猫一样，双手、双膝和小腿着地，头朝下，臀部和膝盖成一条直线，肩膀和双手成一条直线，吸气，同时收腹，背部慢慢弓起，坚持6秒钟，呼气，然后慢慢地抬起头，姿势还原，放松，然后再做。

作用部位：骶骨，即腰部骨骼上以及生殖器官。

功效：活化脊柱，放松肩部和颈部，收紧腹肌；帮助缓解痛经，改善月经不调和子宫下垂，还可以减轻关节炎和加快血液循环。

姿势四：抱胸式

动作：在莲花坐姿势的基础上加上双臂动作，交叉双臂，两手各搭在左右肩膀上。

作用部位：心脏，即胸部。

功效：可促进心脏和血液循环，对哮喘、呼吸不规则及高血压有一定疗效。

姿势五：秦手印

动作：在莲花式的基础上加上手部动作，双手的拇指和食指相抵，其余三个手指伸直放松，把双手放在膝上，掌心朝上。

作用部位：前额，即大脑下端、神经系统、鼻、眼。

功效：有助于治疗头痛与神经问题。

姿势六：倒立

动作：倒立的姿势比较难，不过，双脚可以不必抬起。女性月经期间不要采用这一姿势。

作用部位：头顶，包括大脑上端、脑下垂体。

功效：有助于治疗失眠症，减缓压力及平复过度兴奋的神经。

姿势七：放松式

动作：后背挺直，双臂轻松地置于身体两侧，呼气，向前伸展全身，前额向下，直至碰到膝盖前的地面为止，保持这一姿势 6 ～ 10 秒钟。

作用部位：后背，包括脊椎骨、背部底端、脖颈和手臂。

功效：作为瑜伽练习的结束方式，它可以很好地伸展脊椎骨、背部底端、脖颈和手臂部位，是镇静和放松的绝好方法。

卧室也是健身房

白天忙得没有时间锻炼，下班后又常常感到腰酸背痛，只想躺在床上休息，很多女性上班族都面临着这样的矛盾，其实运动并不一定要在室外进行，卧室也可以变成健身房。

卧室并不永远是休息的代名词，柔软、舒适的大床也能成为锻炼的工具，平时忙于工作无暇出去运动的美女们不妨尝试一下将卧室变成健身房，会有事半功倍的运动效果哦。下面介绍几种"卧室"运动。

肩部运动：手跑

所谓手跑即以手为中心进行的健身活动，只不过不是腿真正地跑起来，着重上身运动，并且达到与慢跑相似的健身效果。"手跑"的形式多样，不仅花费时间不多，对场地也没有严格的要求，因此"手跑"是非常适合躺在床上进行的。这种锻炼可以活动开整条手臂的所有关节，促进血液循环，并有助于防治肩周炎、关节炎等疾病。仰卧，双臂向上伸直，活动手指，甩动腕肘部，伸展手臂等，也可以模拟蹬自行车的运动，但要有意用手臂发力。每次坚持 2 分钟左右。

还可以将动作变化一下，模拟打沙袋的动作，握拳重击，每次挥拳 100 次。或者将一枕头尽力抛向空中，落下时稳稳接住，用力去做，每次坚持 3 分钟左右。

颈部运动：俯卧拉绳

女性上班族长时间面对电脑，人的颈部肌肉在一般的练习中不容易得到充分的放松，一天工作之后回到家需要拉伸和锻炼颈部肌肉，有效缓解肌肉的紧张感。

在卧室中铺一块毯子，俯卧在毯子上，鼻尖贴于地面，脚面绷直，手臂向前伸出，双手拉紧一条拉力绳。脸部微微抬起，双臂抬起将拉力绳举到下巴高度，然后放下手臂。注意头部与脊椎应该在同一个高度上。在练习结束后放下拉力绳，双手交握，向前伸出，做放松运动，还可以有效抻拉韧带。

腰部运动：支撑拱身

这项运动可以说是名副其实的"床上运动"。初级阶段采取"五点支撑"的方式，即仰卧床上，双腿屈曲，以双足、双肘和后头部为支点，用力将臀部抬高，拱起身体。随着锻炼的进展，可以改为"三点支撑"，将双臂放于胸前，仅以双足和后头部为支点来进行锻炼，每次可锻炼 10 ~ 20 次。

胯部运动：转胯回旋

上身保持直立，两腿开立，稍宽于肩，双手叉腰，调匀呼吸。以腰为中轴，胯先按顺时针方向做水平旋转运动，然后再按逆时针方向做同样的转动，速度由慢到快，旋转的幅度由小到大，如此反复各做 10 ~ 20 次。

背部运动：单腿伸展

坐在卧室的椅子上，上身正直。将左腿弯曲，左脚放到右大腿根部，脚心朝上，成半莲花坐姿，右小腿与地面垂直。然后吸气，双手向上伸展。呼气，低头，双手逐渐向下伸展。向下伸展时尽量将双手手心放在地上，吸气，抬头。呼气，头部放松低下，上身放在右大腿上，保持 5 ~ 10 次均匀呼吸，还原。换另一侧重复，双侧各做 3 次。这项运动不仅使背部肌肉得到锻炼和加强，还可以使腹腔脏器得到按摩，可改善消化系统功能，调理肠胃。

腿部运动：扶椅半蹲

站在椅子后，双手扶椅背，双脚分开约 80 厘米，两脚尖指向外侧。随后吸气，双脚跟慢慢抬起，脚尖踮地。接着呼气，双膝弯曲，上身下降。随后保持双大腿

与地面平行的姿势，4 次正常呼吸后，吸气还原。重复 3 次。经常做这项运动可以强壮双腿、双脚、双膝和子宫肌肉，对久坐的女性双腿有很好的保养作用。

舞蹈，让你形神兼备

舞蹈让女人形神兼备，在翩翩起舞的时候，不仅身体的各个部位得到有效的锻炼，更给自己带来美的享受。

舞蹈能够培养女人的气质。无论是火辣的拉丁、潇洒的街舞，还是优雅的交谊舞，会跳舞的女人总会透露出迷人的气质。

1. 拉丁舞

作为有氧运动的拉丁舞，能令舞者的心跳由每分钟 80 次升到 120 次，极大地增强心肺功能，对身体健康也有很大的益处。更重要的是，拉丁舞是完全的肢体运动。就是说，在跳拉丁舞的时候，身体的每一个关节和肌肉都在活动。急剧的骨盆摇动、胯部扭摆是对付小肚子上赘肉最有效的方法，减肥效果显著。

不仅如此，拉丁舞具有极好的美体效果，灵活运用了身体的每一个关节和肌肉，将肌肉塑造成拉伸的状态。所以，跳拉丁舞就算久了不练也不会长胖，因为肌肉在跳拉丁舞的时候已经拉长了，塑成型，而且，由于肌肉是通过拉伸状态得到锻炼的，不会出现一块块的肌肉。

2. 爵士舞

爵士舞通俗易懂，入门比较容易，娱乐性也相对更强一些。现代舞蹈中很多舞步都有涉及爵士舞，动作通常幅度大且夸张，有很多踢腿、旋转和爵士跳跃动作。常见的街头爵士结合爵士舞的柔韧和街舞的刚毅，成为很多人学习舞蹈的入门首选。

爵士舞属于有氧运动，是一种全身性运动，主要锻炼腹部、身体上部、腿部和腿后肌。因为它可锻炼全身肌肉的柔韧灵活性，所以对身体线条的改善很有效果。在爵士舞的锻炼过程中，随着时间的延长，脂肪的供能比例也在增大，所以想达到更好的塑身效果，就应适当延长锻炼时间，并持之以恒。

3. 肚皮舞

肚皮舞可以说是想要减肥的女性的首选舞蹈。它的动作和舞步很随意自然，对身体不会造成任何伤害，而且完全不受年龄和体型的限制，是任何爱美的女性都可以尝试的减肥好方法，特别是想要拥有"水蛇腰"的女性而言，肚皮舞不可不会。

肚皮舞可以有效地收紧全身线条，让你轻松地减去手臂、臀部大腿的赘肉，而因为很多肚皮舞的动作都是胯部提抬以及腹部做圆圈或者上下运动，所以经常训练能让你的腰部更加灵活，线条更加优美。

4. 街舞

街舞不仅是"流行"与"时尚"的代名词，更是减肥塑身的方法，如果你觉得以上三种舞蹈太"专业"，不妨置身街头潮流当中。街舞是一种中低强度的有氧运动，在一个小时的运动中，消耗全身脂肪的作用是相当强的。此外，由于街舞的肢体动作比较夸张，在身体多个部位动作的连贯组合下，对小关节及小肌肉运动较多，可促进平时不容易活动到的部位，从而起到减肥效果。经常练习的话，能增加全身的协调性，让身材比例更趋标准。

5. 交谊舞

经常跳交谊舞可以加速体内新陈代谢，提高心肺功能，减少外周血液循环的阻力，有效地预防心脑血管疾病，同时还有助于增强机体免疫系统能力，从而起到抵抗病毒、细菌的感染和抑制体内突变癌病细胞的作用。

而交谊舞对女性的好处远远不仅限于这两点，陶冶情操、培养气质是交谊舞最大的特点。跳交谊舞的过程中，优美的舞姿不仅使人的身体得到极大的放松，优雅的音乐曲调也使人的精神得到极大的满足，更能起到锻炼身体、放松精神的作用。对于女性而言，经常、长期地跳交谊舞会让走路姿势变得更加优美，因为在舞蹈中就包含了挺胸收腹的姿势，走起路来当然与众不同。现代女性不仅要追求健康，更要追求形体美、内在美、气质美，那学跳交谊舞不得不说是一种最佳的选择。

办公室，工作、健康一个都不能少

办公室是让女人的美丽与健康"流失"的地方，长期久坐让颈椎、腰背部处于紧张状态，而腿部又得不到锻炼，各种疾病自然会找上门来，所以，职业女性万不可埋头工作忽视锻炼，工作、健康一个不能少！

坐办公室的女性，腰部、背部的肌肉经常处于紧张状态，承受着很大的压力，容易受损，而颈椎、腰椎也难免受到牵连而损伤；与腰背部肌肉长期受累相反，坐办公室者的下肢则过度轻松，时间一长，下肢血液循环减弱，容易得静脉曲张。不仅如此，"出门就坐车，进门有电梯"的生活让很多职业女性运动量远远不够，下肢的肌肉力量和韧带得不到锻炼，时间长了，膝关节的功能就会减退，也容易受到损伤。为了避免"坐"出病来，职业女性不妨在办公室里做做下面这些动作，动作虽然简单，效果却不错。

颈椎保健：耸肩

耸肩运动虽然简单，却可对颈部起到按摩作用。在做这个动作时，头要正，挺胸拔颈，呈立正姿势。两臂自然下垂，颈部保持不动，两肩同时用力向上耸。两肩耸起后，停 1 秒钟，再将两肩用力下沉。耸起、放下为 1 次，16 次为 1 组。耸肩这个动作简单易做，只要站起来在原位即可操作，每天可做 6 组，坚持一个月，肩部症状可以得到有效缓解。

背部保健："伸懒腰"

"伸懒腰"运动分为向前伸和向上伸两组，站着、坐着都可做。向前伸时，双臂上抬，与肩膀平行，手心向胸，十指交叉，然后手心慢慢外翻，最大限度向正前方伸展，缩回再伸展，反复十余次。注意，为了达到锻炼效果，胳膊与手臂尽量保持平行。向上伸时，十指交叉置于头顶，手心向上，胳膊尽力向头顶上方伸展，缩回再伸展，反复十余次。一天做两次，可有效缓解背部疼痛，放松肩背部的肌肉。

胸肌保健：伸展

胸部的肌肉与背部一样需要伸展，这样让你的呼吸更加顺畅。双手交叉于背后，两肘靠向脊椎，手臂上拉，保持下巴内收，紧缩腹部，维持 10 秒，然后放松，重复 5 次。

上臂保健：扭转

前臂弯曲 90 度，将一手肘放在另一手肘上，轻轻扭动前臂，使双手手指紧握，放松肩膀，尽量将双臂往上推，维持 10 秒，重复 5 次，然后交换手肘位置，重复动作。这个运动在活动手臂的同时还能伸展上背部肌肉，具有双重功效。

腰部保健：叩腰

这个动作可以缓解就座带来的腰部酸疼感。双手握空心拳，反手背后，以双手拳背着力，有节奏地、交替呈弹性叩击骶部。手法要平稳，力量由轻到重，有振动感。可先从骶部向上叩击至手法不能及为止。再向下叩击至骶部，从上至下，反复这个动作。

腿部保健：转体

正坐座椅之后，右腿搁在左腿膝盖处，左手扶住左膝，右手扶椅背做向右转体的动作，转体到最大程度后，保持一秒钟返回，交换方向重复，重复10次即可。

腕、手部保健：抖手、转手

成自由站立姿势，之后保持手腕至肩膀部位静止，以相同频率抖动手腕，可以缓解腕部紧张。整个动作不超过30秒即可。

左手掌心向下，右手拇指按住左手腕，用其余四指将左手拇指往下压，吐气。重复做几次，然后换手再来。再将左手掌心朝上，手指伸直，将小指往下压，吐气。转动手腕，顺时针与逆时针转动各5～10次。将两手上下摆动，放松。

足部保健：抬腿、跷脚

将腿弯曲提起与胸平行，提起、放下各5次，可让你倍感舒适。顺时针、逆时针转动脚踝各10次。将脚趾并拢，弯曲向上，伸直向下交替做5次。脚平贴于地然后换脚，重复练习20～30次。还可以将两脚的脚后跟跷起来，只用脚尖着地，两腿不停地上下抖动。随着两腿的肌肉不停地收缩和放松，能促进下肢的血液循环。

坐车，从始点到终点的健身

人人都懂得健身活动是身体健康的重要保证之一，然而却常常得不到落实，天气、时间、场地都成了借口，其实只要有心，生活和工作中的许多场合都是可以进行健身的。譬如，乘车从等车到终点的整个过程都可以运动。

1. 等车时的锻炼

等车时首先要注意站立的姿势，需要做到以下三点：收腹，力量落在臀部；

深呼吸，后伸直腰，不要挺胸，两肩要自然放松；下巴微低，两眼注视着前方 6 米处的地面。这样即使长时间地站在车站等车，亦不会有疲劳的感觉，而且无形中使自己的腰腿部得到了有效的锻炼。与此同时，还可以利用这段时间进行收腹练习。将注意力集中在腹部，全力收紧。除此之外，还可以有意识地挪动脚趾来运动，不分什么顺序，只要不弯曲膝盖，交互运动五个脚趾即可。这些锻炼方法同样适合于等红绿灯时。

2. 乘车有座时的锻炼

车上有座位时，也不要懈怠哦。首先可以锻炼腿部肌肉，即腿呈 90° 摆好，脚跟固定不动，脚尖上上下下反复摆动，这个动作可以锻炼小腿肚的肌肉，让小腿线条更匀称。

其次，坐在车上还能够锻炼腹肌，双腿并拢抬至离地面约 5 厘米的高度，将腿悬空，尽量保持这个姿势，能坚持多久就坚持多久。不仅如此，还可以将手中的包包当作锻炼的工具，用背部压着整个椅背，将皮包放在腹前，双手紧压皮包的同时，腹部向内收缩，背部同时用全力压向椅背。紧压的动作持续 6 秒。

除此之外，坐在车椅上时，可以做足踝的运动，即使足尖和足踝上下运动，或以足尖为支点旋转脚跟，以脚跟为支点足尖旋转等。

3. 乘车无座时的运动

站在公共汽车上，更讲究身体站立姿势，需要使力量分散到全身各个部位，而不至于让上身的力量都集中在腰部，使腰部有重坠感。

站在车上时，用手拽住车上的吊环，时而用力握紧，时而放松，反复做，可以让手腕变细。还可以握住扶手，慢慢把它拉向身后，做扩胸运动。脚跟和头保持在同一垂直线，将重心移到脚跟，然后下意识提臀，感觉臀部肌肉向内缩。或者用手抓住车上的上扶手或吊环，将腿部微曲，使身体几乎成悬挂状，如此可充分伸展上体，并能锻炼上肢的肌肉。或者手握住栏杆，一边数拍子，一边用力向内收腹，这种方法能有效紧缩腹部肌肉，使小腹慢慢缩小。

站着也可以利用皮包做个训练腹肌的运动。将皮包抱在腹部，腹部向内缩，然后用一只手连着皮包一起紧压腹部，使腹部有如接近背部一般，然后用力保持紧绷的状态。还可以将手中的重物作为锻炼工具，垂臂做耸肩运动，亦可做类似负重体侧屈运动，注意换手，反方向做同样的动作。

选择适合自己年龄的体育运动

俗话说生命在于运动，运动贯穿人的一生，而运动更要结合各个阶段身体情况，处在不同年龄段需要采取不同的运动方式，否则，很可能造成年轻时运动程度不够达不到锻炼效果，或者上了年纪运动量过大引起身体伤害。

想要抵御岁月的侵害，女性一生都要运动，而并不是所有的运动都适合各个年龄段女性，并且女性在不同阶段需有不同的运动目标侧重点，因此，运动更应该根据年龄制定合理的方案。

20～30 岁：强健身体，保持体重

20 岁正是女性焕发青春魅力的年龄，20 岁能为今后的身体健康打下基础，这样做还会为迎接组建家庭和怀孕生子的挑战奠定坚实的基础。因此 20 岁这个阶段一大锻炼目标就是强健身体。多多运动不但能预防浮肿、头痛等身体病症，而且能预防情绪郁闷、紧张等心理症状。而这个阶段的第二大锻炼目标是保持体重，否则 30 岁以后再去减肥就很吃力了。

锻炼方法：锻炼可隔天进行一次，如星期一、二、五。每次锻炼进行大约 30 分钟，以一些增强体能的有氧运动为主，比如快走、跳舞，也可以适当添加一些加强肌力、负重等方面的训练。根据个人爱好，还可以尝试多种运动，例如，游泳、骑自行车、爬山、打球或跑步，等等，这对增强身体素质、保持苗条身材有很多好处。

30～40 岁：强化骨骼

女性身体的骨骼很容易受到岁月的侵害，进入中年后，骨质最多能流失 20%，所以很容易患骨质疏松症。虽然骨质疏松一般不会在进入 30 岁就出现，但保护骨骼的时候已经到了。此时身体的关节常会发出一些响声，这是关节病的先兆。为了使关节保持较高的柔韧性，应多做伸展运动锻炼。

锻炼方法：锻炼仍是隔天进行一次，每次进行 5～30 分钟的心血管系统锻炼，比如慢跑或游泳，强度不要像 20 岁时那样大。还可以进行 20 分钟增强体力的锻炼，与 20 岁时相比，试举的重量要轻一些，但做的次数可多一些。另外，还需要以背部和腿部肌肉为重点，做 5～10 分钟的伸展运动。

40～50 岁：赶走脂肪，锻炼肌肉

中年发福，恐怕是所有女性所担忧的，大约从 40 岁开始，女性一年将流失 0.15 公斤的肌肉，但得到相同重量甚至更多的脂肪，所以需要通过运动再造肌肉，可加速新陈代谢，因为肌肉比脂肪燃烧更多的热量。而另一方面，进入中年的女人面临更多疾病的威胁，生病时，身体可分解肌肉当作能量来源，肌肉越多，战胜病魔的机会越大；肌肉可保护骨骼，骨架上披挂的肌肉越多，骨骼越能受到保护。因此，锻炼肌肉是这个阶段运动的第一大目的。

锻炼方法：以举重运动配合简单的肌力训练，一项为期三个月的实验发现，女性一周做 3 次举重运动，新陈代谢率可提高 15%，就一般身材的女性而言，那意味着每天可燃烧多余的 300 大卡的热量，所以平时运动可以多举举哑铃等。

50 岁以上：保持活力，维护健康

到了 50 岁就不要做过于激烈的运动了，此时最好不使用哑铃，而用健身器，要注意活动各关节和那些易于萎缩的肌肉。处于这一时期的人，心肺功能开始下降，所以还要注意锻炼增强心肺功能。

锻炼方法：5～10 分钟的伸展运动，边扩胸边快走。最好买一只计步器，每天走 1.6 万步，走得越快越好。另外，每周进行 2～4 小时力量运动，也能加强心血管功能。还可以多打打羽毛球、跳舞等。

青春永驻的良方：有氧运动

运动是女人永葆青春的秘诀，尤其是有氧运动，如同抗氧化剂一般，控制体内自由基的形成和活动，防止自由基引起的衰老现象，所以，要运动，更要有氧运动。

所谓的有氧运动，是指在运动过程中，人体吸入的氧气与需求相等，达到生理上的平衡状态。当进行运动时，人体需要更多的氧气，肺部吸入更多的氧气，再由心脏、血管输送到身体的各部分，特别是正在运动中的肌肉中去。经常地进行有氧健身可以使人体利用氧气的能力增强。身体健康状况越好，有氧运动的能力也就越高，运动的时间也就更长，强度更大。因此，经常进行有氧运动是保持身体健康的关键。

有氧运动对人体大有裨益。它能够增强身体灵活性，帮助减少腰酸背痛、头昏脑涨的发生，较久地维持健康状态，不会出现不舒适，还能促进、增强食欲，防止出现便秘。而有氧运动对于职业女性来说更是好处多多，运动带来的愉悦可以缓解疲乏，帮助女性胜任工作和家务，可消除心头烦闷、思想消沉、忧郁和焦虑，使业余时间更加愉快和活跃，充分享受生活乐趣。更重要的是身体经过运动可逐渐变成流线型，能更好地控制体重。而有氧运动具有抗氧化剂的效应，会使人的全身得到充足的氧气供给，加快呼吸系统的作用，钝化和转化体内的自由基，保护身体免受侵害，延缓衰老。

有氧运动是一种适度的、不伤身体的锻炼方法，更具有适合女性的特点。

首先，有氧运动具有运动强度低、有节奏感、持续的时间比较长的特点。有氧运动持续的时间一般都超过 15 分钟，但速度和强度都不大，对于锻炼女性的耐力大有好处。在做有氧运动时最好不要间断，要持续地做。持之以恒的有氧运动习惯会为生活带来积极的效果。

其次，有氧运动的特征与要求都很适合女性的身体素质以及性格、习惯等。有氧代谢运动种类繁多，如步行、慢跑、走跑交替、长时间游泳、划船、跳绳、上下楼梯、步行、骑自行车、滑冰、越野滑雪、健身舞以及多种球类活动等。这些运动强度低、时间长、方便易行、容易坚持锻炼，深受女性青睐。

进行有氧运动的关键是持之以恒。需要每周锻炼 2 ~ 5 次，如果是有氧运动的"入门者"，就要从少量开始，每周两次，然后慢慢增加到三次、四次。"入门者"切忌开始健身时由于热情高涨，想要尽快达到效果，就一下子每天锻炼，每次锻炼的强度也很大，这样做往往会训练过度，短时间内会出现疲劳、失眠、浑身过度酸痛等症状，于是就又会停下来。有氧运动要"细水长流"，想有健美的体魄，一生都应该坚持健身。最佳体型和健康状况，得要几个月甚至几年的坚持才可以做到，所以制订运动计划时一定要注意循序渐进。

游泳让你成为"美人鱼"

在炎炎夏日感受丝丝凉意抚摸自己的肌肤，在蔚蓝色中驰骋享受畅游的乐趣，穿上比基尼秀出迷人的身材——游泳是女人的一种享受，给予身心双重的愉悦，让自己变成一条"美人鱼"吧。

游泳是一种十分有效的减轻体重的方法。游泳时，由于水的密度和传热性比空气大，所以消耗的能量比陆地上多。这些能量的供应要靠消耗体内的糖和脂肪来补充，所以，经常进行游泳运动，可以逐渐去掉体内过多的脂肪，防止长胖。

如果能在露天的游泳场所游泳，对于身体的好处更是加倍，日光与空气也是在游泳时使人健康的主要因素。适当的阳光，可以活动皮肤中的某种固醇，变成维生素 D，充分的维生素 D 可促进骨骼的正常生长发育，防止软骨病。日光还可增加人对疾病的抵抗力，使血液杀菌力强，增加新陈代谢，促进睡眠。而新鲜的空气会使人的精神振奋，体力充沛。所以，不妨尝试一下那些室外游泳馆，想象自己在阳光灿烂的海边。

游泳不仅能让人瘦下来，更具有美体的效果。人在水中游泳，两臂划水同时两腿打水或蹬水，全身肌肉群都参加了活动，可促使全身的肌肉得到良好的锻炼。上肢的摆动划水会锻炼胸大肌、三角肌、肱三头肌和上半身的背部肌群。同时，游泳是一种周期性运动，划水和打水都是紧张和放松相交替的，长时间的锻炼会使肌肉变得柔软而富于弹性。另一方面，人体在水中运动时，身体各部位所承受的浮力、压力十分均匀，肌腱和关节可得到均衡的发展，皮下脂肪在可塑性的作用下，通过运动也能有效地进行排放。长期坚持游泳能够让腹部、臀部、肩背部、腿部、足部的线条变得更加优美，让女性逐步拥有饱满而结实的胸脯、富于弹性的肌肉，逐步修炼成"魔鬼身材"。

另一方面，游泳还可以给肌肤美容，冷水刺激皮肤血管收缩，防止热量扩散的同时产生热量，可以使皮肤血管得到扩张，改善皮肤血液循环。而水造成的波浪如按摩一样与人体表皮接触，可以让皮肤得到更好的放松和休息，可以让你拥有更加光滑、柔软的肌肤。

最后，由于不同的游泳姿势所运动到的肌肉不同，对女性身体带来的影响也就不同，比如蛙泳和蝶泳对女性生殖保健大有益处，蛙泳及蝶泳必须运用到大腿及骨盆腔的肌肉，经常运用这两种姿势，长期锻炼下来，除了可以有效预防子宫脱垂、直肠下垂、膀胱下垂的疾病外，因腹部肌肉的结实，还可以提升妇女性功能。

除了愉悦身体，游泳更能愉悦心灵，在工作之余，不妨一心一意享受水带来的乐趣，将一切烦恼抛到一边，出水后，会感到情绪高涨、精力充沛。

总之，游泳是一项很好的健身运动。但是，应持之以恒，才能达到健身的目的。

步行是最好的运动

如果你没有时间也没有精力去健身房或者户外进行运动，或者不想学习各式各样的体育活动，不要紧，有一种最简单却最有效果的运动——步行。步行虽是生活中司空见惯的活动，但是只要你会走路，就能走出健康和美丽。

"步行"让女性走出健康，走出美丽。职业女性长久坐着不动，体内的新陈代谢减缓，燃烧的热量也较少。此时，不妨轻快地走起来，在"咯噔、咯噔"敲击人行道时，体内的热量就会被不知不觉地消耗掉，体内的新陈代谢也会随之旺盛起来。长时间走路可以消耗大量热量，促使体内脂肪分解，向机体供能，从而达到减肥的目的，保持优美体形。身材丰满富态的人步行能明显使体形健美，使脂肪减少，有利于减肥；而体形偏瘦的人通过步行锻炼也可以使肌肉增加，使身体变得健壮起来。

步行还可以帮助增强抵抗力。研究表明，经常步行的女人患癌症的可能性比那些整日坐着不动的女人小得多。积极活跃的女人得心脏病的概率只是常人的50%。步行带来的锻炼效果还能把中风的危险降低一半。据医学统计，行走会使血压降低，降低血液黏稠度，利于强健心肌，减少血栓的发生。因此，即使不愿意做马拉松长跑般的极限运动，通过步行，也一样能达到运动效果。

步行带来的最直接好处就是锻炼肌肉。正确的运动姿势能运动全身骨骼系统，抻拉肌腱，活动关节，强健骨骼。年龄的增长和长时间缺乏运动，都会导致女人身上的肌肉萎缩，运动反应能力降低，容易受伤。经常步行和参与体能训练的女人，不仅能够延缓肌肉随着年龄增长而减少，还能增强肌肉的力量和反应能力，保护自己不受伤害。

与很多运动一样，步行不仅能让身体保持健康，还能带来心灵上的愉悦。现代女性面临种种压力，如果长期将压力堆积在心里，而没有寻求有效的方式去缓解，时间长了就会引发心理危机，甚至出现心理障碍性疾病，如焦虑症、抑郁症等。步行能够帮助摆脱负面情绪，使心境变得平和愉快。步行是一种"静中有动""动中有静"的健身法，能够直接缓解神经肌肉紧张。当烦躁和焦虑的情绪涌上心头时，以轻快的步伐走15分钟，紧张烦躁的情绪会得到有效缓解。因此，面对工作压力和生活烦恼的时候，不妨出去走走，给自己一个更大的空间，放松身心，摆脱

焦虑紧张情绪，让压力得到缓解。

不过，想要通过步行锻炼身体要讲究方法，否则达不到效果，下面有三种步行方法：

1. 普通散步法

用慢速和中速行走，每次 30 ~ 60 分钟，每日 2 ~ 3 次。适宜在风景秀丽的地方休闲。

2. 快速步行法

每小时步行 5 ~ 7 公里，每次锻炼 30 ~ 60 分钟。步行时心率控制在每分钟 120 次以下，这样可振奋精神。

3. 定量步行法

根据需要的运动强度，规定一定距离、行进速度、坡度、中间休息次数和时间。运动强度以心率为尺度。每次步行 30 ~ 60 分钟。通常对减少腹部脂肪、降低血压、增进身体的轻快感有较好的效果。

忙于工作和生活的女人们，不妨每天抽出一点时间来步行，如步行上班、步行买菜、步行购物等。轻快的步行不仅可以促进新陈代谢，增强机体免疫能力，更能够放松心情、缓解压力，让你整天精力充沛、神采飞扬。

做健身操是女性健美的好方法

健身操不仅没有场地的限制，动作也是简单易学，懒美人们不妨学习一套健身操，即使是宅在家里，也能圆你瘦身梦，瘦腰、瘦臀、瘦大腿、统统都交给健身操。

美胸健身操

第一节：两脚分开站立与两肩平宽，两臂屈肘侧举，手指松置于两肩前。然后两臂沿着肩轴，两肘向前平举，两肘按照向前、向上、向后、向下的顺序环绕。重复练习 10 次以上。

第二节：身体直立，两腿并拢，两手按在胸下部两侧，开始憋气，用手压乳房两侧，然后两手臂向上举。重复 10 次以上。

第三节：两膝着地，两手掌向正前方着地，手指向内，身躯正直向下降，然后再推起。重复 10 次以上。

第四节：身体直立，两臂在胸前快速交叉向后扩胸，向后扩胸时憋气。重复 10 次以上。

第五节：用双手掌指紧按两侧胸部，由乳头周围起，直线离心向外按摩，依次上、下、左、右方向各做 5 次以上。此法可促进淋巴液及血液循环，改善胸部营养代谢。

第六节：双手五指指端紧按住两侧胸部乳周，由外向乳头轻柔推按 5 次以上，同时依各方向均匀旋转，刺激乳腺、乳房发育。

腰部健身操

第一节：站在地上，两手叉腰，两腿分开，先自左向右扭转腰部，使身体转动 20 次，再自右向左转，使身体转动 20 次。

第二节：站在地上，两腿分开，腰部向前弯，先用右手摸左腿，再用左手摸右腿，各摸 10 次。

第三节：站在地上，两手叉腰，先使腰部向前弯，再使腰部向后弯，然后再分别向左、向右弯，每个方向弯 5 次。

第四节：仰卧床上，屈膝至胸前，两臂向左右张开。转动躯干向右，右膝盖碰地，两臂不动；转动躯干向左，左膝盖碰地，两臂不动。反复做 10 次。

第五节：仰卧床上，双掌托盆骨，支起下身及腰部，足尖挺直，背、头及两臂着地。左右脚交替向头部屈下，膝盖不得弯曲，连续做 15 次。

瘦腿健身操

第一节：以立正的姿势站着，两手放在身体两侧。不弯曲背部肌肉，只弯曲膝盖，用两手碰触脚趾，再轻轻回到原来的姿势。动作持续大约为 3 秒，刚开始做的时候，以 10 秒钟做 3 次为目标，习惯后再加速。

第二节：从立正的姿势开始，将右脚向前跨一步，轻弯膝盖。两手插在腰上，背部挺直，跳起的同时左右脚互换。刚开始做的时候以 10 秒钟做 10 次为目标，习惯后再加快速度。

第三节：以立正的姿势站着。右脚伸直向右抬起，同时左手伸直向左抬起，努力保持身体的平衡，同时腿部用力，动作持续 2 秒。轻轻回到原来的姿势，另

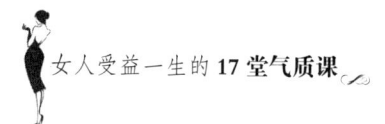

外一侧同样做一遍。刚开始做的时候，以 10 秒钟做 5 次为目标，习惯后加快速度。

臀部健身操

第一节，仰卧挺髋。仰卧屈膝，两臂放于体侧，先收紧臀部肌肉，再慢慢抬起臀部挺髋，直到仅由肩胛骨和两脚支撑身体，并将此姿势保持 10 秒钟以上，然后慢慢还原。重复做 10 ~ 20 次。

第二节，俯卧抬腿。俯卧，两腿绷直，慢慢抬离地面 20 厘米，保持 5 ~ 10 秒钟，然后慢慢放下。练习中髋部始终贴紧地面，收紧臀部，直膝绷紧脚尖。重复做 20 ~ 40 次。

第三节，跪撑踢腿。跪撑，一腿直膝，绷紧向后伸直，大腿稍外旋，脚背向外，大脚趾点地，然后用力向后上方踢至最高点后落下。连续做 20 次后换腿做。做 4 ~ 6 组。

第四节，站立摆腿。站立、两手扶杆，一腿支撑，一腿直膝在体前左右摆动至最高点。摆动时上体保持正直，收臀、直膝、绷脚。连续做 20 次后换腿做，做 4 ~ 6 组。

避开运动的雷区

生命在于运动，经常运动当然是好事，但是，很多女性对于运动的方式方法并不深入了解，不知不觉走进了运动雷区。

生命在于运动。但是如果走入运动的雷区，那么，女性不仅不能达到运动效果，有时甚至会伤害自己的身体。这些雷区是：

1. 制订过于严格的锻炼时间表

虽然说健身锻炼贵在坚持，按照计划进行会起到督促的作用，但是，如果所订的时间表过于苛刻，会让你感到压力太大而难以坚持。正确的方法是循序渐进，慢慢增加运动量，让身体逐渐适应。

2. 单一运动方式

我们的身体各个部位需要均衡全面地发展，只要是对人身体有益的锻炼方式，都可以积极参加，而不要选择一种方式。每种运动对身体的作用是不一样的，如提高心肺耐力、提高肌肉力量、促进骨骼成长、增强柔韧平衡等。长期从事单一的运动，不但健身效果不佳，而且还容易对身体的一些部位造成伤害，所以，和饮食需要多样化一样，运动也需要多种项目合理搭配哦!

3. 经常受到影响而改变自己的锻炼习惯

不少人听到专家说爬山好便去爬山，看到电视或者报刊上说游泳好便去游泳。任何运动都不要跟风，符合自己身体条件与锻炼目标的才是好的。想要见效需要长期坚持，如果因为跟风时常改变运动习惯是达不到效果的。

4. 越高档的健身房越好

运动效果不会因为去了高档健身场所而大有改善，这些健身场所不但需要金钱的支持，还要求你有一个适合时尚运动的身体，即使如此，在这种环境中，锻炼者的心理波动大，生理节律相对不平衡，而且由于人多、场所拥挤、空气污染，反而不利于健身。

5. 运动完就洗澡

运动时大汗淋漓，运动后就觉得全身不舒服必须马上洗澡，这是很多做运动的女性都会有的心理。目前很多健身房都配备浴室，所以运动完就洗澡已经成为很多人的习惯。可是运动后立刻洗澡其实并不科学，这是因为运动时，血液流向四肢，停止运动后，这种情况仍会持续一段时间，如果这时立即洗热水澡，就会使血液不足以供应其他重要器官，如心脏和大脑供血不足，容易感到头昏、恶心、全身无力，严重的还会诱发其他疾病。而运动后洗冷水澡的危害更是巨大，由于运动的时候身体新陈代谢过程加强，皮下血管扩张，并大量出汗，运动后马上洗冷水澡，使体内产生的大量热不能很好地散发，形成内热外凉，破坏人体的平衡，会引起各种疾病。所以运动后应该适当地进行休息，等到身体的"兴奋劲儿"过去再洗澡。

6. 哪里胖专门减哪里

很多女性都有这样的想法，腹部肉多就多做做腹部的运动，腿粗就要多跑跑步。这就是越来越多的人都有的局部减肥的捷径心理——哪里肉多，就专门练哪个部分。但是其实这种想法是不现实的，因为脂肪供能是由神经和内分泌系统调节控制，但这种调节是全身性的，因此，并非练哪个部位就可以减哪个部位的多余脂肪。而当运动消耗的热量大于摄入的热量，才会导致全身脂肪的减少，而不

会只减一个部位。

7. 运动感到痛苦才是见效

很多人认为运动要克服身体各种不适和痛楚，痛苦才有效果，因此在运动的过程中出现身体不适也不会停下来，实际上这不但是一种不科学的认识，更是一种十分危险的做法。如果在运动中出现眩晕、胸闷、胸痛、气短或过度疲劳状态，应立即终止运动，必要时应到医院进行查治。

8. 热身与放松可有可无

运动前的热身与运动后的放松是必不可少的。所谓热身，是指用小强度的有氧健身来使自己的身体渐入佳境。运动前，由于心血管系统和肺部还都没有进入状态，体温也比较低，肌肉的柔韧性不好，如果上来就运动很容易造成损伤。一般热身的时间 5 ~ 10 分钟就可以了，热身活动目的达到后的一个重要标志就是身体微微开始出汗。

放松与热身同样重要，在运动中，血液循环加快，血液的量也增加了，特别是四肢部分。如果马上停止运动，血液会囤积在下肢而给心脏造成多余的负担。严重时会影响到大脑供血，甚至出现眩晕和头昏。所以运动目的达到后也应该有 5 ~ 10 分钟的放松，逐步减小运动强度，慢慢地恢复到安静状态。

第三篇

内在是气质女人的
魅力源泉

　　如果一个外表美的女人没有内涵，那随着年华的逝去，面容的衰老，她就会变得索然无味。相反，一个有内涵的女人，总会被人们细细地阅读，细心感受她的优秀和可爱。不论岁月怎样流逝，不论"纸张"怎样"古旧"，都不会削弱她内在的气质，它们来自她的生命内部，源源不断、绵绵不绝。

第九课

多读书，腹有诗书气自华

书可以改变一个人的气质

塞缪尔·斯迈尔斯在《自助》中说"人如其所读"。不错，"人是人所读"，书与女人相映生辉。因为有书的浸染，才有温润、雅致的女人。女人的抬手投足、一举一动都流动着书的气韵。

读书，是一种心灵的活动，是一个女人气质升华的必经之路，只有凝练出"书香之气"的女人，才会凸显出更加优雅的气质。

读书向来也是备受推崇，古来就有"万般皆下品，唯有读书高"这样的金玉良言，更有"腹有诗书气自华"这样的千古名语，以印证读书养成气质的准则。由此而知，在人们心目中，读书占据着一种不可取代的位置。此外，我们都知道，读书能修身养性，陶冶情操，更能净化人的心灵，让人拥有更加广阔的视野，从而使人产生与众不同的气质。因此，聪明的女人会懂得在借助化妆品和服饰等外在物品装扮自己的同时，懂得读书的重要性，利用知识将自己的内在修养进行武装，让自己的气质在潜移默化中得到升华。

这种气质的存在是独一无二的，非读书不能养成。通过读书而养成的气质，就好像是一杯香醇的茶，恬静清幽，惹人瞩目。拥有这种气质的女人，就像是一个巨大的磁场一般，无论是对同性还是异性，都能够产生让其无法抗拒的吸引力。

有人说，女人的美有三个等级，分为上、中、下三品。下品美指的是天生丽

质的美，这种美清新脱俗，靓丽唯美；中品美则是通过后天修饰而展现的美，这种美娇艳时尚，引领潮流；而所谓的上品美，就是我们今天所讲的通过读书而形成的美，这种美书香缭绕，优雅坦荡。或许很多人都否定这种不具权威的说法，但我们却必须承认，书香气质的美女，确实是独树一帜，宛若遗世独立的俏佳人，婉转优雅。试想一下，一个长发飘飘、身材窈窕的女人，双手轻轻抱着一本书，款步莲莲地从人群中走过，相信那份恬淡优雅的表情，飘逸与洒脱的气质，定然会在不经意间触动你的灵魂，让你忍不住为之惊心。这样，我们还能有什么理由不去接受这样的气质美女呢？

换而言之，气质是内在修养的外在体现。一个人想要培养出让人瞩目的气质，就必须不断加强知识的补充，培养自己拥有一个大度的胸怀。只有这样，一个人所展现出来的气质，才能击溃一切浮华的外表之美。

也正如古人所说的那样："腹有诗书气自华。"一个女人，只有拥有了足够的知识积累，才能够让生命进入更深刻的内层，继而从外表上展现出这种心灵上的强大魅力，释放出奕奕神采，将自己无与伦比的气质和风度彰显无疑。

综上所述，我们不难看出来读书的重要性。其中最为重要的一点就是对人思想的净化。尤其是读一些富有哲理性的东西，更是能够让人形成高尚的人生观和道德观，让她们能够释放出强大的正能量，通过自己的人格魅力影响到别人。

所谓"玉不琢，不成器；人不学，不知道"也正说明了这个道理。我们可以做一下对比，观察一个满腹知识的人一段时间，然后再观察一个目不识丁的人，然后你就能发现两人之间所存在的本质差别。

既然如此，那么是不是说，只要读的书够了，就一定能够形成一尘不染、超然于他人的气质呢？

当然不是！文章开笔我们已经说过，读书是一种心灵的活动，所以只有用心去读书，不为单纯的读书而读书的人，才能够凝练、升华内心，从而形成这种傲然的气质。也就是说，毫无顾忌地好似机器一般将书本中的内容搬进自己脑海中的读书，是毫无意义的。只有用心去读，了解体会著书人的情感，然后如临其境一般，经历一遍作者所经历的故事，才能真正得到知识。这里，我们可以把这种知识定义为"抽象知识"。

这种抽象的知识，就直接决定了一个人的气质与风度。比如说：一个人从书中领略到了一种想要超脱凡尘、归隐山林的淡然情感，那么她的心就会对这种态度向往，久而久之，就会形成一种飘逸洒脱的气质。而一个人若是从书本中读出了一种霸道无比，宁负天下人、不教天下人负我的枭雄气魄，那么她的骨子里就会慢慢受到这种情感的影响，继而展现在外部行为上，形成一种轻蔑、阴险的性格。因此，对于书的选择尤为重要。只有选择了正确的书，才能帮助自己养成高雅的气质。

在这一方面，那些能够真正领悟到读书意义的女人，往往能做得更好。她们认为读书本身就是为了获取知识、增长才干，所以她们对书本的选择能力比较强，不会去看一些低俗的书籍，而且在发现自己所选择的书不适合自己发展时，能够当即放弃，不会被书本中的内容影响。就这样，她们的人生境界从读书中不断提高，生活也会越来越充实。可以说，这种女人本身就是一本充满色彩和传奇的书，让人赏心悦目，百读不厌。

由此，我们可以毫不夸张地说：读书是女人的立身之本！只有喜欢读书的女人，才会具有强大的内心和丰富的文化修养，才会拥有独树一帜的见解和新奇到位的认知。这样，她们才能在芸芸众生中脱颖而出，将自己的魅力释放出来。

如果说化妆等外物是对女人的外在美容，那么读书，就是对女人内在的深度美容，是对她们内在优雅的一种锤炼，是培养出女人气质的最有效方法。

当然，这也是需要一定的时间来过滤的，任何一种成果，都不是触手可得的。尤其是想要成为一个有气质的女人，就必须要经得起时间的考验，最后水到渠成。

日子要一天天地过，书要一页页地读，只有持之以恒地去读书，不断地用知识来升华自己，不急不躁，最终才能修成正果，成为一个魅力无限的女人。

关注时事信息，心系天下方能气质尽显

关注时事信息不只是男人的事，也是女人的事。关注时事信息不仅能扩大眼界，提升自己的内在，还多了与他人攀谈的契机。作为一名公民，关注时事信息，了解社会动态，是职责也是爱心。

"风声雨声读书声，声声入耳；家事国事天下事，事事关心。"这是明朝著名学者顾宪成老先生写下的一副对联，主要讲的就是关注时事的必要性。因为关注时事，心中才会对祖国更富依赖感，内心当中的正气和大义才会凸显而出。

人是相对独立的个体，但同时又是社会这个大家庭中的组成部分。换而言之，

人是社会人，每时每刻在与外界发生关系。那么作为一个社会人，又怎么能不知道社会事呢？

同样，我们还是一个国家的公民。既然是公民，那我们的前途和命运就是跟这个国家的兴衰荣辱紧密相连、密不可分的。因而，关心国家大事是每个公民爱国意识的重要表现，是每一个公民都应该具备的品质。

话说到这里，相信我们的脑海中会情不自禁地浮现出那些不让须眉的巾帼英雄们。诸如花木兰、穆桂英、刘胡兰，她们或许不具备倾国倾城的容颜，但在世人的眼中，她们却是如此的绚烂与美丽。只是因为她们身上那种义无反顾、肯为国付出的精神。

因为心系天下，才彰显出了她们内心的强大魅力，得到了所有人的认可。由此，我们可以毫不夸张地说，只有关注时事，心系天下，才能够让气质尽显。

1. 关注时事，能够让女人在工作生活中更加得心应手

前面我们已经说过，人是社会人，当理社会事。事实也正是如此，想象一下，若是一个人对社会丝毫没有责任感，对于一些社会上发生的事情不闻不问，所有的事情都抱着一副事不关己、高高挂起的心态，那么又如何在工作中投入百分百的真诚呢？又怎么会在自己的职业中取得成绩、步步高升呢？

要知道，我们工作的地方都只是社会这个大环境、大背景的一隅，社会上任何一个地方的大事件，都可能会影响到我们的工作。而一个人若是没有社会责任心，就肯定不会形成大局观。那么，一个没有大局观的人，又怎么能够把握住自己前进的方向，让它不偏离轨道呢？

生活中也是一样，如果一个人对社会都毫不关心，又怎么能够给别人安全感，让别人以诚相待呢？因此，关注时事，能够让我们随时紧追时代的步伐，能够根据一些社会变化，做出一些自己生活工作中的小变化，取利避险，让自己在工作、生活中始终处于一个优势地位。

关注时事，还能够凸显你的社会责任感，赢得别人的尊重和信赖，会在不自觉中吸引别人，让别人情不自禁地想要去接触和结交。换而言之，这就是人格魅力。

2. 可以丰富我们的知识面，开阔我们的视野

学海无涯，知识无边。知识的海洋是浩瀚无边的，穷尽我们一生，也是无法将它们全部掌握的。而且随着时间的推移，一种种新兴文化诞生，我们过去所学，恐怕已经不能适应这个时代的发展要求。所以，关注时事，无疑是一个绝佳的选择。

首先，它能够丰富我们的知识面，能够让我们在时代的潮流中紧跟住它匆忙的步伐，然后着重补充自己的不足，让自己的内心更加丰富，知识更加丰裕。

再者，关注时事，还能够开阔我们的视野，能够让我们在这个风云变幻的世界上紧扣时代的脉搏，抓住一切可以发展我们的契机。

关注时事，还能够帮助我们树立正确的人生价值观。这样，我们就是一个知识丰富、视野开阔、心态向上的人。试问一下，这样的人，又怎么会不具备让别人瞩目的气质呢？

3. 关注时事，能够提高我们自身的政治素质，提高我们的能力

关注时事，就是我们参与政治生活的一部分。如今的世界是一个开放的世界，国与国之间的竞争也日益劲烈。所以，时常关注时事，能够提高我们的爱国情操，久而久之，我们心中就会对"国家"两字的概念渗入骨髓，甚至也能做到如同前文所提到的那些女英雄一般，义不容辞地去维护国家的利益。

同样，也正如前文所说，花木兰、刘胡兰等人，是因为她们的爱国之心而让其本身的气质得到了所有人的认可。那么对于我们来说，又有什么不可以的呢？

关注时事，心系天下，还是我们成长与成才的内在需要。只有拥有这样的思想价值观念，我们的社会适应能力才会不断增强。我们也才能够在人才济济的社会大浪中脱颖而出，岸头弄潮，将一切先机掌握在自己的手中，然后在别人欣赏和羡慕的眼光中缔造自己完美的人生。

关注时事对我们的人生有如此重大的影响，那我们应该去关注哪些时事新闻呢？关于这一点，也是尤为重要的。时事新闻纷繁复杂，让我们眼花缭乱，甚至分不清哪些是对自己有用的，哪些是对自己没用的。其实，政治、经济、人文、民生，应都在我们关注的范围之内。但为了避免重复了解一些早已知晓的内容，我们还要学会化整为零的方式，有计划、有目的地将这些时事分类，选择其中一条最为全面、最为细致的内容去做详细了解。而且，对于时事的关注我们也不能只停留在"知道""听说过"，问之则语焉不详的表面层次。既然说要细致了解，就要将这些内容吃透，一旦听到与之相关的关键字眼，我们就能敏感地嗅到接下来将要发生的事情，这样，我们才能够真正地做到运筹帷幄、从容不迫。

从现在开始，养成一个关注时事的习惯，并且长久地坚持下去，相信你一定会成为一个行事知分寸、处事明进退、谋事虑远近、断事论轻重的女人，然后将你的气质与魅力尽显无疑。

在行动中学习是最高境界

俗话说"知识就是力量"，但这并不意味着"有了知识就有了力量"，而是意味着将书本中的知识运用到生活中，加以实践，从而变成一种能力。如果只将书本中的知识、思想嚼碎，却不加以实践，那恐怕就成了纸上谈兵，没有一点儿说服力了。

有句话叫：只因准备不足，导致失败。放眼一看，有太多的人沦为平庸是因为这句话。有些人虽然愿意努力，愿意牺牲，但文化知识不够，也没有厚实的经验，在无形中为自己搬了一块绊脚石。绊脚石的出现，让她们做事大费周折，始终达不到目的，实现不了筹划已久的梦想，实在令人惋惜啊！

看看人才市场的女性，看看等待就业的女青年吧，她们中有很多身体健康、受过高等教育，但就是因缺乏进一步发展的能力，从而止步不前、被人超越，甚至丢了饭碗。其实，这些都是有原因的，比如：她们本来就没有深厚的根基，工作期间又不注意积累经验，提升自己的才能，这样当然会被淘汰。还有一些女性，在商店工作多年，只会按顾客的要求拿东西、放东西，对商业知识一窍不通。在她们看来，这只是在挣钱糊口！慢慢地，不思考、不关心商品的特点和顾客的需求，就成了她们的弊端。时间一长，她也只能当一辈子售货员或是被一些年轻的姑娘所替代。

相反，那些精明强干、善于思考的女人，却能在短时间内发现这个秘密。等时机一成熟，她们就能独当一面，成为行业中的精英及不能被替代的人。

有人说：有知识、有才华的女性，才能够抓住别人的眼球，不论走到哪里都会是一道风景。或许她貌不惊人，但她的美丽却是一种从内而外散发的魅力，比如：谈吐不俗，仪态大方。

要想学得更好，学得更有用，女性们就得亲身实践，就像要想知道梨子的味道，就得亲口品尝。当女性能亲身体会到学习知识的力量，那无疑是一双有力的翅膀，能够展翅飞翔，放眼世界。

美国经济学家舒尔茨在写给儿子的一封信里这样说道：知识的重要，相比每个人都知道。然而，只有知识是远远不够的！书中的知识，往往会瑜瑕参差，如果我们不能把所学的与实际相结合，那么再好的知识也会成为废物。当你能亲身感知学习得来的知识，通过实际行动来实践，才能够把知识发挥巨大的作用。达尔文曾说过：如果一项发现能令人激动，那么真理就能成为他终生的信念。

著名生物学家威哥里伏斯回忆说：在我5岁的时候，获得了一生中最重要的科学发现——将一只毛毛虫关在瓶子里，它吐丝作茧。几天后，瓶子里的毛毛虫不见了！后来，他把这项发现作为"一生中最重要的科学发现！"其实，这个小发现极其平常，有很多小孩子都有过这样的经历。但由于是亲眼观察、亲身体验，才照亮了一位科学家的心灵，启发了一位科学家的探知欲望，并对其影响一生。

著名的实用主义哲学家、教育家杜威博士在19世纪末和20世纪初，开创了实验教学的先河，从而蜚声世界哲学界和教育界。杜威强调自己的哲学是：行动、实践、生活的哲学。

在他教育著作的背后有着一个思想，就是颇为抽象的"知"和"行"之间的关系的学说。杜威特别强调说：行动、操作、知识都是从行动中获得的。也因此，他才提出了"教育即生活""学校即社会""从做中学"等一系列"知行合一"的教育纲领。在他眼里，教育过程和生活过程不是两个过程，是一个过程；最好的教育要从生活中学习，不断在生活过程中学得经验和改组经验……按照他的一系列思想，就是将东西交给学生去"做"，而不是把东西交给学生去"学"。知识总是与"做"相联系的，只有通过"做"得来的知识，才是"真知"。

换句话说，如果不能把学到的知识应用到实际中去，那知识既无法成为力量，也无法成为财富，而只能成为知识本身。所以，追求成功的女性们一定要加强自己的知识，并将知识运用到实践中去，从而提高自己的能力和素质。

书是改变一个人最有效的力量

英国著名浪漫主义诗人雪莱很爱读书，从书本中源源不断地流向他脑海里的新知识，使他看上去永远是那么朝气蓬勃、热情奔放。据记载，他总是在不停地看书，连吃饭时饭桌上也摊着一本书，他常会忘了喝茶、吃烤面包，却不会忘记读书。他会让面前的烤羊腿、马铃薯冷掉，可对书本的热情却丝毫不会冷却。

"腹有诗书气自华。"其实，在很早以前，人们已经开始注重内在美的修养了，在全新的时代，女人在注重修炼内在美的同时，还应该提醒自己：要为了自己而读书。

爱读书的女人身上有着不一样的魅力，就算她们衣着普通、素面朝天，也一样引人注目；爱读书的女人走在人群中，尤其是浓妆艳抹的女人中，会更显得耀眼；爱读书的女人身上永远洋溢着书香儿；爱读书的女人有自己的主见和生存之道，不喜欢被人控制。

有些大男子主义的男人喜欢控制女人，让女人臣服自己，并对其指手画脚，可对于那些爱读书的女人却无能为力、束手无策。就这样，一个喜欢掌控，一个不喜欢掌控的人相遇在一起，并会发生一场暗战。可是，男人越是对这样的女人不满，就越对她爱不释手。就像是猫捉老鼠的游戏，缠斗到最后，只能对女人死心塌地。

这种关系就像是钱钟书与杨绛，两个人相搀相扶地走过了半个世纪，却还恩爱如初。据了解，两个人曾有个习惯，在吃晚饭之前，每人要出一道题目，让对方回答，比如：猜一个典故的出处等。如果答错了，就要洗碗。

曾经在网上有这样的一句话：男人认为女人读的书不宜过多，在他们心目中，大专生是小龙女，本科生是黄蓉，研究生是赵敏，博士生是李莫愁，博士后是灭绝师太，硕博连读更可怕！那就是传说中的"东方不败"！

女人爱读书、有思想有那么可怕吗？当然没有！这一定是哪个闲得无聊透了的不得志或不自信的男人发出的一番言论，抨击那些有文化底蕴、爱读书的女子。其实，女人有思想，不一定是事事先声夺人、处处占有先机；有思想、爱读书的女人也不会整天跟你大谈政治，欲意举旗造反。她们不过是喜欢书，喜欢读书、写书。对她们来说，书就是经久耐用的时装和化妆品。在这一点上，男人们就应该像钱钟书先生那样，尊重爱读书的女性，尊重有文化内涵的女性，这样的女性也是最值得与之相伴终身的。

在我们的身边，有很多女人大学一毕业，求知欲和事业心等都跟着毕业了，特别是一步入婚姻，就觉得自己已经有归宿了，不用完善自己了。她们的话题永远围绕着老公、孩子，关注一下周围人的是是非非，再或者是关注最新款的衣服、眼角悄悄爬上来的皱纹，至于自己的内心，她们可没有时间去想。试想，这样的女人，又怎么能吸引老公的注意？一个再年轻貌美、衣着再光鲜、皮肤再好、声音再甜美的女人，也经不起男人的细细品味和时间的打磨。所以说，女人不能不工作，不能没有自己的"贪"心，不能与时代渐行渐远。

如果女人不看书的话，就不能时时把自己的智能翻新，从而让自己变得老土，融入不到朋友圈中，也会引不起别人的注意。

女人看书应该是一个长期的过程，不要以为大学毕业了、有文凭了，就可以一劳永逸。只要稍微一倦怠，就有可能被抛在时代的后面。

　　女人的气质修养需要靠长期阅读来培养。当然，现如今是一个知识爆炸的时代，竞争激烈的今天，博览群书的精力与时间都很有限。所以，在选择书籍的时候，要选择适合自己的并且是精品，这样能适当弥补自己知识体系中的空白与不足。

读书，远离你不需要的男人

　　读书使人明智，女人多读点书好比是修炼一双火眼金睛，能够看清身边的男人，哪些适合自己，哪些不适合自己；哪些是绩优股，哪些是垃圾股。尤其在选择终身伴侣时，爱读书的女人才能品尝到知识的甜味儿。

　　有些女人读书的目的性很强，一位年轻的女孩说：班里有不少女孩都在准备考研究生，她们这样做的目的并不是因为想要在学术界取得成就，或在事业中取得更高、更好、更硬的敲门砖，而是因为想要嫁个有钱人，找到一个理想的老公。

　　其实，她们并没有错！每个人追求的不同，即使她们读硕读博、长见识只是为了在世界各地找到一个钻石王老五，成为一个全职太太，但她们还是有野心，并能够逼迫自己去进步的。从这一点来说，她们也是努力和明确目标的。

　　实际上，哪个女人不想要嫁个好人家，飞上枝头变凤凰？就连各大行业中的女强人、才女等都不能免俗。

　　女人在读书的时候，可以多吸取一些书中的经验。这样在选择另一半的时候，女人虽然不能列出一张清单去寻找心目中理想的另一半，却能开一张清单把靠不住的垃圾男永久剔除出局。

1. 性情暴戾的男人

　　人难免会有一些脾气，但脾气不可随意爆发，一个有修养的男人懂得怎样控制住自己的情绪。如果你的男友蛮横不讲理，你也不甘示弱的话，那两个人的结合就像是火星撞地球。

2. 好赌、酗酒的男人

　　好赌、酗酒的男人基本都没有责任感，为了赌与酒，甚至可以倾家荡产。即便是有了另一半后，他们也不会知错能改。为了自己的一生幸福，还是趁早离开

的好，免得他把你拖进地狱里去。

3. 过于大男子主义的男人

男人都有点儿大男子主义，这并不是什么错。不过，如果这种大男子主义严重的话，那女人无疑会成为一个附属品。做这样男人的妻子就要做好：无时无刻地侍候他；他说一你不能说二；你永远只能在厨房里打转，不能去上班，不能和陌生人尤其是男人来往；平时少不了埋怨和怒骂。

4. 不肯迁就的男人

这种男人做事不会征求别人的意见，自己做错了事情也不愿意承认，一意执拗，在需要的时候，既不能伸，又不能屈。嫁给这种男人，肯定是追悔莫及啊！

5. 嫉妒心太强的男人

嫉妒心太强的人是自卑的一种表现，怕失去你，怕别人抢走你。跟这样的人在一起，你会发觉自己像进了监狱，既不能和任何男人多打一个招呼、多说一句话，也失去了单独行动的自由。

6. 有洁癖的男人

有洁癖的男人非常注意清洁，对人、对事都有着自己的一套规则。在任何情形下，他都绝不会让步；有洁癖的男人脾气很坏，性情刚愎自用，对别人的错误和欺骗绝不宽恕，心肠冷硬。与这种人在一起，会"干净"得连欢声笑语都没有。

7. 社会地位、教育程度等差距大的男人

试问，哪个男人愿意娶个什么都比自己强的女人？再想：如果这个男人的各方面条件比你好，教育程度比你高，那你会不会担心有一天他会厌烦你？有时，彼此之间条件悬殊虽然不致影响爱情，但很可能会因生活方式、思想等背道而驰。

8. 个性极端的男人

刚认识的时候，个性极端的男人就会以保护者的姿态出现，这种人必须提防！一个外表柔顺、沉默的人，其本性可能狂暴易怒；强装沉着者，或许是一个无能、退缩、外强中干的男人。因此女人们一定要谨慎！

9. 出手过于大方的男人

出手过于大方的男人通常是有经济基础的中年人，他们总是摆出一副绅士风

度,带你出入高级场合,出手大方,绝不吝啬,这种人会令不少女士倾心。事实证明,这种人通常很少付出真正的感情。而女孩子对他而言,只不过是生活中的点缀品罢了。

10. 花心男

看到这个名字,相信大家已经略知一二了,他们喜欢招蜂引蝶,引得众多女人的青睐。他们凭借着斑斓的外衣、浪漫的舞姿,不断地撩拨女人的心弦。在你刚刚想动情、表白心迹时,他就已经飞向下一处花丛,忘记你的存在了。

11. 娘娘腔男

顾名思义,从这个名字中就可以看出娘娘腔男的特性,他们可以做女孩的闺蜜,甚至比女性闺蜜还要贴心,会把照顾得你无微不至,甚至能创造出一种你想不到的需求。不过,清醒一点吧!他或许对所有女孩子都是一样的!

知性,提升气质的捷径

知性,是介于感性和理性之间的一种认知能力。知性女人,比理性多几分温柔的暖意,比感性多几抹冷静的睿智,是一种干练中的女人味。

在这个世上不乏有很多漂亮的女人,她们漫步街头,穿行于写字楼间,哪怕不经意的一瞥也能够看到那眉清目秀的漂亮脸蛋、高挑性感的玲珑身材,真可谓是令人赏心悦目。光鲜的外表、时尚的衣着已经足够女人去炫耀自己的资本。但是,随着时代的发展,越来越多的人认为,表面的美,只是一种肤浅的、单薄的、短暂的美,它缺乏一种生命的深度,而知性女人的美则不一样。

知性的女人是一本令人爱不释手的书,智慧是她美丽的源泉。例如有些女人,她们长相平凡,甚至大多数人说模样不好看,放在人群中绝对是不起眼的。但是无论在什么场合,周围的人总是喜欢与她们结识、攀谈,问他们为什么,有人答道:"其实,她们并不漂亮,但是却独具魅力,在她们周身总是围绕着一种很强的磁场,这种磁场的吸力不是霸道的,而是深层次的。"与她们聊天是件愉悦放松的事情,她们拥有敏锐的思维、渊博的知识,她们那独到的见解常常会让你惊为天人。同时,她们与那些普通聪明的女人不一样。有的女人聪明得像一只高贵的刺猬,总是为

了炫耀自己的锋芒而扎到他人，而知性女人的智慧则是含蓄的、敦厚的，她们拒绝炫耀，只为沉淀。

知性的女人拥有山一般的宽广胸怀，水一般的淡雅柔情。她们并非生来就没有诸如心胸狭隘、多愁善感这类烦扰，只是比较善于自我疏导与克服。在她们心中，有着所有女人都会体验到的各种情感：积极的、消极的、健康的、负面的。重要的是她们拥有睿智的头脑，懂得用理性和善良来化解内心的不良情绪，做出正确的、成熟的判断。世间的纷扰并非沾不到她们的衣袖，而是她们懂得用健康、积极、乐观的心态来面对生活，无论是喜是忧，她们都能够宠辱不惊地正确处理问题和感情。

知性女人拥有咖啡般浓浓的迷人味道，这种味道柔和而又坚强，真实而又诚恳，自然而不做作。每当遇到快乐的事情时，她们总会尽情欢笑，而当看到感人的电影时，则会默默地感动流泪。她们喜欢回忆那些琐碎但却温馨的画面，感动着，感悟着。仔细观察她们的面孔，就会发现，她们的脸部线条总是充满柔和，嘴角微微上扬，眼神丰富而又坚定。

知性的女人，头脑清晰，心智成熟，她们将苦难作为磨砺自己的垫脚石，努力充实、成熟着自己。她们的悟性和明理性，都拿捏得恰到好处。就如同大树一样坚强、挺拔，不惧岁月风雨的侵袭，在风雨中将自己的根深深地埋入地下，尽情吸收阳光雨露，只为有一天自己茂密的树叶能够伸展到蓝天。她们冷静地审视来时的路，用丰富的经历提高对自我的升华，在一次次磨砺中不断成熟，展现出知性女人的魅力，这种女人是拥有知性美的女人。

那么，知性美的女人有什么特点呢？

（1）知性美的人拥有独特的文化底蕴，举止间总是表现出一种文化的气质和风度。言谈中流露出来的是魅力和丰厚的知识底蕴。这是生活的经历所赋予的一种沉淀，一种历练，一种独具特色的美丽。

（2）知性美的人成熟而又睿智，淡定而又从容，她们不仅外貌出众，而且有知识、有涵养，有一种迷人的特质。她们自然、美丽、有情趣、有风度，不缺乏坚韧。知性美就是这样一种无法确切形容的淡定美。

（3）知性美的女人还具灵性，她们充满灵气、清新大方、亲切自然，如天空般湛蓝，如大山般广阔，如溪水般恬静，灵动得就像森林中的鸟儿欢快地歌唱，充满阳光般温暖，待人温和，坦然以对。

知性美的女人喜欢不断地积累知识，她们无论走到哪里都是一道独特的风景。

也许她们其貌不扬，但是她们的美却是从骨子里透出来的，谈吐优雅，仪态大方。她们酷爱读书，那种美不似鲜花，不似美酒，而是一杯散发着幽香的淡淡清茶。

当女人能够亲身体验到学习得来的知识时，最能够引起心灵的震撼，也最容易把知识铭记于心。达尔文曾说过："一项发现如果能使人感到激动，真理就能成为他终生珍惜的个人信念。"而女人在学习知识的时候就能感受到这种激动。

知性美的女人比较喜欢音乐，而她们自身也就像一曲优美的音乐一样，温柔敏感而又细腻委婉。所以，知性美的女人犹如音乐般拥有吸引力，让你在心中希望不断地靠近她、感受她，不断地被她所折服。喜欢音乐的女人，更具有艺术气质，同时会给生活添加无限的乐趣。

知性美的女人还喜欢读书，书是人类进步的阶梯，是智慧的殿堂，爱读书的她们，内心拥有一幅幅丰富内涵的画。读书可以让女人变得美丽，可以让女人有思想、有品位，可以在书中感悟人生，收获思想。她们的性格、思想、涵养、修养，都能在看书的过程中得到了潜移默化的升华。一个酷爱读书的女人，不但有修养、有学识，而且还会焕发出一种淡雅秀丽的气质。这种内在的气质和涵养是通过读书修炼来的，令人无法抗拒。

知性的女人，犹如一块修琢的璞玉，只有经过岁月的精雕细琢，才能越发显得晶莹而圆润。她们这种气质的美，不会因岁月的流逝而消失，只会如陈酒般越陈越香，值得人一生都欣赏。

才情，历久弥香的气质魔咒

俗话说："才情是穿不破的衣裳。"这里的"衣裳"，既与风度息息相关，更与知识内涵分不开，女人最漂亮的"衣裳"是那件外表靓丽且质地优良的才情"外衣"。

才情女人的优雅举止令人赏心悦目，她们待人接物落落大方；她们时尚、得体，懂得尊重别人，同时也爱惜自己。才情女人的女性魅力和她为人处世的能力一样令人刮目相看。

一个女人内在的才情能够随着岁月的沉淀而与时俱进，历久弥香。一个女人可以不漂亮，但是不能没有才情，聪慧睿智的头脑和敏而好学的热情，才是女人

魅力长存的真正的法宝。只有才情能够塑造美丽，也唯有才情才能够让美丽持久不散，让美丽拥有丰富的内涵。

一个人的才气很难得，一个女人的才气更是难能可贵。从古至今我们有过多少文人墨客，而能够永垂不朽的才女却是屈指可数，李清照恐怕是最为出类拔萃的了。李清照的那句"莫道不消魂，帘卷西风，人比黄花瘦"，换来赵明诚的至死不渝。

人们不禁要问，才情如何形成？得出的结论是才情和一个人受到的教育有关。现如今，人们受教育的机会越来越多，有才情的女子才大量涌现。无论是文学界还是艺术或科学界，各个领域都涌现出大量的才女。林徽因，中国著名建筑师、诗人、作家，她的才情不仅在其建筑的造诣上，还表现在她的文学作品上，被胡适称誉为中国一代才女。席慕蓉，我国著名的画家、诗人、散文家，她的才情溢满了她的诗词，她的绘画。铁凝不愧为当代女作家的典范，她细腻的描写手法和独到优秀的文章，为她赢得了中国作家协会主席的宝座。

真正的才情女人，具有一种大智若愚的聪明，她是富有情调的知识女性，她的人格魅力不仅吸引着、征服着男人，更会赢得女人对她发自内心的钦慕和向往。

那么，有才情的女人是什么样的呢？

有才情的女人，闭月羞花的容貌不是必要因素，一颗真实而纯粹的心藏于胸膛。有才情的女人不必是高学历、高职位，一份真挚而平淡的情感溢满心间。有才情的女人，不必刻意地娇柔作媚，一种自然而舒适的小资点缀生活。有才情的女子，她一定常常读书，然后才能才思敏捷、言谈得体、举止大方；有才情的女子，犹如山谷中的野百合，散发着淡淡的清香。有才情的女子，犹如一阵情意绵绵的细雨，滋润着干枯的心田；有才情的女子，犹如一曲悦耳缠绵的琴曲，让人余音绕梁。有才情的女子大多很有女人味。一个眼神，一个微笑，都是一种绝美的画面，这种美，不会随岁月老去而消逝。这种美丽，早已渗透进了身体的每个地方，像是一缕幽香，淡淡的，让人沉醉其中。

才情女子应该具备哪些基本要素呢？

1. 彰显个性

女人漂亮的外表往往具有最直接的吸引力，而能够保持吸引力的方法，却是女人们性格中的某种特质。只有独具特色的个性才会持久地吸引他人的眼光，即便很普通也可以因为俏皮的性格而变得可爱，要知道，女人是因为可爱才美丽。

2. 内心丰富

丰厚的知识与宽阔的胸怀能够使有才情的女人大放异彩，她们见多识广、眼界开阔，有自己的爱好和追求，从不盲目跟从潮流，亦步亦趋。

3. 情趣高雅

有才情的女人大都喜好读书、听音乐，时常健身、品尝美食，经常旅游，善于与人交流，这些高雅的情趣能够使婚后枯燥无味的生活充满迷人的色彩。

4. 品德高尚

有才情的女人，懂得谦卑，为人和善，言谈举止间透露出对长辈的敬意、对同辈的谦和以及对幼者的爱护，这些最基本的传统美德，是每个知识女性都应当具备的，有才情的女人们不仅铭记于心，而且能持久保持。

唤醒沉睡的好奇心

上帝创造了人，赋予了人们思维，人有了思想必然会对任何事物都会感兴趣。没见过的、不知道的……即便是经历过的人或事，只要情景不同也会引发女人的好奇心，这是区别于男人的地方。

爱因斯坦曾说过：我没有特别的才能，只有强烈的好奇心。永远保持好奇心的人是永远进步的人。

女人可以通过探索、学习来增加自身的修养来完善自己，好奇心是女人学习的动力，只有不断地探索自己好奇的事物，才会让自己不断进步。好奇心能够引发创新的灵感。

在时光的河流中，我们不经意间被打造得世故、成熟；在岁月的长河中，无情的刻刀把我们雕刻得凝重、深沉。我们在每个白天和黑暗的交替中忙碌着，在每次摔倒与爬起的过程中痛苦着，在每次前进与妥协的纠结中无奈着。在这条漫长的道路上，我们艰难成长，早已忘记了最初的梦想，承受着来自生活各方面的压力，习惯了社会这个大环境的游戏规则。有那么一天，忽然发现很难再为什么事情而心情激动，我们的眼睛很难再为什么风景而闪亮，很可能已经记不起上一次激情澎湃是因为什么，更忘了发生在什么时候……

时间就像一个窃贼，轻而易举地就偷走了我们最珍贵的青春年华，偷走了我们最宝贵的纯真童心，更偷走了我们获得快乐和幸福的好奇心。如果没有好奇心，这个世界将变得沉闷、无趣。一个没有好奇心的人，是无法收获探索、尝试所带来的那份惊奇的心情的。好奇心更是女人不会变老的一剂良药。

有着好奇心的女人，优雅高贵的内心中隐藏着调皮可爱，文静稳重的外表中透露着天真活泼，睿智聪慧的样子中又多了那么一点点古怪精灵。成熟的女人，因为那份难得的好奇心而变得分外美丽；因为那份好奇心而变得宽容与大气；也因为那份好奇心，而多了几分魅力与恬静。这些拥有好奇心的优雅女人们，总是让男人忍不住想要看着她，保护她。

女人，请唤醒你那沉睡的好奇心，即便朱颜不在，依然敢于去冒险，去尝试，去发现周围的美丽，然后发自内心地去笑、去分享。历过现实岁月的洗礼而依然还能保持一颗好奇心的女人，无疑是幸福的。但是，好奇心也是需要培养和呵护的。

有人说，人的一生犹如戴着脚铐在跳舞。戴着脚铐连走路都异常困难，更何况跳舞？当我们的心灵被这个世界的条条框框所牵绊的时候，当我们的行为被社会准则所束缚的时候，当我们的情绪被外界的是非曲直所影响的时候，就会很难保留一份好奇心，也就无法去自由地表达自我。所以，我们要学会倾听自己来自心灵深处的呼唤，时刻想着我"愿意"怎么做，而不是我"应该"怎么做。

孩子的心灵是最纯净的，他们的眼睛总是那么明亮，他们对世界上的任何事物都充满了好奇，"为什么"常常成为他们的口头禅，敢于探索是他们获得意外惊喜的源泉。作为女人，也要保留一双充满好奇的眼睛，这会让我们发现其实这个世界还是很精彩、很丰富的，而且还会为你带来惊喜连连。如果一个女人没有好奇心，那么世界也会对她失去好奇，生活将会变成一潭死水，毫无生趣。因此，请用孩子般的好奇眼睛去观察这个世界，探索这个世界，不断丰富自己的阅历，享受生活。

女人，你还记得最初的梦吗？那最初的梦想实现了吗？你现在还有梦想吗？拥有梦想并不是孩子们的专利，只要拥有梦，你也会拥有孩子般好奇的眼睛和一颗充满疑问的好奇之心。当你的内心被五彩绚烂的梦想充斥时，你就没有多余的时间去面对世间的纷扰，你会用更多的时间和精力去发现这个世界的奇妙之处，生活会增添无限的乐趣。

女人，你可以试着去亲近大自然，大自然是一个充满奇幻色彩的国度，那是最能激发你好奇心的地方，春天百花争艳，夏季雨打芭蕉，秋风吹来红叶，冬雪寒梅傲放。对大自然充满了好奇，你就会惊奇地发现更多的美景，也因此享受到了更多乐趣，生活就会变得丰富，人生也更加精彩。经常到大自然里走一走，会让我们的好奇心得到释放和回归。

女人天性就有一颗好奇的心。但是好奇也有个限度，适度的好奇心会给我们带来精彩无限，保持适度的好奇心可以使女人变得充满童趣而显得极为可爱。但是，如果好奇心过重，则会带来无尽的烦恼和没完没了的麻烦。我们应当对美好的事物充满好奇，而不是对丑恶的东西产生兴趣；要对大自然勇敢探索，而不是想尽办法探听别人的隐私；对积极的生活努力向往，而不是追求一时的冒险刺激。女人，在运用自己好奇心的同时，也应该学会如何控制它、引导它，否则就会出现好奇害死猫的场景。

好奇心，是人生的一种积极的态度，是生命探索的源泉，是我们对生活、对世界的渴望和热情，对生活、对世界发自内心的欣赏和热爱，从中收获，然后享受生活。拥有好奇心的女人，是真正享受生活、懂得生活的女人。她们对一切积极的东西都充满了好奇，为此去勇敢地追逐，去探索，去挖掘，然后收获新奇。女人，那充满好奇的眼睛是最迷人的，充满好奇的心灵是最纯洁的，那充满好奇的生活最绚烂的。

女人，请唤醒你那沉睡已久的好奇心，让它洗涤我们的心灵，可以带我们冲破沉闷的生活，可以带我们享受大自然的奇幻溢彩，它可以让你永葆童心。让我们心怀好奇，亲近大自然，感受生活，为我们带来新的启示、新的知觉和新的发现。

终身学习是智慧美女的保证书

现代社会竞争异常激烈，为了保证自己得到称心如意的工作，女人需要把自己当作"蓄电池"，要不断给自己充电。边工作，边学习，不断充实新知识，掌握新技能，了解新信息。只有具备真才实学和专长，才能增强自己在职业选择中的竞争力。

女性魅力的内涵会是一成不变的吗？答案是否定的。世界上唯一不变的只有"变"。一方面来讲，女性魅力的内涵一直在随着社会的进步、人们观念的更新而不断地发生着变化。其中有很多精粹在经历过岁月的洗涤，经过日新月异的变革，依然历久弥新。也有很多曾经被认为是魅力的元素逐渐被淘汰，伴随着新时代的人们的需求和审美的变化，更多的新元素加入进来。另一方面，在同一个时代，不同的国家、不同的文化背景、不同的历史沉淀下，人们对于女性魅力的认知也略有不同。即便是在当今世界，这个全球经济、文化迅速融合互通的环境下，人们对于女性魅力的领悟和体会也是多种多样的。

魅力的内涵总是在不断地变化着、发展着，对于那些渴望魅力、追求魅力的女性来说，这是一种全新的挑战。只有不断完善、调整、丰富和充实自己，才能保证魅力持久，永远光彩照人。而能够让魅力永不消失的法宝之一就是终身学习。曾经有一首歌叫作《终身美丽》，这可是每个女人的终极梦想啊。终身学习，的确是可以让自己保持持久魅力的好途径。

在过去，人们只满足学校期间的学习，那个时代，社会发展比较缓慢，一个人从小到大通过学校教育所得到的知识储备足够他在生活中正常与人交往。但是，现在的情况已有所不同。据相关数据统计，在工业经济时代，人们普遍需要学习的年龄段是 6～23 岁，而当迈入知识经济时代后，知识半衰期急速缩短，知识裂变速度"一日千里"，终身学习已经成为人们一种迫切的需求。只有终身学习，才能让女人永远拥有丰富的内涵，永远立于时代的前沿，绽放魅力之花。

女性的学习，不仅仅是将头脑里的知识以及陈旧的观念全部更新，更为重要的是，学习是一种思维能力的不断激发和创造。如果你仔细观察那些善于学习、勤奋学习的女性，你会发现她们的眼中有着与旁人不同的清澈神采以及一种积极向上的精神。

终身地、持久地学习，会为广大女性的心灵提供一个广阔的认知天地。一个宁静的夜晚，打开桌上的台灯，翻开带着油墨气息的书卷，就如同翻开一个广阔的世界。漫步在书海里，可以与古今中外的名人来个彻夜长谈或者去游览世界各地，无限书海，任你遨游。

终身学习，还能够修炼女性的沉静、耐性与韧性。其实，学习不难，而难就难在"终身"二字。最怕是那种一时的冲动与激情，有的人去图书馆办了一张借阅卡，借过几次书后，就将它扔在不知名的角落里与灰尘做伴。终身学习，最忌的就是三分钟热度，一天花三小时的学习、下一个三小时就出现在半年之后，这样远不如每星期花三个小时的学习有效率得多。

美籍华人李玲瑶在学校期间就非常好学、非常聪明，她不但勇敢、干练、聪颖，而且性格也非常开朗，老师欣赏她，同学们拥戴她，时常被邀请去电视台主持节目。曾有人称赞她为"美得耀眼的女生"。

在中美还未建交期间，李玲瑶在华盛顿担任全美华人协会华盛顿分会负责人。1979年的时候，她和杨振宁一样，是邓小平访美接待小组成员。后来在中美建交的仪式上，她作为华人代表被邀请到白宫观礼。在这次建交的华人庆祝大会上，李玲瑶担任大会的司仪。后来她在美国读完计算机学位后，又在硅谷做了八年的资深电脑分析员。与此同时，她丈夫胡公明——台湾清华大学高才生完成了核物理方面的深造，顺利拿到了工程博士，在著名的通用电气公司任职。

后来，他们夫妇俩准备开创自己的事业，于是在硅谷创办了属于自己的公司。不到两年，他们通过自己的努力完成了自己的第一个目标，成为百万富翁。同时，公司开始多元化发展，开发了房地产和进出口贸易，并在北京和香港等地都设有办事处。此时的李玲瑶从一个纯粹的文化人转变成了一个干练的女企业家。1984年的时候，李玲瑶被邀请回国参加国庆35周年庆典，从这开始，她决定在内地投资，同时说服很多美籍华人回国投资或为祖国引进新的技术。

在此期间，她明显感觉到自己在经济理论方面的知识不够充实。于是，48岁的她又重新进入学校学习，上课的时候她坐在第一排的正中间，从不落下一次课，像刚上学的小学生一样，认认真真做每一份练习。在校期间，她还自学了经济学本科方面的所有课程，就在她硕士加博士的五年里，她足足学完了经济学九年的课程。之后，她又上北大去学习，并顺利戴上北大的博士帽，她成为了一个学识渊博的魅力女性。

善于终身学习的女性，就如同一块海绵，无时无刻不在汲取周围的知识水分。她能够充分敏锐地感受到新的知识、新的思想，也许她长相很普通，外表很安静，但是她的内心和思维总是充满了活力，懒惰永远不会出现在她的字典里。就像一盏油灯一样，总是灼灼地燃烧着，燃烧的同时不忘修剪灯芯，还不时地添加新的灯油而使其愈燃愈旺、愈燃愈亮。

那么，女人要如何养成终身学习的好习惯呢？

1. 熟悉多种渠道的学习方式

女人要学习的不仅仅是知识，还包括思维、技能、情趣、品位、能力等，甚至人的性格都可以在学习的过程中不断地完善与成熟。知识的来源不仅仅局限于书本，包括音乐会、讲座、画展、网络，甚至是一次与成功人士的谈话、一次工

作中的合作项目，都是不错的学习机会。当今社会中，科技的发达，使得信息的传输和交换变得唾手可及。选择单一渠道学习的人，容易知识闭塞而狭窄；而熟悉多元化学习渠道的人，则知识广阔而敦实。

2. 掌握各种学习的机会

女人，当你感到自己需要再次"充电"，而机会正好到来的时候，千万不要犹豫，一定要赶紧抓住。不要因为嫌弃路途远而错过一场动人的音乐剧，不要担心岁数过大而放弃繁杂的电脑知识。要善于把握住每一次学习的机会，这样我们才有更多的收获，心灵才会变得富有。

创新知识赋予女人的个性

创新能力是现代女人最优秀的素质。这个时代的女人，比任何时代的女人都充满了自信、勇气和挑战，她们敢于选择自己的生活，有新型的价值观念、家庭道德观念及行为方式；她们渴望成功，挑战成功，因为她们是充满智慧、拥有创新能力的新女人。

这是一个"男女平等"的自由时代，是男人与女人共同推进社会向前发展的时代，是一个女人也可以自由选择职业、选择自己生活方式的时代。想要做什么、如何去做，女人都可以去自由地发挥。

这是一个大变革的时代，女人们不应该只是沉睡在自己封闭的梦境中，更不该束缚在过去传统狭隘的消极观念中，因为女人也可以成为生活的强者。当然，女人可以只求安稳，碌碌而活，只是这样的生活会了无生趣，成为男人的附属、孩子的保姆，这是我们不愿看到的。所以，我们必须要改变。路在我们脚下，命运掌握在我们自己的手中。

瞬息万变的快节奏生活空间，为我们每个人都提供了公平竞争的机会。女人也顶半边天，这是这个时代历史性的必然发展。

出色的女人从不人云亦云，而是善于独立思考；出色的女人从不跟随别人的脚步，而是勇于开创一条属于自己的路；出色的女人绝不甘于平庸，而是勇于创新、开拓。

　　38 岁的马子涵如今是一家知名房地产集团的副总裁，尽管已年近 40 岁，但是却不影响她拥有绝佳的气质，这份气质不仅仅体现在她的穿着打扮和言谈举止上，还凸显在她的工作中。

　　三年前，她曾去一个濒临破产的制衣厂进行考察。当车子刚开进厂区，一股清新的空气扑面而来，这让她大为震惊，眼里到处都是高大的绿油油的大树，阳光下，微风吹着树叶沙沙作响，如同童话中的森林一样幽静、清新。马子涵在一瞬间找到了创作的灵感。

　　这个美丽的地方符合太多她一直以来追求的东西。尽管她大学学的是"通信工程"专业，而对艺术的热爱和文化的追求从未放弃；慢慢地这种爱好转移到了建筑上，她便爱上了创新建筑学，自然和环境和谐正是她创新的要求。

　　工作之余，马子涵总喜欢到世界各地去旅游，尤其是当地那些富有特色的建筑艺术，简直让她流连忘返。她去过很多的国家，如美国、欧洲各国、日本、泰国等，每次都带回几千张照片资料。

　　一次在比利时的布鲁塞尔，一座非常漂亮的建筑让她非常喜欢，为了表示对建筑的敬意，她如同虔诚的教徒一般，步行了两个小时才走到跟前，她在那里待了很久，拍下了很多照片。在她眼中，每座建筑、每个楼盘都包含了设计者的用心，这些都值得她去学习。不过，她从不去生搬硬套，而是学习其中的精华之处，吸收并消化，然后再将自己的想法和本地的居住文化和建筑特点融合到一起，加以创新。

　　所以，当她第一眼看到那个绿树葱茏的小森林时，内心充满了一种渴望创造的冲动和激情。马子涵决定在这个破旧的花园式工厂的基础上建造一个高品质、绿化覆盖率大的"森林都市"。

　　这个小区的独特之处，就是在保留了绿化的同时，将那些原来厂房中毫无用途的废旧机器做成雕塑。她请了 20 多位国内外知名的艺术家来做创造，原料就是工厂里原有的机器设备、生产的产品零部件，最终使雕塑成为"森林都市"的一部分。

　　她吸取了国内外先进楼盘的设计理念，在新建的原生态小区中，每四层都开辟出一个公共的空间，面积大概 200 平方米左右，在里面放置了绿色植物和桌椅，可供小区居民们休闲娱乐。她的创新还体现在阳台的设置上，那就是将阳台的一半做成伸展出去的菱形，人们站在阳台上，视野会更开阔，也拉近了与自然的距离。

为了保护那些大树，她又邀请美国某知名大学景观设计系的导师做技术指导，来指导园林工人，将这些大树进行安全全冠的移植。年代长久的大树保住了，森林都市也变得更加美丽。

就连造房挖出的土，她也像宝贝一样的保留下来，因为土里有很多珍贵的树种和草籽，她还每天安排园林工人浇水。她希望新建的小区到处都充满自然的气息，那就必须保护好它们。如今，在活动中心的北侧，小山一样的土堆上已经长满了各种各样不知名的野花和狗尾巴草。

这就是马子涵的品位。她不会跟风地去做什么"欧美风""南方小镇系列"等楼市的概念，而是在复杂细节和历史文化与现代技术的融合中寻求创新，让自己的房子既有极高的品质，也能凸显出大气的现代风格，还有很多环保的绿色气息。这就是创新带给马子涵的高品质成功。

从生活中，女人要学会去探索、去寻找，在创新的国度里自由地奔跑，你会发现世界的美丽，也会发现自己的改变，懂得改变，懂得创新的女人，永远不会死气沉沉。

第十课

淡定，让女人更从容

与其声嘶力竭，不如莞尔一笑

声嘶力竭、恼羞成怒从来都不能挽回一个女人的自尊，反而会让女人精心维护的优雅形象瞬间消失殆尽，让其在别人心目中的气质修养荡然无存。所以，遇到不愉快之事时，不如莞尔一笑，淡然处之，这样更能体现出一个人的修养和人格魅力，也更能获得生活的美好。

很多人一定记得《武林外传》中的大嘴郭芙蓉，每次当她生气抓狂要发飙的时候，总是自言自语地说："世界如此美妙，我却如此暴躁，这样不好不好。"那副傻里傻气又滑稽的神情，给我们带来了欢乐，也给我们留下了深刻的印象，看着她这么可爱的样子，任何阴霾瞬间烟消云散。

古人常常说："病从气上得，气在病中走。"人的各种怨气憋屈积压在心里是最容易伤害身体的，而这也是经过了医生和科学家的科学论证的。据说，人体在生气发怒时会呼吸急促，肺部快速扩张，自然增加了氧气的耗费量，一系列的反应会最终导致人体处于一种失控的状态。更严重的是，当一个人在精神上遇到重大创伤和挫折，即使心理平衡能力再好，后期调理、恢复得再快，一般也要损命一年。当然，不仅身心上，容易生气发怒的人也会给他人和社会带去伤害，历史上有名的"冲冠一怒为红颜"就是一个典型的例子。

我们每个人都是独立的个体，有着对世界和人生的各种看法，当遇到委屈的事情，遇到与自己相反的意见，看到生活中不平的现象，生气和发泄自然在所难免。那么如何合理而巧妙地避免这些现象给自己带来伤害，如何有效地让自己尽量少生气、少动怒呢？知名影星刘晓庆曾经接受记者采访时被问道："您作为一个成功的女性，您认为您最成功的地方在哪儿呢？"刘晓庆回答说："我没有其他优秀之处，我最成功的地方就是我的性格，这也是我的保养秘诀。在生活中我一直是一个乐观、开朗的人，生活中事业上都保持了一种向上、蓬勃的状态，跟我接触久了的人都知道，一个月都很难见到我生一次气，就算遇到什么闹心的事儿，每次生气也超不过三分钟。"

女人是天生的感性动物，容易情绪化，容易受到外界事物的感染。很多女性容易胡思乱想，遇到一点小事便失去冷静、动起怒火来。回顾一下你过去的生活，是不是有一些时刻，你突然变得无比的愤怒，想要大声喊叫，好像不歇斯底里不足以表达自己的愤慨？甚至你可能情绪失控，不再顾及自己的淑女形象，而直接大喊大叫起来？但声嘶力竭的发泄过后，你可能并没感到快乐和轻松，反而会陷入更深的苦恼和愤怒当中。坏脾气的破坏力是极强的，它会让一个外表看起来赏心悦目的女人瞬间失去自尊和优雅，变成一个不那么美好的女人。

"优雅的女人是不生气的"，这句话是"史上最美女人"著名影星奥黛丽·赫本的人生箴言。女人如水，应该是柔软的、温柔的，善解人意、善于转化现状的，而不是像火一样的暴躁和伤人。有魅力的女人首先要懂得管理好自己的情绪，保持平和的心态。那些爱发脾气、心里总是压不住火的姑娘，不妨自己想一想，我们有多少次情绪失控像一个泼妇一般伤害了他人和自己？那些不良情绪如洪水猛兽一样无情地吞噬了自己的同时，也危及身边那些爱你的人。

不生气是可以做到的，只要我们懂得控制住自己的情绪，控制自己的脾气，从容淡定，尽量避免外界对于我们自身的影响，凡事多思考一下后果，多为他人考虑一些，不论遇到什么烦心事都能淡定地来面对自己的状况和处境。下面这个故事或许可以给我们一些启示：

曼丽新买了一件漂亮的连衣裙，一大早就穿着这条价格不菲的裙子去上班了。可谁知，上班的路上被一个骑自行车的人碰到，裙子质量虽好，仍然被车子撕开了一条小小的口子，看到刚买的这件新衣服就这样划出了裂痕，曼丽顿时觉得怒火中烧。不管三七二十一，曼丽当即和骑自行车的人大吵起来，不仅要求对方赔礼道歉，还要求别人拿钱买一条新的裙子。大清早的两个人就这样纠缠起来，心里都憋着一股闷气。而周围的人也停下匆匆上班的脚步，停下来以异样的眼光打量着她们，这人群里说不定有认识曼丽的人。曼丽的声嘶力竭并没有把裙子变好，反而让她自己漂亮又知性的形象大受损失。

回家后，曼丽仔细想想今天发生的事情，觉得还是有些过意不去。后来，再遇到这种事情，曼丽虽然心疼，不过已经懂得如何去处理，她会微微一笑，幽默地说上一句："是不是我的衣服太好看了？"有一次，她竟然因为自己的灵活应变而结识了一个朋友，那位朋友说："我从你的表现中看到了你的为人和淡定，所以能和你这样的人做朋友是我的荣幸。"

动不动就歇斯底里是一种非常没有教养的表现，一个成熟的女人绝不会做出如此不理智的行为，因为她们知道，当自己的权益受到损害或者遇到让自己心理不平衡的事情就大发雷霆是不会给自己带来任何好处的，她们懂得控制自己的情绪，懂得淡定从容的女人才会更加的美丽。她们也知道，声嘶力竭不仅不能挽回你的自尊，反而会彻底丢掉你的自尊，破坏你在他人心目中的形象，让你身上独具的魅力和气质荡然无存。将歇斯底里换成含蓄的莞尔一笑，用淡然幽默来面对他人的无礼和莽撞，更能将矛盾冲突化到最小，于你而言，这也是一种宽容和气度的体现，培养自己的宽容和气度则会让女人更加懂得生活的美好和获取幸福的能力。说不定，你的轻松一笑，也能让一个人怦然心动呢！

女人不必像男人那样，凡事都要争个输赢，对于女人来说，让自己活得淡定从容，活出自己的优雅和美丽就是最重要的事情。当你面对那些让你抓狂又无可奈何的事情，除了控制好自己的情绪，端正自己的心态，没有其他很好的选择了。只有冷静从容地面对这些生活难题，你才能够有更大的力量去面对那些生命中的险恶。努力修炼自己，把自己塑造成一束临风飘扬的崖边花，而不要去当让男人生畏的河东吼狮。

接受现实，是每个女人的必修课

生命有顺风和阳光，也有坎坷与沼泽，两者并存，不可或缺。人的一生不可能永远一帆风顺，任何一个女人也不可能从内到外完美无瑕。人生中遭遇到挫折也好，痛苦也罢，都要学会平静地接受现实。我们只有学会接受现实，才能努力用自己的能力去改变现实。不论一个女人的现状如何、遭遇了什么，她的内心都应该是盛开鲜花的广场，乐观而通达。学会让自己拥有顺其自然的心态，学会坦然地面对困境，你的生命会变得更坚韧、有力量。

也许现在的你经常抱怨自己长得不够漂亮，身材不够苗条，你总是认为变得再漂亮点才能让人们喜欢你；又有时候你觉得自己不够幸运，那些好机会好像都被别人取走了；又或许你在生活中经历了一些令你感到无法接受的痛苦和挫折，让你的内心倍感受挫，沮丧不已。此时的你也许会不停地哭泣，不停地抱怨自己和上天："为什么我这么差劲？""为什么倒霉的总是我？""为什么就我的生活这么不顺？""是不是我命不好？"……可即便你哭肿了眼睛、郁闷到极点，现实也不会无缘无故地发生改变。

香港影星刘嘉玲刚开始进入演艺圈的时候并不得意，那时候，初出茅庐的她备受各种冷眼热嘲，常常被人拒之千里。某次，她接受电视台的采访，她对主持人说："我的粤语说不好，大家常常嘲笑我是大陆妹。"那个时候，"大陆妹"的称号很容易被圈内人瞧不起，那代表着傻、笨、土，对于追逐时尚和炫丽的娱乐圈来说，这样的印象无疑让刘嘉玲很难生存下去，会让她的演艺之路走得异常艰难。从她的成长发展历程来看，无数次在事业上的挫败，无数次在感情上的打击，让她的生活蕴含着百般滋味。甚至曾经遭黑帮绑架的经历也让她的心里长久地蒙上了阴影。刘嘉玲说，她今天的成就不是那么顺利的，她听到的嘲笑声比得到的掌声要多得多。出道的时候，没有一个导演正眼看过她，和她一起出道的同辈拿过了无数次影后称号之后，她还是那个默默无闻的小角色，直到凭借《阿飞正传》中的角色在法国拿了影后之后，刘嘉玲才真正地为大家所喜欢。曾经和梁朝伟的爱情马拉松，更是别人指指点点的对象，两人在公众的指点和评说之中，分分合合了很多次。不过这一切都没有改变刘嘉玲的生活，她早就习惯了人们的说三道四，对此也早就不放在心上。她选择了低调，选择淡出人们的视野，即便是这样，曾经遭绑架时所拍的"裸照"竟然会被不良之人公开，原本平静的生活又开始沸腾起来。

面对这样的不幸遭遇，换做谁都很难招架，刘嘉玲并没有逃避躲闪，也没有被击垮，相反，而是以异常从容平静的心来处之。她勇敢且坦诚地向公众承认了照片上的人正是自己，并公开拍这些照片的缘由，将当年不幸遭遇的来龙去脉都公开出来。要知道，这背后所需要面对的强大的势力和压力足以毁灭她的前程。

这些事情没有让人们远离刘嘉玲，人们反而被她的气魄所折服，不管圈内还是圈外的人，都对她表示了由衷的佩服和欣赏。"当一个人的生命受到威胁而迫近死亡的时候，每个人都必须去面对并解决它。我不是一个坚强的人，但，我很幸运，我就好像是一朵向日葵，永远朝着阳光，阴霾永远在背后，所以，我对待每一件事都会用最简单的方法去处理，坦然地接受现实，再复杂的问题都会找到解决的办法。我的智慧仍然有限，到现在，我都仍需要不断地吸收知识。""裸照"事件过后，让刘嘉玲感到很意外的是，以前那些不怀好意的各种谩骂和绯闻戛然而止，一切不理解和诽谤在此刻突然间都烟消云散。刘嘉玲以她的坚强赢得了大家的欢呼声。刘嘉玲没有其他过人的秘诀，只是在面对困难的时候，她没有躲躲闪闪，逃避自己的内心，而是勇敢地承担起自己的责任，最终她不仅没有受到任何负面的影响，反而是得到了更多人的理解和赞扬。

　　人的一生必定会有风有浪，如刘嘉玲一样在我们眼中美丽、富有、幸运、完美的女人们其实也经历过很多痛苦和挫折，甚至多于我们常人很多很多。当遭遇困境时，不要哀怨、恐慌和逃避现实，勇敢地面对它，对它说"你尽管来吧，我不怕你！我有勇气面对，也有力量来解决你"；当你因自己不够漂亮、不够聪明而感到自卑和沮丧时，要学会改变心态，学会接纳自己，接受现实，并在能力范围内做出一些积极的改变；当所有事情已成定局，你为了改变现状之前也作出了不少的努力，但是成果却总是不怎么显著，那么何不学会转变心态呢？不要再耿耿于怀，不要再沮丧，试着接受现状的存在，把现在的一切作为一个新的起点，或许会更加豁然。

　　学会接受现实，用淡定从容的姿态面对人生中的一切。学会积极地看待人生，学会凡事都往好处想。这样，阳光就会流进心里，驱走恐惧和黑暗，驱走失望与沮丧，驱走所有的阴霾。

　　学会接受现实，用自己的努力去改善现实中的不如意之处。做一个内心强大而富有行动力的女子，不自哀自怜、一蹶不振。我们生下来不是被打倒的，失败只是我们进步的梯子，不是压倒我们的磐石。振作起来，行动起来，让所谓的"霉运"在你的手中被打造成好运气！

　　学会接受现实，坦然地为自己当初的选择埋单。要明白，除了先天的缺憾，现在所发生的事，归根到底都是之前我们自己选择的结果，即便环境恶劣、他人有错，但最大的责任还在于我们自己。但不要过于自怨自艾，发生的，已经发生了；过去的，

已经过去了，坦然地接受自己最初的选择和行为。正视挫折，学会自省和总结经验教训，下一个路口有好事在等你！

也许你会想，很多时候现实那么残酷，怎么可能如此淡定地面对？我生来自身条件就不好，怎么可能让我接受这样一个不完美的自己？别急，下面几点也许会给你带来些启示。

1. 丢弃完美，接受自己

接受自己，就是要学会正确面对自己，正视自己的优点，也勇于面对自己的缺点。每个人都是独特的有迷人之处的个体，要学会喜爱自己，不要总是盯着自己的缺点躲在角落里自卑。可以自问一下，我有哪些让我自己喜爱的地方？有哪些优点？把它们一条一条列出来，久而久之，你可能就会改变对自己的感觉。每个女人都不是完美的，有可能她个子矮，有可能她高度近视，有可能她有些愚笨，有可能她体重超标。但这又能怎样呢？我就是我，我爱自己身上的所有幸与不幸，而且我也会变得更好、更完美。

2. 这一切没有想象的那么糟

我们遭遇挫折时，会瞬间有一种天塌下来的感觉，觉得无法面对，觉得再也没有比自己更悲惨的人了。这个时候不妨冷静下来，仔细审视一下你现在所面临的困境。在你接受现实的过程中，当你分析你所面对的惨淡的现状，理智客观地思考一下，你就会发现一切没有那么糟糕。承认失败才能够重新来过，接受了失去的痛，我们才会更加懂得如何得到。

3. 做出积极的改变

当你遇到的难题是可以解决的时，不要因为棘手和害怕而一直逃避，这只会带来更深的焦虑和痛苦，勇于面对，积极做出改变。贫穷，那就努力赚钱，想办法创造财富；肥胖，那就好好减肥努力变瘦；工作搞砸了，那就想办法尽力弥补；和老公一直有很深的矛盾隔阂，那就把问题好好挖出来尽力解决和改善。要记住，逃避现实永远无法改变困状，面对现实、积极行动起来解决问题才是王道。

做一个内心强大、坦然面对现实的女人，把挫折当成眼中的一粒轻沙，眨一眨眼睛，就足以将它淹没。不要放大痛苦，不要躲藏和逃离。笑对现实，继续前进。

人生得意也淡然

聪明的女人要"耐得住寂寞，经得起喧嚣"。在这个张扬而浮躁的年代中，许多女人都喜欢炫耀财富和美丽，得了志或出了名而张狂到忘乎所以的女人也比比皆是。虽然也有诗云"人生得意须尽欢，莫使金樽空对月"，但是"得意莫忘形"，是为人处世的最基本而又最实际的人生哲学。

我们的人生中总会拥有一些令自己感到骄傲自豪的东西，也会遇到一些值得得意的幸事，比如交往了一个事业有成、外表俊美的男友，比如得到了一份令人羡慕的好工作，比如拥有姣好的容貌和傲人的身材，比如拥有优于普通女人的高学历和高智商……这些资本和幸事确实使得我们感到高兴。但有时你会发现，这些让人开心的好东西，给了你满足和固有的优越的同时，也让你浮躁起来，甚至忘乎所以，迷失了自己。

很多女人曾经热烈地为了一点点虚荣狂奔与追逐，也许曾经有很多女人是如此眷恋名利，把任何一次掌声与喝彩看得很重。她们忘记了自己是谁，也不关心自己是否真的幸福，似乎满足虚荣心成了人生的唯一目标。当一个女人每天在你面前炫耀自己的财富和容貌，吹嘘自己的能力，一副全天下我最牛的样子，你会喜欢她么？试想，一个光华内敛、宁静自持的女子，和一个张狂轻浮、得意扬扬的女子，你会喜欢哪一个呢？得意张狂不懂得谦虚的女人最可悲之处是失去了最起码的优雅和教养，让她在人们的心中丑态尽显。

在一次舞蹈大赛中，张晓意外地得了一个二等奖。作为一个非专业舞蹈演员，她对这个荣誉感到非常的惊喜。张晓喜滋滋地想："这可是国家级的奖项啊。有多少参赛者都纷纷落马了，可自己却得到了，真是太棒了。"

得奖之后的那几天，张晓每天心情大好，她走路都是哼着小曲儿，脚下轻飘飘的。于是就和老公商量："咱也获奖了，要不叫几个朋友聚聚？"

老公沉思了一会儿，说："你能够获奖当然是值得高兴和庆祝的，我脸上也有光彩。咱叫几个朋友聚聚庆祝一下我也觉得没什么。可是你想了没有，我们张罗大家聚聚的目的是什么？无非是向人家证明，你在舞蹈大赛获奖了，你跳舞跳得厉害、有实力，这样，咱是不是有些显摆了？咱不是显得有些张扬了吗？"

老公的一席话像一盆冷水，当头浇下来。张晓这些天膨胀的头脑立刻清醒

了，"是啊，自己现在的想法和做法不就是显得有点儿张扬了吗？是不是该低调行事才好一些？"张晓拍着脑瓜，对自己之前的想法感到有些惭愧。

张晓是个聪明而机灵的女人，老公的一席话让她立刻从忘乎所以的兴奋当中清醒过来，明白了在荣誉面前保持低调和淡定才是最正确的。一个智慧的女子在拥有很多常人羡慕的东西的时候还能够保持清醒的头脑，不趾高气扬。一个淡然的女子懂得在得意的时候仍保持平常心，喜而不狂，从不炫耀卖弄，平静安心地过着自己的日子。

人生得意也淡然。宠辱不惊，闲看庭前花开花落；去留无意，漫随天际云卷云舒。在浮躁的世俗中修炼出宠辱不惊的本领，是提升你自身素养和幸福感的通道，也是让你变成一个更迷人、更受周围人喜爱和羡慕的女人的金钥匙。那么我们该如何掌握这把金钥匙呢？

1. 停止炫耀卖弄

"你看，这是我从香港带回来的 LV 包包，今年春天最新款的！""我老公送我礼物了，又是卡地亚的镯子。"这些话是一些女人喜欢挂在嘴边的，尤其是在跟同性聊天时，更喜欢这样有意无意地炫耀。当你发现自己有时候也会犯这样的"毛病"时，赶紧停止吧。在你不停炫耀的时候，也是让你不停被他人所反感的时候。拥有东西比你更多的女人会在心里轻蔑一笑，没有你富有的女人也许会因为嫉妒和觉得你瞧不起她而在心里默默地把你拉进黑名单了。一个有内涵、有修养的女人即便拥有全世界的财富、美丽和好运，也不会一直不停地向别人炫耀来显示自己高人一等的，但她们从来都是人们羡慕和尊敬的对象。记住，好东西不是炫耀出来的，炫耀只会让你更丑陋。

2. 平易随和，不盛气凌人

虚荣心、自负心过度膨胀的女人总是表现得那么高高在上、盛气凌人。殊不知一个爱摆架子、过于把自己当回事儿的人是招人厌恶、人见人烦的。他们会让周围人感到很累。他们不喜欢听取别人的意见，不尊重别人，肆无忌惮地把自己当成太阳，这样一来，周围的人也就渐渐疏远了他们。与其做个孤芳自赏的高傲公主，不如放下你身上的"臭架子"，做个善解人意、谦虚随和的女人，平心静气地与人谈天说地，尊重和夸赞身边的人。不论是同性还是异性，都会喜欢随意、柔和、温婉的女子，而不是盛气凌人、骄傲跋扈的女王。

3.学会忘记，继续前行

那些你已经取得的成就确实是值得骄傲的，他们对你的实力和努力做出了肯定。但要记住，过去的荣耀只能代表过去某个时段的你。生活始终在继续，人生时时有变化，我们要在将来的美好中生活，而不是在过去的荣耀上睡觉。为了创造出你未来人生新的美好，需要随时忘记你正在拥有或曾经拥有过的荣光。保持一颗谦虚、谨慎的上进心，继续在让自己的生活在更美好的道路上前行吧。

每个女人都拥有一种幸福，这个幸福就是现在

对于已经失去的东西，我们往往认为它是美好的，总是把它想象得超乎本相的好，在心理上保存下来它的完美形象。而对于得不到的东西，我们常常加倍地渴望，甚至把它视为一个迫切想实现的梦想。其实，幸福本来就是现在。往事再美好或者再痛苦，好在都已过去，记着或遗忘，都不重要。明天会是什么样，也是一个未知数。只有现在可以把握在我们手中，眼前的幸福是最值得珍惜的、享受的。

叔本华曾经说过："人们往往身在福中不知福，大部分人只有当不幸降临到自己身上时，才盼望那些幸福的日子再次来临。"我们时常不安于现状，对现实充满不满与抱怨。我们习惯于沉浸在过去的美好之中，也喜欢说"以后我会怎么怎么样""将来的生活会怎么怎么样"，而常常对现在自己所拥有的一切熟视无睹，忽视了现在的幸福。其实，那每一个令你怀念的美好过去，曾经都有个名字叫"现在"；那些令你憧憬的未来，有一天也都会变成"现在"。珍惜此刻的自己，珍惜眼前人，珍惜当下的生活，珍惜现在所拥有的一切，才能让一个女人真正获得恒久的幸福。

地震那天，家在四川的王芳如平日一样一早来到办公室，倒一杯热水，刚坐在电脑前准备办公，突然，椅子开始剧烈地晃动，她以为是头晕产生的幻觉。这个时候办公室的吊灯突然晃掉了，她马上反应是地震。

飞奔下楼，惊魂未定的王芳急忙开始给家人、朋友打电话，却是一个都打不通。那时，王芳和很多人一样紧张得仿佛末日来临一般。后来，震动结束后，用

办公室电话终于打通了家里的电话，父母没事，爱人没事。王芳又急忙赶到学校去接了女儿，看到女儿也平安无事，这才放下心来。

接下来的一段日子，王芳全家人是在余震中提心吊胆地度过的。为了安全起见，全家人在车里和露天席子上都住过。每当清晨醒来，看到阳光，感受清风，知道一家人还好好地活着的时候，王芳就觉得特别的知足和感恩。

经历了那场地震，看过生命中太多的悲欢离合后，王芳开始分外珍惜自己的生活，珍惜自己的家人和朋友。她说："生命有时候是无常的，人生之路谁也不知道终点在哪里。明日复明日，可那一个明日却是永远也看不到的。好好珍惜现在吧！在静静的呼吸间，感受生命的美好。毕竟有多少人已经无法感受这一切了，而我们还拥有现在，我们还有生命去感受和体验快乐和痛苦。"

正如王芳所说，人生无常，我们所能真正把握和珍惜的只有现在。很多女人一直生活在幸福之中，却总是在茫然地追问幸福在哪里。她们撇开眼前的幸福，徒劳地为镜中花、水中月奔波劳碌，却从来没有发现幸福的真相，而再回首时，才发现那些曾经拥有的幸福消失了。要知道幸福就是现在时，快快乐乐善待现在的每一份拥有，过好现在的每一天，不就是一种幸福么？

每个女人都拥有一种幸福，这个幸福就是现在。往事再美好，都已经只变成珍藏在心底的回忆。明天会是什么样，充满了无常和未知。把幸福寄予当下，感受此刻生命中的阳光和微风，感受此刻自己的哭泣与欢笑，感受此刻的亲情、友情、爱情，这一切不是很幸福、很美好么？学着珍惜现在的每时每刻，珍惜现在的人和事，过好自己的每一天，享受专属于你的美好人生。

尽情地享受生活，感受当下的每一丝美好。春天来了，就出去踏青，趁此时春光大好；遇到自己喜欢的衣服，有能力买就买下来，趁此时它在你身上最美；拥有爱情，就全情投入好好享受吧，趁此时你们最相爱；有想做的事情，就大胆地行动起来，趁此时你还有热情。

珍惜现在其实也是在珍惜未来，把握住现在其实也把握住了美好的明天。安心地放眼于当下的生活，努力在现实的田野上播下希望的种子，享受一步一步向目标靠近的过程，然后等到未来收获更多的幸福和美好。

如果此刻身处幸福蜜罐中的你依然看不清幸福的模样，依然只能看到现状的不尽人意之处却忽略了美好，不妨来一起做一做幸福练习吧，也许你能从中发现，原来，幸福就在当下；原来，幸福一直都在你身边。

（1）买一个幸福笔记本。在本子上写上20条现在你所拥有的宝贵东西。比如贴心的丈夫、健康的身体、良好的品质、甚至是一顿美食。想写什么就写什么，在写的过程中其实你会发现，你所拥有的幸福不止20条。那就一直往下写下去吧，把你无限的幸福延续下去。这样的幸福清单会让你真切地感受到原来"现在"就是最大的幸福。以后的每一天每一秒遇到让你充满幸福感的事情时，都可以及时记录在幸福笔记本上。感到生活有阴霾时拿出来翻一翻，它会给你带来一丝阳光；感到身心疲惫时拿出来翻一翻，它会给你带来充满温暖的正能量。

（2）在自己目光经常看到的地方贴幸福纸条。"我是最幸福的女人""我每一天都过得很愉悦""当下的生活是最好的生活"……随便写，用颜色醒目的笔写下你的幸福宣言和感受，时时刻刻提醒自己：我是幸福的，现在是美好的。

静下心来，放下心灵负担，仔细品味你已拥有的一切，学会欣赏自己的每一次成功，每一点拥有。这样你就不难发现，幸福就在你的手里。

心淡如菊，楚楚动人

女子如菊，淡雅宜人。人淡如菊，淡在荣辱之外，淡在名利之外，淡在诱惑之外。拥有这样的淡，会让一个女人不论多大年龄都能散发出楚楚动人的味道。学着做个淡定、洒脱、睿智的女人，在滚滚红尘中，击破纷扰，洞察世事，用出世的心面对入世的生活，达到"落花无言，人淡如菊，心素如简"的境界。

在一期《家庭演播室》节目中，请来的嘉宾是"肥猫"郑则仕。主持人问他，最欣赏妻子的哪一点。"肥猫"含情脉脉地看着坐在身旁的妻子，笑着回答："我最欣赏她心淡如菊。"心淡如菊，是一种平和宁静、淡定自如的心境。心淡如菊，也是对一个女人最好的赞美词。真正的美丽一定是由内而外散发出来的，这就是"心淡菊花"的女人美之关键。这样的女人秀丽脱俗，她们是优雅的、明净的，也是聪明的、知性的。

但是很多时候，很多女人的内心都为外物所遮蔽、掩饰，浮躁的心情占领了我们整颗心，我们常因外界的作用扭曲了内心的声音，争取了很多并非自己内心真正想要了东西，做了很多与心愿相违的事情：放弃了自己真正爱的人，嫁给了一个有钱的男人，因为别人说这样才能过好日子；放弃了学自己喜欢的专业，选

择了眼下最热门的专业，因为所有人都在说这是最有潜力与前景的专业。现代人惯于为自己做各种周密而细致的盘算，权衡可能有的各种收益与损失，殊不知很多时候这才是我们内心痛苦的根源。我们放弃了倾听内心的声音，使得人生充满了遗憾，更可悲的是，很多遗憾从未被我们察觉出来过。

给生活留有一点空隙，保持内心的宁静，用淡泊梳理人生。人淡如菊，心静如水。当你的心平静下来，当你把心从世俗的浮躁压抑中拯救出来，当你在心灵中注满愉悦和喜乐时，你才能真正倾听到从内心发出来的声音，才能真正了解你的内心。这个时候你就会发现，原来世界并没有我们想象得那么拥挤，生活也没有我们想象得那么痛苦难耐，我知道自己真正想要的是什么，我也知道该以怎样的方式度过我的人生。

心淡如菊，以一份洒脱娴静的心态来面对喧嚣的红尘。静静地观看这个世界，默默地思考周围的人和事，以清醒冷静的态度面对生活。让遗憾沉淀在记忆里，把沧桑隐藏在心底里。不以物喜，不以己悲，豁达宽厚，远离庸俗，才能保有健康的心智，享受到人生的乐趣。也只有守着一颗恬淡明净的心，美好才会造访你的身边。

心淡如菊，在柔软的内心深处，把自己还原成那个本真纯洁的自我。抛却很多的繁杂，做回简单的自我。是一条小鱼，就欢快地在水中舞蹈，不用去羡慕鸟儿的飞翔；是一只鸟儿，就自由地在天空翱翔，从不探寻水底小鱼的去向。热爱美丽，但却崇尚自然，寻找快乐，却依然守望简单。用纯净的心去拥抱这个世界，让生命健康蓬勃地发展。

心淡如菊，在生活中像一朵雪菊般内敛而朴实，散发着淡淡的花香。虽然人生总有激情之时，虽然许多人都向往刺激的生活，但生活终将归于平淡，人终将归于平淡，一如平实淡定的菊。花开无言，盛开却不怒放，凋零却不惨淡，永远保持从容优雅的姿态，追求内心的平静与和谐。

心淡如菊的女人虽然是淡淡的，却有着非常强的吸引力和穿透力，和这样的女人在一起时，她就是那朵菊，安静、恬淡，散发着迷人的味道。在内心里做一个修行者，拥有心淡如菊的境界，是值得我们每一个女人修炼的。那么，该如何做到心淡如菊呢？

（1）正确地对待自己，拥有一颗平常心。在竞争激烈的社会中，学会舍弃争强好斗的态度，放下执念，饶过自己。要知道山外有山，天外有天，天下能人比比皆是，自己能做到的别人也能做到，甚至做得更好，始终保持过度争斗的态度，则斗争也永远无穷无尽。功与名，也不过是高山上的一株草；爱与恨，也不过是大海的一滴水。在世事的纷乱和潮起潮落的人生中，正确对待自己，保持一种遗世独立的从容和淡定。

（2）把时间用在投资内心上。太阳总是在有思想的地方升起，舍弃一些应付生活琐碎和玩乐的时间，拿出一些精力放在提高自己内涵和精神境界上吧。在周末的下午为自己沏一壶茶，手捧一本书，细细品味；在闲暇时间练一练瑜伽，静坐冥想，来净化自己的心灵；多与平和、愉悦的智者交流，从中领悟人生的哲理，提升自己的思想境界。

（3）在心淡中求满足。心淡如菊是一种心境，与金钱、权力和名气无关，只要觉得自己活得自在，只要能宽容地对待生活，对身边的人有爱的能力，做到伸缩自如，清静、安宁、祥和、知足而尽兴地享受生活的乐趣，那么，心里自然就会盛开一朵菊。这个时候你也会发现，尘世的一切原来可以这样简单，做个知足常乐、禅意芬芳的女人是件多么快乐而美好的事情。

"非淡泊无以明志，非宁静无以致远。"女人要始终保持一种淡如菊心态，对一切顺其自然，淡然处之，这样你的生命会更有质感，你的生活中会撒下更灿烂的阳光。

舒展你的眉头，没什么大不了

生活中时常会出现迷雾，一不小心就布满我们的心房。内心敏感细腻的女人，经常会为一些小事就变得忧心忡忡，陷入心灵的低潮处。其实，你所担忧的事情大多都不会发生，即便必然发生，我们也应该轻快地承受，就像杨柳承受风雨、水接受一切容器一样。这个世界上有很多值得我们欣赏和感受的美好，哪还有时间去为那些明天注定要被遗忘的事情烦恼呢！舒展开你的眉头，做一个阳光快乐的女人吧。一切都没什么大不了的！

高尔基有一句名言："忧愁像磨盘似的，把生活中所有美好的、光明的一切和生活的幻想所赋予的一切，都碾成枯燥、单调而又刺鼻的烟。"身为一个普通的女人，生活中总会有许多不如意的事情在消耗着我们的好心情，让我们的心灵变得越来越不安。我们担心上班堵车，我们担心孩子生病，我们担心丈夫有外遇、

我们担心被老板炒鱿鱼，我们担心有一天自己的居住地会突然发生大地震……这些忧虑感逐渐让我们整个人变得疲惫不堪，越来越沮丧，安全感荡然无存。

著名的心灵导师戴尔·卡耐基认为，许多人都有为小事忧虑的毛病，人活在世上只有短短几十年，却浪费了很多时间，去愁一些一年内就会被忘掉的小事。忧虑和担心，几乎是完全无益的，它们会像蛀虫一样渐渐侵蚀掉你的幸福。再也没有什么比忧虑让女人老得更快的，忧虑会迅速地摧毁女人美丽的容颜，让女人的脸色变得难看，神态变得灰暗，皱纹变得深刻。而更可悲的是，你的忧虑除了消耗和折磨了自己，并不能给人生带来任何积极的作用。

其实，这个世界上本没有什么真正值得你忧虑和担心的事情，也没什么想不开之处。生命短暂，我们不能因为一些小事而绊住前进的脚步，也不能让一些根本不会发生的事情剥夺了你的快乐。别把自己宝贵的时光纠缠在一些无聊琐事之中，时过境迁，用不了多久你就会把当时令你担忧的事情忘掉，但担忧带来的伤害却不会消失。"世间本无事，庸人自扰之。"当你为了那些莫须有的事情黯然伤神的时候，请及时地醒过来，对自己说一句："没什么大不了的。"

不要为无谓的琐事而苦恼焦虑。面对流淌的生命长河，这些芝麻小事显得是那么渺小、荒谬、微不足道。学着做一个旷达的女人。一个旷达的人的人生是荒原大漠式的人生，它能接受八面来风，不拘泥小川。学会旷达，就会站在人生另一个高度上去看待和审视周围的人和事，不会被无谓琐事所累；学会旷达，人生才具有像大海一样的宽广胸怀。

不要为明天的事情而担忧。圣经里有一句话："不要为明天忧虑，因为明天自有明天的忧虑；一天的难处一天当就够了。"天上的飞鸟，不耕种也不收获，上天尚且要养活它；田野里的百合花，从不忧虑它能不能开花，是不是可以开得和其他一样美，但是它就那么自然地开出了美丽的花朵。我们越来越被忧虑挤压，乃因我们常为明天、后天以至将来忧虑。我们要把明天、将来的难处，用一天来担当、来解决。安心享受今天的生活，明天的困惑明天自然会得到解决。

不要为打翻的牛奶而哭泣。不管昨天多么不幸，过去的已经过去了。要学会及时关闭身后的"门"。通过"关门"，将所有的过去都关在后面。如果我们每天都在追悔过去、担忧未来，还怎么能抓住今天的幸福，生活在现时之中呢？过去了的一去不复返，不要在悔恨过去中而摧毁了现在。当你一直为已经发生了的事情感到愧疚不安时，请对自己说：Don't cry for the spilt milk！

有的时候我们要学会心大一点，这个世界就没有什么大不了的事儿，也没有什么跨不过去的坎儿。当你感到内心被忧虑缠绕时，不妨试一试下面这两招：

（1）留出专门的时间来对付自己的忧虑。当你感到忧虑时，请写下自己的担心，详细记录你此刻的心情，剖析自己的内心深处为什么会感到忧虑，这些忧虑能对问题的解决起到怎样的作用。一段时间后，你就会对当初写下的文字哑然失笑，当你回首再看当初曾经担心的事情发展如何，忧虑的你会产生一种解脱感。而且你也会真切地感受到，很多忧虑都是没必要的，整天生活在忧虑中，就是给自己上了一道无形的枷锁。

（2）嘴角向上翘起来。外表颜面肌肉的变化可以改变内心的情绪状态。当你满面愁云时，不妨这样做一做：少许调整一下，使情绪平静一些。把嘴角上翘，尽力上翘，保持一分钟。此时，你的笑脸会逐渐地清除消极情绪，于是心中的天空便由"阴"转"晴"，忧虑也便渐渐烟消云散了。

做一个快乐无忧的女人，不要为今天发愁，也不要为明天而担忧。人生的每一秒钟都需要一个乐观积极的你去经历和创造，聪明的你，请舒展开你的眉头，露出你灿烂的笑容，挥一挥手，告别忧虑！

不要一有机会就唠叨你的不幸

当遇到不如意之事时，请停止你的唠叨和抱怨。不停地唠叨不幸、表达不满永远都解决不了问题，只会让负面情绪不停地在内心深化。要知道，智慧和修养是女人一生的化妆品，而抱怨会轻易地把这层化妆品冲洗掉，让一个女人的魅力瞬间流失。少一些抱怨，多一些理解；少唠叨一些你身上的不幸，多述说一些快乐和美好；少一些喋喋不休，多一些沉默思考。从抱怨的状态中解脱出来吧！

有一些女人，好像从来没有顺心的事，没有顺心的时候。无论何时何地，只要和她在一起，都会听到她如祥林嫂一样在喋喋不休地抱怨。她们看什么事都不顺眼，看什么人都只能看到缺点；高兴的事被她抛在了脑后，不顺心的事总被她挂在嘴边。她们不断地向身边所有的人重复诉说自己的困难遭遇，她们喋喋不休地传递着负能量，把自己搞得很烦躁不安，也把周围的人轰炸得疲惫不堪。

生活中确实有不少烦心的事情，也有许多令人不满之处。日常的琐碎和工作的压力会损耗着女人的心灵正能量，消磨着女人内心的幸福感。这个时候一些内心脆弱、喜欢唠叨的女人开始把抱怨当成了宣泄不满的唯一方式，她们一有机会就向人诉说自己的不幸，不分对象、不分时间无节制地抱怨和诉苦，甚至已经把抱怨变成了一种习惯和爱好。殊不知，抱怨是最消耗能量的无益举动，它非但不能解决问题，反而会把你逼进负面思维的死胡同中出不来，变得越来越偏执和不可理喻。

喜欢抱怨的女人生活未必如她所诉说的那么糟糕，但她的目光和思维永远都只集中在生活的痛苦、黑暗之处，并把它们放大，令自己永远都感受不到真正的幸福和快乐；喜欢抱怨的女人，不见得不善良，不见得心不好，但她们永远都不受欢迎，因为没有人愿意被她们的负能量榨干。

喜欢整日唠叨自己不幸的女人，会显得肤浅、急躁、毫无修养可言。她们以为抱怨会得到他人的认同感，殊不知这只会让大家更加否定她们；她们以为自己用负面语言把自己变成了舞台上的女主角，殊不知观众和听众只有她们自己。一个从容优雅的女人，会克制住自己，她不会把自己的困难和不幸像发传单一样地诉诸他人。即使再怎么困难，再怎么难熬，她也会选择耐心等待和静静解决。

喜欢喋喋不休宣泄情绪的女人，永远都不会因为抱怨而真正排解掉心理压力。抱怨不可取在于：你抱怨，等于你往自己的鞋子里倒水，使行路更难。一个女人在喋喋不休宣泄自己不满的时候，她的愤恨和烦恼没有因此而得到舒解，相反会越抱怨越觉得不满，越抱怨越感到人生黑暗、生活辛苦。抱怨是会使人上瘾的，如果抱怨已经成为了一种习惯，那么你的人生都将钻进牛角尖、陷入死胡同当中。

喜欢满腹牢骚的女人，总是在伤害身边最爱的人们。试想当疲惫的丈夫回到家里，便陷入毫无头绪的抱怨和呻吟中，这时他最想做的，就是蒙头冲出家门去；而尚且年幼不懂事的子女，更不喜欢听你发牢骚；本来与你要好的朋友，会被从你口中冲出来的满满的负能量无奈逼走，渐行渐远。就算你的丈夫、子女、朋友真的很爱你，也不能以爱的名义来对他们发泄自己内心的负面情绪。

学会妥善处理自己的情绪，培养自己不抱怨的心态，多为心灵灌输些正能量。当你开始抱怨时，要时刻提醒自己，不停地唠叨自己的不幸只会让不幸变得更不幸。你也可以试着用下面的方法来改掉爱唠叨的坏习惯。

（1）停止自己的抱怨。当意识到你在诉说你的困境或做无谓的抱怨时，马上停止自己的抱怨；接下来，想想你为什么要抱怨。你所遇到的这件事是你可以改正的吗？如果可以，那就开始改正它吧。如果你无能为力，那为它懊恼和生气也是白费力气。

（2）换个角度想问题，转移抱怨的焦点。当你无法从抱怨中挣脱出来的时候，试着逼迫自己换一个角度去想问题，或者站在别人的立场上想问题，不断重复地去想，相信自己，反复数次后，你自然会停止抱怨。或者你可以做一些其他的事情来转移自己的注意力。随着时间的推移，事情对你的影响力减弱，再想起这件事的时候就不会那么怨声载道了。

（3）给抱怨一个期限。也许你无法控制自己内心的怨气，也无法阻止自己继续抱怨。这个时候你的大脑已经被抱怨全盘占据了，所有的消极情绪都把这里当成了停泊的港口。不要为此苦恼，既然无法立刻停止抱怨，那就纵容自己抱怨一会儿吧。但要给抱怨一个期限，告诉抱怨，这一个小时我专门用来修理你，一个小时过后，请自动滚远点。学会妥善地处理自己的情绪，给自己的抱怨一个最后期限，渐渐地你就会发现原来情绪是可以被自己操控自如的。

一个内心温暖、健康、不抱怨的女人是一棵绿化树，她们会美化周围的环境，给人们带来愉悦感和正能量。女人，请懂得闭嘴的智慧，请停止唠叨不幸，多多用爱和阳光来滋养自己的生命、温暖他人的心怀吧。

讲话不要有任何的慌张

一个人的言行举止无时无刻不在体现着这个人的性格、脾气等内在素养，而一个有涵养的女人则会更加注重自己的一言一行，她们讲话的时候绝对不会慌慌张张、语无伦次，即便遇到突发状况，内心紧张得有如万马在奔腾，她们也会从容不迫、镇定自若地向他人清楚地表达自己的意思。因为她们明白自己说出的话会给别人留下怎样的印象，一个优雅的女人在任何情况下都能从容淡定地讲出得体的语言。

著名女主持人杨澜，有一次受邀参加某市的文艺会演，担任主持人。这种场合对受过专业主持训练的杨澜来说并不算难事，但是出人意料的是，杨澜在活动进行到一半的时候不慎在舞台上滑倒，场面极其尴尬。若是换成普通人，一定会慌慌张张非常不好意思地躲到幕后悔恨去了，但是久经沙场的杨澜却异常镇定地处理了这件事。只见她很轻松地站了起来，神情没有丝毫的紧张，接着她非常自信且俏皮地面对着观众说："真的是马有失蹄、人有失足，欣赏完好看的歌舞节目之后，看到我刚才表演的狮子滚绣球真人秀节目，大家觉得怎么样？确实不是

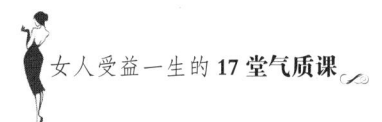
很精彩，但是我相信后面的节目会更加吸引人，不信，咱们走着瞧！"

杨澜这段话非常幽默且成功，不仅化解了尴尬，更显示出了她个人非常独特的魅力。这段话语刚落，现场就响起了雷鸣般的掌声，看得出来，大家也非常喜欢这位睿智从容的女性。如果她当时没有说出这段话，而是手忙脚乱，不知道如何处理，只会让大家觉得她很倒霉，可怜或是同情她，绝对不会让大家从心里去欣赏和喜欢她，说不定还会影响大家对整个演出活动的兴趣。可见，讲话的时候从容淡定是有多么重要。

讲话不慌乱、从容淡定，对于女人来说到底意味着什么？正如我们从实际生活中所观察到的，一方面，不论什么情况下都能镇定自若的女人，讲话不慌张，不仅会让人觉得她是一个非常有教养的女人，更容易让人听清楚并理解她话语中的真实含义，较慢的语速也让别人有更多的时间和空间去理解和揣摩语言之外的说话人的性情。另一方面，放慢语速，可以让你在讲话之前和讲话的过程中认真思考自己所要表达的含义，组织语言，理顺逻辑，这就是"三思而后行"，听者会感受到你的用心、沉稳和理性，会努力跟着你的思维来听你讲话的内容，这样就方便你们之间的沟通，提高沟通的效率。

另外，一个女人的话语不慌张，遇事总是风轻云淡、从容不迫，说明她们的内心已经足够强大，任何问题都不会引起情绪的激动，面对事情不会鲁莽和急躁，有自己的判断、主张，更不会随便求助于别人，一切按照他人的方式和建议来行事。这种女人一般头脑比较清醒，心智成熟，能够看到别人注意不到的细节，看到事情发展的态势，关键时刻做得了决定，冷静而大气。

因此，当你与那些沉稳的人交往时，不要妄图从言语上说服对方，他们不会急躁地先于你而亮出自己的底牌，也绝不会轻易在言语中暴露自己的弱点和缺点，虽然话语缓慢，但是他们却拥有独特的思维、严密的语言逻辑，做起事情来绝对胸有成竹、从容有度。

很多女人平时跟闺蜜在一起的时候，叽叽喳喳说也说不完，但是一到正式场合，人就像泄气的皮球一样，慌乱得不知所措，结结巴巴连很简单的意思都无法清楚表达出来。有些女人，天生的心直口快、性子急躁，为了尽快表达自己心里的想法，噼里啪啦，一口气说完了，别人还没弄明白她说的是什么。其实现代社会步调加快，信息泛滥，似乎非常多的人都想在短时间内传递更多的信息量，她们提高音量，加快语速，就是为了让人们更加注意她说的话，但是这样一来，她们的姿态和语气里透露着慌张和急迫感，除了让人们难以静下心来听进去之外，她们本身也丧失了女性声音的柔美娴静，也暴露出了内心的不安和情绪的不稳定。这样的女人谈何魅力？

在心理学中有一个著名的首因效应，讲的是当我们第一次见到一个人的时候，会在对方的脑海中留下非常深刻的印象，包括我们的一言一行，这将长时间占据着主导地位，而其中说话方式和内容则占据了绝大部分的作用。如果一个女人拥有动听的声音，再加上从容平静的表达方式，那么她所说的内容就能让对方非常轻易地接受，更会让对方产生非常好的印象。如果一味地想要把话说完，匆匆忙忙说话太快太急，就很容易给对方留下急躁不沉着的印象。所以，一个聪明的女人就要学会从容地讲话，像一位作家一样，编辑好自己的声音，轻重缓急，准确拿捏，让你的声音像优美的文字一样沁人心脾，令人回味无穷。

一个有品位的女人，她的真正魅力在于其特有的气质和人格魅力。气质美看似无形，实为有形。气质显示在女人们的一举一动、一颦一笑中，不管是走路时的神情姿态，还是待人接物的礼节、风度，处处都是女人内在涵养的表现，而说话时的表达方式最易流露出一个女人内在的气质和素质。女人们在注重自己身材和容貌保养的同时，也千万不可以忽略对自己说话方式的修炼，全方位把自己打造成一个气质美女。

重要的事情不要擅自做决定

人的一生中无时无刻不在做决定，从小而琐碎的事，到改变命运的重大事情都需要我们做出抉择。做对的事情比把事情做对更重要，对重要的事情做出正确的决定是事情成功的一半，如果决定是错的，方向是错的，再怎么努力也是徒劳。聪明的女人是谨慎和熟虑的，遇到重要的事情时，她们不会擅自做出决定，更不会感情用事，而是经过各种权衡，倾听他人的想法，吸纳有价值的意见，从而做出最好、最明智的决定。

"我的人生我做主""不要人云亦云，自己的决定自己做""做个勇敢果断的人，大胆地作出选择"……我们常常听到这样鼓励女人的话。做个独立、有主见的女人确实是好的，但过于有主见、过于果断就变成盲目和偏执了。人生中很多重要的事情并不是我们一个人所能看清的，我们的眼界有限，心灵有盲区，太过果断

地作出决定往往并不是明智和正确的。如果选择作得不好，我们难免闷闷不乐，甚至给人生来带充满悔恨的严重后果。

从出生的那一天开始，我们就必须为自己的人生做一个又一个不同的选择与决定。而当我们每作出一个选择与决定之后，我们的人生就会顺着这个选择与决定被谱写或改变。但我们所作出的每一个决定真的是有根有据、清楚原因和目的吗？绝大多数人在作出决定那一刻以为自己是明智的，认为自己清楚心里的目标和动机，但是，这动机和目标是客观的吗？也就是说它们是真正使人作出一个决定的驱动力吗？在那些重要的事情面前，也许我们该学会放下自己的偏执和固有的经验，不擅自作决定，学会倾听和思考，发掘事物的本质，这样会帮助你作出更正确的选择。

聪明的女人作重要决定时会多听一听他人的意见。一个人的智慧是有限的，一个人对事物的认识也会受到局限的影响，只有不断地从他人的见解中吸取合理的有益的成分，来弥补自己的不足，才能减少失误，提高作出正确决定的概率。任何人都需要别人的帮助。聪明的女人在善于独立思考的同时，总会积极听取别人的意见，努力借助别人的智慧和力量，做成自己的好事。

作重要决定时多听一听他人的意见。正所谓"当局者迷，旁观者清"，我们相信自己是在充分权衡各种替代选项后再作出的正确决定，而其实你早已有偏爱的观点，一心想证明自己是对的。在这个时候，你的偏见很可能让你陷入迷雾中，看不清事实的真相。人常常是从一件事情中跳出来之后，才能看清楚事情的本质，这个时候，也许你旁边的人比你看得更清，而身边熟悉和了解你的人也更能辨别出你的盲区所在。做决定时多和他们交流交流，也许你对问题的看法会改变。

作重要决定时多听一听他人的意见。"兼听则明，偏听则暗。"所谓兼听，即多方面地听取；其明者，就是明辨。成语告诉我们，听取多方面的意见，就能明辨是非，正确地认识事物；单听信一方面的话，就会糊涂，犯片面性的错误。究其原因，是由于世界上的事物错综复杂，人们受自身知识、经历、观念、涵养等因素的局限，难免在见解上有所缺失；如果把多种意见集中起来，进行综合、比较、鉴别，从而去伪存真，舍其谬误，取其真谛，自然就更公正合理。

作重要决定时多听一听他人的意见。特别是当你并非某一方面专家，或者需要在两个不太妙的状况之间作出选择的时候，最好找个权威人士帮帮忙，你可以找个擅长品尝红酒的朋友帮你选择红酒，可以让教育咨询专家帮助你的孩子选择学校和专业，也可以让机器给你一个彩票号码，将这些决定交给一些专业人士去做的话，也许你会得到更好的结果。

　　女人作重要决定时，倾听别人的意见是重要的，但仅仅是倾听意见和自己的想法还远远不够。下面几条也许会在你遇到重要事情时为你作出决定提供一臂之力。

　　（1）不要在情绪不好时作出决定。你可能认为情绪是作决定的大敌，其实情绪早已整合在取舍的过程当中。当你准备作出决定的时候，大脑中的情绪中心就会处于活跃状态。曾经有专家对只有情绪部位受损的脑伤病人做过研究，发现他们连吃什么、穿什么这样最基本的选择都做不到。专家推测，这或许是因为大脑储存过去的情绪记忆，而我们凭那些信息来作出现在的决定。另一项研究是由美国的三位学者共同研究发现的，他们发现，发怒的消费者更容易人家拿什么出来就买什么，而不考虑其他选项。所以当你感到情绪不稳定的时候，最好先调整一下心绪，不要迫切作出决定。

　　（2）少一些选项。你或许认为选项多多益善，但选项越多，你的"选择困难症"发病会越严重。少即是多，作选择时，如果选项众多，就和朋友一起筛选出几个重要的选项来进行比较。宁可在三块巧克力中选一块，也不要在三十块巧克力中去挑选一块。找到符合自己要求的东西，作出唯一的正确决定才是王道。

　　（3）让时间帮你作出决定。如果这个决定并不着急去作，而此刻你还拿不定主意，那不妨先放一放。我们常常以为每个重大的决定都是经过深思熟虑的，但事后却感到后悔，觉得当时的想法不可理喻。经过长时间深入地反思，会发现当时的想法是很表层、片面甚至是错误的。无论当时考虑多么全面，事后看起来也难免狭窄、浅薄或是冲动。因此，当你对一件事情想不明白拿不定主意时，那就先放在一边吧，过段时间再来处理它，也许你的思路和想法会更加开阔和明智。

　　即便我们一直在强调，重要的事情不要擅自作决定。但同时我们要明白，所谓"重大决定"，是需要我们去咨询别人，多倾听别人的意见，获得更好、更有价值的信息而已，而不是完全请别人帮忙作决定。最终的决定还需要我们自己去作，最终的人生道路需要我们自己去选择和把握。

争论中是没有赢家的

　　喜欢与人争论的女人是不可爱的，喜欢引发争论的女人是惹人烦的。我们的咄咄逼人和能言善辩也许会在嘴上赢过对方、取得一时的胜利，却也让自己变成

一个浑身是刺儿的仙人掌。我们的刺儿越长越硬，越不容易获得他人的好感，反而让他人的心离我们越来越远。放下争执心，让心和口都柔软起来，做个说话温柔、善解人意的女人，呵气如兰，口吐莲花。

在与人接触的过程中，谁都会遇到与自己意见相左不能统一的情况，在利益发生冲突无法得到平衡的时候，很多人无法保持淡定，内心无法平复，也得不到解决的办法，只能选择与人争辩，通过说服和辩解来让对方服从自己。其实这并不是解决问题的最好方法，因为在与你争论的时候，对方一定会想尽办法来证明自己是对的，而别人是错的，从而不顾忌别人的感受和心情。然而，一般的情况下，没有谁会愿意听别人来指出自己的错误，随意听到别人说自己不对，势必让自己心里也产生逆反的情绪。说得越多别人不仅听不进去，反而会引起别人的奋起回击，以致争执不休，引起不必要的后果。那些试图将自己的观念和意见强加于别人，妄图以争执的方式来驯服对方的做法无疑是不明智的。

戴尔·卡耐基有一句非常经典的名言："天底下只有一种方法能够在辩论中获胜：那就是尽量避免和人辩论，这就像避免瘟疫和病毒一样避免辩论。"美国某名牌大学的教授曾经用了非常长的一段时间去研究日常生活中人们各种争论类型的实际状态。但凡与朋友、家人之间的吵架，客户与服务人员之间的争执以及店员之间的争论，结果往往都只有一个，凡是去主动攻击对方的人，最终也无法在他所争论的那方面胜出。

而对于女人来说，女人天性就是一种语言能力超强、善于表达也乐于表现的物种，一些稍微脑子灵活、伶牙俐齿的女人更加喜欢在口角上与人争个高下，电视剧《快嘴李翠莲》就非常形象地表现了这类型的女人。她们把生活当成是一种不是你死就是我活的激烈辩论赛，当他人与自己意见相左时，这种好胜心立即被激活，她们用尽浑身解数都要证明自己是正确的，即使语言上或是心灵上伤害了别人也在所不惜。其实这样得来的暂时优势并非好事，她们从来都没有意识到，自己并没有像想象中那样获得胜利。

在争论中是没有赢家的，当你和别人不顾一切地争执起来的时候，不论是对方或是你占上风，你都是失败的。因为你无法真正让对方心悦诚服地相信你的观点，争论只会让你与他人难以沟通，你们之间的分歧也越来越大。即便你在观点上、事实上是正确的，但是当你将自己的意愿灌输给别人，想要改变一个人的意志的时候，你就错了。当你用各种事实和理由把对方驳得哑口无言，让对方在他人面前丢尽颜面，而你仅仅只是为了证明自己的聪明、对方愚蠢，可结果又能样，对方只会因此而受到伤害，对你心生芥蒂。你赢得了争论，却失去了别人的好感，甚至为自己制造了一个潜在的敌人。从这个意义上说，你并没有真正地胜利。

一个聪明有智慧的女人应该能意识到这一点，也许你天生是个好口才的姑娘，精于演讲与辩论之术，这当然是优点。但千万不要滥用这种才能，永远要记住，生活不是辩论赛，刻薄善辩的姑娘能辩倒的永远都只是她自己。不要用无聊的争论来浪费你的宝贵时间，降低你自身的素质，伤害他人的自尊心，把精力放在更多的实际行动当中吧。当与他人意见发生分歧和冲突的时候，收起你的攻击性，心平气和地表达你的观点，用温和的态度进行良性沟通，这才是解决矛盾的正确方式，也是一个有修养的女人应该有的表现。

委婉含蓄胜过口若悬河

"说话"是一门艺术，委婉含蓄的表达方式是这门艺术的精髓所在。很多时候，委婉含蓄的表达方式比开门见山、口若悬河更能赢得人心，收到良好的交流效果。能够温和婉转又清晰明确地表达自己思想的女人是聪明的，也是充满魅力的。赞美的话从她们嘴里说出来让人心情舒畅，批评的话语一经她们表达，也会让人听起来身心自在，容易接受。学会"说话"，学会委婉含蓄的表达方式，你的生活会不知不觉变得更加顺利、幸运了。

在生活中，我们常常听人用"会说话"和"不会说话"来评价一个人。明明是表达同一种意思，语言从"会说话"的人嘴里一说出来，让人感到舒服又愉悦；而从一些"不会说话"的人嘴里一冒出来，则会惹得人火冒三丈。语言有各种各样的表达方式，虽然直率坦诚的交流方式很好，但很多时候说话太直是伤人的，并不容易被人所接受。中国人向来讲究含蓄美，在语言上也是如此。委婉含蓄的表达方式是巧妙的，它能让本来有些尴尬紧张的谈话氛围瞬间变得自然顺利起来，让人们在愉悦的心情中更准确地领悟你的本意。委婉含蓄的表达方式是艺术的，它绝非是把话语说得晦涩难懂，而是把那些难听的语言变得好听，把平淡的语言变得有声有色、有滋有味。

委婉含蓄是对他人进行劝说的法宝。每个人都有自尊心，每个人都希望得到他人的认可和赞同。向他人提出意见、批评或者需要指出一些不便明言的棘手问题的时候，讲究说话技巧和修辞，用婉转的语言说出来，让人听着心里舒坦。这样能够维护对方的尊严，照顾到对方的面子，让其能乐于接受你的想法，甚至本来是批评的话，委婉地表达反而能像表扬语一样极大程度上使对方得到鼓舞，达到最好的交流效果。

委婉含蓄是人际关系的润滑剂。在生活中，人与人之间难免会有一些矛盾和隔阂，这个时候，用委婉含蓄的语言进行沟通比直率地表达不满更容易促进问题的解决。婉言表达自己的内心，能够更容易地免除恩怨，让对方理解你的想法，打破僵局，让彼此的关系重新变得友好。巧妙地运用委婉含蓄的语言可以顺利地帮助人们化解一些尴尬的场面。台湾歌后韩菁清与作家梁实秋新婚之日，在韩女士家，梁实秋因为近视眼一不小心把头撞在墙上，韩菁清一下子把梁实秋抱了起来。梁实秋笑她是举人（把他举了起来），韩菁清笑梁实秋是状元（撞垣），两人用这种委婉而幽默的方式化解了尴尬的场面，增进了彼此之间的感情。

委婉含蓄是女人最有品位的装饰品。语言表达方式最能体现一个人的涵养和语言修养。说话婉转得体、有礼貌的女人会像夏日里的一阵清风一样让人感到清凉而恰到好处。她们在拒绝时懂得顾全他人的颜面；在劝说时懂得他人的需要，能一下说到你心坎里去；在表达否定时会用积极的语言暗示，让否定像肯定一样动听。这样的女人比"刀子嘴、豆腐心"的女人更讨喜、更让人喜欢接近。既然你有一颗"豆腐心"，何不用"蜜糖嘴"来表达出来呢？

委婉含蓄并非圆滑虚伪。有些人认为，婉言等于虚伪、不真诚，说话直来直去才叫坦率，其实不然。很多人的直言直语是说话不过脑子、不懂得体谅别人感受的表现。这样的直率和一针见血杀伤力极强，会直接刺伤一个人的心，让人下不来台。即便出发点是好的、善意的，最后也难以让人接受，甚至让人感觉受到伤害，怀恨在心。而婉转地表达自己的意思，硬话软说，说出来的也是实话，也是你要表达的真实感想，这并不妨碍你的真诚和正直，而是更聪明、更受人欢迎的一种真实。

语言的魅力是极大的。委婉含蓄的表达方式是一门学问，需要我们在日常生活中逐渐地学习和完善自己的说话技巧。委婉含蓄的表达方式主要有这样几种：

（1）多使用虚拟语气。委婉的语言跟语气有很大的关系，尤其是虚拟语气。比如，去给我把垃圾倒一下！改为：如果你有空帮我倒一下垃圾就好啦！虚拟语气里含有征求对方意见的意思，让人听起来感到谦虚又诚恳。学会在适当的场合运用虚拟语句，可以表现你对听者的尊重，让对方很舒服。

（2）说话前想一想他人的感受。如果你觉得自己说话太直率、太容易伤人。那么在表达自己想法之前要三思而后行。在张口之前先思考一下该怎么说，提醒自己多从别人的立场和角度去想问题和看事情。多为别人着想，当你控制不住要快言快语时，先想想这样表达别人能不能接受。学会控制自己的情绪和主观意见，不要用自己"不会说话""直率坦诚"为借口来放纵言行。

（3）多读一些训练口才和为人处世的书。有时间多看一些讲说话艺术和人际交往技巧的书，比如卡耐基的《沟通的艺术》，比如《演讲与口才》杂志。在生活中，也可以多多观察和倾听那些你认为"会说话"的人是如何说话的。多看一看别人分享的心得，多学一学别人怎么说，从而提高自己的说话技巧，用不了多久，你就会发现自己的表达方式有了很大的改善和提高。

以坦诚开放的态度与人沟通，以更聪明和讨喜的方式表达自己的想法，收起你的刀子嘴，做个说话委婉含蓄的女人，魅力也便从你口中汩汩而出。

独处可以发展你的理性

在这个纷扰喧闹的世界中，很多人害怕孤独、恐惧独处。殊不知，越是浮躁的时代，我们越需要给自己留一片独处的空间，多与自己的心灵对对话。

独处时，可以放飞自己的灵魂，什么都可以想，什么都可以不想；独处时，可以获得宁静，汲取天地间的能量；独处时，可以让一个人的思维变得更加清醒、理性，精神得到升华。一个能够享受独处的女人，身上会散发着精美而轻灵的气息；一个喜欢独处的女人，能够善待灵魂深处那个真正的自我，贫穷也富有，寂寞也温柔。

著名学者周国平曾经在文章中写过："独处是人生中的美好时刻和美好体验，虽则有些寂寞，寂寞中却又有一种充实。独处是灵魂生长的必要空间，在独处时，我们从别人和事务中抽身出来，回到了自己。这时候，我们独自面对自己和上帝，开始了与自己的心灵以及与宇宙中的神秘力量的对话。"可在这个浮躁热闹并过度重视人际交往的年代，越来越多的人忘记了独处的力量，他们喜欢把自己的生活弄得非常的热闹和忙碌，喜欢周围时刻有人陪伴，一刻也不想自己一个人待着。

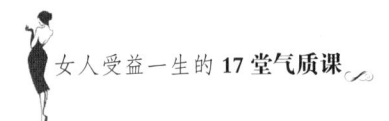

这样的人表面上开朗外向、喜欢交际，实际上内心常常是孱弱和空虚的。

独处能够生成创造力、强大的精神和过人的智慧。古往今来，所有的伟大思想和箴言，无不是从孤独中得到启示的。每个人都是需要独处的，独处能够进行内在的整合，把从外来吸收的各种新经验和想法放到内在记忆中的某个恰当位置上，经过这样的整合，自我才能成为一个既独立又生长着的系统，一个人才能拥有强大的内心世界，并能更好地和外部世界进行吸收和互动。

独处是一种宝贵的能力，并非任何人、任何时候都可具备的，只有那些内心真正强大、能够独立思考、懂得从内汲取能量的人才能具备这种能力。在独处时，他们并不感到孤独和寂寞难耐，而是觉得非常的释放和解脱。在独处的时候，他们能让心灵彻底沉淀下来，让智慧彻底散发出来，回归心灵的港湾，反省自己，与自己的灵魂对话，洗去自己身上自惭形秽的污浊。独处也并不等于孤僻、不合群，能够独处的人也能够有正常的人际交往能力，也可以把生活过得很热闹，只是他们懂得给自己留一片净土。拥有独处能力的人能够适应尘世间的喧嚣，也能够静静体会和享受孤独。独处属于真正的思想和精神富有而又自由的人。

独处，是一种坦荡，一种沉思。我们生活在群体之中时，往往没有时间和机会进行独立思考，也很难静下心来。而独处可以使人远离日常生活中的喧嚣，让我们有充分的时间来观醒自己的内心，充分地思考自己想要做什么、接下来要怎么做，让紊乱的思绪得到梳理，让生命的灵魂寻找到栖息的空间，可以让你在回归人群时变得更加从容，做事情变得更加游刃有余。

独处能够让你成为自己思想的主人。在独处中寻得思想的独立，不人云亦云，不为周围的人和事所干扰，坚持独立思考，才能真正地为自己追求人生价值，这样也才能更多地感受到生活和工作所带来的独特的愉快体验。学会独处，真正地为自己去生活、工作和学习，不断强大自己的内心，不断地锻炼独立的思维能力，才能不为事、为人所累，不在喧嚣中与自己走散。做自己的主人，宁神静气，特立独行，才能心境沉着、厚积薄发、有所作为。

独处能够让一个人变得更加理性，心智变得更加成熟。在独处时，心中那波涛汹涌的海浪会慢慢地变得平和而宁静。静水深流，心变得平静清澈，看待事物也会变得透彻起来。看清了事物的本质，心就变得平静无波，这能够让人冷静地思考问题，理性地处理事情。在独处中逐渐成长，慢慢成熟，渐渐地让生活中的一切在心中变得淡然。

也许你是一个习惯了热闹的人，从来没有独处的习惯，每每自己一个人闲下来的时候会感到非常的空虚和慌张，不知道该做些什么，把这份宁静变成了内心的灾难。其实，独处之时有很多事情可以做，在做这些事情中，你的思想和灵魂也从中得到了净化和升华。

（1）品一本好书。一个人闲下来的时候，找一本能够让人心灵宁静的好书。煮上一杯香浓的咖啡或清香的绿茶，在书桌上放着一支你喜欢的笔和洁白的纸，在氤氲的缭绕中慵懒地翻阅一本好书。在书中解读生活，在阅读中与作者进行灵魂的交流，与自己进行心灵的沟通。遇到触动你内心的句子，可以在洁白的纸上记录下来；得到什么样的感悟，也可以自由地书写出来，回头再看看时也是一种享受。

（2）跟着音乐让思绪流动。闲暇的夜晚，你可以一个人静静地躺在床上，什么都不想，播放轻缓的温柔的小夜曲；悠闲的午后，你可以找一个清静的咖啡馆，慵懒地靠在沙发上，听一首淡淡的乡村民谣。不用刻意去做什么，不用刻意去思考什么，只让自己沉浸在这放松而舒适的氛围里。让身心此刻回归本真，你会发现，自己的情绪会在音乐中自由地流淌出来，所有的忧伤和不快乐也会在音乐中得到释然。

（3）来一次独自旅行。美好的假期不要全部用来参加各种热闹的聚会和去商业区血拼。不妨把用于聚会和消费的时间、金钱省下来，背上一个不太重的行囊，独自一个人去一个向往已久的远方。一个人的旅程，可以天马行空，自在逍遥，让心灵得到充分的释放和解脱。每一次旅行都是一次成长，在没有人认识你的陌生的地方，你也会发现那个陌生的、不一样的自己。在远方独自行走的时光里，你会发现，很多困扰你的问题都消失不见了，很多想不开的事情也在此刻释然了。

独处是丰富心灵的摇篮。不论你如何忙碌，不论你多喜欢热闹，试着每天给自己一小段独处的时光，从中寻找自我，发现自我，完善自我，寻找内心深处的充实和宁静。

不要被欲望蒙蔽眼睛

欲望是人们努力上进、不懈追求美好生活的原动力；欲望也是破坏人们的美好生活、使人迷失自我的深渊。在物欲横流的当今社会，有越来越多的诱惑摆在我们的眼前，这些诱惑给我们带来了更多的欲望。而过多的欲望和贪婪会耗尽人的能量，让我们成为一口枯井。我们要学会控制自己的欲望、善待自己的欲望，保持一颗清静的心，擦亮你的眼睛，适时地放弃欲望、锁住欲望，不要被欲望蒙

蔽了你的眼睛。

古人曾经说过："人生而有欲。"欲望是从人们生下来就有的，明白这一点，还需要知道人生来就有欲望并不代表欲望可以没有节制。理学大师程颐说："一念之欲不能制，而祸流于滔天。"的确，古往今来，太多太多的人因为不能节制欲望，不能抗拒金钱、权力、美色等外界的诱惑而蒙蔽了双眼，并因此身败名裂，甚至招至杀身之祸。欲望在催人奋进的同时，也让人失去自我。这个世界太浮躁，有太多的诱惑，一不小心往往就会掉入陷阱。唯有找到自我，坚守自己做人的原则，守住内心的防线，你才能活得从容而淡定。

大多数女人都是感性动物，很容易被表面的物质利益所左右。女人的欲望一旦泛滥，在遇到诱惑的时候就很容易失去理性，变得越来越糊涂，越来越贪婪，最终难以自控，很容易走上歪路。现实中不乏这样的事例，很多有才华、有能力甚至有地位的女人，为了满足自己的欲望，盲目地追求金钱、利益和名誉，最终落得身败名裂，葬送了自己的前程和人生。

适度的欲望本是一种积极的催人不断奋发向上的动力，一直保持这种动力可以让我们最终得到自己想要的东西，但倘若欲望变质，我们就急切地想要尽快得到本来就属于我们的东西，这种心态常常被一些不怀好意的人乘虚而入，使得我们很自然就上当、受骗。事后想想，连自己都觉得不可思议。

20世纪中期，亚历山大商场发生了一起令人震惊的盗窃案，商场的8块金表被盗，直接损失16万美金左右。这在当时可是一笔相当可观的数目，很多人都在议论这些表的下落，闹得满城风雨。案子尚未侦破前，有个纽约女商人来这里进货，身上揣了4万美金。当她到达下榻的酒店后，按部就班办理好了所有手续，并将身上的现金存放在了酒店比较保险的地方，随后就出门用餐。在餐厅里，隔壁一桌人都在叽叽喳喳地议论金表失窃的事情，而她却不以为意，以为只是一般性的社会事件。后来，等她办完事情，回到这家餐厅用晚餐的时候，又有一批人在议论这件事。她还隐隐约约听到有人用不到一万美金就买到了其中两块金表，后来转手卖给别人就赚了4万多，大家都在叹息，要是自己遇到这种事情该有多好。女商人听到后有点儿怀疑地想："哪有这么好的事？"但是心里又暗自羡慕，这种事儿，还是靠运气。晚餐过后，女商人就回到房间准备休息，这个时候突然她的电话响了起来，里面是一个很和善温柔的男人的声音："您对金表感兴趣么？我手上有一批货真价实的商品，在此地不容易转手，对您来说这是很好的机会，一旦您把表拿到美国去卖，说不定会翻上几番。如果您感兴趣，可以联系我，表的品质您完全可以放心，我带您去附近的珠宝店去验验货。"女商人听完后，商人的投机心理作祟，马上就怦然心动了，她认为这笔生意绝对可以做，而且能得到的收益绝对比其他货品多，于是非常爽快地答应了对方的要求，出来见面。经过珠宝店专业鉴宝师的鉴定，最终女商人将自己身上的现金全部拿出，换取了传说中失窃的那8块手表中的3块。

但是第二天一大早，女商人想想昨晚发生的事情总感觉哪儿不对劲儿，于是她重新又拿起金表仔细观察，果然这几块表的背面有一些看不见的小瑕疵，于是她将金表带回纽约，拿到熟人那里鉴定真伪，让她大惊失色的是，这些金表全都是假货。女商人追悔莫及，心里自责了好久。后来，她从新闻里听说骗她的那些人落网被抓进了监狱，她才明白，原来从她踏进酒店那一刻起，这些人就盯上了她，而她所听到的关于金表的传闻也是他们精心设计用来迷惑她的。没想到这小小的一个花招就把久经商海的女商人给迷惑住了。

从这个案例来看，为何女商人会被骗，并非是因为她本身是笨蛋，无法分辨出事情的来龙去脉，而是一时间被欲望给蒙蔽住了双眼，丧失了起码的判断力，才会陷入骗子们所营造的氛围中去。

哲学家叔本华曾经说过："欲望是痛苦之源、烦恼之根。"而作家托尔斯泰也有这样一句话："欲望越小，人生就越幸福。"人人都有欲望，生活中充满了诱惑，在这种环境下，人们无穷无尽的欲望永远无法得到满足。一个人越贪婪越不懂得节制欲望，就越容易成为欲望的奴隶。为此他们永远都会感到疲惫不堪，当然永远也无法在欲望中得到真正的快乐和满足。

贪婪自私的人往往目光短浅、见识浅薄，只着眼于眼前的微小利益，而不去思考隐藏在利益背后的隐患和危机。就像吸食鸦片一样，贪欲越多的人，往往会生活得越来越痛苦、越来越悲惨。偶尔的一次贪欲得到满足就会刺激更大的欲望，一旦欲望无法获得满足，他们便会失去人生的目标和方向，再也不能掌控自己的幸福，自掘坟墓而不自知。

作为女人一定要时刻提醒自己，做一个淡定清心的女人，控制自己不合理的欲望，训练自己对于外界诱惑的抵抗力，因为你的贪欲很可能让你失去一切，你的淡定会让你生活得更加从容。

第十一课

控制情绪，不做歇斯底里的女人

做自己情绪的主人

女人对情绪的把控是高情商的重要体现，情绪化不但是平常心态的敌人，而且会暴露一个人的情商缺陷。控制好自己的情绪，是一个气质型女人的必修课。

一个成熟、自信的女人应该认识到，情绪，在本质上是人对事物一种最为直接和感性的反应。它来源于人对自己自尊和利益的维护，往往会缺乏对事物深思熟虑的分析、处理。任由情绪发展极易使自己处于极为不利的地位，甚至成为别人利用的工具。

控制情绪就是让自己做情绪的主人，一个能控制自己情绪的女人必然会拥有自信和优雅的风度。

女孩很善良且温柔体贴，偶尔会做些恶作剧捉弄下男孩。男孩聪明、懂事而且极富幽默感，两个人在一起的时候，男孩总是能让女孩开心。

两人相处得一直很和谐、愉悦，女孩对男孩很信任，说男孩就像自己的家人。男孩非常在乎女孩，每次吵架的时候，男孩总是把责任揽在自己身上。其实，有些时候错并不在男孩，男孩那样做只是不想让女孩生气。

五年过去了，男孩一如既往地深爱着女孩。

一个周末，男孩本打算去找女孩，因女孩说她有事就打消了念头。男孩觉得女孩一直在忙就在家里待了一天，没有和女孩联系。

可不知为什么，女孩觉得男孩没有联系她是不够爱她的表现，突然间很生气，就发了条分手短信给男孩。那时恰好是晚上12点。

收到短信的男孩吓坏了，心急如焚地给女孩打电话解释。但女孩在情绪的影响下一直没有接电话，男孩就决定动身去女孩家找女孩。在去女孩家的路上，男孩一直用手机给女孩打电话，但女孩还是拒接，直到晚上12点40分，男孩似乎放弃了打电话给女孩。

第二天，女孩接到男孩母亲的电话，男孩出车祸去世了！女孩内心疼痛不已，脑海中全是男孩带给自己的美好的回忆。

女孩强忍着悲痛来到事故现场，只是想看一眼男孩最后待过的地方。女孩从男孩的妈妈手中接过男孩的遗物，钱包、手机、手表、沾满男孩鲜血的手机……男孩的钱包里放着女孩的照片，已被鲜血浸染得模糊；男孩的手表指针却定格在12点35分……

事情瞬间明晰，男孩在生命最后一刻还在给女孩打电话，而那时女孩却在因为闹情绪拒接了男孩的电话。男孩最后想对女孩说什么，再也无法知晓，留给女孩的是无尽的悔恨。

其实，很多时候悲剧的造成都源于人们不好的情绪。如果那个女孩能够很好地控制自己的情绪，及时跟男孩沟通，便可以避免惨剧的发生。女人可以是"情感动物"，但不能做情绪的奴隶。

很多时候人们情绪失控的原因在于，我们认为发生了自己无法忍受的事情，而事情之所以无法忍受在于它侵犯了我们的利益或尊严。失去对情绪控制的时候往往也是丧失理智的开始，任由情绪的发展必然会导致事情的进一步恶化。所以，当不良情绪到来时，要时刻告诫自己，没有什么是不能忍受的，不能因情绪失控而丧失理性。

我们知道，稳定乐观的情绪是心理健康和高情商的重要标志。只有适度表达和控制自己的情绪才能成为自己情绪的主人，掌握事业成功的秘密武器。

"空嫂"吴尔愉拥有优雅美丽的风度和健康自信的心态，这一切都源于她对自己情绪的完美把控。

吴尔愉认为，如果心情不畅快，一定要与人沟通、释放不快。如果女人习惯拿自己的优点和别人的缺点对比，这样就会对自己什么都不满意，再加上对身边

人都不说、不倾诉，日积月累，不但心情很糟糕，就是皮肤也会变粗糙，美貌当然会受损。

所以，吴尔愉有不开心、不顺心的事情时，她一定会找一个倾诉的朋友，不但自己能一吐为快，朋友也能从旁观者的角度给出好的建议，让她豁然开朗。

在工作中，对情绪的良好把控让她觉得工作是自己每天好心情的一部分。因此，无论遇到多么刁钻、挑刺的客人她都能用最合理的方式处理，让客人满意。

这一切的秘诀就在吴尔愉能够做到不被急躁、忧愁、紧张等消极情绪所左右，对自己的情绪进行操之在我的控制。

操之在我、控制情绪不仅是著名"空嫂"吴尔愉的生活准则，更是她获得成功的秘密武器。而今，以她名字命名的"吴尔愉服务法"已成为中国民航首个人性化空中服务规范。

从吴尔愉的事例中可以看出，操之在我的关键在于从多角度去思考问题，善于发现积极的成分，遇到困难的时候尽量少去抱怨关闭的那扇门，而要积极寻找已被悄悄打开的那扇窗。善于操控自己情绪的女人，必然懂得利用积极的思维寻找事件的积极面，摆脱自己的消极情绪，始终保持轻松、愉悦的心态。

对情绪进行控制，尤其要明白福祸相依的道理，无论是消极情绪还是积极情绪都要控制在一定的范围之内。对任何一种情绪的放纵都会造成对自己不利的后果，相比而言，消极情绪造成的恶果要更严重。

据统计，大约80%的溃疡病患者有情绪压抑的病史。此外，高血压、冠心病往往伴随着急躁产生；癌症多源于自卑和悲观失望。对情绪的把控力来源一个女人的气度、涵养、胸怀和毅力。气度恢宏、心胸广阔的女人自然可以做到不以物喜、不以己悲，遇事泰然处之。

那么，女人要通过什么样的方式来掌控自己情绪，做自己情绪的主人呢？

要做到对情绪的完全掌控就要对情绪有操之在我的技巧和自信，具体要求就是，要能够完全把控自己的情绪，而不因外在的环境因素出现情绪失控。对情绪达到操之在我的控制不仅是至高情商境界的体现，而且是提升气质和风度的必要途径。

对情绪进行操之在我的管理，具体技巧要求女人要能够灵活地调整内因对外因的固定反应，当遇到可能会让自己内心情绪失控的外部原因时，能够做到对自我情绪的调整、把控。从而达到对各种外部事件能够泰然处之，做到"不管风吹浪打，我自闲庭信步"。

别让嫉妒毁了你

对于一些女人，嫉妒，就好像一种永远也戒不了的毒瘾，会使她产生一种莫名其妙的精神依赖。嫉妒可以膨胀，当膨胀到了嫉恨的地步时，会让人变得失控而显得十分可怕。

在天主教的教义中，有"七宗罪"之说，嫉妒便是其中一种。心理学家将嫉妒定义为，人们为竞争、获取一定的权益，对相应的幸运者或潜在的幸运者在内心中产生的一种冷漠、贬低、排斥甚至是敌视的心理状态。由此可见，嫉妒，在本质上是一种负面情绪。

嫉妒往往是虚荣心作祟的结果，女人的嫉妒很大程度上源于内心的虚荣，因为极度的虚荣必然导致攀比，当看到自己在与他人的攀比处于明显劣势时，很多女人便会在强烈的自尊心的驱使下产生嫉妒的情绪。

此外，心理学家发现，人的嫉妒并不是天生的，而是由于后天的生长环境和经历导致的。嫉羡——嫉优——嫉恨被认为是嫉妒产生、发展的三个阶段。三个阶段中都有嫉妒的成分，呈逐渐增大的趋势：嫉羡以羡慕为主；嫉优中嫉妒的成分开始占据主要地位，这个阶段的人会时常感觉到来自别人的威胁；嫉恨是嫉妒发展最严重的阶段，这个阶段中的女人最容易走极端，做出损人不利己的事情来。

某大学曾经发生过这样一个悲剧：一名毕业在即的生物系女研究生，用水果刀刺伤自己的老师后挥刀自尽。后来查明原因，原来这位女生自小就有自卑心理，升学道路上的顺风顺水并没能改变女生孤僻、嫉妒的性格。

读研时，虽然女生因为刻苦的品格甚受导师器重，但相比而言导师对同门的一名灵活、幽默的男生更青睐有加。在妒火的驱使下，女生多次在导师面前中伤那位男生。导师查明真相后，委婉地批评了女生。该女生因此怒不可遏，做出伤师杀己的事。

由此可见，女人嫉妒起来，真的可能会丧失理智，做出抱憾终身的事情。嫉妒对于女人犹如侵害身心的慢性绝症，虽然不会让女人立即暴死，却如白蚁毁堤般，时时侵害着女人的心灵，吞噬掉她一切美好、柔情、优雅的品格，直至让她丧失理智。

喜欢嫉妒的女人总能在别人身上找到让她嫉妒的东西：长相、家庭出身、工作待遇……有时，甚至能从别人的弱势中找到自己的"嫉妒点"，比如别人比她瘦削，她会说，那有什么好的，营养不良似的，一阵风都能把她吹跑。

恋人中最为常见的两种病症便是嫉妒和猜忌过重，尤其是嫉妒，它不仅会影响爱情的顺利发展，有时还会彻底损害个人形象，损害爱情。因此，对于嫉妒和猜忌这两个爱情的蛀虫，每个女人都要对之时刻提防。否则，会为此付出惨重的代价。

事情发生在一百多年前，巨人拿破仑的侄子——拿破仑三世，爱上了全世界最美丽的女人——特巴女伯爵玛利亚·尤琴，两人迅速坠入爱河并随之结婚。

财富、健康、权力、名声、爱情、尊敬……他们拥有一个十全十美的浪漫爱情所需要的一切。对拿破仑三世而言，他的爱情之火从未像这一次燃烧得这么旺盛、狂热。

不过，一段时间之后爱火变得式微，热度逐渐冷却——最后只剩下了余烬。拿破仑三世可以使尤琴成为一位皇后，但却无法改变她的嫉妒和猜疑。

由于她强烈的嫉妒和猜疑心理，竟然屡次藐视拿破仑三世的命令，而且不给他必要的私人空间和时间。甚至在他处理国家大事的时候，她也会毫无顾忌地冲入他的办公室里；当他讨论最重要的国事时，她也经常在旁边喋喋不休。她不让他单独一个人坐在办公室里，以避免他与别的女人亲热。

因嫉妒和猜忌丧失理智的尤琴还常常跑到她姐姐那里，数落国王丈夫的百般不好。她甚至有时会直接冲进国王的书房对国王大声辱骂。身为法兰西帝国皇帝的拿破仑三世，拥有数十处华丽的皇宫，却找不到一个能让他安静的地方。

这么做的尤琴最终又得到什么了呢？

莱哈特在其巨著《拿破仑三世与尤琴：一个帝国的悲喜剧》中这样写道："于是，拿破仑三世常常在夜间从皇宫的侧门溜出去，头上的软帽盖着眼睛，在他的一位亲信陪同之下，真的去找一位等待着他的美丽女人；再不然就出去看看巴黎古城，放松一下自己经常受压抑的心情。"

尤琴虽然坐在了法国皇后的宝座上，而且还是世界上最美丽的女人，但在猜疑和嫉妒的毒害之下，她虽然保持了她的尊贵和美丽，却丧失了原本属于她的美丽爱情。

女人的嫉妒心就像一把双刃剑，当我们举起它时，虽满足了伤害别人的目的，但也使得自己受伤而鲜血淋漓。嫉妒是损人不利己的博弈，人的很多痛苦都来源于它，可以说它是毒害女人心灵的恶性肿瘤。

常言道：不嫉妒，得救赎。嫉妒，是人们内心平庸的情调对别人卓越才能的反感；它是一种啃噬人的内心健康的疾病；是一种损人不利己的消极情绪。

如果你察觉到了自己是一个爱嫉妒的女人，那么就一定要告诫自己，嫉妒是危险的火苗，稍吹一阵微风就可能引起火势的扩大，导致自己同别人两败俱伤，因此一定要调整心态，把嫉妒扼杀在萌芽状态。

总之，与其让嫉妒损害自己的内心，不如将它升华成一种动力，从而化消极为积极，做一个"心随朗月高，志与秋霜洁"，虚怀若谷、包容万千的女人。

远离浮躁，快乐每一天

经历过生活的紧张与焦灼，人们的心情往往会变得浮躁不安，但是有时候，急躁往往使人"欲速则不达"。戒除浮躁，不仅是一个女人提高个人修养和人生境界一种重要途径，同时也是事业成功的保证。

这个世界太精彩，精彩到让女人拥有太多的梦，太多的梦又极易让女人变得浮躁。浮躁，不仅会阻碍女人事业的进步，而且会让女人变得态度轻浮、行为轻佻，成为女人气质中的污点。

荀子在《劝学》中写道："蚓无爪牙之利、筋骨之强，上食埃土，下饮黄泉，用心一也。蟹六跪而二螯，非蛇鳝之穴无可寄托者，用心躁也。"生活中，与其让急躁的心影响到我们正常的思维和生活，不如让我们放开胸怀，静下心来真正做到宠辱不惊、去留无意，去品味一份淡然的生活。

在我们的身边，有很多心浮气躁的女人。她们更多时候信奉的是"随主流而不求本质"的人生哲学，在追求的过程中丧失了自己内心原有的目的和追求，不追求人生最根本的目的，转而沉湎于一些形而上的浮华。

"心浮气躁、不务正业、利欲熏心，的确能让人满足一时之需甚至能让你声名远扬，但是你永远得不到寒梅历寒后的幽香和周围人们真诚的心。你觉醒吧！"对于这样的女人，高尔基的这段话或许是对她们最好的告诫。

拒绝浮躁，就要学会享受宁静，经常与自己的心沟通，学会倾听自己灵魂深

处的声音，才会让人不因世俗实务陷入泥淖，不因秩序的混乱而失去理智，保持一份优雅与淡然。

现实生活中有这样一群女人：她们说话的声音比其他人低几度，从她们口中传出的声音永远是那么的轻柔；她们的笑容比其他人淡了几分，但脸上常挂着坦然自适的笑；她们做事似乎总比其他人慢了半拍，但举手投足间展现出一种懒洋洋的优雅；她们从来不会对一件事情直接发表过激的观点，所有的观点中总透露着含蓄。

剔除浮躁后的宁静可以过滤出浅薄粗率的人性杂质，而且可以斩断很多鲁莽、草率、荒谬的事情发生的根源。宁静，它是一种气质、一种修养、一种境界，更会体现女人内涵的悠远、豁达。一个安之若素、沉默从容的女人无疑会比一个动不动就气急败坏、声嘶力竭的女人显得更有涵养和理性。

曾是美国第一夫人的玛莎就是一个心境坦然的女人。丈夫乔治履职美国总统后，玛莎的地位随之有了极大的改变，但她并没有显得过分的欢喜，依旧过着俭朴、简单的生活。永远都是那么温和、安静和平易近人，提到这位第一夫人，人们总会有这样的评价。

乔治总统卸任后，玛莎伴随丈夫又回到弗农山庄，过起了普通人的生活，她依然很享受那样一份安逸的生活。不管在哪里，无论面对什么样的处境，她总是以一份宁静、淡然的面貌示人。

企鹅在每次上岸之前，总会把自己身体尽量游进深水，然后通过水的压力让自己上岸。对很多女人而言，之所以浮躁就在于不愿意低头，更不愿意"下沉"，认为只有往高处走才是通往成功的坦途。其实，有时候下沉反而能为我们提供更多的上升空间和机会。远离浮躁，跟随自己的内心，才能回归生活的本真且活出自己的精彩。要培养良好、幽雅的气质就必须要去除浮躁，让生活变得沉甸有分量。

无论生活中还是事业上，如果我们想取得永恒的成功，就必须放开胸怀，把心沉静下来，摆脱浮躁的速成心理的牵制，只有这样，才能看清人生最根本的目的，一步一个脚印地走下去。也唯有这样，才能达到自己的目的，最终走上成功的道路，做一个远离浮躁、宁静幽雅的女人。

学会释压，微笑面对生活

现代女性尤其是职场女性大多同时扮演着妻子、母亲和员工等多重社会角色，随之而来的家庭压力、感情压力、事业压力和社会压力令她们不堪重负、身心俱疲。因此，对广大女性而言，释放沉重的压力，微笑着面对生活显得尤为重要。

现代社会生活节奏快，竞争激烈，每个人不可避免地都要面临一些压力。适当的压力可以激发人们的内在潜力，实现自我突破，但过度的压力则可能会适得其反。若不能及时排解，一件看似很小的事件或许会成为压死骆驼的最后一根稻草。

因此，女人应该懂得，生活不可能总是轻松自在，压力是每个人都必须面对的。我们不需要过分看重它的存在，就像拉风筝的线牵得越紧，风筝越是难以飞高，心中的弦绷得越紧，工作则越是做不好。当我们换个角度，学会微笑面对生活时，世界便在我们心中开阔起来了。

有一天，一位培训师在课堂上拿起一杯水，问台下的听众："各位认为这杯水有多重？"有人说是半斤，有人说是一斤，有人则默不吭声。讲师则说："这杯水的重量并不重要，重要的是你能拿多久？如果拿一分钟，谁都能够；拿一个小时，可能大家会觉得手酸；拿一天，可能就得进医院了。其实这杯水的重量始终是不变的，但是你拿得越久，就越觉得沉重。

"这就像我们承担着的压力一样，如果我们一直把压力放在身上，时间越长就越沉重，直至无法承担。我们必须做的是放下这杯水，休息一下后再拿起这杯水，如此们才能拿得更久。所以，各位应该将承担的压力于一段时间后适时地放下并好好地休息一下，然后再重新拿起来，如此才可承担更久。"

实际上，我们的工作和生活需要有一定的压力，在某种程度上，它是一种使我们勇敢生活下去的积极力量，能够发挥出令你意想不到的力量。压力就像一股电流，能使人精神焕发、精力充沛、表现出色。

然而，如果这股电流过于强烈，就可能产生令人不快的影响，使你的行为急剧恶化，毁坏人的心情和意志，摧毁人的身体，甚至使人神经崩溃，走向厌世的边缘。

这就如同向一个气球内充气，气球因为受到压力而膨胀；可是如果无限制地往里充气，气球就会不断地膨胀下去，直到胀破。我们的身体就像是那个气球，气球受到空气的挤压而膨胀时，我们因为外界的各种刺激而感受到了压力。

当气球达到一个承受压力的极限时，我们的身体同样也会达到一个承受压力的极限。心理压力超过了承受的极限，就会使我们身心俱疲，不堪重负。

如果把自己局限于一个固定的层面，当然压力很大。如果可以破除这个框框，走出去瞧一瞧，你会发现到处是希望。面对压力，我们要学会微笑着唱响生活的歌谣，为匆匆奔波的脚步、忙碌的心灵减压，懂得取舍，坦然面对荣辱。

其实，人生有许多压力都是来自于欲望的不满足。有些不实际的欲望和盲目的攀比会压垮自己，自己陷入一个无限焦虑和失望的循环中无法抽身。人人都希望拥有胜利的光环，有些人会紧紧地死盯着它，抱着必胜的决心，但是往往把自己逼到了死胡同中，愈想突出重围，愈是步履维艰，压力愈来愈大；相反，有些人同样是全心全意，但保持着乐观向上的态度，不是那么在乎成败，压力越小，赢的概率就越大。

微笑是最好的良药，微笑的女性更有魅力。那么，作为女人，该如何释放压力，保持好心情呢？不妨尝试以下几个减压小妙方吧。

减压妙方之一：停止抱怨，学会倾诉

无论是生活还是工作中，我们难免会遇到一些不顺人意的事情，或许是感情不顺，或许是职场失意，也可能是生活琐事繁多，种种遭遇可能会使我们产生一些负面情绪和巨大的心理压力。如果找不到消解的方法，那么我们的心灵总有一天会崩塌，甚至会抑郁。

女性面对种种无法抗拒的压力，必须学会倾诉，可以是闺中密友，或者是丈夫。但是要停止抱怨，因为无谓的抱怨不仅不能解决问题，反而加重问题。心理专家说，当女人在向别人抱怨自己的苦楚时，其实也是在对自己进行不好的心理暗示，不仅不能减轻压力，反而还会导致压力增大。

如果想从别人那里得到建议，那么你要做的是"客观的倾诉"，而不是"主观的抱怨"。

减压妙方之二：运动为乐，诗书为枕

有这样一句话："假如你有一天心情不愉快，那么你肯定没有阅读或者运动"。的确，阅读和运动都会使人心情开朗，压力就会于不知不觉中减少许多。

别小看一本书，它的力量是无穷的。当你觉得心头压力甚大时，不妨坐在床头，一盏台灯下，没有任何的目的，选择自己喜欢的一本书，或者是里面的一页，或者是几行，欣然读之。我们会发现，整个世界便在眼前呈现，将它烙印在心上，生活的缺憾也会在书籍的世界得到弥补，同时也会获得一种精神的升华和美的享受。

腹有诗书气自华。一个会读书、爱读书的女性，她的魅力是无穷的。另外，你也可以培养至少一种热爱的运动，让运动来帮你释放压力，从而领略到生活中美好的、值得享受的内容，从而恢复对生活和工作的激情和热爱。

减压妙方之三：善于整体规划

生活中，我们经常被一系列看似毫无头绪的事情压得喘不过气来，这也是压力的重要原因之一：缺少整体规划。所以我们要尽量做到"一切尽在掌握"，有选择地而不是被动地接受所面临的各种事情，这种感觉本身就能很好地缓解压力。

解决这样的压力的办法就是根据事情的轻重缓急列出清单，既能有一个整体规划，又能帮助将看似无绪的一堆问题分解成若干具体的小事，这样一件件应付起来就容易多了。完成一件，就在清单上划去一件，这样做带来的成就感足以鼓舞你将这一做法继续下去。

减压妙方之四：不和别人比成功

女人"心比天高"并非坏事，但假如高到让自己只能痛苦地"端着"，就只能"死要面子活受罪"。尤其是女性，容易和周围的闺蜜相互比较，无谓地暗自较劲。最新调查发现，和闺蜜的这种比较最容易让女人倍感压力。

什么都要和别人比，这样太累了。人外有人，女人要知道：做好自己，努力生活才是最重要的。

减压妙方之五：用微笑为自己减压

当然，微笑是最好的良药，微笑会让我们更有魅力。医学证明，在完成艰难任务或面对尴尬时，微笑能减压护心，降低心率。微笑面对生活就是要时刻保持一种乐观豁达的心境，对任何事情都怀有美好的期望，不去纠缠细节问题，不在非原则问题上计较，对他人的指手画脚假装不知，对不便回答的问题佯作不懂，以聪明的"糊涂"保持心态平衡。努力做到铭记、释怀，然后继续前行！

身处这样一个快节奏的时代，每个人都不可能做到"零压力"。其实压力并

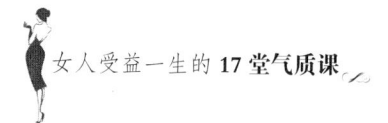

不可怕，关键是我们面对压力时的态度及处理的方式，只要我们做出一些小小的改变，微笑着面对生活，就能轻松释压，以最佳的状态投入到生活和工作之中。

生命的本质在于追求快乐

生命是由质和量共同组成的，有质的生命才更可贵；高质而长寿的生命更令人神往。而快乐恰是生命的质之所在，生命是在快乐状态下成长的。世界上没有挥不去的痛苦，只有不肯快乐的心。

作为一个人，尤其是懂得思考的女性，我们应该会时常思考：生命的本质是什么？或许每个人的内心都有着不同的答案。有人说生命的本质在于自我实现，有人说生命的本质在于不断超越，还有人说生命的本质在于为社会创造价值。我们感觉生命如同感觉爱情，会因人而异，各说其是，因此无法评判这些答案的对错。

但古先哲亚里士多德的观点更能给我们启发：生命的本质在于追求快乐，使得生命快乐的途径有两条：第一，发现使你快乐的时光，增加它；第二，发现使你不快乐的时光，减少它。

生命本质上的快乐不是来自外界，而是来自于我们的灵魂深处，源自我们自身豁达和智慧的内心，它是内心的一种细微感觉，它无时无刻不存在于生活的点点滴滴中。需要我们细心去品味，用心去寻找。

很多女人一直以来很向往北欧那个被冰雪覆盖的纯净得如童话般的国家——冰岛。然而事实上冰岛的自然环境却不甚理想：它位于非常寒冷的北大西洋，约13%的土地都被冰雪覆盖，并且也是世界上活火山最多的国家之一，堪称"水深火热"！而冬天又非常漫长，每天都有20个小时被黑夜笼罩，又可谓"暗无天日"！但是，冰岛的人均寿命居却是世界上最长的。

人们不禁疑惑：在如此恶劣环境下生活的冰岛人，为什么死亡率位于世界之末，而人均的寿命却居于世界之首呢？

一个名叫盖洛普的美国民意测验组织，对世界上18个国家的居民做了一次抽样调查，结果表明，冰岛的居民是世界上最快乐的人。参加测试的27万冰岛人，82%的人都表示满意自己的生活。

原来，冰岛人长寿的秘诀是快乐。快乐是世界上最好的药，它犹如生命里开出的一朵娇艳的花，不仅能延缓我们生理机能的衰老，还可以滋润我们原本枯燥贫乏的生命。让我们在逆境中透过快乐这扇窗，能够看到世界的新奇和美好。

快乐是抽象的，亦是具象的；是无形的，亦是有形的。快乐的滋味如人饮水，因人而异。快乐需要自己去寻找，因为能使别人快乐的事物不一定能使自己快乐。懂得快乐、善于快乐是一种智慧、一种气度、一种气魄。

现实中把自己装在套子里的并非别人，而是我们自己，正是我们给自己套上了心灵的枷锁。也许并不是你缺乏成就，而只是太过注重与别人攀比；也许不是你缺少美丽，而只是缺少自信；也许并不是你的生活真的暗无天日，而是你胸襟不够开阔；也许不是因为你的人生太过孤寂，而是你还没学会在纷繁的世事面前如何取舍进退。

人生不如意之事十之八九，如果我们稍不如意便长吁短叹，甚至失意得要为之付出生命的代价，可人有多少个生命呢？我们常听说这样的新闻：某名人想不开——抑郁了，某明星想不开——自杀了。生活中"想不开"的事例比比皆是。为什么小小的心结打不开呢？症结所在是我们把不合理信念作为了思考的主导或参照。追求完美，参照标准远离实际，是快乐的大敌，也是女性最常也最容易犯的错误之一。

快乐也与我们的个性品格直接相关。做人豁达、开朗，乐观、大度，快乐自在其中。凡事都看得开、都宽容，这是最大的智慧。海纳百川，有容乃大。放下就是快乐，放弃也是人生的大智慧，丢下肩上、心上的包袱，别为外物所累，忘掉不该记住的事情；放不下，才会有烦恼。

所谓看得开并非是让我们浑浑噩噩、得过且过，而是让我们始终保持开朗、向上的心境。一味消极颓废和一心争名夺利，都不是健康的心理。看得开也并非让我们彻底看透人生，参透生死，遁入空门。我们看待人生，也该学会隔着一层面纱，时时让自己有产生美好遐想的空间，让目标成为我们走下去的动力，而不去纠缠于眼前的得失荣辱。

快乐是我们每个人都应拥有的权利，它与地位、财富、年龄、性别无关，快乐的钥匙掌握在我们自己的手中，我们应该学会用超然的态度对待生命，乐观、幽默地对待周围的人和事，只要自己活得精彩，也就得到了内心深处的快乐。

曾有一篇这样的报道——《郭健用快乐战胜癌症》，讲的是一位美丽的女军医，2003 年因患乳腺癌，做了右乳切除手术，但是她并没有消沉，而是选择为更

多的人去做她认为有意义的事。在手术后，她开始进行乳腺癌抗癌知识的宣传，并成为全国抗癌爱心大使。

于是，人们会看到这样的场景：花色鲜艳的瑜伽服、孩子般纯净透明的笑脸，走起路来步履轻盈。一个看上去不到 40 岁的靓丽女人，当她告诉大家实际年龄是 56 岁，而且是一名乳腺癌患者时，人们都为之震惊。郭健自己说："唱歌、跳舞、练瑜伽，我用快乐赶走疾病。"一个 50 多岁的女人，爱过、美过，所以非常平静而坦然。

1998 年，郭健成为中国瑜伽行业著名领军人物，被业内人士称为瑜伽大师。病魔对她望而却步，跑得无影无踪。她的格言是：快乐享受每一天。无疑，快乐让她逃出劫难，大度必将赠她健康长寿。

人生苦短，我们没有任何理由去拒绝快乐，生命在本真的意义上追求的应是快乐。我们要学会为心灵减掉些沉重，遗忘些痛苦，抛掉些烦恼；少些自怨自艾，多些豁达开朗；少些斤斤计较，多些宽宏容忍。

快乐与我们的思维方法直接相关。每个人看人看事的观察角度、思维方法不尽一样，有人看得透，想得开，有人却心门紧锁，作茧自缚。

快乐其实也是一种态度，只有成为快乐的主人，才能创造出快乐。每个人对快乐都有自己的诠释，心以为乐，则乐；心以为苦，则苦。境由心造，在逆境中保持快乐的心态，更会是永恒的风景。

面对一件事情，无论怎样不顺心，我们也要想得开、看得开、放得开，才会有快乐前来叩门。有的人善于正面思维，用理智思维拯救了快乐，从悲戚中找到了喜悦，这是一种值得称道的生活态度。洞开了心灵之门，什么都会看得清、看得淡，就能心安理得，无所畏惧。

我们无法预知未来，我们所能做的就是：以勇气对付不幸，以微笑迎接厄运。作为一名女性，我们应该学会每天给自己一个希望，让自己每天快乐一点点，笑对生活，放大快乐，把快乐当成一种习惯，那么，我们的生命肯定会更加熠熠生辉。

幸福在于失意时的忘却

有人曾说幸福是一种能力，要想获得幸福，就要学会忘却，忘却曾经的伤害，忘却曾经的苦痛。一个总是沉溺于失意时的伤痛不能自拔的人，无疑会生活得辛苦，更不可能有幸福可言。忘却，是一种灵魂境界，是一种生活的智慧，也是一门心灵的学问。

人的一生，难免会经历无数的凄风苦雨，很多时候，我们黯然伤神，是因为我们不懂得适时忘却。总是守着过往的那些伤痛和失意，沉重的记忆便犹如明镜一般被我们悬挂起来，每天都在看，每时都要想，这样我们如何能够快乐呢？在人生难免的失意之后，学会忘却的人，才会有幸福的资格。

善于忘却过往的失意，这样的女人是最有智慧的，因为她能从记忆中抽取积极向上的思想，升华心灵，让不愉快的思想自然消失。正常的忘却也是人类的生理与心理所必需的。有医疗个案表明，一个人如果记忆出现异常，不会忘却所有经历的事情，那么他的生活就会充满混乱，人也会崩溃。再者，人类社会经历了那么漫长的历史，古往今来，天灾人祸，留下多少伤痕，如果一一记住那些疼痛，人类早就失去了生存的兴趣和勇气。因此，在某种程度上来说，人类是在忘却中前进的。

没有"忘却"的生存，是痛苦的生存。如果我们一味地沉湎于昨日的失意中，背负着过去的痛苦，夹杂着现实的烦恼，这对于心灵而言是无任何益处的，反会造成厌倦和悲观的生活情绪。无法忘却过去的人，常常会连今天也失去。

学会忘却并非麻醉自己，也不是逃避和屈服，是"宽宏大量""与时俱进""去粗取精"，让愉快的心情时时陪伴着自己，获得的将是一片容纳万象的心理空间。

在我们的身边，不乏这样的女人，她们在受到伤害之后一蹶不振，在伤痛的海洋里沉沦，迟迟不肯从伤痛中走出，每天舔着伤口度日。

一个年轻的女子，失恋之后，伤心难过，对生活失去了信心。

这时，有人告诉她："当初没有恋爱你是怎样生活的？是不是一样的开心，无忧无虑？如今你的日子不过是回到从前而已，对于你来说并没有什么损失。"

女子听后，恍然大悟。

很多人会在失意时选择不停抱怨，甚至走向沉沦。作为女人，如果忘不掉别人给予的伤痛，无疑是在拿别人的错误来惩罚自己。就如失恋，失恋的原因多种多样，不要因此就觉得自己不够优秀，哀叹自己运气不好，事实上可能是我们在错误的时间遇到了不适合的人，既然如此，勉强在一起也是痛苦，那分开就是明智的选择。

如果我们在失恋后沉沦，那么从沉沦的那一刻起，我们的记忆里就会装满伤痛，又怎能以一个好的心态开始一段新的恋情。所以，一个塞满了旧的回忆的大脑，永远无法让新鲜的东西融进来。作为女人，我们要做的，唯有忘却。

生活中，无论我们失去了什么、受到了怎样的伤害，都不要丧失对生活的希望，更不能舔着伤口过一辈子。忘却不是让我们去逃避，而是去拿起忘却这把刀子，割掉人生的阑尾，在忘却中进步，在忘却中前行。

学会忘却，也就学会了宽恕自己，解救自己。要真正忘却伤痛，并不是一件容易的事。但是，只有忘却过去的伤，我们才能收获今日的甜。

因而，要想获得幸福，我们要努力学会去忘却。忘却是明智之举。因为有了忘却，我们就不会在斤斤计较的情绪旋涡里迷茫和徘徊，便有了一份愉快和轻松的心境，从而精力充沛地投入到工作、生活中。忘却是崇高之本。因为懂得忘却的人，往往胸中有着强烈的大局意识，有着远大理想和目标，能够摒弃私心杂念，坦荡面对人生的起起落落。忘却是快乐之源。当我们受到误解和责备时，正是因为有了忘却，才使我们能够淡然处之，保持一颗平常心，让整个身心沉浸在无虑的宁静里。

"太阳底下所有的痛苦，有的可以解救，有的则不能，若有就去寻找，若无就忘掉它。"其实，忘却是上天赐给我们的一样宝贵礼物，只是在现实中，我们总是强调"记住"的好处，忽略了"忘却"的必要性。

时光永远也无法逆转，除了吸取经验教训以外，大可不必为一些陈年琐事耿耿于怀。作为一个现代女性，我们最应当做的是重视亲情，珍视友谊，能拿得起，也能放得下，别和小事无谓纠缠。在忘却中迈开前进的步伐，轻松地走自己的路，去努力拼搏进取，勇敢地面对未来的挑战，从而实现自己的理想抱负。携"忘却"之情怀，一路高歌前行。

有一位得道高僧曾说过处理问题的十二字箴言："面对它，接受它，处理它，放下它。"有时忘却不一定意味着"舍去"，而一种更高层次的"获取"。因为不忘是一种精神负担，忘却是抚痛慰忧的良药妙方，一种心灵超脱的修养、为人的美德。

总之，学会忘却，是一个女人生理与心理健康成熟的表现。生活之中，只有学会了忘却，我们才能从容地面对生活的诸多变故，心灵才能云淡风轻，才能迈向幸福的彼岸。

青春不是年华，而是心境

　　女人真正的青春并不是年华，而是我们的心境。只要不使自己的精神僵化，拥有年轻的心境，青春就能永远常驻。

　　青春在本质上是一种良好的心态，徒有外表的女人没有青春，因为她们所谓的漂亮只是流于表面，肤浅庸俗，这样的美必然是空洞苍白的，更经不起岁月的考验。塞缪尔·厄尔曼告诉我们："青春不是桃面、丹唇、柔膝，而是深沉的意志、恢宏的想象、炽热的感情。"

　　生活中时常会遇到这样的女人，她们总是把自己打扮得光鲜靓丽，而且步伐矫健、轻盈，举手投足间散发着年轻人特有的朝气。可当反观她们说话做事时，短见、虚荣、世俗之气……很多与青春格格不入的恶俗显露无遗，使她们一下子失去了年轻的意味，摇身一变成了一个被华装丽服包裹着的毫无气质和生命力的躯壳。

　　日本著名企业家松下幸之助的办公室中，墙上唯一的装饰品是用相框装裱起来的一篇描写青春的文章。该篇文章的作者是塞缪尔·厄尔曼。在文章中，塞缪尔·厄尔曼仅仅用了300字左右的篇幅就对青春做了精辟的描述，道出了有关青春的全部内涵与奥妙。

　　下面让我们一起欣赏一下塞缪尔·厄尔曼的这篇文章：

　　青春不是年华，而是心境；青春不是桃面、丹唇、柔膝，而是深沉的意志、恢宏的想象、炽热的感情；青春是生命的深泉涌流。

　　青春气贯长虹，勇锐盖过怯弱，进取压倒苟安。如此锐气，二十后生有之，六旬男子则更多见。年岁有加，并非垂老；理想丢弃，方堕暮年。

　　岁月悠悠，衰微只及肌肤；热忱抛却，颓废必至灵魂。忧烦、惶恐、丧失自信，定使心灵扭曲，意志如灰。

　　无论年届花甲，抑或二八芳龄，心中皆有生命之欢乐，奇迹之诱惑，孩童般天真久盛不衰。

　　人的心灵应如浩渺瀚海，只有不断接纳美好、希望、欢乐、勇气和力量的百川，才能青春永驻、风华长存。

　　一旦心海枯竭，锐气便被冰雪覆盖，玩世不恭、自暴自弃油然而生，即便年

方二十，实已垂垂老矣；然则只要虚怀若谷，让喜悦、达观、仁爱充盈其间，你就有望在八十高龄告别尘寰时仍觉年轻。

"青春不在于外表，而在于人的心境"，简单的十几个字道出了青春的全部奥秘。

一个女人只要能够对生命保持不断追求新鲜感的热情，并不断积极主动地吸收新的知识、学习新的技能。那么，她必然会风华永驻、魅力长存，由内而外地散发出青春的气质。

"女人年轻的时候就是美，不用涂脂抹粉，光甜甜一笑就很美，哪像我们这些老太婆，年纪大了无论怎么打扮都遮掩不住岁月风霜的痕迹。"让人意想不到的是，说这话的女人，看起来不过二十多岁的样子，脸上还没有皱纹的影子，穿着也还算入时，可言语举止间总是流露出的老气横秋的神情却让人感觉她真是很老了，丝毫没有她那个年龄本应具有的朝气。

与之形成鲜明对比的是，关之琳、张曼玉、赵雅芝以及潘迎紫，这些已经年过半百的女人，举止言谈间散发着青春美丽、优雅高贵的气息。当她们和年轻人站在一起时，无论在气质、相貌上，还是身段上，都毫不逊色。

同为女人，是什么导致了她们之间如此巨大的差距呢？究其原因，是因为有些女人年龄未老，但心态已变老，抱着老女人心态的人即便是二八佳龄，也容易被沧桑、抑郁的心态掩盖住自己原有的青春气质。

很多女人都会陷入一种错觉，以为靠化妆品和护理产品就能留住青春。现代社会中各类护理、美容产品的商家总是不遗余力地告诉女人要留住青春，就一定要进美容院、吃补品。在他们眼中只要面容上的姣好就是青春，看似非常有道理，实则是对青春的重大误读。

在这个追求狂欢和享乐的年代，各类休闲娱乐方式充斥着人们的视野，有很多年轻人因抵御不住诱惑而终日流连其中，遂日渐颓废，浮躁焦灼之气侵染全身，虽然还拥有着青春的身体，但心灵已被各种尘嚣完全占据，灵性清纯之气早已荡然无存。

这或许可以解释现在为什么很多都市女子、包括某些受过高等教育的年轻女孩，总是让人觉得俗不可耐、完全没有引人驻足的良好气质。原因很大程度上在于这些女孩子放弃了对精神的追求。

诗歌、小说、绘画艺术以及艺术品中美好的心灵感受……这些看似虚无缥缈的东西，恰恰是最能赋予女人青春、优雅的气质的东西。一个拥有良好精神素养的人，即使上了年纪也会风韵犹存，让人肃然起敬、油然生爱；而一个缺乏精神素养、缺乏精神气质的人，即使二八芳华，也照样会让人感到鄙俗不堪而不愿与之接近。

总之，对于女人而言，人生中最具诱惑力的事，莫过于让自己能够永葆青春。青春的真谛在于我们的心态，而非短暂的流年。心态不老，自然青春永驻。女人要经常告诫自己，不要让心灵在衰老之前就老去，才是真正的年轻。

世上没有任何事情是值得忧虑的

一个常常忧虑满怀的人，她的人生轨迹必然偏离精彩和美好。如果我们能够戒除忧虑，保持一种健康向上的心态，即使我们身处逆境、四面楚歌，也必然会有"山重水复疑无路，柳暗花明又一村"的那一天。

心理学家曾做过这样一个实验，要求参与试验者在每个周日的晚上把自己认为的下一周的烦恼全部写下来，然后投入一个叫作烦恼箱的盒子。当三周后打开盒子时发现，超过90%的烦恼并没有发生。

然后心理学家通过进一步的试验得到了这样一项统计数据，人的忧虑40%属于过去，50%属于未来，只有10%属于现在；而92%的忧虑从未发生过，剩下的8%则是能够轻易应付的。可见大部分的忧虑和烦恼都是人们自寻烦恼、庸人自扰。

忧虑一般被定义为一种过度忧愁和伤感的情绪体验。因此，几乎每个人在生活中都有过忧虑的体验。应该注意到的是，忧虑显然是一种阻碍人们进步的负面情绪，因而必须有效地遏制忧虑情绪的蔓延。

妻子不停地劝慰着她那在床上翻来覆去、折腾了足有几百次的商人丈夫："睡吧，亲爱的，别再胡思乱想了。"

"嗨，老婆啊，"丈夫说，"我几个月前借的一笔钱明天就要到期了。你是知道的，以咱们家现在的情况肯定还不上那笔钱，借给我钱的那些邻居们比蝎子还毒，我要是还不上钱，他们肯定饶不了我。你让我怎么能安心睡觉啊？"说完他继续在床上翻来覆去。

妻子试图劝慰他："睡吧，等到明天总会有办法的，说不定我们能弄到钱还

债的。"

"不行了，我想了很久，真的一点儿办法都没有啦！"

最后，再也无法忍耐的妻子爬上房顶，对着邻居家高声喊道："你们知道的，我丈夫欠你们的债明天就要到期了。现在我明确告诉你们，我丈夫明天没有钱还债！"喊完后她跑回卧室，对丈夫说："这回睡不着觉的不是你，换做他们了。"

"天下本无事，庸人自扰之"，一个被忧虑困扰的人必然会睡不安寝、食不甘味。学会适当地给自己解压，把沉重的思想包袱甩掉才能让自己放松心态，进而找到问题的解决办法。

对于女人而言，忧虑不仅是健康情绪的杀手，更是身体健康的大敌。

忧虑常常会让一个女人老得更快，快速摧毁她姣美的容颜。忧虑会使我们的表情变得难看，会催生我们脸上的皱纹，会使我们老是眉头苦皱失去笑颜。忧虑有时候甚至会让女人的头发变得灰白甚至脱落。

忧虑甚至会使最强壮的人迅速生病。在美国南北战争的最后几天里，格兰特将军的真实经历验证了这一点。故事是这样的：

在格兰特率军围攻里奇蒙德九个月之后，李将军手下那群衣衫不整、饥饿不堪的部队终于被打败了。有一次，好几个兵团的人一起做了逃兵。其余的人也在他们的帐篷里开会祈祷——叫着、哭着。眼看战争即将结束，李将军手下的士兵纵火烧掉了里奇蒙德的棉花和烟草仓库，也烧掉了兵工厂，然后趁着烈焰升腾的黑夜弃城而逃。格兰特将军率军乘胜追击。

令人意想不到的是，格兰特将军突然患上了剧烈头痛而无法跟上队伍，就近停在了一个农家。"我在那里过了一夜，"他在回忆录里写道，"我把我的两只脚泡在加入了芥末的冷水里，还把芥末药膏贴在我的两个手腕和后颈上，希望第二天早上能够及时康复。"

第二天清早，格兰特将军果然复原了。可是真正使他复原的不是芥末药膏，而是一个带回李将军降书的骑兵。

"当那个军官到我面前时，"格兰特写道，"我的头还痛得很厉害，可是我一看到那封信的内容，立马就好了。"

格兰特的病显然是因为忧虑、紧张和情绪上的不安导致的。一旦那些忧虑消失，情绪上恢复了自信，病也自然不复存在了。

　　忧虑更多时候都是一种自我折磨和自我恐吓，当忧虑满怀的时候，各种思绪之间激烈碰撞，无法形成一个定式，最终让人丧失决断的能力。过分忧虑是人性中一种极为消极且毫无益处的缺陷，是一种极大的精力浪费。

　　人生在世，如同一趟旅行，沿途中有数不尽的坎坷泥泞，但也有看不完的春花秋月。如果我们无法守卫我们内心的那份宁静，一颗心总是被忧虑所扰，为灰暗的情绪所覆盖，必然会导致心泉的干涸，失去生机和斗志。

　　作为一个女人，当你一次次遭遇失败、受挫时，有没有想过这样的问题，你为什么总是失败，当无数次的失败将你推入黑暗的世界，享受不到成功的阳光时，你想过没有，到底是什么挡住了照向你心灵的阳光？美国前总统罗斯福曾说过："最大的恐惧是恐惧本身。"同样的道理，最应当让我们警醒和忧虑的恰恰是忧虑本身。忧虑才是阻挡在我们前进道路上的最大障碍。

　　因此，若想在生活中获得轻松和愉快，就应当牢记，世上没有任何事情是值得忧虑的。那些看似会让我们遭受灭顶之灾的忧虑，往往只是我们心中的臆想和永远都不会发生的错觉。

只要心中有灯，就能驱散黑暗

　　女人似花、似水，在繁杂的世界里，需要光明，而光明却不在外界，只在心中。只有心中的光明才能驱散黑暗，才能永不熄灭。

　　女人的美在于时光的雕琢，在于岁月的沉淀。而一个聪明的女人总是善于点亮那盏心灵的灯，驱散心中的黑暗。无论什么时间、什么地点，心中有光明的女人，永远是一幅鲜活、不褪色的画。

　　心中有光明的女人是优雅的。她可以没有光鲜靓丽的外表，没有妩媚妖娆的身材，但是在举手投足之间，从容的言谈举止，淡定的为人处事，能上得厅堂下得厨房，都在她们身上展现得一览无余。

　　有这样一位女教师，一眼看去，她再普通平凡不过，长得也不漂亮，塌鼻梁、小眼睛、皮肤还是泛黑的，而且脸上时不时地会冒出青春痘。从外表上说，这样的女人应该不会特别受人喜爱。

　　可她却像是浑身充满了魔力一般，紧紧地吸引着身边的人。为了她，她的男

友不远千里到她的城市扎根，二十年未见的朋友仍时常牵挂她，她的学生虔诚地崇拜着她。而有如此魅力的她，皆因为她心中有盏灯，住着光明，这盏灯指引着她优雅淡然如茉莉一般地生活着，从不歇斯底里地发脾气。

魅力如斯的女子，心底仿佛装着一个被温暖的光所充满的世界，没有黑暗的骚扰。

心中有光明的女人，是热爱生命的人。所谓"一粒沙看世界"，她会感动于一朵被人遗忘于角落里任凭自己独自默默开放的野百合，感动于一棵被千百人踩过仍不甘低头的小草，感动于一棵长于岩石缝中顶风傲雪的松。她总是用心感受着生活，会在给身边的每一个人的便条上附上一片叶或是一朵无名的花，添上笑脸，这细细如流水般的温暖和惊喜总会带来小小的感动。

心中有光明的女人，是胸襟宽阔的人。她的心是开放的，是宽容的，她不会猜忌或中伤别人。她会容忍周围人的小缺点，哪怕是那些伤害过她的人，她也会用心中的灯驱散曾有的阴暗，因为她明白"不要拿别人的错误惩罚自己"的道理。

英国著名女歌手阿黛尔曾唱过一首歌，它打动着全球无数人的内心。有句歌词是这样的："Never mind I will find someone like you，I wish nothing but the best of you……"意思是："不要担心我会找到一个和你相像的人，我什么都不祈求唯愿你过得最好。"

可以说，这首歌就是她的一个成长故事。阿黛尔本身是个纤细可爱的女孩子，曾经深爱的男友却以负心来对待她。面对背叛爱情的男友，平凡的她也痛苦过，甚至自虐过，但她并没有让自己沉沦下去，而是将悲痛化为一首首动人的歌曲，一句句唱出内心最真实的想法，于是悲哀绽成了一朵花。面对背叛，她选择了原谅；面对人生的挫折与困难，她选择了继续向前。点亮心里的那盏灯后，她生活得更美好。

心中有光明的女人，是善于处理爱的女人。生活的本色是拥有一个安全并温暖的港湾。她们明白家的尺度和家的概念。她们知道如何爱与被爱、呵护与被呵护，懂得人前的大度，人后的娇柔。她们知道如何去包容、理解、忍让。为了爱与光明，她们会义无反顾地去尝试，去改变。

心中有光明的女人，是会懂得珍惜的女人。无论是在什么境遇里，她们都能不以物喜不以己悲，笑看云卷云舒。她们知道什么时候该放手，什么时候该坚持；

她们知道什么时候该清醒,什么时候该糊涂。她们不会拖累自己,也不会伤害他人。她们爱幻想,但是她们也绝不和真实对抗;她们喜欢邂逅,但绝对不和错过擦肩;她们愿意浪漫,但绝不和暧昧为伴。

莉斯·默里,她的故事如此让人心灵震撼,以至于被拍成电影并获得大奖。一个无家可归的命运坎坷的女孩,父母双双感染上艾滋病,但这个女孩没有放弃人生的希望。她用自己微薄的力量向命运发起挑战,最后踏入了哈佛大学的学术殿堂。

年少的时候,由于父母都染上了毒瘾,默里8岁开始乞讨,15岁时母亲死于艾滋病、父亲进入收容所,从此默里流落街头。17岁的时候,她决定回到学校读书,用知识去改变自己的命运。虽然小小年纪就无家可归,但她的身上却充满了真挚的性情和优雅的气质,她的执着、坚强的意志、不断地进取和不向命运屈服,鼓舞了成千上万的美国人,人们从这个女孩的身上看到了一种面对人生自我选择的能力和如何跨域艰难与困境的顽强精神。

在一次演讲中,默里谈到,我是属于一个自我教育型的孩子。当我无家可归时,没有人来陪伴我、指导我、引导我。那时的我会到自助书店去偷我喜欢看的书,当然,今天我会原谅自己年少时的错误行为。

在一次被我偷过书的老板的演讲会上,作为主讲人的我对他说,我想我还欠你25美元。默里说,我尽一切努力来学习,这是我对自己的承诺,我必须要遵守和完成这个承诺,很快我成了学校里学业成绩最优秀的学生之一。在这过程中,我曾感到生活是残酷的,我也想到退缩,但我想起了这个承诺,我不能被打倒,不能放弃。

默里说,我的人生之路能走到今天,需要感谢曾经的自己和那些帮助过我的人。下一步,我要为更多的人服务,去帮助他人,倾听他们的心声并尽我所能来帮助他们。这也是我的人生目标,每个人都有他的人生追求,重要的是这种追求是来自你的内心。我会永远记住妈妈曾同我说的一句话,生活并不会停留在那儿等候每个人。生活之路就在你的面前、你的脚下,你的生活永远也不晚。

默里的境遇是坎坷的,如果那时候的她就此沉沦在黑暗里,选择歇斯底里或是自暴自弃,就不会有现在的她了。

心中有光明的女人能适应逆境,并在逆境中快速成长。失意、忧伤和落寞,也会把她们层层包围,但是她们知道在哪里流泪,在哪里爬起,在哪里忘却,在

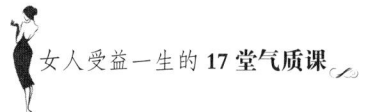
哪里倾诉。无论是在什么环境里，她们留给别人的永远是自信的状态，永远是微笑的姿态。

心中有光明的女人，是善于发现美的人。

在嘈杂的闹市中，她能体会到生活的多姿多彩，能从匆忙的人群中体会到人生的百味。不仅能从七旬老人脸上看到流露的沧桑，也能感受到小孩脸上洋溢的幸福。她喜欢夏日黄昏，她甚至会羡慕那对野外拾荒的夫妇，披着夕阳的余晖，有说有笑地拉着破旧的车子回家去。

心中有光明的女人，是善于发现精彩的人。

美丽无处不在，美好就在身旁，只要你善于发现，善于感觉，一字一句一段一篇都是温暖，一动一静一行一停都是写意，一花一草一木一叶都是风景。平凡平淡里她们总会带给你惊喜和意外，以及偶尔的小浪漫和刹那小温馨。

心中有光明的女人，懂得知足，懂得满足，懂得幸福的含义。

当你需要的时候，有她们的叮嘱；当你需要的时候，有她们的体恤；当你需要的时候，有她们的怀抱。

女人心中的光明不是与生俱来的，需要我们自欣，自喜；自修，自悟；自感，自得。这，是日子积累下的成熟，是光阴沉淀后的豁达。"明月装饰了你的窗子，你装饰了别人的梦。"点亮心里的灯，驱散的不只是自己心中的黑暗，还为身边人带来了光明。

世界因你的心情而改变

有人说，我们不能延长生命的长度，但我们可以拓展它的宽度；我们不能改变天气，但我们可以左右自己的心情。幸福的女人必然是有着保持愉快心情的能力，笑容才能让身边的世界变得更加美好。

心情就像天气一样，有晴有阴。但天气不是人力所能左右的，而心情却完全是掌握在我们自己的手上的。

"物随心转，境由心造，烦恼皆由心生。"没有过不去的事情，只有过不去的心情。被欺骗、被讽刺、被批评，这些都让我们难以放下。大部分女人都只在乎事情本身，并沉迷于事情带来的不愉快的心情。其实只要把心情变一下，世界呈现在眼前的样子就会完全不同了。

在生活中，即使未来的路上有狂风暴雨，如果我们不去气恼抱怨，也不灰心气馁，对未来抱有坚定的信念，相信总会有雨过天晴、阳光普照、明媚灿烂的时候。带着这样心态的人，即使遇到不如意的挫折坎坷，也不至于阴冷绝望。

不要斤斤计较于一时的荣辱得失，而要大度宽厚、豁达从容，虚心学习别人的长处，弥补自己经验的不足，不断修炼自己的内心、提升自己的思想境界。有了这样的好心态，才会保持好心情，世界才会因此而美丽。

一家信誉特好的大花店以高薪聘请一位售花小姐。招聘广告张贴出去后，前来应聘的人很多。经过几番面试，老板留下了几位女孩，让她们每人经营花店一周，以便从中挑选一人。这三个女孩长得都如花一样美丽。一个女孩有过插花和卖花的工作经验，另一个女孩是花艺学校的应届毕业生，还有一个女孩是待业青年。

有过工作经验的女孩一听老板要让她们以一周的实践成绩为应聘条件心中窃喜，毕竟卖花对于她来说是轻车熟路。每次一见顾客进来，她就热心地向客人介绍各类花的象征意义以及给什么样的人送什么样的花。几乎每个走进花店的顾客，她都能说得让人买去一束花或一篮花，一周下来她的成绩不错。

花艺女生则充分发挥从书中学到的知识，从插花的艺术到插花所需要的成本，都精心琢磨、仔细计算，她甚至还想出了把一些断枝的花朵，用牙签连接花枝夹在鲜花中的办法来降低成本。她的知识以及她的聪明，为她一周的鲜花经营也带来了不错的成绩。

相比前两者来说，待业女青年则明显有点儿放不开手脚。然而她并不气馁，每天的心情都像花一样的美丽，置身于花丛中的微笑更是迷人。一些残花她总舍不得扔掉，而是修剪修剪，免费送给路人，而每个从她手中买花的人，都能得到她一句甜甜的话语——"鲜花送人，余香留己。"

这听起来既像女孩为自己说的，又像是为花店讲的，也像为买花人讲的，简直是一句心灵默契的心语。尽管女孩非常努力，但她的成绩比前两个女孩仍然相差很大。

但出人意料的是，老板最后竟留下了那个待业的女孩。人们不解，为什么老板会选择放弃为他挣钱的女孩，而偏偏选中这个看上去业绩并不出色的待业女孩呢？老板是这样说的："卖鲜花就算挣再多的钱，也只是有限的；用如花的心情去

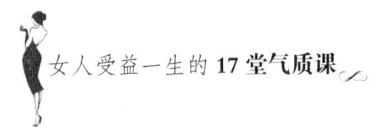

挣钱，才是无限的。"

每个女人都有这样那样的专长，这无疑会给我们带来极大的帮助。但女人更要有如花的心情，因为这心情能感染他人，让他人领悟到生命的纯真和美好。

我们的心态就是自己真正的主人。一位伟人曾说过，要么我们去驾驭生命，要么是生命驾驭我们，我们的心态决定谁是坐骑、谁是骑师。心态决定心情，好心态带来好心情，坏心态带来坏心情。

一个成熟的女人应该就像向日葵花一样，永远面向阳光绽放灿烂的笑容。理智地面对外在环境的变化，不管外部环境如何，都保持自己情绪的平和愉快。

要想拥有阳光般的心情，就要学会积极的思考。我们的视觉和思维都是有盲点的，看见消极的一面就看不见积极的一面，心情也就很难好起来，这就需要我们把它调到积极的位置。

小丽失恋了，悲伤和痛苦笼罩着她，世界在她面前也变得黑暗，她坐在公园的一角暗自落泪，觉得生活变得暗无天日，任朋友们怎么劝都无济于事。

一位老人路过这里，听了她的故事，对她说："孩子，你不过损失了一个不爱你的人，而他损失的却是一个爱他的人。说到底，他的损失比你大，伤心的是他才对啊。"

小丽听后觉得有道理，心情开始开朗起来，世界也在她眼前变得明亮。

让自己的心情随外界而变动和不能左右他人就掌握自己的心情，是典型的两种心态，前者是消极的悲观主义，后者则是积极的乐观主义。

有些人即便是在晴朗的天气里，也会为明天天气的好坏而忧虑，而有些人却能在乌云密布的天空下，也能想象着风雨之后的美丽彩虹。

虽然每天都有许多我们也无法去改变的烦恼的事情，但是我们可以努力改变自己，改变自己的心情，积极去面对。

人生的旅程并不是一帆风顺，总是充满坎坷，充满挫折，只要有快乐的心境，才能坦然面对困难的挑战，化忧为乐。快乐地生活，善待每一天、每个小时，我们会发现，世界是如此的美好。

将眼光停放在生活的美好处

生活在这个繁杂的世界，面对紧张的工作，面对微妙的人际关系，我们除了觉得太累以外，更多的感慨就是，生活并不像想象中的那么美好。然而，美好的生活并不是与生俱来的，是需要我们转换眼光去发现的。

生活中并不缺少美，只是缺少发现美的眼睛。每一个女人，都会在生活中遇见不同的事物，可能有些让我们很开心，有些却让我们伤心难过。尽管我们的心情千变万化，生活还是不断向前，并没有随我们的心情而停滞不前。其实，当我们静下心来就会发现，生活本身就是美好的，只是我们总是忘了去寻找和发现它美好的地方。

小的时候，可能我们会因为没有一件自己喜欢的碎花裙而伤心不已，但随着我们的长大，我们会发现，一件碎花裙再也不是让自己伤心半天的理由；渐渐地，我们还会发现，我们的生活最美好的是与自己拉着手的恋人；再长大点，我们还会明白，生活美好的地方在于我们拥有快乐健康的家人；而等我们拄着拐杖、蹒跚而行时，我们可能才会真正懂得生活，我们会发现生活的美好就在我们的身边，一点一滴都是生活的美。

生活固然有它美好的一面，也有它丑陋的一面，就如图片一般有好看的也有不好看的。生活中本没有十全十美的人或物，美好与丑陋总是相伴而行。但是选择怎样生活，或是想过怎样的生活总是在于我们每个人自己的选择。当我们选择把目光放在路边的花草，感受每天晨曦时的安逸时，我们的生活必然是充满美好；倘若你的目光总是在布满阴霾的天空，那么生活也必然是糟糕的。

我们要做内外兼美的女人，会主动发现生活中的美好事情，她们不会用悲伤的眼光打量这个世界，而是用积极的态度和阳光的心情，来发现生活中每一件美好的事和每个人的美好，这样，一个女人的美也自然就展现出来，生活也必然对其报以微笑。

一位著名的女高音歌唱家，仅仅三十多岁就已经誉满全球，而且还有一个温柔体贴的丈夫和活泼可爱的儿子。

一次，她到德国来开独唱音乐会，入场券早在一年以前就被抢购一空。当晚的演出也受到了极为热烈的欢迎。当演出结束后，歌唱家和丈夫、儿子从剧场里

走出来的时候，一下子被早已等候在那里的观众团团围住。人们七嘴八舌地与歌唱家攀谈着，其中不乏赞美和美慕之词。

有人美慕歌唱家大学刚刚毕业就开始走红，进入了国家级的歌剧院，成为主要演员；有人恭维歌唱家25岁时就被评为世界十大女高音歌唱家之一；也有的人恭维歌唱家有个腰缠万贯的某大公司老板做丈夫，而膝下又有个活泼可爱脸上总带着微笑的儿子，总之，众人都是美慕不已。

然而在人们议论的时候，歌唱家只是在听，并没有表示什么。等人们把话说完以后，她才缓缓地说："我首先要谢谢大家对我和我的家人的赞美，我希望在这些方面能够和你们共享快乐。但是，你们看到的只是一个方面，还有另外的一个方面没有看到。那就是你们夸奖的活泼可爱脸上总带着微笑的小男孩，其实是一个不会说话的哑巴，而且，他还有一个姐姐，是需要长年关在装有铁窗房间里的精神分裂症患者。"

歌唱家的一席话使人们震惊不已，大家你看看我、我看看你，似乎很难接受这样的事实。这时，歌唱家又心平气和地对人们说："这一切说明什么呢？恐怕只能说明一个道理，那就是，生活不都是美好的。但是我很幸福，因为，生活给了我很多美好的东西。"

歌唱家说出这句话以后，人们仍然没有吭声，不过这一次不是惊讶，而是在思考，认真地思考着。

人生如花开花谢、潮起潮落，有得便有失，有苦也有乐。生活从来都不会是一路欢歌笑语，也许生活中琐碎的事会让你烦恼压抑，突如其来的变故让你无所适从，从天而降的疾病让你备受煎熬，然而生活本身不会改变，改变的只能是我们，是我们看事物的角度。

生活里，面对很多事情，如果我们换一种角度来看待，也许悲也是喜，苦也是乐。快乐和幸福是自己争取的，并不会无缘无故自己从天而降，只要自己改变生活的态度，换个美好的角度，也许眼睛里的风景就是另一番迷人的样子。

生命总以旧的终结和新的萌生来昭示它永恒的魅力，因而我们不必过分感叹岁月的流逝、年华的易变，因为时间最美妙的乐章是现在，把握现在，使现在过得充实快乐，才是生命的原本意义。

世界是美丽的，生活是多彩的，作为女人，我们要学会用善意的眼光、美好的眼光去看待这个世界，看待我们身边的每一个人。让他人的优点来弥补自身的不足，让一切美的东西充满自己的世界，也让自己的世界充满微笑，才能让自己的生活多姿多彩，让我们生活在更美好的世界。

背对阳光的人，只能看到阴影。同样，眼光只盯着丑恶的事物，这个世界便不存在美好。一个智慧的女人，懂得多看世界阳光的一面，多看他人美好的优点，并主动去为世界增加一份美好，保持一种从容，信守一份豁达，播撒快乐，也传播幸福。这样，我们也会在"赏人间花开花谢，睹流云聚散离合"的心境中，守住生命的美好。

不要为过去犯下的错误责怪自己

生活总是充满陷阱，我们总是犯下各种各样的错误，这是无法避免的。但是每个人对待自己犯下的错误的态度是不同的，有的女人会因为过去的错误裹足不前，有的女人则从过去的错误中汲取经验，轻装上路。

原谅别人是一种豁达，原谅自己是一种释怀。只有学会了原谅自己曾经犯下的错，我们才会发现自己轻松了、愉快了、自信了、成熟了。那些不懂得原谅、不愿意原谅自己的人，往往是出于我们自己的狭隘、自卑、虚荣、放不下面子以及不客观。背负着过去的包袱，不愿意放下的人，就是在给自己的生命增加负荷。

人无完人，金无赤金。有时候，我们的一些言语、做法无意中也许伤害了他人，也许我们不小心给他人造成了不便，生活中有很多事让自己并不如愿，甚至痛不欲生，何不换一种思维方式，学会原谅呢？

《津多巴时间心理学》里有这样一句话：现在，既不是过去的奴隶，也不是未来的手段。"过去的奴隶"指的就是这样一些人，她们把过去的错误和负担背负在自己身上，从此无法翻身。

其实，每个人的生命都是匆匆而过，短短数十年的时间，享受生命还来不及，为什么还要让这些过去的错误一直纠缠于你未来的生活呢？为什么还要让那些不快干扰我们的视线呢？

有些人把"错误和失败"改名叫"成功前的练习"，因为所有曾经所犯下的错误都是为了成就未来。

安雅宁进入公司刚刚一年，因为工作表现优秀，备受上司的器重。她也暗下

决心一定要作出成绩来。

一次，为了给她展现才华的机会，上级领导要她负责一个企划案，为一个重要的会议做准备，并透露说如果这次企划案能赢得客户的认可，她将有可能升职，被调到总公司负责更重要的工作。对安雅宁来说，这是个千载难逢的机会。她非常努力，没日没夜地准备这份企划案。

到了会议的那天，由于过度紧张，安雅宁脑子一片混乱，甚至没有带全准备好的资料，发言的时候词不达意，几次中断。会议的结果可想而知。

失去了一个这么好的机会，安雅宁为此懊恼不已。之后，因为这件事，她的状态一直不好，工作心不在焉，又有过几次小的失误，于是她对自己更加不满。以前自信的她，现在忽然开始怀疑自己的能力，觉得自己非常不适合这个工作，不然为什么老是在关键时刻出错呢？她开始惩罚自己，经常不吃饭，一时想通了又暴饮暴食，或者拼命地喝酒。

随后的日子里，安雅宁的情绪越来越不好，领导也找她谈过几次话，宽慰她过去的事情都过去了，人应该向前看。虽然她的情绪渐渐稳定了下来，但是她依然不能原谅自己。沉浸在过去的事情中，她没有心情做好手中的事情，以致对工作失去了当初的信心。最后，她不得不递交了辞呈。

我们很多时候都是这样，在犯错之后不能原谅自己，甚至憎恨自己，进而影响到现在乃至未来做事的心情。如果过于沉溺于过去犯下的错中，就无法理智地去分析问题、解决问题，更无法看到希望的曙光。其实，不如反过来想一想，错误既然已经犯下了，再惩罚自己有什么用呢？而且我们已经为曾经的过错付出了沉重的代价，为什么还要搭上现在和未来呢？

只有原谅自己，才能重新调整心情，开始新的生活。而那些无法原谅自己，始终对自己的过去耿耿于怀的人，得不到人生的幸福。我们之所以对以前的某个错误耿耿于怀，迟迟不肯原谅自己，多半是因为我们为之付出了一定的代价。可是，不能原谅又能如何？代价不能再收回，但是我们的心情可以回转，也需要回转，因为生活还要继续。

每个人都希望自己的人生道路和事业道路能够一帆风顺，最好不要犯任何错误，其实这一观念是不符合自然规律的，只不过是人们自己的一厢情愿罢了。"人非圣贤，孰能无过。"无论是在工作中还是生活中，犯错本来就是难以避免的事情。关键不在于你犯的错本身，而在于你犯错之后的反应。

只有真正从心底里原谅自己，才能驱走烦恼，让心情好转。学会原谅自己，并不是给自己找借口，而是很平静地分析我们过去的错误，从错误中得到教训，做到"经一事，长一智"，这才是智慧女人应该做的。

在高速行驶的列车上，有个老人不小心把刚买的新鞋从窗口掉了一只，周围的人倍感惋惜，不料老人立即把第二只鞋也从窗口扔了下去。这一举动更让人大吃一惊。老人解释说："这一只鞋无论多么昂贵，对我而言已经没有用了，如果有谁能捡到一双鞋子，说不定他还能穿呢！"

其实这个故事看似简单，其中的道理却值得我们深思。很多时候，我们无法做到和老人一样的豁达和放得开。当我们不小心弄掉一只鞋子的时候，我们可能更多的是抱怨自己的不小心，责怪自己犯下的错。可是，对于我们来说，走过去轻轻地关上过去的窗户，打开那扇通往未来的门，才是正道。

生活中犯错误是难免的，其实犯错本身并不可怕，可怕的是我们失去了直视它的勇气，更可怕的是我们从此失去生活下去的勇气，以至于赔上了现在和未来。聪慧的女人不会紧抓过去的错来惩罚自己，拿过去来惩罚现在和未来。

不要拿过去犯下的错误抱怨自己，就是说不要自己同自己过不去。如果一有过错，就终日陷入无尽的哀怨、自责和痛悔之中，这毫无用处，反而只会带来更大的痛苦。错误的过去已经过去，应该拍拍身上的灰尘，重新走上人生的旅途。

怀旧情绪适可而止

面对生活或工作上的不如意之事，人们常常会回想起以前的种种美好。适当地回忆过往的点滴并没有错，最怕的就是过分沉溺于回忆中，让自己的怀旧情绪疯狂滋长。很多时候，这样不但解决不了问题，还会陷入无限的恶性循环中。对此，我们需要懂得的是，立足当下，活在现在，让怀旧情绪适可而止。

如果一个女人不能抛弃回忆，便只能做回忆的奴隶，无法感受当下的生活。其实在我们每一个女人的心里，总是有着某个角落，珍藏着曾经种种的酸甜苦辣、喜怒哀乐。

曾经最美好清纯的初恋，最甜蜜醉人的初吻，甚至最痛苦伤感的失恋，所有的人生经历都是一笔财富，在不经意间，让我们的生活添上不同的色彩，久久难

以忘怀。

在人际交往中，有些女人只能做到"不忘老朋友"，但很难做到"结识新朋友"。我们总是认为老朋友是懂得自己的人，所以，不管是闲暇时的玩乐，还是工作上的烦恼，我们总是不离这些所谓的闺蜜，怀着怀旧的情绪，忘了走出去。

生活中，有多少女人被蜜一样的记忆粘住了翅膀。她们站在原地找不到方向，却加倍地希望被别人记得。她们以为自己像钉子一样牢牢地嵌进了别人的记忆里，其实，往往人们牢牢记得的只有她们自己。因此，怀旧情绪应当适可而止。

瞬息万变的社会容不得我们过分沉浸在怀旧的世界里，它将阻碍着我们去适应新的环境，使我们跟不上时代的步伐，被社会抛弃。回忆是属于过去岁月的，一个人应该不断进步。试着走出过去的回忆，不管它是喜还是悲，都不能让回忆干扰我们的生活。

当然，作为一个时间里的存在，过去自然是有价值的。一个人适当地怀旧是正常的，同时也是必要的，但是，如果怀旧过度了，因为怀旧而否认现在和将来，那么，就会陷入了病态。

当我们面对困难和挫折时，产生"回归心理"是一种普遍的心理状态，而这种"回归心理"不仅不能解决现在面临的问题，反而会让我们沉浸在过去的恶性循环中。长期处于一种怀旧、留恋过去的心理状态中，不去正视目前的困境，只会更加难以适应新的生活环境，建立新的自信。而不能尽快适应新环境，就会导致过分地怀旧，这是一个循环往复的过程。

女人，学会的应该是珍惜当下，享受现在。一个珍惜窗台上几米阳光的女人是迷人而有魅力的女人，她们对生活总是抱着希望，坚忍不拔，屹立不倒。再大的灾难都只是生命中的过客，再美好的事物也只是曾经的颜色，生活总是向前的。

我们难免会遇到不愉快的事，但是不要总是表现出对现状不满的样子，更不要因为现在的不完美而过于沉浸在过去的记忆中。当我们不厌其烦地重复述说往事时，我们可能忽略了今天正在经历的体验。

一个夏天的下午，在纽约的一家中国餐厅里，莱丽感到沮丧而消沉。由于工作中有几个地方出现错误，她没有完成一个相当重要的项目。

莱丽的朋友看见了她，他是一名了不起的精神科医生。看见莱丽愁眉不展的，他说："来吧，到我的诊所聊聊吧。"

在诊所里，医生从一个硬纸盒里拿出一卷录音带，塞进录音机里。"在这卷录音带上，"他说，"一共有三个人所说的话，我要你注意听他们的话，找出支配这三个案例的共同因素，只有四个字。"

录音带上，第一个是男人的声音，他遭到了某种生意上的损失或失败。第二个是女人的声音，她在诉说自己为了照顾寡母，错过了很多结婚的机会。第三个是一位母亲，因为她十几岁的儿子犯了罪被抓进警察局里，她一直在责备自己。

在三个声音中，科尔听到他们一共六次用到四个字——"如果，只要"。

"你一定大感惊奇。"医生说，"你知道我听到成千上万个人用这几个字作开头的内疚的话。我对他们说：'只要你不再说如果、只要，我们或许就能把问题解决掉！'"

"因为这几个字既不能改变事实，还会使我们向后退，变成阻碍你成功的真正障碍，成为你不再去努力的借口。"

在医生的开导下，莱丽终于意识到，沉浸在过去错误的阴影中完全就是浪费时间，只有用积极上进的态度去改变现在的处境才能改变现在的状态。

持续不断地靠怀念过去来逃避现实，逃入往事的回忆之中，的确是一种无益的习惯，其结果往往是使人逃避成熟的思考，而进入一种虚无缥缈的幻想境界。

我们需要做的是尽情地享受现在。过去的东西就算再美好或再悲伤，也已经因为岁月的流逝而沉淀。如果我们总是因为昨天错过今天，那么我们就会因为秋天的一片落叶而错过整个春天。让我们的怀旧情绪适可而止，为美好的未来，珍惜当下，活在今天。

第十二课

不要随波逐流，做一个有自信的女人

自信的女人芳香四溢

自信可以让女人的脸上总是带着笑意，流露出一种自若的神情；自信可以让女人的举手投足之间，都带着一种孤傲与悠悠婉转的味道；自信的女人，犹如空谷幽兰，自会让人闻到缕缕清香。

有一种女人，即使她没有令人惊艳的姿容，她还是在人群中卓然而立，举手投足之间显示出干练与风度，身边仿佛笼罩着一层光环，被她吸引的人都会称赞她非凡的气度。这种女人就是自信的女人！

自信的女人拥有一种"光环效应"，通身散发着独特的吸引力，自信使她看上去神采奕奕、明艳动人。她总是扬着自信的头，嘴角常挂着微笑，炯炯有神的双目流动着光芒。

事实上，每个女人都是独一无二的美妙存在。我们要怎样才能充分感受到自己的与众不同？怎样才能找到比较成熟的自我？

健康、成熟的生活特征之一是"认识自己"、"喜欢自己"。这种喜欢自己不是自以为是或孤芳自赏，而是冷静、客观地接受自我，怀着自重与尊严去生活。

自信的女人不一定要有闭月羞花、沉鱼落雁的容貌，但一定在人群中有一种鹤立鸡群的气质；自信的女人不需要有多么大的志向、多少财富，但一定要有尽情享受生命的乐趣和能够清醒保持灵魂的清澈；自信的女人不需要多么强大，但一定要有身处困境时依然不放弃和不气馁的勇气。

有人说：自信是女人最好的装饰品，能够让一个女人变得光彩夺目。如果一个女人没有自信，就算她长得有多美丽，身材有多么凹凸有致，也绝不会令人心动。

自信的女人不害怕失败，她们会用积极的心态来面对生活中的不幸和困难；自信的女人不怕冷嘲热讽，她们会用淡然的微笑来面对别人的伤害；自信的女人会用实际行动维护自己的尊严。

这一切，都淋漓尽致地表现一个自信女人的气质，也表现出一种坦诚、坚定而执着的向上精神。要知道，美貌可使人骄傲一时，但自信却能让人骄傲一生。

自信本身就是一种美丽，但是很多人却因为太在意外表失去了自信，从而失去了很多快乐。

可以说，自信是一种发自内心的美丽，它不需要成本，也不需要花费多大的时间和精力就可以获得，就看你想不想得到它了。

一个自信的女人在为人处世上，会表现得从容、大度，不陷入世俗的漩涡中。如果一个女人拥有自信，那么她就会具备聪明灵慧、善解人意，从而离成功更近一些。

有这样一个女人，她毕业于设计专业，曾做过模特经纪人，就在大家都很羡慕她时，她却选择了离开这个行业，因为在她内心深处，最爱的是形象设计。那时的中国在这个行业中还未出现第一个吃螃蟹的人，没人去打开这个市场，她却挑战了一把，开始从事形象设计和形象咨询，并创立了一家形象沟通顾问公司。她最初创业时是从一个工作室起步。那时的她发现这个社会十分需要这样的行业，刚好国内还没人从事这样的工作，或者说还没有把它正规化。于是她凭着自己的直觉，凭着自己的爱好，凭着自己的技术走出了第一步，也是这个行业的第一步。用专业的知识和健康阳光的心态影响客户；帮助孤单的离异男女树立自信、快乐地生活；帮助女性提高管理自己和家庭的能力，促进家庭的和谐与和睦。这就是她的初衷，并且一直坚持着。

创业伊始，遇到了不少困难，客户源缺乏、开支大、收入少……但她还是一步一步走出了自己的成功之路。她从来不想做不到怎么办，遇到问题就想方设法解决，终于创造出一番事业。她认为了解别人的女人是聪明的女人，了解自己的女人是智慧的女人。她不仅会给客户提供建议，还会教他们如何寻找到

自己，只有知道并且了解了自己之后，才知道如何塑造自己的形象，才会更加自信。而她也正是凭借这种自信，充分发挥了潜藏于自己内心的能量，实现了自己的价值。

由此可见，一个人不能低估自己的能力。无论在什么境况下，都要相信自己有着不可忽视的芳香，这是一种自信！

卡耐基的夫人曾说："我们不能够改变一个人的为人——即使我们能够，我们也不会这样做。我们所能做的只是帮助一个人，更有效地运用她所具有的天赋才能和任何优点……我们不能把人们内心里所没有的资质给他们，但可使他们认识自身的资质，并鼓励他们去开发自己的资质。"

卡耐基夫人启示人们：肯定自我，视自己为一个有价值的人，并因为真正有了自信而达到自己所向往的目标——这才是成功之本。

自信的女人是美丽的，尤其在男人眼里。女人自信，三分漂亮能增至七分；女人不自信，七分漂亮能降至三分。观察一个女人是不是自信，看她的眼睛就能知道。

自信女人的目光不躲闪，是因为她知道做女人应该有矜持的味道。无论是高级白领还是家庭主妇，女人应有的温柔、贤惠、细致、体贴都能在自信的女人身上适时地展示出来。

朱自清先生曾经写过这样的一段话：女人有她温柔的空气，如听箫声，如嗅玫瑰，如水似蜜，如烟似雾，笼罩着我们，她的一举步，一伸腰，一掠发，一转眼，都如蜜在流，如水在荡……女人的味道是半开的花朵，里面流溢着诗与画，还有无声的音乐。自信的女人就是这样坦然处事，目光绝不会躲闪现实。当看到她时，会感受到她的自信和友好。也可以说，自信就是女人的一张名片。

不要常用缺乏自信的词句

索菲娅·罗兰曾经说过一句话：一个缺乏自信心的女人永远也不会有吸引别人的美。没有一种力量能比自信更能使女人显得美丽；法国著名作家马丁杜·伽尔也曾经说过：我的力量是真正的源泉，是一种暗中的、永不变更的对未来的信心。甚至不只是信心，而是一种确信！

信心是一个女人的精神支柱，是可以让女人拥有一切的动力，能够帮助女人实现梦想。相反，如果一个女人没有自信，那她就会被怀疑、自卑等负面情绪毁了自己的工作甚至生活。

大卫·克罗克特曾经说过一句话：确信你是正确的，然后勇敢地前进。

自信是一种与众不同的气质，也是一种对生活、对事业的积极态度。具备自信的人身上永远有一种对生活充满了希望的精神，有一种在面对困难和挫折时的坚定，如："我能行，我能挺过去"。

在生活中，有许多缺乏自信的人，她们对待工作、生活、爱情都十分悲观，比如：质疑自己的能力，从而让自己变得可怜兮兮，甚至无法成功。

有这样的一个故事：

鹏是一个非常帅气的小伙子，喜欢上了外地的漂亮姑娘洁。两年以后，鹏娶了她，过上了幸福的生活。

这一切让洁浮想联翩：几年前，当她在这个美丽的海边城市时，就暗暗发誓"一定要在这座城市里拥有自己的家"。刚开始的时候，洁的日子过得很不顺利，感到孤单。尤其是在自己生病的时候，这种孤单感尤为强烈。在陌生的城市，没有朋友，没有亲人，也没办法找到自己的立足之地。

没过多久，一起来到这个城市的人都选择了回去，倔强的洁坚持了下来。在这段日子里，她一边打工，一边学习英语和电脑。一年以后，她找到了称心如意的工作——导游。没多久，她就在公司中出类拔萃，获得了同事和老板的肯定。在一次游览活动中，她认识了高大英俊的鹏……

如今，她们已经步入了婚姻的殿堂，这一切都是多么的不易呀！于是，她告诫自己：一定要珍惜！

虽然她已经成为了鹏的妻子，但却常常沉溺于莫名的恐慌之中。比如：担心鹏会抛弃自己等。她对一个朋友吐露心迹："鹏人好，长得英俊，又是城里的，事业也非常好，对我也非常体贴，但是……我总是会想他会永远对我这么好吗？我自己什么样我知道，我怎么会引起他的注意，获得了他的爱呢？他身边总是围绕着一群漂亮温柔的女孩子，每一个都比我强，比我有能力，比我漂亮。说不定哪一天，也许就是明天，他就会离开我，去找别的女人。"

为此，朋友觉得她是庸人自扰。

后来，她问鹏："你到底喜欢我什么？"

鹏也认真地回答："喜欢你身上那股不服输的劲儿，喜欢你不像别的女人那样只知道涂脂抹粉，靠外在亮丽的衣服来打扮自己，喜欢你骨子里那种东方女性的贤惠……"

当然了，她对他的回答很满意。但没过几天，她又想：或许鹏还不够了解我，等时间一长，他就没有新鲜感了。

于是，她反反复复地问鹏一样的问题。刚开始的时候，鹏还会如实回答，可是时间一长，鹏就会敷衍，甚至沉默不答。这时，她就想：自己的魅力不再吸引他了，自己要警惕了！有的时候她也会想：自己是不是太多疑、太不相信鹏了，但她又不由自主地陷得越来越深。鹏下班以后，她会很细心地检查他的皮包、抽屉、邮件、信息，但从来没有发现一丝可疑迹象。

在她看来，没有发现任何蛛丝马迹并不是鹏循规蹈矩，而是自己检查得还不够详细。因此，进一步的检查、观察尤为必要。于是，洁就开始了仔细的检查：鹏下班迟五分钟回家，她就要开始"审问"他，去了哪里，为什么回家这么晚，遇到了谁；单位组织听音乐会，她要么跟着去，要么一定要弄清楚鹏有没有异性陪同。他的一个表情、一个眼神、一个动作，她都会反复揣摩，细细品味其中的奥妙。

在这样的日子里，鹏的心里发生了微妙的变化。终于，他们之间的矛盾"升级"了！一次，她为了试探鹏，便借别人的手机给他发暧昧信息，最终被鹏发觉……这件事情之后，鹏就与她产生了隔阂，并与她商议分居一段时间来调整感情……

在爱情里面，每个人都是自私的。如果适当地吃点小醋，那可以增加情趣，但是太过压抑的爱只会让对方害怕，让对方退缩。就像故事中的洁，为什么原本幸福美满的婚姻最终走向了破裂的道路？是经济原因吗？是社会地位悬殊吗？还是因为第三者插足？都不是！而是因为她内心的自卑与依附心理吞噬了自信，因此鹏的一举一动、任何事情都成了她衡量爱不爱的标准。

据一项调查研究结果显示：男人最欣赏的女人就是自信的女人，因为自信的女人会让他们在交往的时候没有任何压力。虽然千百年来，女人会被人们不由自主地放在弱者的位置上，但男人并不是喜欢太过娇弱或过分依赖别人的女人。

女人们，不要像故事中的洁一样，明明获得了爱情、婚姻，却因为没有自信毁了它。学会当自信的女人吧！相信自己是唯一的，无人可以代替的！

不要常常反悔，轻易推翻已经决定的事

做任何事情都要认准自己的方向，确立一个明确的目标，并坚持完成。如果总是推翻自己的决定，改变自己的目标，最终只能是一事无成。

有很多的因素会影响一个人的人生走向，其中最关键的就是你的选择。当你确立了一个新目标的时候，只有勇敢、执着地朝着这个方向不断地前进，才能把握住自己的明天，把握住自己的人生。相反，越是犹豫不决，越是拖拖拉拉，就只会让你离成功的彼岸越来越远。

大量的事实告诉我们，许多成功人士正是因为坚持自己的抉择，才取得了骄人的成绩；如果他们当初推翻了自己的决定，那么很可能就会与成功失之交臂，甚至丧失了人生中仅有的一次机会。所以，一定不要轻易放弃，要勇于坚持自己的抉择，只有做到这点，你才能具备智者的气质。

其实，这些成功人士在做某个决定的时候也会受到多方面的阻力，这些阻力或来自家庭，或是来自团队成员，但是，他们仍旧能够坚持自己最初的选择，认定自己的初衷，义无反顾地坚持下去。事实证明，他们的抉择是正确的。

苏姗是法国一位非常著名的女演员，她的童年是在里昂郊外的一个农场里度过的。当时的苏姗就读于农场附近的一个小学校里。她从小就立志，长大后要成为一名著名的演员。有一天，苏姗哭泣着跑回家中，父亲看到后关切地问她为什么哭，她委屈地说："我们班的凯迪总是说我长得很丑，她还嘲笑我，说我跑步和走路的姿势特别难看。"

父亲听完苏姗的话，微笑地看着她，然后对她说："嗨！亲爱的，你知道吗？我的头可以够着咱们家的天花板呢！"苏姗抹了抹脸上的泪水，没明白父亲在说什么，就反问了一句："爸爸，你在说什么？"父亲重复说道："看，我的头能够得着咱家的天花板。"

苏姗抬头望了望天花板，那么高，父亲怎么可能够得着，她吃惊地望着父亲。父亲这时说："孩子，你不相信对吧？那么你也别相信凯迪的话，因为别人说的不一定就是事实。你不要太过在意别人对你的评价，你只要学会能够自己拿主意。只是，一旦你下定决心去做，就一定要坚持下去。"

父亲的话给了她很大的勇气和力量。苏姗在23岁的时候，就已经成为一个

小有名气的演员了。

有一次，她准备去参加一个小型聚会，但是她的经纪人却希望她能够把更多的时间花在一些大型活动上，这样才能提高人气指数。但是，已经做好决定的苏姗坚持要参加这个聚会，因为她作出承诺要去参加，既然自己决定了，无论如何都要坚持。

当天聚会时下着淅淅沥沥的小雨。令人意想不到的是，正是因为苏姗在下雨天参加了聚会，她的出现聚集了很多的群众。自那之后，苏姗的名气和人气比以前更旺了。

只要确定你的选择是对的，那么就一定要坚持自己的初衷。有时，我们在电视上看到某个成功人士在发表演讲，经常被这个人身上所散发出来的气质感染，那是因为他们坚持梦想的那股韧劲儿，给我们鼓舞，给我们力量。

其实，不论是对于事业、生活还是爱情，女人都一定要有自己独立的主见和坚持。有主见的女人是可爱的人，可爱存在于人的骨子里。可爱的女人，往往更能获得爱情和幸福。男人喜欢女人的温柔和贤惠，但更喜欢女人有主见。

女人有主见和坚持才能抓取幸福。有主见的女人善于全面正确地认识客观事物，通过自己的思考分析，结合自身的条件，制定符合实际的理想和奋斗目标，并且不断修正理想和目标，使自己的人生之路永远长青。

那么，如何做个有主见的女人，能够不推翻已经决定的事呢？

1. 不随波逐流

一些人终其一生都无法成功，最根本的原因就是喜欢随波逐流，相信别人远远超过了相信自己，总是被别人的想法和意见左右自己的决定。而一个有主见的女人不会盲目地听信别人的言论，一旦碰到挫折就会勇于面对；敢于逆水行舟；不惧怕别人的嘲讽，毅然决然地走自己的路。

2. 学会冷静，恰当地处理事情

我们经常羡慕那些职业女性，魅力十足，她们说一不二、办事利索，总能在聚会或展会上脱颖而出。再看看自己，办事拖拉，遇事紧张、逃避……其实，她们之所以出众，是因为她们懂得冷静，懂得如何处理身边的琐碎事务。

3. 树立自信

女人可以不美丽，但是女人绝对不可以没有自信。一个自信的女人，永远是快乐的、可爱的。当然了，一个自信的女人是永远也离不开书的海洋的，书是我们瞭望这个世界的另一个窗口，我们可以在知识的海洋里遨游，让自己再多一点资本，让自己再多点儿自信。一个自信的女人可以没有上过大学，但是你千万不要拒绝读书，绝不可以让自己变得庸俗。

总而言之，女人们之所以犹豫不决，不能坚持自己一开始的决定，很大一部分原因是因为没有主见、缺乏自信等。如果按照以上几点来锻炼自己，那就不会被他人的思想所干扰，从而轻易推翻已经决定的事了。

勇敢地表达出自己的观点

为什么一些人能够站在巨人的肩膀上俯视芸芸大众，而一些人却只能站在巨人的脚底下叹息与他人的差距？那是因为勇敢者敢于提出自己的见解，总有那么一股不服输的心气，他们始终相信，自己一定有着可以改变全局的魄力。

一名成功人士曾说过："要勇于提出自己的意见，智慧与胆量相比，后者才是最重要的。智慧有时会让人犹犹豫豫地停滞不前，而胆量则会促使你勇敢地迈出第一步。"

生活中总有这样一类人，他们任何事都喜欢"跟风"，不敢提出自己的意见，即便确信自己的观点是正确的，但是仍然没有胆量和"绝大多数"意见相悖。这样的人都有一个共同的特点，那就是缺少果敢力，做事婆婆妈妈、不可靠。而那些敢于力排众议提出自己观点的人，才能体现出自己的价值，才能让人心悦诚服地承认和接受你。这样的人身上有着一种勇者的迷人气质。

歌德说过：只要你有足够的自信和勇敢，别人就会相信你。

艾尔弗雷德经常教导自己的女儿："玛格丽特，绝不要去做或去想那些别人已经做过、想过的事情。你要做你自己想做的事情，并设法说服其他人按照你的方式行事。"父亲的教诲使玛格丽特从小就拥有坚定的自信心，是一位有主见的美丽姑娘。

玛格丽特是在著名的凯蒂文女子中学上的学。在这期间，她已逐渐显露出她的与众不同、不随波逐流的要强性格。当时的她就拥有这样的信念：要想成功，必须要有自己的判断力，始终相信并坚持自己的观点。盲目跟随别人的观点，等

于欺骗自己。只有成为一个有主见的人，才能走向成功。

1943年的玛格丽特以候补的身份进入牛津大学索莫维尔学院学习。上大学之前，玛格丽特从未自己出过远门，她的生活经历仅限于格兰森市。如今自己所拥有的一切，包括做人的原则和远大的理想都是父亲教导她的。

牛津大学历来被称为是孕育政治家的摇篮，许多活跃在英国政界的政治家都是从这里脱颖而出的。玛格丽在牛津大学上学，成为她人生中一个重要的转折点。牛津大学里的政治氛围为她后来的从政生涯奠定了良好的基础。

四年后，玛格丽特毕业，获得了化学学士学位。毕业后的她，并没有选择回家工作，而是立下了以政治为终身职业的志愿。但是，刚毕业的她必须先有谋生手段，于是，她应聘到一家塑料公司工作，尽管她并不喜欢。

那个时候的保守党出了一些有利于年轻人的政策。由于玛格丽特在大学期间曾担任过保守党俱乐部主席，深受保守党的熏陶，所以她瞅准了这个机会，毅然决然地参加了当地的保守党协会。玛格丽特24岁的时候参加了竞选，成为当时最年轻的女竞选人，但是竞选却失败了。随后她转战到一家冰激凌公司做雪糕检验员。第二年，玛格丽特再次竞选国会议员，这一次，还是以失败告终，但却使她确立了将终身致力于政治的职业理想。

为了成为政治家，玛格丽特开始疯狂地攻克法律，三年后通过了律师资格的考试。从那以后，她开始在律师事务所工作。做律师的经历对玛格丽特的社交、政治职业和思想等方面都产生了巨大而深远的影响。在这期间，她与一位名叫丹尼斯·撒切尔的富商结为伉俪。此后，人们便称她为撒切尔夫人。

撒切尔夫人知道，要想实现自己的政治理想，走向国家政治中心，必须要成为国会议员。在她的双胞胎孩子出生一年后，她继续奋斗在竞选的道路上。在经历了多次失败后，34岁的撒切尔夫人终于取得了成功，她成为了芬奇莱区保守党下院议员，这成为了她作为一名职业政治家的标志。

由此可见，有主见的女人，总是懂得给自己一个空间，坚持自己的主见。她们周身散发着独立的优雅气质，如水般充满柔情。面对剑拔弩张的场面，可以以柔克刚，将激烈紧张的争斗化于无形。

那么，女人该如何培养自己有主见呢？

1.拒绝低调，敢于表现自己

很多人奉行低调做人，这是他们做事的原则。但是有的时候，过分的低调很有可能会与机会失之交臂。例如，在工作中，如果你一味地低调，那么你将永远是一名普通的小职员。如果能够在适当的时候抓住机会，勇敢地向领导表达你的观点，很可能就会给领导留下深刻的印象，给你带来不错的发展。

2. 拥有自信

自信是气质组成中的基本要求。如果希望别人相信你，首先你要做到相信你自己。气质的培养绝不是一蹴而就的事，只有长期相信自己，建立自信心，才会勇敢地把握住一切对自己有利的机遇。

3. 该出手时就出手

很多女人喜欢在婚姻生活中把男人的决定当作"圣旨"，义无反顾地跟随丈夫的脚步前进。一旦出现错误，女人就开始抱怨男人不够精明，而男人则会埋怨女人不能给他提出一些建设性的建议。久而久之，夫妻之间就容易产生矛盾。虽然男人都喜欢在女人面前展现自己的能力和强势，但有的时候，男人更希望女人能够给自己提出一些建议，能够在他迷失方的时候指明一条可行的道路。这样女人才能成为优秀的"贤内助"，生活才能越过越好。

在这里，我们需要注意的是：有主见并不是说自己说的、做自己想做的，别人说的就不照做。而是对任何事有正确的想法，可能与别人的想法相同，也可能不相同。只有清楚这点了，才能做一个真正有主见的人。

4. 扩大自己的知识面

只有扩大自己的知识面，说的话才有分量，才能得到别人的认可。其次就是树立自己的自信，能勇敢地面对问题，再者就是坚持自己的事情自己解决。

可以先从小事开始，慢慢培养自己的独立意识，相信以后的你会变得充满自信、有主见！

整体氛围低落时，你要乐观、阳光

快乐需要透过一定的角度才能看到：从这头看是痛苦，换到另一头看何尝不是一种幸福呢？被伤到手时，你的快乐是：还好没有伤到头。看问题角度不一样，心态自然也就不一样。

当今社会，由于受到来自现实的竞争压力，致使人们的生活态度发生了很大的变化。尤其是女人，家庭关系、孩子教育无不让女人们的脸上写满了忧愁，心态变得浮躁不安，也少了女人该有的温柔。

其实，人生难免遇到沮丧，你会选择从沮丧中解脱出来，还是选择继续沮丧，这都看一个人的心态。消极地对待它，你就会更加沮丧，而如果积极阳光地对待它，才能让我们看到快乐的希望。因此，女人如果想要生活得快乐些，那么遇事应该保持积极的心态。

来看这样一个故事：

燕蓉是在一家中日合资企业工作的白领丽人，五官姣好，身材修长，再加上这份好工作，让她在公司里比较有人缘。但是，她自己可不这样认为。她觉得自己的肤色偏黑，一点儿也不好看，为此心里总是耿耿于怀。她谈过好几个男友，但是在相处过程中，她总是遮遮掩掩的，不肯与男友面对面坐着交流，怕别人看久了会觉得她很黑，为此心里非常苦恼。

曾有一个男友送给她一套进口的化妆品，本来是一个友好的举动，可就是因为化妆品里包含一支增白霜，她想也没想就和人家分手。她觉得男友看不起她，觉得她黑，所以才送她增白霜。

为了变白，她终于下定决心走进一家美容院，花费了近万元去买高科技美容产品。最终的效果还不错，几个疗程后，她的肤色真的有了很大的改善。从此，她一扫过去遮遮掩掩的形象，变得开朗自信起来。没过多久，她遇到了自己一直心仪的对象。为此，她还暗暗感谢自己的聪明之举。

新婚之夜，当她的爱人夸她漂亮时，她鼓起勇气，坦诚地说出了自己美丽的秘密。可是，让人意想不到的是，她的爱人听了却说："真是搞不懂你们女人呀，有事没事就喜欢给美容院做点儿贡献，黑又怎么样，这样还显得健康呢！"原来他根本就没把她的肤色当回事儿。她不甘心地追问道："那为什么一开始你不追我，我做美容之后才追我呢？"

她爱人的回答是："之前的你总是冷冰冰的，做事总是畏畏缩缩的，总觉得难以靠近，猜不透你的心思啊。后来，不知道你经历了什么，忽然变得很阳光、开朗。咱们交往之后，我发现你还特别有内涵。所以就向你求婚了。"

生活中，很多女人就像燕蓉一样，明明是很简单的问题，却因为我们想得太多而变得复杂起来。犹如"当局者迷"一样，总是为一些"不是问题的小事"而大伤脑筋，这样太划不来了。

我们只要把问题看开一些，看远一些，积极一些，或许会"柳暗花明又一村"呢！

有这样一位博学多识、幽默与风趣的教授，学生们都很喜欢上他的课，他的课上总是座无虚席。

一天上课，他走上讲台，从包里拿出一张白纸，白纸的中间画着一个黑点儿。于是，他问学生："孩子们，请回答我，你们都看见了什么？"所有学生看着白纸，齐声喊道："一个黑点儿。"教授却摇摇头，幽默地说道："孩子们啊，你们可怎么办啊？这么大的白纸居然看不见，只盯住这一个黑点儿，完了完了，将来你们会非常不幸的。眼光如果只集中在黑点儿上，那么黑点儿将会被无限放大，最后整个世界就会变黑的。"

这时，整个屋子都鸦雀无声，学生们都在思考。于是，教授又拿出一张黑纸，纸的中间这次点了一个白点儿。他又问看见了什么？学生们这下开窍了，纷纷回答："一个白点儿。"教授欣慰地笑了："太好了，原来你们还有救，美好的人生在等着你们。"

这位博学多才的教授巧妙地把生活中的积极态度暗喻为白点儿，把消极态度暗喻为黑点儿，给学生们上了一堂深刻的人生哲理课：无论你所面对的生活有多么糟糕，都要始终保持乐观积极的心态。人生可能万里无云，也有可能淫雨绵绵，只要拥有积极的心态就可以跨过恐惧、扔掉自卑；拥有积极的心态就不怕失败；拥有积极的心态就有了健康向上的精神信念，这种积极心态会让你一生受用。

那么如何保持一颗积极向上的心呢？

1. 懂得赞美他人

一位著名的心理学家曾说过："一个人内心深处最迫切的需要就是渴望别人的赞赏。"当与别人交往的时候，适时地赞美对方，这会让你们之间变得更和谐、更温暖。无论是生活中还是工作中，将批评改为鼓励，用真诚的赞美给人以前进的动力。多一些赞美和鼓励，少一些责怪和埋怨。只有拥有这样一种积极的心态，才能创造出一种和谐的气氛，给我们带来幸福的生活和成功的事业。

2. 做微笑女神

微笑是人类最基本的表情，一种蕴含深意的语言，也是女人最自然的装扮。

当你微笑时，仿佛在说："亲爱的朋友，你好！见到你我很高兴，与你相处我感到很惬意。"微笑可以给人以信心，可以消融彼此间的陌生感。这种微笑是发自内心最真诚的心意。正如英国谚语所说："微笑是最好的名片。"如果我们想要建立良好的人际关系，拥有积极的心态，那么我们就要学会做一个"微笑女神"。

3. 不为小事伤神

一个拥有积极心态的人从不把时间浪费在一些小事上，因为小事影响人们在主要目标和重要事项上的注意力。人的注意力是有限的，如果你在一件无足轻重的小事情作出剧烈的反应，相应你已经偏离了一开始的目标。

4. 勇于尝试

遇事一定要觉得你能行，然后去尝试、再尝试，直到最后你完成了，才会发现其实没什么难的。而要做到这样，首先必须把你心中的消极观念去除掉。遇事首先要冷静，不为自己找借口，把"不可能"通过尝试，变成"可能"。

5. 心存感激

生活中，很多人总是对自己的生活充满了抱怨和愤恨，而不是去感激。一个女孩因为她没有鞋子而哭泣，直到她看见了一个没有脚的人。为此女孩感激上苍对她的怜惜。人生在世，我们无法抓住身边所拥有的一切，一旦失去它们的时候，我们会觉得很恐慌、很后悔。其实，只要我们心存感激，感谢上苍没有带走全部的东西，那样我们的人生会觉得美好许多。

做任何事情都要用心，因为有人在看着你

饭要一口一口吃，路要一步一步走。无论是做人还是做事，都要踏踏实实。只有这样，才会离成功越来越近。

俗话说得好：世上无难事，只怕有心人！如果一个人在做人或做事上非常用心，那么就没有什么做不到的。在工作岗位上，每个人能力有大小，职位也有高低，但不是每个人都能够成功。在这个时候，用心的程度就显现出来了。

在多元社会中，每个人都有来自各方面的压力和竞争，女人们也不能免俗，早早挤进了竞争的大军中，想要谋得一席之地。在这里，我们要说：做任何事情

都要用心，这决定了成功与否。

有这样一个故事：

大学毕业以后，为了有个好的工作或是嫁个好人家，女性朋友们都会去找一些清闲的、听上去好听的工种。令人出乎意料的是，小娟却在一个火车站卖盒饭，没几年工夫就买了车、买了房……

在火车站卖盒饭在同学们眼里是一个"不好意思"说出口的工作，但小娟却能够骄傲地说出来。随着时间的变化，同学们纷纷摆脱了低薪、耗费青春的工作，想要真正实现自我价值。

就这样，原本"看不起"卖盒饭工作的大学同学们，纷纷来请教小娟成功的奥秘了。小娟说了两个字：用心！是啊！用心做事，不要把卖盒饭当成一份工作，也要看作是一种生意，一种对自己的投资。

小娟说："在火车站卖的盒饭基本都是 8 块，但我的却卖 10 ~ 15 元，生意还特别好。你们知道为什么吗？"

前来请教的同学们纷纷摇头。

她说："刚毕业那会儿，在火车站卖盒饭的平均价格是 5 元钱，都是一个车拉着，用一次性泡沫盒装着，三荤两素。大家都这样卖，赚得多少就看谁比较勤快了。而我因为是个女孩，体力没有男的好，吆喝的也没有别人大声。于是，我就开始琢磨，怎样创造差异化。

"经过一番思考和研究后，我先改善了装饭的盒子——使用环保性与清洁性更好的饭盒。这样会让顾客觉得很干净和卫生。

"接着，我改进了菜品组合，让顾客觉得更加可口。除此之外，还制作了菜品组合照片，按照辣和不辣，南方人的口味和北方人的口味，让菜肴的组合更多样化。当然了，我还做了一些贴心服务，在一个小纸条说明，菜品可以让顾客随意挑选。

"最后，我还采用保温设备。有些卖盒饭的人到处走动，大声吆喝。而我就用一个食品车，站在进站口的黄金位置销售。不论刮风下雨还是寒暑冷暖，我的饭菜都是热的，并且价格便宜。没过几天，我就请了两个小伙计，因为实在是忙不过来了。

"没过多久，同行就开始效仿我的做法。几个月下来，我的生意开始变差，钱赚得少了很多。后来，我就想在搭售时做文章。比如：别人卖 5 元盒饭，我也卖5元，但会有一些活动，加1元，送一包榨菜或辣椒，加2元送纯净水一瓶，加3元送湿纸巾、口香糖。虽然饭的价格稍微贵了一些，但我的赠品远远低于市场价格。因为搭售的成功，我的客源和生意又变得好了起来。很快，别人又开始效仿我。不过，在短期内，他们是竞争不过我的，你们知道为什么吗？

同学们纷纷摇头："为什么呢？"

小娟继续说："当时，我多雇了几个小伙计，自己开始做老板，不直接参与到经营中，并且将他们分成5个小组，每天给每个小组设定销售任务并竞争。如果小组的销售量和销售收入最高，那么就会给予一些奖励。我把收入结构分为了三种，让他们自由选择——无奖金高提成方式、高底薪低提成方式、中等底薪中等提成方式。结果，那些伙计非常积极，整体提升了销售额。在那个时候，他们的收入少的也比以前多，收入多的都到了两千多，还是包吃住的。每三个月，我就会进行一次淘汰，做得不错的就留下来，做得不好就请他们离开。"

同学们问："这么简单的事情，你不怕伙计自己去创业吗？"

小娟神秘地笑了笑，说："不怕！我还有自己的招数——品牌。开始的时候，我就在盒饭和盒饭车上做品牌——'肥妈'盒饭，并且将干净、环保、可口、足份作为诉求，让顾客用快餐的价格可以享受到排挡的服务与质量。"

同学们纷纷伸出大拇指说："厉害！"

小娟谦虚地笑了笑，继续说："到2006年的时候，我就有100万了。后来，我又在火车站旁的巷子里开了一个约300平方米的排挡，流动的人群和附近社区的人基本都会在我这里吃。去年，我买了辆车，打算在商业区找个铺位，做一些特色小吃之类的。"

听完小娟的这些话，同学们都纷纷感悟："原来小娟的选择是对的！"

小娟摇摇头说："这不是选择，而是因为我用心做事。如果你们选择了一件事，用心去做的话，相信你们会比我更了不起！"

看完小娟的创业故事，相信大家都明白了：一定要找准自己的位置，用心做事。如果不能够对自己定位，不用心做事，那成功当然不会降临了。

在生活中，当我们看到有成就的人，就只看到他们脖子上和头顶的光环，却忽略了他们背后的艰辛、勤奋、努力、坚韧。是啊！如果一个人没有付出，又怎么会有回报呢！

现如今，有很多大学生毕业后，都会把工作岗位瞄向办公室、白领等。在他们眼里，认为上了这么多年学，总要找一份体面的工作，不然别人问起来觉得丢脸。有的大学生去养猪、卖菜等，别看这是份普通人的工作，但他们却会利用自己所学的知识，让平凡的工作变得不平凡，而这，就是用心在做事。

事情不顺的时候，暂停一下

难题并不会成为自信女人成功道路上的绊脚石，反而会成为走向成功的催化剂。在处理这些难题的时候，她们选择了冷静和理智，不急躁，有耐心。如果自己有些急躁的话，要在最短的时间里调整自己。

约翰·亚当斯曾经说过一句话：世界上没有解决不了的问题，有时候太急躁，反而坏事，不如先停下来，冷静面对，另辟蹊径。

的确，生活中有很多令人烦躁和复杂的事情，也有一些做事容易急躁的人，尤其是在自己屡屡碰壁的时候，就更加看不清事物的本质，从而使得心情更烦躁，无法静下心来分析、来解决。这种对事物的态度，会导致离成功越来越远。

相反，一旦让情绪逐渐平复的话，就能看清事物的本质。随着阅历的增多，她们会变得更加成熟和睿智，解决事情的时候也能够处变不惊。

在阿加莎·克里斯蒂的身上曾经发生过这样的一件事：

阿加莎·克里斯蒂出生于英国，是一位著名的女作家，写过数十部长篇侦探小说，比如：《东方快车上的谋杀案》《尼罗河上的惨案》等。在她的书中，塑造出了很多著名的侦探形象。

一天，阿加莎去参加一个晚宴，由于时间太晚了，她就没有让朋友送自己回家，而是选择一个人回去。在回家的路上。她一边欣赏着月色，一边思考着小说中的情节。当时，大街上的行人已经很少了。或许因为这样，危险正在一步步向她靠近。

走到一栋大楼的阴影处时，一个高大、强壮的男子手握一把锋利的尖刀向她扑了过来。突如其来的危险让阿加莎很是紧张，可她还是让自己镇定了下来。要知道，如果自己喊救命的话，一定会惹怒这个男人，会让情况更加不妙。

于是，阿加莎十分惶恐地对他说："你……你想干什么？"

强盗露出凶狠的表情，说："快点儿把你的耳环摘下来！"

听到强盗要耳环，阿加莎的眉头舒展开了，但她还是有些舍不得地用大衣的领子护住了自己的脖子，并用另一只手摘下自己的耳环，将它们扔在了地上，说："拿去吧！现在我可以走了吧？"

强盗看她对耳环如此的不在乎，还看见她努力地遮盖自己的脖子，心想：她脖子上的项链一定非常值钱。

于是，强盗大声地说："把你的项链给我！"突然，阿加莎惊恐起来："先生，这个项链一点儿也不值钱，还是留给我吧，那个耳环比较值钱！"

"少废话，快点儿给我！"强盗一步步逼近，阿加莎只得颤抖着打开衣领，摘下了自己的项链，强盗抢过项链后迅速地逃跑了，也没有管躺在地上的耳环。阿加莎这才松了口气，捡起了地上的耳环。

后来大家才知道，阿加莎想要保护的并不是项链，而是想保护耳环，她表面装作在乎项链，不过是想把强盗的注意力从耳环上引开而已，要知道她的钻石耳环价值480英镑，而那个项链是玻璃做的，买的时候不过6英镑。

无论是面对危机还是困境，都要先冷静地分析一下目前的处境，只有冷静处理，机智面对，才有可能走出困境。如果一遇到危机就慌了神，那有可能会让危机更大。试想，如果阿加莎奋力抵抗，保护自己的财物的话，那强盗还会好言好语相劝吗？当然不会！强盗会举起尖刀刺向她，让她老实一点儿。这样既丢了财物，又受了身体伤害的事情，那真是得不偿失了。

下面，我们来学习一下如何放松自己的情绪，用更理智的眼光来看待问题。

1. 做事不要太急躁

一遇到难题就急躁的人，一般是经不起大风大浪的。在处理问题的过程中，也很容易手忙脚乱、无所适从。因此在平时，我们应该注意修身养性，遇到事情的时候，就要像诸葛亮一样处变不惊，这样才能找到正确的解决办法。

2. 不要因为一时的挫折放弃目标

有很多人都会出现这样的情况：一遇到挫折，就想逃避，就想放弃。这是因为他们对目标不够执着，对待问题不够理智，也不够冷静，所以才会被挫折打败。虽然我们经常听人说，失败并不可怕，但是能做到的人并不多。当我们遇到挫折的时候，如果一开始就放弃了，那就等于主动迈向了失败。相反，如果一开始就执着地追求目标，那即便是真的失败了，也会让人看到她身上具备一种不怕跌倒、不怕困难的勇气。

3. 要做事灵活

当遇到一些困难的时候，不要急着去要答案，而是寻求一种更好的解决方法。如果一味钻牛角尖，为自己失去的东西而苦恼、怨言不断，那你失去得会更多。

把自己打造成限量产品

作为一个女人，一定要有"把自己打造成限量产品"的信念，只有拥有"七十二变"的能力，才有可能成为最惹人注目的万人迷，从而制造机会，提升自己的才能。

随着时代的快速发展，女人越来越希望逃脱传统的束缚。这都源自于女人"渴望变化"的奇妙心理。说到底，与男人相比，女人更怕一成不变。因为，女人心里明白，"变化"和"魅力"是相互依存的："百变女郎"才会拥有持久魅力。

一位影星曾说过："魅力的女人不是天生的，而是自己变化来的。一个总是一成不变的女人，一定会令人乏味，缺少新鲜的滋味。我们周围总是有那么多的女人，她们仅仅只具备了女人的属性，但却没有女人的滋味。她们常常抱怨那些有眼无珠的男人们没眼光。但是，如果有一天，让她变成男儿身，用男人的眼光去回想自己，一定也会被枯燥无味的自己所吓到！"

变化，才是女人保持青春的一剂良药；变化，还是女人婚姻生活的常青剂。女人变成什么样子往往不是最主要的，关键是：她在变化中是那样的有活力、有思想……

人们常常比喻：漂亮的女人只是一张纸，而有魅力的女人则是一本书。女人如何把自己书写得拥有丰富内涵、让人爱不释手，的确是一门深刻的学问。所以，要做到这些，女人最先要做的是不断地完善自我、内外兼修，我们可以通过以下几个方面来努力。

1. 打造美好外在形象

爱美是女人的天性，历史上许多美丽的故事和传说都是和女人分不开的。例如四大美女貂蝉、西施、王昭君和杨贵妃，她们被誉为有"闭月羞花之貌，沉鱼落雁之容"。女人的美丽外表不仅是自己看着舒服，而且令周围的人也看着赏心悦目。但是，上帝给予每个女人的礼物是不一样的，并非让所有的女人都貌美如花。有的女人或许没有一双动人的眼睛，或许没有那魔鬼般的身材，也没那千娇百媚的妩媚，更没有那可以打动人心的悦耳声音。上帝或许会制造缺憾，却不能阻止我们自己变美丽。我们可以通过自己的努力展示自身那种独特的魅力，做最好的自己。其实，只要一个女人拥有健康的体魄、饱满的精神、适度地保养、匀称的身材，再加上得体的服装，化上优雅的淡妆，她就是充满魅力的。

2. 要善良、宽容

其实女人吸引别人的不仅仅是外在的容貌，还要具有良好的品行和道德修养。她的美表现在拥有一颗善良之心，拥有积极向上的乐观态度，拥有热爱生活的健康心态。她的美不是流星般转瞬即逝，而如陈酒般，历久弥新，越陈越香。这类女人自信而又善良，对人亲切友善，为人谦恭平和，懂得倾听，甘愿无私奉献。她们一个亲切的笑容，一声温柔的问候，都能流露出高雅的气质，无时无刻不散发着迷人的魅力。

3. 要有内在的修养

一个美丽的女人一定要有丰富的内涵，有内涵的女人才能持久美丽。那么内涵从何而来？来自学习，活到老，学到老，这样才不会被时代所淘汰，被社会所忘记。通过多读书、读好书，不断地完善自我，提高自己的综合素质。

拥有广泛兴趣爱好的女人也能提高自己的涵养。她可以弹得一手好琴，或者写一手好字，画一手好画，更能打一手好球。兴趣广了，见识多了，女人的味道自然而然就出来了。

夜深人静的时候，打开自己一直喜欢而没有读完的书，放一曲自己喜欢的音乐，坐在闲淡合适的灯光下，静静地品味或沉思着，这种场景真令人惬意。尤其在想问题当中的一蹙眉，那画面中若有所思的模样、认真的心思，犹如暗香般弥漫开来，令人沉醉其中。这专注的神态，令她看起来分外的迷人。

所以说，每个富有内涵的女人，都是一道独特的风景画，让人流连忘返。

4. 要独立自强

独立就是一切靠自己的双手打拼，不依赖他人；自强就是自我勉励，奋发进取，依靠自己的努力积极向上。在这个充满挑战、激烈竞争的年代，社会要求我们做一个具有独立自强品质的人。一个人，如果没有独立自强的精神，无法独立自主地去克服困难，迎接环境所提出的挑战，那么他就无法适应这个时代的需求，过不了多久就会被社会所淘汰。所以，独立自强是女人生存在这个世界上最基本的尊严。

5. 要懂得珍爱自己

女人天生爱美，那可得好好珍惜属于你的青春年华。在适当的时候进进美容院，保养保养自己，或者进商场，挑选几件漂亮的时装。该打扮时就应该打扮，别把自己整得灰头灰脸。

6. 要懂得善待自己

女人不要只知道付出，在很多时候，得为自己考虑考虑。勤俭持家是好事，可不要只顾家自己都不顾了。操劳的女人是很容易老的。给自己留点余地，让自己活得轻松一些，千万不要把自己变成"保姆"，如果有朝一日发现你的爱人心已不在你的身上，恐怕就已经晚了。

所以，女人一定要善待自己，解放自己，让自己也走出去，把自己打造成限量商品，这样才能收获梦想的成功与幸福。

学会推销自己

《成功地推销自我》的作者霍伊拉曾经说过：如果你具有优异的才能，而没有把它表现出来的话，这就好像是把货物藏于仓库的商人，顾客不知道你的货品质量，如何叫他掏出钱来购买呢？

现如今，择业、交友、相亲……每次与他人相处，都是一场自我推销。如果一个人能够巧妙地推销自己，那么对方就会很快地了解到这个人的优缺点或特性，从而做出正确的选择。

无论是卖货物还是做人，都应该积极地进行自我推销，展现自己的魅力，才能吸引他人的注意，从而使你成功。

有这样的一个故事：

张女士在公司六年，工资一直没有涨过。为此，张女士的老公一直劝说，换

个公司吧。但张女士在公司这么久了，也有些感情了。随着物价上涨，开销的增大，脸皮薄的张女士一直不好意思让老板加薪。

很快，机会来临了。周年晚会上，张女士作为主持人出现，在与老板的互动环节中，张女士被惩罚讲个故事。于是，张女士就抓住了这个机会，玩笑似的说："好，那我就给大家讲个东方朔的故事吧！一天，东方朔对皇帝说：'那些侏儒不过三尺，俸禄是一口袋米，二百四十个铜钱，我东方朔身长九尺有余，俸禄也是一口袋米，二百四十个铜钱，侏儒饱得要死，而我却饿得要死。如果皇上觉得我有用，请在待遇上改变一下；如果不想用我的话，那就可以罢免我，以免让我总是饿着肚子。'皇帝听了之后，哈哈大笑，随后就调整了东方朔的待遇。"

在玩笑中，同事们也没有当回事，就哈哈一笑过去了。但台上的老板却不好意思地笑了。想想也是，有一些老员工跟着公司很多年了，一直没有调整过薪金。回去之后，老板就通知财务，给每个超过工龄 5 年的员工发放年终分红，足足有一万多块。而像张女士等几位老员工，自从加薪后，工作更卖力了。

从这个故事中，我们可以看出张女士的机智。如果是在平时讲这个故事，那老板和同事一定都很尴尬，她选择了一个气氛活跃的地方，当作玩笑地讲了出来。其实，张女士早就该向老板表明自己的意愿，这样就免受了挣扎之苦。可以说，张女士是不懂得推销自己。面对激烈的竞争，不敢推销自己是一个很大的弊端。的确，对于女人来说，她们还是爱面子，甚至有些不好意思的。面对别人的询问或问题，她们总是一贯的"女性特征"——忸忸怩怩、羞羞答答，敢想不敢说。有的女人甚至连想都不敢想。

其实，女人们完全没有必要这样！自我推销是时代发展的需要，也是展现自己能力的好机会。在推销自己时，如果做到实事求是，不卖弄、不夸张，恰如其分，谁又会说你狂妄自大？

成功学家卡耐基曾经说过一句话：不要怕推销自己！只要你认为自己有才华，那就要相信自己可以！的确，卡耐基说得非常有道理。只要你认为自己有才华，那就有资格向社会推销自己了。只有勇于推销自己，才有实现自己的理想和人生价值的机会，才能为社会做出更多的贡献。

同样的道理，即使你是匹千里马，如果你不跑上几圈的话，谁又能知道你是千里马，从而挖掘你呢？

也有些女人感到苦恼：我是很想推销自己，可是不知道如何推销自己。下面，就教女性朋友们几招推销自己的方法：

1. 要确定交往的对象

面对不同的对象，应采取的自我推销方式不同，外表也要随着对象和环境来变化。比如：对方要买的是奢侈品，如果你穿着朴素的话，那么就拉低了奢侈品的价格；如果推销员戴的是高级手表，穿的是名贵鞋子，那么就会留给对方一种好印象，成功地卖出奢侈品；如果顾客想买到物美价廉的东西，那你就不要穿得珠光宝气的，这只会让别人望而却步。

2. 要善于展示自己的优点

在人际交往中，女性一定要善于展示自己的优点。比如：你的语调是不是庄重、胆怯或令人讨厌。能够对他人形成一种印象，语调、语言、身体姿势、微笑等都是不可或缺的。如果表现得落落大方、有礼貌的话，那就会给别人留下一个好印象；如果表现得不好，就很容易给人一种夸夸其谈、浅薄的印象。

3. 推销自己应自然一点

女人们在进行自我推销的时候，要自然流露而不是做作表现。要知道，成功者从来不会夸耀自己的功绩，而是会让其自然地流露出来。比如：在向领导汇报工作的时候，不妨说："我做了××事……但不知做得怎么样，还望您多多指点，您的经验比较丰富。"

表面看来，你是在听取领导的意见，但实际上已经表现了自己，又表现出来了自己的谦虚的美德。如果你以请功的口吻向领导炫耀自己的能力，并说做这件事费了不少功夫、不容易等，那这就损害了自己的形象，也降低了在领导心目中的地位。

4. 占领"市场"

在公司里，女人尽量利用自己的性别优势引起别人的注意，比如：在夏天的时候，可以组织一次出行旅游的机会，漂流、烧烤等，并且要与以前的同事和上司保持联系，建立起一张属于自己的关系网。

5. 不要害怕错误

在工作中出现错误是在所难免的，关键是看你有没有处理危机的能力和挽救错误的能力。当犯下错误的时候，不要惊慌失措，不要逃避，而是应该勇敢地承担责任，寻找解决问题的办法。只有在紧急状态中表现得头脑清醒、思路敏捷的人，

才会得到同事和上司的信任和器重。

6. 另辟蹊径，与众不同

大家都知道，款式新颖、造型独特的商品都是市场中的畅销货。同样的道理，做人也是一样。如果一个女人不修边幅、信口开河的话，那就会像货架上花哨或颜色暗沉、没有吸引力的东西，让人远离。如果一个女人有着自己独特的气质、独到的眼光，那就像货架上鹤立鸡群的商品，一下子就会引起他人的注意。

7. 集体面试时，表现更要积极抢眼

当碰到多位主考官与多位应征者共同面试的情况时，更需随时留意自己的一言一行。譬如，当其他应征者发言时，你是否专心聆听？每次主考官提问时，你都最后回答还是抢先回答？凡此种种，可都逃不过主考官们的火眼金睛。

可以说，进行自我推销是一种才华，也是一种艺术，需要我们在实践中不断地摸索和总结。懂得自我推销，善于自我推销是女性朋友们必须掌握的一项生活技能。毫不夸张地说，人生需要推销，推销无处不在。一个懂得自我推销的人，并能够适当地推销自己的人，总会离成功比较近。

培养自身素养，让自己有底蕴

所谓自身涵养和内在的素质，就是衡量女人的一种标准，比如：知书达理、善解人意、贤良淑德，最好还兼备秀外慧中，蕙质兰心。

在不少女人的眼里，都认为"干得好不如嫁得好"。她们希望通过婚姻能够提高自己的生活质量和人生质量；她们希望自己能够衣食无忧，有安全的生活保障。偶尔的时候，还能够在周末出行或出国旅游等。

也因此，她们在以结婚为目的找男友的时候，会设置一些条条框框，如果对方不能够满足自己的话，就会打上"×"，如果对方能够满足自己的话，就会打上"√"，从而在"√"中筛选自己最满意的那个。在这些人中，钻石王老五就成为众多未婚女的"抢手货"，竞争十分激烈。

当然了，这些站在塔尖上的优质男毕竟是少数，想嫁优质男的女人却数不清。谁不想捡这样的"大便宜"啊？可问题是，嫁的好不好不是你一厢情愿的事情，

当你在找优质男的时候，优质男也在找优质女。

要知道，一个懂生活、会享受高品质生活的男人是不会轻易或随便娶一个女人回家的。他们人生阅历丰富，经过了各种风雨，知道要娶什么样的女人才能幸福。也因此，他们看问题都看得十分透彻，想的大多是实质问题。比如：他们不会因为女人长得漂亮、学历高，有个体面的工作、高收入，背景显赫等，就愿意娶，而是更注重女人的自身涵养和内在素质。不过，知书达理、善解人意并不是那么容易就做到的。它要求的第一要素就是：人要善良，不能自私，要能替对方考虑问题才能达到善解人意。善解人意是一种素质，这种素质不是一天两天就能培养出来的，而贤良淑德更是一种高境界。

现如今，很多女人都缺少这种品质，她们不太推崇淑女，而是追求个性，追求最真实的自己。有些女人是站没站相，坐没坐相，完全没个女人样。说起话来也是脏话连篇，没有一点儿内涵。这样的素质，又怎么能称得上是贤良淑德、善解人意呢？

有的女人反驳说："现在还要什么淑女啊？新社会主张的是彰显个性，柔柔弱弱的女人是没有用处的！"可是，彰显个性就可以嚣张跋扈吗？要个性就要抛弃谦恭吗？

其实，淑女是具有贞静之德的女子。"贞"是一种至高的品质，是一种静若处子的精神。如今，能够"静"下来的姑娘不太多了。

不过，或许是现如今的女性缺少了这些东西，拥有这些东西的女人就成为了稀有的、珍贵的，而越是珍贵的就越是优质男们想要追求和拥有的。想要吸引到钻石王老五，那就要好好修炼"内功"，全面提高自身的素质。

（1）要接受自己的面貌。每个人在性格或外貌方面都有着自己独特的气质和优点，没必要去学习别人或刻意模仿别人。只要做真实的自己就好了，有时候，真实也是一种魅力。

（2）对别人信任和关心。热诚与关怀，是最具吸引力的气质之一。对别人关心体谅，就会获得相同的回报，比如，别人也会对你信任和关心。

（3）仪态端庄，充满自信。一个步姿洒脱、意气风发、充满自信的女人，是最有魅力的，也是能够吸引别人的。

（4）保持幽默感。一个有魅力的女人，要懂得具有自己的幽默感。在别人尴尬或难过的时候，巧用幽默来化解，这样一定会受到别人的欢迎。

（5）不要惧怕显露真实情绪。不论自己是难过的、开心的、不高兴的，都

不应该刻意隐藏。要知道，一个经常压抑、掩藏情绪、不懂得与他人分享的女人，会被别人视为冷漠无情。相信，没有人会喜欢和一座冰山交往。

（6）有困难时，应该向朋友求助。在遇到问题的时候，就应该向朋友们求助。这样的话，朋友就会感觉到自己的重要性，从而不留余力地帮助你。

（7）不要斤斤计较。在人际交往中，女人们一定要心胸开朗、豁然大度，千万不要斤斤计较、小家子气。如果为了点小事就大动肝火，斤斤计较，那只会让别人、让自己感到难堪下不了台。

（8）不要自视清高。作为一名有魅力的女性，不要自视清高。在人际交往中，不能因为别人与自己脾气不同、身份有异，就显示出不耐烦或瞧不起别人的模样。当然了，也不要因为自己的职务、地位不如人家、长相差、服饰品便宜而过分谦卑，要做到落落大方，不卑不亢。

（9）不要卖弄聪明。每个人都有自尊心，都有令自己引为骄傲的地方，但在人际交往中，还是要少卖弄自己。卖弄自己是一种缺少教养的表现，当然了，这也要视情况而定。如果别人不懂或没有做到的地方，那就要发挥自己的能力和细心了。而这，也是女性心思细腻的表现。

（10）不要忽视外表。作为一名女性，在社交场合中，一定要注意自己的衣着打扮，比如要端庄整洁，而不是追求什么非主流、个性等。除此之外，一定不要不修边幅。这种形象不会引起大家的好感，还会毁了自己的形象。

（11）善待友情，能够拥有3个或3个以上每月主动联系和交往的亲密朋友，10个或10个以上经常主动联系和交往的好朋友。

（12）具有一项以上较强专业知识或技能，不断提升专业素养，成为社会和周围人士需要的人。

（13）善良并富有爱心和感激之心，善待和理解他人，保持平和的心境，与人相处时以"付出多于收获"为乐。

如果你能够坚持做这些的话，那你一定会成为一个具有魅力的女人。

即便成了"剩女"，也不把自己凑合嫁掉

女人在选择结婚对象上一定要慎重，也要有主见，不要因为一些外界的原因而把自己匆忙嫁掉。要知道，与另外一个人要生活的日子有几十年呢，是很漫长

的，可不要把结婚当成是像买菜和吃饭那样简单，随便凑合！

很多女人过了30岁之后就会想："随便找个人结婚算了！就算真的没有共同语言，以后也可以慢慢培养的。如果再不把自己嫁出去，真就没有人要了……"

就这样，有些女人为了让自己能够成功嫁出去，不惜降低自己的标准。"反正找个人也是为了过日子"——女人们抱着这个念头，找着合适的甚至不合适的。有些人认为只要结婚就好了，是谁并不重要。于是，婚姻变得令人苦不堪言，原来婚真不是能随便结的。

小慧之所以会嫁给现在的丈夫，主要原因是自己的年龄大了，父母也在催她。眼看着周围的朋友、同事一个个步入婚姻的殿堂，自己也着急了。

刚开始相亲的时候，小慧的标准很高，要求有房、有车、有学历等。但是，由于她的年龄已经算大了，就算是自身条件再好，也会有些人挑三拣四。

后来，在父母的介绍下，她就同意嫁给一个普通人家。当时，她想着靠自己的双手来改变婚姻，但日子却不像她想的那样。由于丈夫的文化水平比她低，所以两个人很难找到共同话题，并且小慧很难忍受丈夫的一些坏习惯。

为此，两个人经常为一些小事吵得不可开交。时间一长，小慧觉得两个人的生活真的很累，丈夫的不体谅和有错不改让她对以后的生活失去了信心。

有句俗话说得好：男怕入错行，女怕嫁错郎。所以说，女人一定要有自己的标准，即使是已经沦为"剩女"，也不能凑合着把自己嫁出去。不然的话，最后痛苦的只能是你自己。就像小慧那样，拿自己的人生开玩笑可是一件愚蠢的事情。

如果女人在婚后不幸福的话，那么就算是气质再好，也会像商场的尾货一样大打折扣的。因此，在婚姻的问题上，不要盲目地听从别人的意见，而是要有自己的标准，要衡量得失和问题的严重性等。

对于大龄女青年出嫁的问题，琳琳也犯了难："难道我非得凑合才能嫁掉吗？"琳琳今年29岁，从来没有谈过恋爱。在她眼里，一定要男人先爱她，先追她，她才会看自己喜不喜欢。

就算是遇到了适合自己的人或是遇到喜欢的人，但她也会不敢表白。慢慢地，她就错过了太多幸福。其实，并不是没有人追她，而是被她拒绝了，她认为：反正自己还年轻。

现在，自己的年龄大了，却没有人追求自己了。其实，琳琳目前的工作不错，收入也不错，有车有房，但就是缺一个恋人。琳琳说，自己需要一个很宠爱她的人，把她视为珍宝。

不过，周围的朋友却对她说，这么想就错了！天下哪有那种男人？可是琳琳认为：如果不能找到一个很爱自己的男人，又何必要嫁呢？再者说，她又不需要男人给自己钱花，也不需要男人养，她要的只是男人对自己的宠爱啊！这有那么难吗？

其实，不论女人到了多大年纪，都是喜欢被人哄、被人宠的。对于29岁的女人来说，是一个非常尴尬的年龄。一方面，琳琳自己心里也很着急；另一方面，男人不会把这个年纪的女人当成小姑娘了。

不过，对于想要赶紧嫁人的琳琳来说，纠结的并不是男人宠不宠爱自己的问题，而是遇到一个志同道合的人。要知道，已经29岁的女人，应该有一个成熟的恋爱观和婚姻观了。可是对于没有恋爱过的琳琳来说，应该想想自己是不是太缺乏这方面的技巧和手段了。

俗话说得好：冰冻三尺非一日之寒。这句话用在爱情里一样适用。与其纠结一些小问题，不如请亲朋好友为自己安排相亲吧！

虽然对今后的婚姻存在幻想不是一件错误的事，但女人们一定要明白：如何来维持一桩美好的婚姻。

在婚姻和爱情里，如果你只是被动的那一个或主动的那一个，爱情就会失去平衡，从而产生矛盾。

不管怎么样，女人都应该有自己的婚姻标准，最低的也要一个可以平静交流、懂得站在对方的角度上思考的。女人们千万不要因为该结婚了，而又没有适合的对象，就盲目地随便找一个，匆忙进入婚姻。要知道，这样的婚姻不仅是对对方不负责任，也是对自己不负责任。

第十三课

做自己，女人用智慧丰满气质

有了工作，并不代表有了前途

什么样的工作才能算是一份好工作？几年以前，你可能会毫不犹豫地回答："薪水高的工作就是好工作"。然而，现在可不是这样了。随着社会的发展和激烈的竞争，衡量一份工作的好坏有很多方面，比如：工作的发展前景、薪水福利、工作环境、公司的企业文化……

工作是一个女人能够在社会上立足的基础，但如今的激烈竞争，又不得不让我们面临着一个现实：有了工作，并不代表着有了前途。

为什么会这样呢？现如今，国企、事业单位等工作已经不是铁饭碗了，更何况是一些小企业、小公司呢？除此之外，我们还要面临着其他方面的压力，比如：层出不穷的毕业生，名牌大学的研究生、博士，海归派……

当然了，在这里面我们还不排除一些个人的因素，比如：欠缺练达的人情、欠缺圆融的性格、过于倔强、缺乏团队精神等等。

在竞争激烈的职场上，一张文凭的有效期是多久？当你必须向别人出示那张文凭的时候，你是不是会怯场，感到没有底气？如果你拿到的是比较有分量的文凭时，或许可以傲视群雄，可等到劳碌几年后，还会傲视群雄吗？

小艳大学毕业后，一直在律师事务所工作，她的愿望是成为一名出色的律

师。在别人看来，这个职业很好，可她却觉得有些不理想。

有的时候，她一接到委托，就要到不同的地方出差，整天奔波在路上，不能静下心来好好享受享受生活。时间一长，她觉得很疲累，想过上稳定一些的生活。

工作了四年后，她决定考公务员。小艳说，很长一段时间，她感觉自己的职业生涯面临着前所未有的停滞状态，总是在做着一些重复的事情，生活也累。现在，能够静下来准备公务员考试，是一件幸福的事情。后来，她如愿以偿地进入了一家公务员单位，虽然一切都得从头再来，但新的环境还是让她觉得焕然一新。

随着知识和技能发展的日新月异，学历飞速"贬值"，眼见着比自己年纪小的人们都揣着硕士、博士学位，意气风发地加入到自己的行列中，让自己在诸多方面受到了一定的限制，比如：加薪、升职等机会，你就会不自觉地有种"时不我待"的紧迫感……

没错，在如今藏龙卧虎、新人辈出的职场之中，如果你想单单靠着一张文凭、一种技能在职场立足已经成为不可能的事情了。你必须懂得居安思危，不断自我充电，学习掌握新知识和新技能，才能够让自己"不贬值"，才能让自己在职场中具有竞争力，永远占据一席之地。

特别是一名职业女性，必须要时刻进行自我"充电"，学习和掌握新技术，来改进和发展自己的职业生活。

有这样一个故事：

子淇今年 28 岁，是一家外企的白领。五年前，只有中专学历的子淇来北方发展。当时，学历不高、专业知识不过关等都成为了她求职过程中的硬伤，于是，她只能找到一些工资不高、工作环境较差的工作，有的时候，一个工作都待不了三个月。硬撑了快一年的子淇一度想打道回府，但好强的她不想就这样低头。经过一番思考，子淇选择到某高校参加日语专业的自学考试。凭借自己的努力，她不但拿到了梦寐以求的毕业证书，还通过了日语能力测试（JLPT）一级考试。由于实用日语能力过关，子淇很快就进入了世界 500 强企业，并开始在里面打拼。

在企业当中，有很多人都对子淇竖起了大拇指。虽然她不是最聪明的那个，但绝对是最努力的那个。为了提升语言能力，她单位、培训班两头跑，就连晚上睡觉的时候也会蹦出几句外语。

子淇说，在那段难忘的日子，她遇到了很多怀揣梦想、不认输、不甘心的同路人。那时候，大家在一起互相鼓励、互相取经、共同成长。

我们一定要不断地进行对自己充电，学习一些技能，这样才能够在企业中立足。

自我"充电"的内容应包括以下几个方面：

1. 加强职业道德修养

或许，你还没有认识到这一点：职业道德修养是职场活动的基础，也是自我完善的必由之路。它是从业人员根据职业道德规范的要求，在职业情感、职业意识、职业理想和行为等方面进行的一种自我培养、自我教育、自我改造和自我锻炼。除此之外，还可以提高自身的道德素质，不断地克服一些负面的、不好的思想，比如：损人利己的思想、雇佣的思想和平均主义等旧的职业意识。可以说，加强职业道德修养，能够让自己在职业道路的阶梯上更上一层楼。

2. 不断学习科学文化基础知识

在竞争如此激烈的社会中，科学技术已经成为生产力的第一要素。如果缺乏关于科学文化知识，那势必会影响自己的职业道路，无法成为一个合格的职业女性。即便是你有着一张引以为傲的毕业证书，但那也只代表在学校的一些表现，却不能代表自己在职业活动中的能力。

3. 注重提高职业操作技能

无论是什么职业，那都是由一定的职业操作技能联结成的，提高职业操作技能就相当于提高了职业的活动能力。在平时，我们可以通过实验、参加一些比赛等形式，来提高本职业的基本操作技能，从而达到一个比较高的熟练程度，顺利地完成本职工作。

4. 掌握职业生活技巧

无论是哪一种职业，里面都会有一些多多少少的科学艺术成分，比如：人们如何进行职业保健；如何成才；如何才能排除职业生涯中的种种困扰等，这些都存在着一定的方法和技巧问题。只有懂得技巧的人，才能够让职业生活变得丰富而有活力。不然的话，就会走一些弯路，甚至导致职业生涯失败。

总而言之，无论是拿出多少时间和精力深造，还是在工作实践中不断学习，都会对自己今后的职业生涯有着一定的影响。努力吧！女性们，寻找到自己在职场上的价值，给予自己安全感。

有了爱人，并不代表有了爱情

爱有很多种，恋人的爱也有很多种，有感激的爱，有感恩的爱，有心疼的爱，有呵护的爱。这些爱虽然和"爱"有关，但不一定是爱情。有的爱情，不用天长地久，不用时时刻刻地在一起，但"爱"确实存在了。有的爱情，两个人每天在一起，却少了甜蜜，多了平淡。

爱，是一个很独特的字眼，是人类语言中最神圣的词汇。它神秘而庄严，热情而甜美。它承载了所有人生命中不可或缺的感情。可以说，没有爱的滋润，这个世界就会失去色彩。而对女人来说，爱更是一种依赖，是自己一生的温暖、永久的幸福。拥有了爱的女人，她们的身心都会得到呵护，即便是面对艰难困苦，也不会感觉到孤独无助。如果一个女人没有爱人的陪伴，那么就如同离散了的飞燕，孤独、凄凉。

那么，是不是说，拥有了爱人，就能够永远拥有幸福和温暖呢？这里就是我们今天要讲的：有了爱人，并不等于拥有爱情。

顾名思义，爱人指的就是心中喜欢的人、深爱的人，可以毫无顾忌地去付出的人。这个爱人，有可能是单方面的，也就是所谓的落花有意，流水无情，并不能维系得很长久。而爱情，却是两个人彼此的爱人，相互扶持，相互爱怜，是一种能维持长久，乃至到生命尽头也无法割舍的情感。

爱情，从传统意义上，我们可以将之归结为两个方面：一是建立在情感基础上的爱情，另一种是建立在婚姻基础上的爱情。

相对而言，这种建立在情感上的爱情并不稳定，存在很大的波动性，说不定什么时候就会产生裂痕，不复最初的美好。

这种爱情，通常体现在恋爱中的情侣身上，他们或许因为彼此拥有共同的爱好走到了一起，或者是因为彼此的某种需要而走到了一起。这样的话，他们之间的爱情就已经失去了原本的意义，再没有神圣可言。所以，当他们彼此之间发生矛盾，或者是明白自己已经不能从对方身上得到自己想要的东西的时候，这段爱情也就走到了尽头，最终以悲剧收场。

而建立在婚姻基础上的爱情，相对拥有了一定的连续性和稳定性。经历婚姻洗礼的爱情，彼此之间会更加珍惜两人之间这来之不易的相守，会为了彼此而改变自己的一些恶习，从而使得爱情更加忠贞和恒久。

当然，也并不是说只要拥有了婚姻，就一定能够拥有爱情。这里我们还可以将之分化为两个小方面：一种就如同上述恋人情侣一般，是为了达成某种目的，或者是迫于社会舆论、家庭压力而组建的婚姻。这种婚姻之间存在的爱情一样是脆弱的，它们经不起现实的磨炼和时间的考验，哪怕是最终没有分开，两人之间也不会存在幸福。而另一种截然不同，它是一种建立在情感基础上的婚姻。也就是两个人从相识、相恋、相爱到相守，始终都是一颗心系在对方身上，彼此之间已经拥有了坚不可摧的爱情信仰，在他们心中，爱情伦理关系已经深入骨髓，他们将爱情看得神圣无比，自然不会因为一些小的瑕疵而影响到彼此之间的爱情。这样，即便他们在婚姻生活中产生些许碰撞，也会在彼此的爱情滋润下化解、消失不见。

也正是因为这种原因，现代婚姻才会提倡自由恋爱，也只有经历过基础恋爱的浪漫迷狂和婚姻生活的现实平淡，才算是真正踏上了爱的旅程。

那么，面对着神圣不可侵犯的爱情，女人们究竟要如何做，才能真正抓住爱情、拥有爱情，与自己的爱人相伴终生、厮守到老呢？下面来看这样一个故事：

向楠是一个所有人眼中都美慕不已的女人，拥有温馨的家庭、体贴的丈夫，彼此都还有一份不错的收入，可以说是家庭事业双丰收。但是，就是这么一个别人眼中的幸福女人，却面临过婚姻可能破碎的状况。

向楠和丈夫是大学同学，两人一见倾心，拥有相同的理念和追求。更为重要的是，两个人都拥有一颗挚诚的心，都十分在意两人之间的爱情。就这样，两个人走到了一起。毕业之后，两个人步入了婚姻的殿堂，从此相守在一起。

婚后不久，向楠便感觉到十分的厌烦。刚毕业的两人，都是初入社会的新人，没有经验，也没有背景，只能靠自己一步步摸索和打拼。一段时间下来，两人都是入不敷出，甚至连基本的生活需求都难以满足。此时的向楠看着情绪低迷的丈夫，心中一瞬间涌现了一丝悔恨，暗想：自己当初的决定太过草率，将自己托付给了一个没有能力的男人。

在这种情绪的影响下，向楠对丈夫是越看越不顺心，两人之间的争吵也越来越多。一些原本都算不得问题的鸡毛蒜皮，也会被两人拿出来说，两个人的婚姻也就此产生了裂痕。后来，向楠将自己的委屈告诉了闺蜜。

闺蜜听完，帮她分析："婚姻来之不易，爱情更来之不易。你们两个能走到一

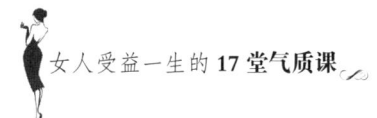
起，是上天的恩赐。除非你已经不爱他，不然你就一定能理解他现在的难处。如果你爱他，现在你就不该在这里哭诉，而是应该鼓励他，安慰他。爱情，是需要两个人经营的。如果只是单纯的一个人去讨好对方，那又算什么爱情呢？"

听到闺蜜这一番话，向楠幡然醒悟。此后，她与丈夫进行了一次深谈，就如同恋爱时两人约会一般，自己温柔可人，丈夫体贴优雅。就这样，两个人的感情也恢复如初，而丈夫更是在她的鼓励下越发奋进，事业蒸蒸日上。

正是如此，爱情是需要两个人共同经营的，也只有两个人共同呵护的爱情，才能够得到真正的永恒。试想一下，如果在对方经历挫折、陷入人生低谷的时候，你还喋喋不休地埋怨，那还是爱吗？而如果对对方没有了爱，那还叫爱情吗？

只有你真正将心掏给对方，对方才会真正将心给你。这样的爱情，才算是圆满。

女人们，如果你已经拥有了一份珍贵的爱情，那么就好好珍惜吧！与自己的爱人携手并进，一起走向生命的尽头。

不要让你的眼泪掉错地方

掉眼泪要看场合，不要让你的眼泪掉错地方。在家里，或许会有很多人让着你，可到了职场中，就没那样的好事儿了。女人们，最好不要在办公室里掉眼泪，更不能以此为自己的弱点和生存之道。当大家都习以为常的时候，就不会轻易买你的账了。

有人说，女人是水做的，所以很爱流泪。当遇到委屈的事会哭泣，当遇到难过的事会哭泣，当遇到亲人离世、朋友离开时，还是会哭泣……

可是，不管怎么样，女人都应该把眼泪流在对的地方，不要流在错误的场合。比如：办公室。试想一下，如果一不小心在办公室里哭泣，会给自己和他人带来什么影响呢？

答案可想而知！在办公室发泄情绪可不是一件明智的事情，因此建议上班族不要轻易在办公室里掉眼泪。

站在上司的角度，如果下属一遇到困难或者是一做错事就开始哭，那就会自然地觉得他无法管理自己的情绪，甚至质疑他的办事能力以及承担能力。

站在下属的角度，如果下属遇到经常掉眼泪的上司，不免会心生怀疑："唉！

老板怎么这么爱掉眼泪啊！女人就是女人，没有什么可靠性！"接着，上司就给下属留下了一个负面印象。再者说，上司的责任是统领下属达成绩效目标，不能任凭一时的私人情绪而影响整个团队的工作气氛。

作为职场的一员，不仅不要随意在办公室里落泪，还不能对外面的客户掉以轻心。要知道，你的言行举止都代表了公司，和公司的利益挂钩。如果在客户面前掉眼泪的话，那不仅会影响公司的形象，还会因此丢掉客户，让客户觉得胆小、怕事的公司又怎么能承担起一项事业呢！女人们要懂得把脆弱留给自己，在职场上只能展现最专业、最强悍的一面。

那么，当眼泪在眼眶里打转时，女人们应该怎么做呢？

一旦察觉自己的情绪处于崩溃边缘，首先要远离现场，找个别人看不见的角落躲起来，让你的情感得以宣泄，直到心情平复后，再回去面对同事与主管。

假使情况由不得你先行离开，也绝对不能在当场让眼泪溃堤。就算此刻难以压制情绪，但你一定要忍耐！如果一时不慎让情绪失控，你或许能暂时博取旁人的同情，但问题的根本依旧悬而不决。

我的做法是想象脑子里有个开关，掌控正面与负面的思维，我可以将它立即切换成积极正面的想法。

举例来说，当被主管当众严厉斥责，一般人通常会想："老板不能肯定我的能力，还当众骂我，感到很没面子。"这时，不如先自省："老板表达了他的讯息，我是否真的能力不够？该如何去克服？"借助建设性思考，在专注理清问题关键点、让自己跳脱出挫折感的同时，危机也就解除了。

女人们，应该把人生不同阶段当作一个又一个学习的点，去学习怎样让自己更坚强，如何能把事情处理得更美好。当碰到挫折，设法克服并从过程中学习，会带来更正面的结果。

女人们，在工作生涯里，你会遇到很多不同类型的人，如果某个人和你不怎么契合，你可以试着去观察他的优点和特质，然后从中揣摩出与他相处的最佳模式，在你克服了跟他共事的阻碍之后，你就多了一位好同事，这也是一种人生的学习。

总而言之，女人们不要让眼泪掉错地方！如果你经常把眼泪当武器，那你的职场生涯也快结束了！

你要的是什么，自己心里要有数

没有人比你更了解自己。也就是说，自己想要的，只有自己是最清楚的。就算别人去揣测，也不一定会说到你的心坎儿里。人活一世，一定要清楚自己想要的是什么，从而一点点去实施。如果连自己都不知道想要的是什么，那真的是白活了！

著名的散文家梁实秋先生曾经说过："中年的妙趣在于相当地认识人生，认识自己，做自己所能做的事，享受自己所能享受的生活。"对于每一个现代女性来说，明白自己想要什么是非常重要的。

在这个瞬息万变的世界中，明白自己曾去过哪里，今后又打算去向何方，生命才会明明白白。网上流传这样一句话：想要提升自己的生活品质，那么第一点你就要知道自己到底想要的是什么。人们会说，这句话听上去很世故、很普通，并没有表达什么出什么实质性的内涵。事实上，我们生活在这个世上，的确需要明确自己的目标。

我们不妨来看看下面这个故事：

在 1952 年 7 月的一个清晨，加利福尼亚海上到处都雾蒙蒙的。在距离海岸 21 英里的卡塔林纳岛上，一个 34 岁的女人下到海水中，打算从这里游到加州海岸。如果今天成功了，那么她将成为世界上第一位游过这个海峡的女人，这个女人叫费罗伦丝·查德威克。她是世界上第一位成功游过英吉利海峡的女性。

在出发的那个早晨，海上浓雾弥漫，低温的海水冻得她全身发麻，浓雾使得她连护送她的船队都看不清楚。时间就这样一个小时一个小时地过去了，无数人在电视上揪心地看着她。有很多次，鲨鱼几乎要靠近她，都被人们开枪吓跑了。她一直在游。她面临的最大问题不是疲惫，而是冰冷刺骨的海水。

15 个小时后，她又冻又累，感到浑身颤抖。她感觉似乎到了自己的极限，就准备叫人拉她上船。然而她的母亲和教练却告诉她，海岸离她已经很近了，希望她能坚持住。但是，她努力朝加州海岸一看，除了浓浓的雾气，什么也看不到。又过了几十分钟之后，也就是从她出发算起 15 个小时零 55 分钟之后，人们把她拉上船。

经过几个小时的休整，她感觉渐渐暖和多了，内心却也开始懊悔，开始反思，面对记者的采访，她不假思索地说："其实，我还可以游得更远，我并不是在为自己找借口，如果那时我能够看见陆地，或许我就能坚持下来。"

后来人们才知道，拉她上船的地方，离她此行的终点只有不到半英里！查德威克总结道：令我半途而废的不是疲惫，也不是刺骨的冰冷，而是因为我在浓雾中看不到自己的目标。两个月之后，她完成了自己未完成的目标，以少于男子纪录大约两个小时的记录，成功地游过了这个海峡。

查德威克虽然擅长游泳，但是她同样也需要看见目标，明确目标才能让她在有能力的前提下完成任务。

其实，很多女人都不知道自己想要的到底是什么，甚至一生下来就不知道。表面上看，似乎什么都想要，例如升职、加薪、买房等。你一定会好奇，这些都是你想要的吗？唯一可以回答的理由是，如果拥有这些，会得到很多利益，但是却离自己最想要的东西越来越远。任何利益都是要付出一定代价的。

往往利益越多，代价就会越大，而我们离自己的真正目标就会越来越远。看看我们周围，有多少人为了升职或加薪而去做自己不擅长也不喜欢的工作；又有多少人明知自己适合也愿意做什么，却抵不住诱惑，非要自己去创业，最后把生意做得一塌糊涂。

《大学》里有这样一段话："知止而后有定，定而后能静，静而后能安，安而后能虑，虑而后能得。"其中什么是知止？"知止"就是有明确的目标和方向。外面的社会纷繁嘈杂，在一些功利心的驱使下，人人会希望"得到"，而且还想要"多得"甚至"快得"，在这种外界影响下，女人们往往会受到来自各方的诱惑。能否在这些诱惑面前保持定力而不受干扰地坚持自己的目标，这就要看自己能否做到"知止"。

有智慧的女人总会事前决断，而不会事后补救。有智慧的女人喜欢未雨绸缪、提前谋划，而不是等着别人的指示。有智慧的女人不会允许别人操控自己的生活，因为她们明白，不做到未雨绸缪的人，是不会有进步的。有智慧的女人还没有等到下雨，就已经在自己的包包中准备了雨伞。

作为现代女性，我们不应该只是平平淡淡地面对生活给予的一切，更要能够明白自己的内心深处的需要，创造自己想要的生活。对一个女人来说，自知才是她的突破。而自知的前提是有自己的主张和认识，明白自己在做什么，明白自己要的是什么、能够得到什么。无论内心有什么样的想法，只要是那些被轻易左右

的都是毫无价值的，能被轻易打断的都是不够坚定的。

女人一旦有了自己的生活目标和事业追求后，她们相信自己一定能够做到，相信自己能够达到自己想要的那种生活。自知才能够从容，从容才能坚定，坚定才能决定你一生的成就。女人只有知道自己想要什么，人生才可以活得精彩辉煌。

成功靠自己，还要有众人的帮助

一个人的成功不叫成功，一个团队的成功，一个企业的成功，才算是真正的成功。在竞争激烈的社会，在一浪更比一浪强的社会，单打独斗是不可行的，甚至会被大浪拍死在沙滩上。所以说，成功是靠自己与众人共同的结果。

很多女人总会自觉或不自觉地将提升自己的经济地位寄托在自己的男人身上。如果能够幸运地嫁给了一位有一定经济背景的男人，婚后她便不再把自己的工作看得很重，每天心安理得地享受着男人所给予她的一切，同时她自己的独立能力也会越来越差，心灵空间也因此而变得越来越狭小。

随着社会的不断发展，女性的独立意识有了很大的提高，女人们渐渐地摆脱了传统观念的束缚，走上靠自我发展的道路。一个女人要想取得成功，最重要的一点就是要靠自己，靠自己就得先了解自己。那么女人自身拥有哪些先天和后天的优势呢？

首先，展示女人的美会让人赏心悦目，拥有好的人际关系。女人身上由内而外散发的那种气质才是真正的美丽，而那些现实中经过"精雕细琢"的"美女"却不能够长时间地吸引人。因为生命本身就是真实的、自然的，只有先尊重它、顺应它，才能得到真正的爱与美。

其次，一个生活阅历极其丰富的女人是智慧的，她们往往具有敏锐的洞察力；她们明白别人，也了解自己。

最后，一个女人良好的心态、口才、文化素养等也是她取得成功的必备因素。它可以使女人变得优秀、光彩照人。

然而，一根木柴燃不旺，众人拾柴火焰高，在这个讲求互利共赢的时代，女人在社会中的打拼同样也需要别人的"一臂之力"，才能拥有"春风得意时"。

下面来看看香奈儿的经历能告诉我们一些什么。

　　香奈儿是世界知名的 Chanel 香水的创始人，她被后人誉为"巴黎时装女皇"。她的一生历经了许许多多的艰难坎坷，而正是这些艰苦的生活成就了 Chanel 香水，成就了伟大的时尚帝国。

　　1883 年，可可·香奈儿出生在法国南部的索米尔小镇。家里很穷，就是这样一个看起来毫不起眼的小女孩，尝尽了人世间的风风雨雨和人情冷暖。

　　刚刚出生不久，她的小批发商父亲便抛弃了她们母女。香奈儿 6 岁的时候，一场大病又夺去了母亲的生命。父亲的离去和母亲的不幸离世，让小香奈儿彻底变成了孤儿。于是，当地政府把她送进了孤儿院。

　　尽管香奈儿童年的生活是不幸的和封闭的，但是，这完全无法禁锢住她渴望飞翔的自由之心。正处于花季的 16 岁的可可·香奈儿，因无法忍受孤儿院的与世隔绝、清冷和乏味，在一个漆黑的深夜，这个向往自由的勇敢少女，翻出了禁锢她飞翔的院墙，远离家乡，来到了较远的穆兰小镇上，开始了她独立自主的全新生活。

　　来到镇上后，她与当地一个名叫艾蒂安·巴尔桑的富家子弟一见钟情，不久就坠入爱河。爱情的汹涌澎湃让香奈儿不甘心一辈子就生活在这个狭小的小镇，她迫切地渴望看看外面的世界，急切地想出去见见大世面。于是，巴尔桑在香奈儿不断地央求下，不得不把这个渴望接触外面世界的乡下孤女带到了法国繁华的大都市——巴黎。

　　香奈儿被热闹繁华、光怪陆离的巴黎深深吸引着，她觉得一切都是那么新鲜，那么有趣，眼花缭乱的大街小巷，让她激动不已。

　　出身纺织业世家的艾蒂安·巴尔桑将什么都没见过的香奈儿领进了上流社会。就是这个法国乡绅，让出生在贫穷小镇的香奈儿第一次见识到了法国上流社会的奢华和真实。

　　那些曾在书中才能出现的男女主角，如今就活生生地站在她眼前，香奈儿内心澎湃不已。可能她的普通的衣着比不上贵妇们的华丽裘衣，淳朴的生活习惯与周围富丽堂皇的装饰格格不入，但是这一切都阻碍不了香奈儿的一颗雄心，她暗暗发誓："终有一天，我也会拥有同你们一样的一切，总有一天，我会让你们来美慕和崇拜我的！"

　　香奈儿经常流连街头，什么也不买，只为能够细心地观察、研究过往行人的衣着。爱美是女人的天性，但是巴黎女性的街头穿着却让香奈儿着实感到纳闷，她问周围的人："在这个美丽的大都市里，为什么女人们都穿着毫无时代感的衣服

呢？在这个如此发达的大都市，女人们为什么穿戴都那么死气沉沉，那么保守而没有时尚气息呢？这真令人难以置信啊，大都市的女人不该是这样的。"

在香奈儿不断地仔细观察中，她惊喜地发现了一块蕴含着巨大商机的"处女地"——服装业。香奈儿雄心勃勃，她立志要做巴黎服装业的开拓者。

可可·香奈儿擅长骑马，其精湛的骑术让她能够很快地打入男人的世界。马场上的她英姿飒爽，而且，她的服装非常大胆、夸张，异于常人。当她穿着自己裁制的简约衬衫以及从男友那儿借来的宽大马裤出现在马场上的时候，这新颖独特的装扮立刻吸引了众人的眼球，大家对此议论纷纷。男人看了为她着迷、女人看了美慕嫉妒，在这种交错的背景下，可可·香奈儿很快便闻名于上流社会。

这一切的一切，都归功于香奈儿特立独行的服装和打扮。她也因此而对自己所选的服装业的未来充满了自信。

香奈儿这个骨子里溢满了不安分，血液里流淌着反叛精神的女人，在上流社会中渐渐明白，男人的权力往往来自于他的经济独立。所以，香奈儿选择自由，为了创造属于她自己的一片天地，最终选择事业，抛却儿女情长，终身未婚。

香奈儿为了自己的事业，始终坚持自己独立自强，这才得她的服装业成为了伟大的时尚王国。当然香奈儿的成功不仅仅依靠自己，这和艾蒂安·巴尔桑的纺织业家世的帮助也是分不开的，如果没有艾蒂安·巴尔桑的带领，香奈儿不可能轻易地进入当时的上流社会，更不会成为其中的一员，那么她的才华与理想也就无法施展。由此可见，一个女人要想成功，不仅要依靠自己，还需要有别人的帮助。

清楚自己要什么，还要知道别人要什么

倘若知道自己想要的是什么，不知道别人想要的是什么，那成功可不会降临。倘若知道别人想要什么，自己却盲目了，那成功会再次绕一圈逃跑。女人不仅要清楚自己要什么，还要知道别人要什么。只有这样，才能百战百胜，出奇制胜。

比尔·盖茨经常说一句话：客户需要什么样的产品，我们就给他提供什么样的产品。比尔·盖茨是这么说的，他的企业也是这样做的。

每一次推出新产品之前，微软公司都会花很多的时间、精力和成本去了解客户的需求，看看客户想要的是什么，接着再以此作为研发产品的基础。或许，正

是因为微软公司了解了人们的需求，迎合了人们的需求，并以一种非常快捷的方式占领市场，才取得了市场的巨大份额。

有这样的一个故事：

在华为国际大厦的 1606 室里，张俪正在应征一份推销员的工作。面试官看着眼前这位身材瘦弱、脸色有些苍白的小姐，忍不住摇了摇头。从外表来看，这位小姐没有任何关于和推销搭边的魅力。不过，面试官还是依照程序问了对方的姓名和学历。接着，面试官才问道："你做过关于推销的工作吗？"

"没有。"张俪如实回答道。

"那么，我先问你几个有关推销的问题吧！"面试官不去看她，而是低头翻看着其他人的简历。

"推销员的工作是什么？"

"让消费者先了解产品，比如优点、实用性、好处等，从而心甘情愿地购买。"张俪流利地答道。

面试官满意地点了点头，接着问："见面时，你打算对客户说什么话？"

"今天天气真好，或者你的生意真不错。"

面试官又点了点头。

"让你把打字机推销给农场主，你会怎么做呢？"

张俪稍稍思索一下，不紧不慢地回答："对不起！请原谅我，恐怕我不能把这种产品推销给农场主。"

"为什么？"面试官继续问道。

"我想，农场主最需要的是拖拉机，而不是打字机。"

这时，面试官站起来，拍了拍手，和蔼地对张俪："很好！你通过我的面试了！一个能够了解顾客需求的人，一定会成为一个好的销售的！加油，我相信你会更优秀的！"

人与人的互动就是一个相互影响的过程，但不同的人有一致的影响倾向。比如：面试官是一个比较强势的人，那么他可能很享受占主导地位。在一开始，面试官就从外表上认定张俪不适合做销售，可经过几个问答后，面试官改变了自己的初衷，从而认定张俪会是一个出色的销售人员。要知道，只有懂得客户的需求，才能够成功地推销出产品。相反，一个连顾客的需求都不知道的人，推销的结果就是失败。

如果想让对方感兴趣的话，不仅要能回答别人提出的问题，还要想办法去解

决，这样才能够很快地缩短双方的距离，从而达到自己的目的。

有这样一个故事：

一位经常来咖啡店的客人又来了，咖啡厅里的服务员热情地向他介绍当天的菜单，还有一些特别活动。没想到，这个客人却对咖啡店的负责人说，这位服务员"过于亲密了，让人无言以对"！

在服务行业中，有很多服务员都会非常热情，可是这种热情却让人望而却步，不敢向前。要知道，每个人都有着自己的特性和性格，如果总是千篇一律的热情的话，总会让人感到厌烦的。

所以说，服务人员应该采取"差别"待遇。比如：可以看一看自己的姿势是否标准；遣词造句有没有什么出格的地方；谈话中是不是触及了客人不感兴趣的内容；在谈话的时候，看看对方的表情等等。

实际上，不管哪位客人对店里的第一印象都是一样的，如果服务的质量跟不上去的话，那么顾客就会选择离去，或者是很不满意，甚至会与服务人员产生矛盾。这样一来的话，就产生了服务与客人的期待相脱离的情况。

在买衣服时，韩女士遇到了这样一种情况：

当看到一款适合自己的衣服，并看了看标签觉得有些贵时，她说："这款衣服有折扣吗？"

"不好意思！小姐，这款是新款，没有折扣的。"店员和蔼地介绍道。

"那有会员卡打几折？"韩女士一边说着，一边翻开钱包，想要把这件衣服带回家。

"有会员卡的话可以打九折的。"店员回答道。

"不过，我好像没有带……"韩女士没有找到会员卡，"这样吧，我没有带卡，不过卡登记的是我的电话，我给你说个号码，给我打个折，行吗？"

"稍等，我去问一下。"接着，韩女士跟随店员去柜台问问。这时，一个凑热闹的店员带着不屑的口吻说："没拿卡？是别人的卡吧？"

韩女士原本比较好的心情被这句话打消了，韩女士冷冷看了她一眼，便对另外一个店员说："算了！这件衣服我不要了。看来，你们这里还必须拿着卡来买衣服啊！"

瞧，原本就可以成交的交易，就被那个店员的冷言冷语破坏了。如果客户真的想要的话，不会因为打折不打折所影响的，当然打折是女人们都喜欢的，更何况自己是有会员卡的，应该享受到九折待遇。可是，那位店员的一句"是别人的卡吧"不仅给韩女士泼了冷水，态度也不好。当顾客没有享受到舒适的服务，那么再便宜、再打折，相信顾客也不会买了。

由此可见，女人不仅得了解到对方的需求，还应该懂得一些人际交往的技巧。只有这样，才能在社交生活中通达、圆融，游刃有余。

在男人的"世界"里取舍要有度

一个人的独立自主并不是天生的，而是经过时间的磨炼和人生的经历慢慢发展、完善起来的。对于女人来说，独立自主也算是一种成就。这样，就不用完全依附于男人，从而在男人的世界里与其平等相处。

有这样一个故事：

有一个墨西哥女人和丈夫、两个孩子一起移民到美国。当他们抵达得克萨斯州边界艾尔巴索城的时候，丈夫遗弃了她和孩子。悲伤欲绝的她面对两个嗷嗷待哺的孩子束手无策，当时，她才22岁。

虽然口袋里只剩下几块钱，但她还是毅然地买下车票前往加州。很快，她顺利地找到了一份工作，是在一家墨西哥餐馆里打工，从大半夜做到早晨6点钟，收入只有几块钱。不过，她并没有看不起这份职业，而是省吃俭用，努力储蓄，将省下的每一分钱都存下来。她这样做是因为要实现一个梦想——开一家墨西哥小吃店，专卖墨西哥肉饼。

一天，她拿着辛辛苦苦攒下来的一笔钱，跑到银行向经理申请贷款，她还说："我想买下一间房子，经营墨西哥肉饼，如果你肯借给我几千块钱的话，那么我的愿望就能够实现，也能够照顾一家人。"

要知道，一个陌生的外地女人，没有任何的财产抵押，也没有担保人，是根本不可能成功贷款的。或许是上帝可怜她的遭遇，便给她一次机会。由于银行家佩服她的胆识和努力，便决定冒险资助，让她成功地开起了一家墨西哥肉饼店。这一年，她25岁。

经过十五年的努力，这家墨西哥肉饼店已经成为全美最大的墨西哥食品批发

店。她就是——拉梦娜·巴努宜洛斯。

虽然拉梦娜·巴努宜洛斯的丈夫将她和孩子抛弃，但是却教会了她独立自主。从这个故事中，我们也明白了：任何事情都不能只靠男人，而是应该靠自己。即便是有一天，男人离开了，自己也不至于饿肚子。

在生活中，有不少女人喜欢把男人当作生活中的太阳，一切都以他为主，一切都围绕着他。如果男人有了问题的话，她们就感觉像天塌了一样。由于这种依赖，就造成了一种男人在家庭里高高在上，女人缺乏话语权和安全感。在很大程度上，这都来自于女性天性的脆弱和感情用事。

因此，女人们一定要记住：不要无原则地看重一个男人，更不要把自己的一切都押在男人身上，不能对他们过分依赖。男人也有自己的空间，他们并不喜欢女人占据自己太多的个人空间。如果女人占用的太多，那他们就会感觉到一种被束缚的感觉，甚至会感到恐慌和恼怒。女人不应该去依赖男人，而是应该有自己的广阔空间，活出自己的精彩。

曾经看到这样的一句话：女人一独立，上帝就发笑。为什么上帝一看到这样的女人就发笑？是因为女人要独立吗？肯定不是的！女人当然有独立的权利，也需要靠自己，但女人往往在独立一方面做得不够好，做得不够彻底。

美国女诗人沙拉·默顿曾经说过一句话，大致的意思是：属于男人的，是事业、尊严、权力和欢乐；而义务、家庭、美德、顺从，就属于女人了。这样看来，很多人所谓的女人独立都是围绕着男性世界来说的，这样女人又怎么能够独立呢？

我们不妨来看看这两个小故事：

一个身价上亿的富婆，独自生活在美国，她有着豪华别墅，有着不可计数的下属员工，生气了还可以肆无忌惮地发泄自己的情绪。一天，富婆对她的一个穷朋友说："你看，我的人生是不是很失败？连一个爱我的男人都没有！现在，我终于明白，女人成败与否，原来是靠男人衡量的！"

一个普通的女人已经有着非常相爱的男友，也住进了豪宅，可男友却在出差的时候遇到了另外一个女人，于是就抛弃了她。于是她终日以泪洗面。一番痛苦之后，她醒悟了：男人是不可靠的！

故事里的两个女人，无论事业是成功的还是失败的，她们的生活都不令人满意，因为她们都把男人当作是衡量自己幸福与否的标准了。

其实，真正的独立是不断地完善自己，并且能促进自身的进步；真正的独立不在于你有多少财产；真正的独立不在于你有多么爱你的男人，而是摆脱对男人的依赖，真正地依靠自己。要知道，如果一个女人是独立自主的，那么她的身上会有一种特有的气质，是那种不服别人、骄傲的气质。

在生活中，女人们应该找到属于自己的事业，这样生活才会更充实；女人们不要想着去花男人的钱，为自己寻找懒惰的机会，而是应该努力地工作，努力地赚钱，用自己赚来的钱将自己打扮得更漂亮。对于自己来说，赚钱也是一种幸福，虽然会很辛苦，但是能够理直气壮地、骄傲地掏出钱来，是多么潇洒的一件事。

现代的女性一定要有主见，只有这样才不会迷失自己。如果一个女人做任何事情，都要男人做选择，没有自己的观点的话，那男人只会离你而去。女人们要有头脑，有思想，有自己的人生规划，不要把自己的权利交付给别人，要学会支配自己，做自己的主人。

女人，万不可迷失你的目标

人在黑夜里行走，最需要的是方向。光有路灯不够，还需要一个自己要到达的方向。而在现实中，这个方向便是一个人的目标，一个人失去目标便什么也做不来；反之，一个人要是有了目标，才有可能成功。

职场生活瞬息万变，今天还是部门主管，明天就有可能因公司的变革而成为"牺牲品"；今天还是拿高薪的"职场贵族"，明天也许就沦落为失业族。人在职场中，往往身不由己，不是因为缺乏一定的知识所淘汰，就是被激烈的竞争淘汰，失业的危险信号总会频频闪烁。那么，怎么才能够让自己始终稳如泰山而无被裁之忧呢？

在解答这个之前，我们先看看这个故事：

苏珊本来找到一家不错的单位，但由于自己的高傲和爱出风头的个性，吃了不少亏。她的上级领导专门找她谈过话，要她收敛一些，可苏珊却不这样认为。她认为那是自己的能力强，能够引起大家的注意，是必然的。再说，自己可是名牌大学毕业的。

刚出校门的学生，或许就是初生牛犊不怕虎吧！三个月后，苏珊就辞职了。

她觉得待在这个公司对自己今后的发展没有什么用处，而且还说自己就是眼光高，不愿意从基层做起，更不愿意被别人"使唤"。她认为：反正自己还年轻，机会多的是，如果找不到顺心的工作，宁可失业。

抱着这样的想法，苏珊找了一家又一家公司。到如今，已经毕业两年的苏珊还是没有找到理想的工作。

其实，像苏珊这样的年轻人很多，她们凭靠着自己的优越感，不愿意从社会的基层做起，更不愿意被别人使唤。但是，一个连基层都不会做、都不愿意干的人，又怎么能够领导其他人，找到如意的工作呢？

可以说，苏珊是迷失了自己，没有对自己作出正确的评价，也没有估算自己的价值，更没有弄清楚工作是为了什么。她对社会、对未来充满太多的幻想，认为自己的能力超群，应该在跨国公司上班的，这是年轻人急功近利的表现。也因此，她们遇到了职场的第一个瓶颈，从而四处碰壁。

如果苏珊能够抛开急功近利的想法，不要盲目地追求高薪或高职位，而是从小做起，懂得吃苦耐劳，懂得戒骄戒躁，并懂得如何盘算自己的未来，那她就不会迷失自己，并且能够迅速找到自己的定位了。

虽然女人对自己有所期待是好事，但一定要有针对性地确立目标。如果不改变自己的话，相信以苏珊的个性，在任何一家公司都不会待得长久。耐心、热心、虚心、诚心，应该是职场新人必须具备的基本素质。

在这个潮流瞬息万变的时代中，女性们只有坚定目标，才能冲破迷雾，走出迷茫的森林。那么，如何在职场中树立并坚定自己的目标呢？

1. 现实性

对一个职业女性来说，制定一个现实的目标非常重要，这是最终可能成功的基本保障。刚刚步入职场以后，女性们要认真地分析自己的专业、性格和价值观等，从而找出自己的特点，弄清自己到底想要什么，接着再从实际出发，制订出一个适合自己的目标计划。

2. 书面化

不论男女，身上总是有着不同程度的惰性，而这种惰性甚至不是大脑可以控制的。因此，我们一定要把自己的目标和计划写在纸上或其他地方，这样就可以时时刻刻地提醒自己。如果不把自己的目标写下来，那么很可能有一天，你就会忘了自己原先订下的计划。

当然了，你还可以写在很多张"随手贴"上，然后贴到每天都会看到的地方，比如：镜子右上角、马桶正对面的墙上、冰箱上、厨房的门上……这种"反复地强化目标记忆"对自己的计划实施性有着很大的作用，它会让你不由自主地完成这些计划，从而一步步达到自己的目标。

3. 具体化

俗话说得好：无志者常立志。在平时，有些人喜欢确立目标，但却一个也没有完成。为什么呢？是因为制定的目标太大，没办法一下子完成，于是就渐渐搁置了。所以说，在制定目标的时候，一定要具体。比如：你希望老板给自己加薪的话，还应该做好自己该做的事，并主动去做一些其他的事情，并且做的是有价值的，对公司是有益处的。你不能说是打扫了几次卫生，就想让老板加薪吧？如果你不知道应该背哪些单词、应该背多少个单词，那就从字典或书籍的第一页开始，随意抽取几个，每天背诵，直到这些都完成了，然后再翻开下一页；如果你为了完成减肥计划，不可能笼统地说"我要在六个月之内变得更健康一些"……你需要做的是，每天坚持跑步，少吃油腻的、油炸的食物，随着时间的变化，你自然而然就健康了。

4. 因势调整

由于职场和生活不是在一个静态的世界里，而是在一个充满变化的范围里，那我们的计划也应该变通一下。随着计划的不断实施，慢慢我们就会发现原来的那些计划或者目标是不现实的……

所以说，要成为一名成功的职业女性，首先要做的就是设置自己的小目标，并且是现实的、能够实施的。其次，要时刻调整自己的心绪，不要让周围的负面情绪影响到自己。最后，要凭借自己的能力，不断地提高自己的能力。要知道，现在的很多工作都是不分性别的，只要你能力卓越，就会找到一个适合的职位。

5. 按自己的方式接近目标

在生活中，有许多有天分的人不是因为自己不努力，而是因为别人的讥讽、非议等毁了自己。如果他们受不了这些的话，那肯定会一事无成。而那些真正有天分又努力的人，有着明确坚定的目标，并以自己的方式坚持着自己的目标。经过自己的锲而不舍，最终走向成功。

靠姿色、靠青春不如靠能力

"人无千日好，花无百日红"，对于一个女人来说，再沉鱼落雁、闭月羞花的容颜也经不住岁月的洗刷，最终会老去。所以说，一个女人要想得到长期稳定的保障，最应该靠的还是能力！

对于二十几岁的女孩来说，年轻貌美就是非常大的优势。有些女孩，甚至会以此作为优势，试图在事业或生活中找到捷径。可是，这样的结果是什么呢？充满了不确定性因素，缺乏安全感，随时都有被抛弃、被别人取而代之的危险感。

像这种不是成功，而是一时的侥幸或者说是靠代价换来的。任何一个聪明的女人，都不会以此来实验。她们会考虑长远，会对自己的能力进行培养，因为她们知道靠姿色来成功是长久不了的，要想获得更大的成功，那就需要能力了！

杨澜就是这样一个聪明女人。当年，中央电视台推出的综艺节目《正大综艺》红遍了大江南北，与此同时，作为主持人的杨澜也成为了家喻户晓的知名主持人。

就在《正大综艺》如日中天、收视率一次次创新高的时候，杨澜竟然选择放弃了这个令人瞩目的职位，选择到哥伦比亚大学专修传播学。当时，有很多人都不理解杨澜的这一行为，要知道，这种机会对于一个主持人来说十分难得，甚至可以说是祈求不来的。如果在这个时候离开，那就是放弃了成名的大好时机。当时看来这可不是什么聪明的决定！

可是杨澜却并不这样认为，她后来说："主持人这个行当有着一种吃青春饭的特征，我不想走这样的一条路。我相信，如果一个人不充实自己的话，前程会是短暂的！"

原来，杨澜是看到了鲜花和掌声背后的危机，在姿色和能力之间，她果断地选择了能力。事实证明她是对的，在两年以后，杨澜依旧回国发展。当人们都猜测着她肯定会再回到中央电视台或到某著名电视台做综艺节目的主持人时，她的决定又一次让人们"失望了"。回国后的杨澜，选择到凤凰卫视独辟的"杨澜工作室"，做起了人物访谈节目。

杨澜以全新的形象再次出现在观众面前，没多久就赢得了巨大的成功。在两年的时间里，杨澜的访谈节目先后采访了 120 多位世界名人，包括金融巨头英特尔总裁安迪·格鲁夫、澳门特首何厚铧、诺贝尔物理学奖得主崔琦、国学大师季羡林、著名作家金庸、李敖……

《杨澜工作室》在杨澜的主持下，成为当时屈指可数的高质量访谈节目，广告的投播量也特别多。

在1999年，杨澜被《亚洲周刊》评为泛亚地区20位社会与文化领袖之一。在2001年，杨澜又再次被《亚洲周刊》评为21世纪影响和塑造中国命运的12位精英之一。当时，人们就猜想：杨澜能够取得这样大的成就，一定会继续做下去的。可没想到，杨澜的举动又引起了大家的注意。

做了一段主持人后，杨澜和老公吴征一起创办了阳光文化网络电视控股有限公司，专攻在国内还没有被开发的人文历史频道。她借助商业运作，把电视台很多无法实现的想法付诸实践。接着，她就制作出来了一些专题，里面的信息量大、品位高，赢得了很多白领阶层的喜爱，并成功地在观众和周围人的脑海中留下了深刻的印象。

紧接着，杨澜又开拓了新模式、新思路，与美国历史频道结盟，引进了一些高质量还曾经屡次获奖的电视节目，在国内拍摄制作和购买高质量的文化节目。在自己和老公的不断努力之下，"阳光文化"逐渐形成了自己的品牌，也在相当激烈的媒体竞争中取得了不小的成功，从而建立了稳固的媒介平台和消费群体。随着事业一步步高升，杨澜也获得了无数的荣耀和财富。

可以说，杨澜本身就是一个精彩的人，与此同时，我们还看到了一个聪明女人的智慧。当《正大综艺》赢得大家的关注，赢得了成功的时候，杨澜并没有被暂时的鲜花和荣耀蒙蔽了双眼，而是看到了背后潜藏的巨大危机。为此，她明智地选择了出国深造，从而进一步提升自身的能力。

接着，她把留学所学到的知识运用到了实际生活和工作当中，凭借着自身的胆识和能力获得了一个个成功。这一切成就，只因她明白一个道理：靠姿色不如靠能力。

试想，如果杨澜没有意识到这点，而是沉浸在鲜花和掌声中，那么她就不可能想到出国深造，进而提升自己，而是会继续做主持人，享受着年轻和机遇带给她的荣耀。可是，这种鲜花和掌声总有一天会落幕。现如今，当时的荣耀和此时的成功，真的是无法媲美的。

杨澜用自己的实际行动向我们证实了一个真理：女人拥有美丽是无可厚非的，

但绝不能以此为依靠，获得成功。要知道，能够获得成功依靠的只有能力！只有不断地提高自身的能力，才能获得更大、更持久的成功，从而把自己的人生演绎得更加精彩。

如果一个人天生丽质、有几分姿色的话，那不免就会有一种傲气，认为自己与别人是不一样的。于是，就会想着用自己的姿色来获取成功，认为这才是一种比较快捷省力的方式，从而忽略了对自身素质的培养。

的确，一个女人外在的美丽确实能够为自己加分不少，但是这是父母给的，是随着时间就能变化的。而气质、个性、学识和能力却是后天塑造的，是变化不了的。如果是要变化的话，那就是更引人注目的魅力。

所以说，不管是想要赢得事业还是爱情，都不要想着凭借外表去获得，而是要通过对内在能力的提升。在生活中，有很多相貌平平的女人，通过自己的努力也获得了非常大的成功。

拥有几个闺中密友

闺蜜的闺，即是"闺中密友"；蜜，有"甜蜜"的意味。凑成就是闺蜜——现在女性对女友的新称呼。闺蜜听起来如丝丝阳光照在心底，是别样的温润。就算全世界的男人抛弃你了，还有闺蜜来拥抱你。

曾经看过这样一本书，里面提到女人一生要做的 100 件事，其中很重要的一件事就是，一个女人在其漫长的一生中，必须要有几个无话不谈、亲如姐妹的好朋友，这类朋友有一个非常美好的名字，叫"闺中密友"，简称"闺蜜"。哪怕洗尽铅华、儿孙满堂，这一生的情谊都不会转变。

女人天生就是群居动物，她们害怕孤独，恐惧寂寞，所以女人逛街最喜欢有人陪伴，吃饭喜欢有人相随，就连上厕所也不想"孤家寡人"。大部分女人都会对要好的同性产生信任和依赖感，因为她们属于同一个群体。就像一些话，不能对男友说，一说就出麻烦；有些事，不能和异性做，一做就麻烦……闺蜜，是可以让女人将心事放心去说，又不用担心会被出卖的可能。

闺蜜犹如爱情一样，是可遇而不可求的。的确如此，闺蜜之间的情谊，是其他感情无法代替的。一个至密的女友，她会了解你初恋以及后来的每一段感情的来龙去脉，体贴地理解你的善变和小缺点，细心地懂得你的每一点的情绪变化。一个细微的动作，一个心有灵犀的眼神，一个会心的微笑，一切尽在这种只有同性才能明白和理解的闺中情感中。

闺蜜，女人一生中绝对必不可少的一部分。这种称得上密友级别的闺蜜，她们之间总是拥有共同生活经验和记忆，一般是童年或上学时代的同学或邻居是最佳人选，因为拥有足够长的时间来了解彼此的性格。知道了对方的品行、性情，时间长了，就建立了彼此的信任。有时，她甚至比你自己还了解自己。这样的密友，是你一生的财富，无论自己在哪儿，只要回头一望，她就在你左右。

或许当时的她很善良、很理性，又聪明，所以让你愿意与她分享自己的小秘密，而分享的同时，你不仅得到了她的理解和帮助，甚至有时，她犹如一面镜子一样，说的同时，将自己也看得清清楚楚。

闺中密友可以是最好的情绪回收站。当女人进入青春期时，她的情绪就更容易波动。每一天似乎都有说不完的事，每一天都会有许多从未有过的体会，当然，烦恼和困惑也接踵而至，当你将这些烦恼与困惑说给男性朋友听时，他们大多数都会轻描淡写地打发过去，顶多也就是发出一声感叹。但将这些话说给女性朋友听时，你就会发现她们不但能够设身处地地理解和体会你的所有情绪，还会给予你最贴心的帮助。因此，大多数女性在排解烦恼、缓解压力的时候，最常用的方法就是找闺蜜倾诉，把所有的情感垃圾全部倾泻给她听。

拥有几个闺蜜就不怕被新陈代谢掉。从这方面来说，从孩童时建立起来的手帕友谊要更可靠、更稳固得多。虽然长大后，难免要面临毕业的分离、工作的变迁、结婚生子之类的事儿，可能会失去一些朋友。可是，如果这种友谊能够被保留下来，则会让彼此之间有历久弥新的感觉。

社会在发展，时代在进步，结婚生子的女人们也在进步，她们越来越重视婚姻以外的种种社会关系，她们越来越注重于自身的价值，热恋中的年轻女性也不再整天腻在二人世界，因为她们知道这样只会妨碍自我的完善。

说得实在一些，就是当家庭、孩子、工作的重担给这个女人太多压力的时候，寻找精神、疏通情绪的宣泄已成为女性的内在需求，女人在最挫败和失望的时候希望得到朋友的帮助。这个人就是闺蜜。

真正的友情从来和事业、祸福和身份等是不相干的，不依靠经历、方位和处境，真正的友谊拒绝归属，拒绝契约。它能够使女人独而不孤，互相解读自己存在的意义。所谓真正的朋友，就是"无所求"吧。

在闺中密友的面前，你可以毫无形象地显露出你隐藏已久的八婆本色。有时候闺蜜们在一起所说的话很多都是想讲给男人听却又说不出口，即便说出口，男人也未必当回事儿。在她们心里，男人是至爱，但却不是"最佳听众"。

例如《欲望都市》中的四个魅力十足的女人在全球观众面前大谈性、表演性、享受性。当她们在经历了真爱与伪爱的感情之后，这四个敏感而又脆弱的独立的女性围坐在一起相互聊以慰藉，让我们感受到闺蜜之间的那份真实与放松的一面。她们在一起不会担心丝袜脱丝、担心自己魅力不够，不用质疑自己的能力。女人之间的友谊，不仅可以摒弃因男人而产生的虚荣与嫉妒，而且会越来越欣赏同性，在这种自由自在的氛围下，还会激发难得的灵感。

美国著名的心理学家在一次调查报告中指出，女性之间的友谊有助于健康。对85%的已婚女性和94%的单身女性来说，她们认为同性之间的友谊才是生命中最快乐、最满足的乐章，成为她们一生都难以忘记的深刻情感。

和闺蜜之间这种亲密无间的关系，是女性的一种预防性措施，它能够帮助免疫系统降低疾病的威胁，无论是头疼脑热还是心脏疾病等，一个人若想要保持身体健康，不仅需要锻炼身体和正确饮食，还需要友谊的帮助。因为女人和同性之间的沟通更开放、自然，还能够及时得到对方同等的回馈，所以这种亲密的关系更容易在女性之间产生。

勇于放手，还自己一片蔚蓝的天空

做人，要学会放手。学会放手，才知道退一步海阔天空；学会放手，才知道人间处处有芳草；学会放手，才知道得之我幸、不得我命；也唯有学会放手，才知道人间那许多苦，原来竟都是自找的。

生活在这个纷繁的世界中，人们最难做到的无疑就是放手。许多自己喜欢的不肯放手，甚至自己一些不喜欢的也放不下。因此，爱与憎的念头盘根交错在我们心间，这样怎么会有快乐和自由呢？什么是放手？所谓放手，是指人的心理状态，就是我们通常所说的敢于放弃，在遭遇重担的时候，能够把心理上的重压卸掉，让自己轻松面对，这就是放下。

人活一世，总会有许许多多的责任和欲望，其中一些不必要的东西是需要拿掉的，只有这样人才会变得很轻松，如果总是背负着包袱，最终很有可能会累死在人生道路上。生活其实很简单，要努力学会去舍弃那些生命中不特别需要的、对人生帮助不大的事情，时刻保持一颗简单、明朗的心，你才能感受到生活的美好。

许多人正是因为不知道适时地舍弃才会有那么多的痛苦。当你真正懂得舍弃和学会清理自己时，心胸就会豁然开朗，你的生活会马上与以前截然不同起来。

有这样一个故事：

悠然曾经有一个非常相爱的人，但是后来，那个男人却娶了别的女人。悠然从此就一病不起。父母非常担心她，想了各种办法也都无济于事。她整个人一天比一天消瘦，父母、朋友真是看在眼里，急在心里。

没办法，她的妈妈最后带她去看了心理医生。心理医生很快便找到了病情的关键所在，于是就耐心地开导她说："其实，真正喜欢一个人，并不一定要和他永远在一起，不是有句话叫'不在乎天长地久，只在乎曾经拥有'吗，爱是一个过程，结果只是其次。喜欢一个人，最重要的就是让他快乐幸福，如果你们俩在一起，你开心而他却不快乐，最终你们还是不会幸福的，不如就勇敢地放手吧！找一个你爱的也爱你的小伙子，快乐加快乐，才会更快乐。放手你才能重生。"

在心理医生耐心的开导下，悠然突然有拨开云雾见阳光的感觉，从此不再郁郁寡欢，她的身体也一天天地好起来。

我们常常听到一些女孩这样抱怨："我真的很爱我的男朋友，为了他我愿意放弃一切，他喜欢什么我就去做什么，他不喜欢的我就坚决不做，我对他已经好得不能再好了吧，可是为什么我感觉他不是很爱我。其实，我也觉得这样的自己太没出息了，可是我真的不想离开他，我觉得如果离开他我就会死的，总有一天他会被我感动的。"

这就是女人，常常为了爱情而变得没有自我。

《中国式离婚》这部电视剧，让人感受颇深。剧情是围绕着三个家庭展开，写的是女人现实的生存状态，剧情深刻，但是结局却耐人寻味；尤其是女性看完后，总会有一种无以言表的沉重感。

剧中的林小枫是一个中国式的妻子，她引起了人们对婚姻极大的反思，讨论女人的自身价值以及在社会中扮演的角色。在古代，女人将婚姻视为一生的赌注，她们将全部的希望都押在丈夫的身上，盼望着有朝一日能够"夫贵妻也荣"。即便是在妇女独立的今天，不少女人仍将全部的爱与幸福都寄托在丈夫的身上，但往往换来的却是失望。帮助自己的男人成功并没有错，错就错在帮助男人的同时却失去了自我。没有一个良好的自我，而靠男人活着，是一个女人最大的悲哀。只有不断地完善自我，与丈夫齐头并进，共同进步，走向成功，才会得到丈夫的尊重。女性只有不断完善自我，才能把握自己，实现生命价值，并受到丈夫以及其他人的尊重。

当一个女人因为婚姻而迷失自我时，她就无法得到人们的认可和尊重。剧末，林小枫终于清醒地意识到：婚姻和爱情的经营，就像手中抓住的一把沙子一样，握得越紧，沙子反而越容易流失。就像她经营的这个家一样，她是那样在意自己的家庭、在意深爱的丈夫，甚而放弃自己心爱的工作做全职太太，竭尽所能地想抓牢这个家、抓牢自己的丈夫，终究还是失败了。

对于多数女人来说，一旦遇到了自己心仪的男人，往往会让自己在生活中的某些事情上做出让步，时间一长，就失去了自我。所以，一个有魅力的女人，必须要有自己的独立的思想和生活空间，坚持完善自我，这样才不会受到轻视和怠慢。

朱丽君是某公司出色的销售经理，但是曾经的她也是一个拿得起却放不下的女人。面对每次的告别——告别故土，告别亲人的时候，她总是会莫名的伤感。让人担忧的是，她在这种伤感的情绪中难以自拔，更做不到去潇洒地放手，然后接受新的生活。

后来在好朋友和父母的坚持开导和鼓励下，她终于明白了，并不是握在手里的就一定是自己所真正拥有的，而拥有的也不一定就是非常重要的。很多时候，需要一种坦然的放弃。只有这样，才会收获更多的快乐。

现在的朱丽君再也不是曾经的她了，而是一个精明干练的销售经理。

人的渴望越多，反而会徒增许多的烦恼。其实，生活需要我们割舍下这些无谓的执着。在生命里，也不是没有什么就活不下去了。如果想要生活得轻松自如，就要学会放手。拿得起，放得下，才能不被无谓的执着所累。有选择就会有放弃，学会放弃有时是一种得到。

著名的影片《卧虎藏龙》有这样一句经典的话："当你握紧双手时，其实里面什么也没有，而当你展开双手时，世界就在你手中。"很多时候，我们都应该懂得放手，放手才能获得更多的快乐从容！迪克牛仔有首歌是这样唱的："放手去爱不要逃，爱不是想要得到就能得到……"让我们勇敢放手，还自己一片蔚蓝的天空。

第四篇

礼仪是气质女人的
隐形名片

懂礼仪的女人魅力无穷。礼仪不只是一种吸引人的力量，更是一种能够传承和发扬，甚至流传千古的美。这种礼仪之美，没有时间的限制，也不会受到社会的禁锢，即便时光流转、沧海桑田，也会一直流传下去。

第十四课

优雅举止是气质女人的名片

举止优雅的女人才具永恒吸引力

漂亮的女人随处可见，而优雅的女人却十分少见。一个女人，即使拥有倾国倾城的容貌，倘若少了优雅的点缀，也不由得让人觉得遗憾。更何况如花的女人抵不过似水的流年，唯有优雅的气质才能让女人具有永恒的吸引力。

优雅的气质是女人致命的吸引力，即使一个女人既无沉鱼落雁之容，也无闭月羞花之貌，凭借那一举手一投足所流露出来的那种优雅的气质，便能令人深深感动。女人那优雅的气质便犹如微风中摇曳的兰花，又如同幽谷里静静绽放的百合，令人感动之余，不由得心生敬意，又难以抗拒。

正如戴尔·卡耐基曾经对一位女士的建议："你的粗俗将会毁了你的幸福。我要告诉你的是，只有举止优雅的女人，才会赢得男人的尊重和爱。"女人只有有修养、有内涵，并且一举手、一投足都让人觉得恰到好处、很有分寸，才是一个优雅的女人，才能赢得他人的尊重与爱。相反，人们往往对举止粗鲁、不讲文明的女人嗤之以鼻，即使这种女人腰缠万贯，也没有人愿意把她们当上宾看待；即使她们貌美如花，时间长了也难免让人觉得表里不一。优雅的女人则不同，即使她们没有钱，即使她们没有什么名声地位，就凭她们的优雅举止，便足以赢得人们的尊重，这就是优雅气质的魅力所在。所以说，优雅是一个女人俘虏他人最好的筹码。

优雅的女人会巧妙地掩饰自己的情绪，恰到好处地流露自己的情绪，所以才在举手投足之间那么的温文尔雅、款款生情。

优雅的女人会保持处变不惊的心态，猝然临之而不惊，无故加之而不怒的大度，有着风吹雨打中胜似闲庭信步的洒脱飘逸、潇洒自在，看窗外花开花落，去留无意，望天上云卷云舒、怡然自得的淡定情怀。

优雅的女人不做作，她们的气质是在人际交往和社会活动过程中不经意间从骨子里渗透出来的，是一种自然的、内在的、随意的综合素质的自然表露。

优雅的女人会用阅历精进自己。阅历能磨去锋芒，使女人更加沉稳；阅历能消化傲气，使女人更加谦和；阅历能放大胸怀，使女人更加宽容；阅历能消除幼稚，使女人更加成熟。

女人的优雅，包括四个方面：

1. 强大的内心世界

优雅首先表现在女人的内心世界。理想、品德、文化是强大的内心不可缺少的因素。理想是人生的动力目标，没有理想和追求，内心空虚贫乏，气质难以优雅起来的。品德是优雅的又一重要方面，为人诚恳、心地善良是不可缺少的。而文化直接影响一个女人的思维与行为方式。

2. 得体的举止

优雅的气质还表现在举止上，举手投足，走路的步态，待人接物的风度，皆属此列。一个人给他人留下何种印象，行为举止是最重要的影响因素。举止优雅则表现为热情而不轻浮，大方而不造作。

3. 完善性格

优雅还表现在性格上。优雅的女人有涵养，要忌怒、忌狂，能忍让，体贴人。温柔并非沉默，而不是逆来顺受、毫无主见，而是在开朗之中透露出天真烂漫的气息，以内心丰富的情感引起他人共鸣。

4. 高雅的兴趣

高雅的兴趣也是优雅的一种表现，正如丁玲、三毛、张爱玲、董竹君、白杨，她们用文字将她们独特的美毫不夸张地表现在世人面前，用这种充满智慧和善良的方式体现出优雅。所以，女性朋友们，即使不拥有大美人的长相，也可以凭借优雅的气质成为一颗绚烂夺目的星星，其实，生活中的很多瞬间都能体现出你的优雅，比如工作的认真、执着，聪慧、洒脱、敏锐，精明、干练，这都是真正的美，和谐统一的美的体现。

在静坐中透露女人风情

无论多么美丽的女士，身着多么体面的衣装，如果坐姿不雅，马上就会让人议论纷纷。相对于男士而言，公共场合女性的坐姿，更容易受到人们的关注，坐姿不当，难免引来尴尬。

女性的优雅表现在举手投足之间，而坐姿当然直接影响到一个女人的形象。坐姿是否得体决定着你是一位高贵优雅的"女神"，还是一个缺乏教养的女人。气质佳人会在静坐中透露出女人的优雅与风情。

一般来说，无论哪种场合，坐得端正、稳重、温文尔雅是女人坐姿的最基本要求。虽然可以在不同的场合变换不同的坐姿，不必按照"坐如钟"的标准严格要求自己，但坐姿不端，在别人的心目中会留下一个不好的印象，而端庄、优雅、舒适的坐姿对于保持健美的体形更是大有益处。下面介绍几种女性在日常生活、社交中常用的坐姿。

姿势一："双L"式

这种姿势要求女性双腿垂直于地面，双脚的脚跟、膝盖直至大腿都需要并拢在一起，双手叠放在大腿上。身体从侧面看形成"双L"，即大腿与小腿成直角，臀部与背部成直角，而背部不能靠在椅背上。需要注意的是，这种姿势以脚用力着地来平衡身体，时间稍长身体难免会松懈下来，背部微驼，下巴突出，体态也不美。所以不妨一开始你坐得深一些，然后背部保持直立，膝盖并拢，这会显得优雅而又从容，不会让人觉得拘束。"双L"式适合各种正式的场合，特别是谋职面试，与领导、长辈谈话，可给人以诚恳、认真的印象。

姿势二：直线式

直线式坐姿要求上下交叠的膝盖之间不可分开，两腿交叠呈一直线，充分展现女人的纤细。双脚置放的方法可视座位高矮而定，既可以垂直，也可与地面呈45度角斜放。采用这种姿势时，切勿双手抱膝，并且保持两膝靠拢。

姿势三："S"形优美式

这种姿势适合坐在较低的沙发上，因为此时坐下膝盖会高过腰，若采用之前的坐姿，反而会极不雅观。这时最好采用双腿斜放式，即双腿并拢后，双脚同时向右或左侧斜放，并且与地面形成45度左右角。这样，就座者的身体就会呈现"S"形，体现出女性姿态的婀娜。

姿势四：自然式

这种坐姿适合在办公桌后面或公共汽车上，其基本做法是双腿并拢，双脚在踝部交叉之后略向左侧斜放，感觉比较自然。

姿势五：轻松式

以这种姿势就座时，两条小腿向后侧屈回，双脚脚掌着地，膝盖以上并拢，两脚稍微张开。这种姿势适合出现在比较轻松的场合，不受人注视时。

尽管不同的场合女性可能要换用不同的坐姿，但各种坐姿的基本原则是背部挺直，膝盖并拢，双手成为交叉的八字形，放在身体的侧面或中间，而上身必须正对前方。一定不能半躺半坐、前仰后倾、歪歪斜斜，两腿伸直跷起或双腿过于分开，跷二郎腿并颤腿摇腿，将两手夹在大腿中间或垫在大腿下，用脚钩着椅子腿，脚蹬在椅子杠上，这会给人轻浮且缺乏修养的印象，是失礼及不雅之举。

除了静坐，在入座和退座时也都有一定的规则。入座时，应轻、缓、稳，动作协调柔和，神态从容自如。具体动作为：走到椅子前，转身背对椅子平稳坐下，若离椅子较远，可用右脚向后移半步落座，若穿裙子则应注意收好裙脚。一般应从椅子左边入座，起身时也应从椅子左边站立，这是一种礼貌。一定要在就座之前调整椅子的位置，把椅子移到欲就座处，然后坐下，相反，坐在椅子上移动位置，是一种有悖于社交礼仪的行为。

亭亭玉立站出女人娇美姿态

美是一种整体感受，一个女人，即使拥有再绝美的容貌、再完美的身材，如果加上一副萎靡不振的站姿，也会让人感到粗俗无礼，美根本无从谈起。想要完美体现女性之美，亭亭玉立的站姿必须学会。

人们常用"亭亭玉立"来形容女人，亭亭玉立是一种挺拔而不僵直、柔媚而又富有曲线的娇美姿态，而实际上，女性不仅要生得"亭亭玉立"，更要站得"亭亭玉立"，优美的站姿是展示女性形体线条美的最好方式之一，体现了女性的端庄、稳重和大方，给人娴静、含蓄、深沉的美感。

站立是生活中最基本的举止，也是体现一个女人气质修养最直接的方式，女性站立的姿势美与不美，直接关系到女性的形象。因此，女性要想给他人留下好印象，就要站得挺拔，站得优美，站得典雅。下面介绍几种适合不同场合的女性站姿。

礼节式：礼节式站姿一般适合于正规场合，工作场所之中，肩线、腰线、臀线与水平线平行，目光直视，向人传达一种坦诚的、谦和的、不卑不亢的态度。

优雅式：这种站姿要求站立着挺胸收腹，肩部放松，两脚跟并拢，或者双腿靠拢成小八字或小丁字站法，身体重心要落在前脚掌。双手可以相叠，轻轻地放在身前胃部或腹部的位置，也可以双臂自然下垂，或者背手站立。

随意式：其要点是头、颈、躯干和腿保持在一条垂直线上。或两脚平行分开，或左脚向前靠于右脚内侧；双手相互交叠，或将一只手垂于体侧。这种随意的站姿或者是一种性情的站姿，或者表达了一种淑女的含蓄、羞涩、收敛的体态，或者表达了一种性感女性曲线之美。

而无论采用哪种站姿，下面几个站姿的"忌讳"都要时刻注意。

（1）站立时不要做一些有损形象的小动作。有些女性站立时会不由自主地摆弄衣角、发梢、背包等，这种姿态显得小气、拘谨，给人一种不大方的感觉。

（2）双手放置位置不正确。比如，有些人喜欢站立时双手抱胸，则会给人一种傲慢和不可亲近的印象，或者双手叉腰，显得十分不礼貌。

（3）双脚位置不正确。站立时虽然双脚的位置没有严格要求，但是在特定的时候，双脚的放置可能触犯社交法则，比如在听人谈话时采取双脚交叉的站姿，表明一种排斥和审视的态度，也是不安、紧张心理的流露。

（4）站累了就松懈下来。站立的时间长了，身体难免劳累，但是此时不要做出过于随便的姿势，比如靠着其他物体，伸脖、塌腰、身体歪斜，或者两腿叉开距离过大，这样会让形象大打折扣。当你已站立了很长一段时间，开始感到疲倦，但却没有机会坐下来休息时，这时你千万不要表现得无精打采，把身体随便靠向墙或其他可以靠的地方，应将肩稍稍向后，这样会使你看起来挺直及精神些，双脚可间歇交替变换站立姿势，可以缓解站立的疲劳感。

（5）站立时驼背。要拥有自信的外表，最简单的方法就是抬头、挺胸、收腹。

然而人们往往习惯驼背站立，因为这样比较舒服，事实上，任何时候你都不应该有驼背的理由，驼背给人透露出的第一信息是因为缺乏自信心不想引人注目。而双肩向后靠，抬头、挺胸、收腹的动作可以马上显露出你的自信与优雅。

（6）挺胸就是挺腹。很多时候，当人们努力改变驼背的动作而挺胸时，经常会不由自主地把腹部凸出来，人们误以为这样就是抬头挺胸。正确的姿势是在双肩向后靠的同时也把腹部收起来，从腰部开始，连同脊梁骨到颈骨，尽量向上伸。

莲步轻移展现女人美丽形象

走姿是站姿的延续动作，是在站姿的基础上展示人的动态美。每一个女人都想拥有流云般优雅的步态，款款轻盈的步态是女性气质高雅、温柔端庄的一种风韵。

走姿与坐姿、站姿一样重要。如果你步幅很小、弯曲着膝盖、低着头走路，无论你多么年轻靓丽，看起来也没有朝气，显得颓废衰弱。相反，如果你膝盖伸直、快步走路，则让人觉得人十分有精神。而女人的美丽形象就要靠走姿来打造。

虽然人们普遍用"行如风"来形容正确的走路姿势。但与男性相比，女性走路更要走出女性特有的韵味，男子的走姿应步伐稍大，步伐应矫健、有力、潇洒、豪迈，体现阳刚之美。而女子的走姿则应步伐略小，步伐应轻捷、蕴蓄、娴雅、飘逸，体现阴柔之美。

正确的走路姿势是这样的：行走时重心始终放于两腿之间，脚跟先着地，保持两腿直立，并且要把体重有意识地放在大腿上。迈步时，还要保持上身挺直，重心随脚尖逐渐向前移动。单腿迈出着地，后脚足跟提起，让膝盖带动大腿，保持紧迫感，身体重心前移，以腰为轴心，后腰向前迈出，使足跟先着地。稍微夹紧臀部，膝盖轻松保持弹性。脚尖稍稍朝外直线向前走，双腿夹紧，双脚尽量走在一条直线上，长期坚持下去，可使双腿变得更苗条。

不少人在走路时不知道手放在什么位置，正确的姿势是两手自然下垂，手指自然弯曲朝向身体，两手随步伐轻轻摆动，眼睛注视前方，同时胯部随之产生一种韵律般的轻微扭动。如果走路时双手反背于背后，则让人觉得傲慢、呆板。

另外，走路时身体前俯会让人觉得自卑，后仰则给人以轻狂之感，身体乱晃乱摆，也会让人觉得轻佻、缺少教养，上半身不动又显得僵硬不自然。步子太大显得匆匆忙忙，步子太小显得局促，两个脚尖同时向里侧或外侧呈八字形走步也都给人一种不雅观的感觉。还有的女性走路过于扭臀部，这样会显得轻浮，失去大方的感觉。

穿着不同的服装，步态要随之改变。当女性身穿旗袍或窄裙的时候就不要迈着很洒脱的大步了，不过膝部和脚腕也不要过于僵硬，更不可将臀部扭动得很厉害。步幅以小为宜，轻盈一些。这时候不妨改变一下走路姿势，会让你的走姿显得更美：将步幅调整得小一些，就像是在直线上编绳子一样——左脚落在线的右侧，右脚落在线的左侧，就如同把脚放下的感觉。即便是裙摆很窄的裙子、走路困难的裙子，也都能够得心应手，并且这种走路姿势也更突显女人味。

穿不同的鞋，步态也要随之改变。穿平底鞋走路时，皆以脚跟先着地，但是要穿高跟鞋走路如果采用相同的步态就不合时宜了，此时以脚跟先着地，使脚尖抬起，会让人看到鞋底，如此的走姿就不太美观了。因此，穿高跟鞋走路时，一定要记住：脚底板平一点儿伸出去，让脚尖儿先着地，有一点儿像跳芭蕾舞时走路的姿态，这样就会感觉脚步较轻盈、优雅。

注意避免一些不雅的体态动作

我国有句古话：勿以恶小而为之，勿以善小而不为。虽然说的是做人的道理，其实，做气质淑女也如同这句话所说，一个小动作便能决定你在他人眼中的印象，是气质女神，还是邋遢悍妇。

在公共场合，无数只眼睛在注视着你，以下这些不雅的动作虽小，但它们对女性形象的破坏力确实不可估量。

1. 当众掏耳、挖鼻或者剪指甲

有些人的手总是闲不下来，或者掏掏耳朵，或者挖挖鼻孔，在公共场合，这些动作是非常失礼的行为，尤其是在餐厅，大家正在饮茶、吃东西的当儿，这些动作往往令旁观者感到恶心。如果自己有这样的行为，必须扳正过来，刻不容缓。

2. 当众打哈欠

打哈欠在社交场合中给人的印象是：表现出来你不耐烦，而不是你疲倦。试

着换位思考一下，当你正在滔滔不绝地发表意见时，别人打了一个哈欠，你恐怕也会想：我就这么令人感到无聊。在与别人交谈时打哈欠会引起他人的不快，所以，一定要控制自己。

3. 当众剔牙

宴会席上，谁也免不了会有剔牙的小动作，既然小动作不能避免，就得注意剔牙时不要露出牙齿，不要把碎屑乱吐一番，不然则是失礼的事情。假如你需要剔牙，最好用左手掩住嘴，头略向侧偏，吐出碎屑时用手接住。不过，最好还是到洗手间解决而不是餐桌前。

4. 当众双腿抖动

很多人坐下后都有双腿或者单腿抖动的习惯，独自一人的时候自然是无伤大雅，但在公共场合，由于双腿颤动不停，会令对方视线觉得不舒服，而且也给人情绪不安定的感觉，这也是失礼的表现。同样，让跷起的腿像钟摆似的打秋千也是相当难看的姿态。

5. 当众修剪指甲或者补妆

有些女性喜欢在公共场合修理自己的指甲，或者看到指甲有不如意的地方，便用另外的手去抠掉，这些行为都会影响自己的形象。女人想要展现自己完美的形象，需要定期打理自己的指甲，但是如果公共场合做这件事情，只会让别人觉得你没教养，影响到自己的形象。同样，在公共场合补妆，虽然妆补上了，但优雅却丢失了。

6. 频频看手表

经常看手表本是一个无伤大雅的行为，不过如果你正处于与他人攀谈时，这样的小动作会使你的朋友认为你还有什么重要的事情，不会把谈话继续下去；同时，你的小动作可能引起对方的误会，以为你没有耐心再谈下去。所以，如果接下来没有什么要紧的事，还是少看手表为妙。

7. 当众挠头

有些女士比较腼腆，和别人，特别是不熟悉的人打交道时，觉得不好意思或者找不到话题时总是习惯性地挠头。习惯挠头的人自己不觉得什么，但在外人看来，这很让人不舒服，给人"小家子气""没见过世面"的感觉，在形象上也大打折扣。而在人员密集的场合或者餐桌前挠头，还会让人怀疑是不是有头皮屑飞出，让人觉得不讲卫生。为了不让不经意的小动作妨碍到自己的美丽形象，有这个习惯的女性要赶紧改正过来。

曼妙身材不容久坐

对于很多职场女性，一天可能会在办公室坐上七八个小时甚至更长的时间，而回到家休息的时候也不知不觉地坐到了电视面前，你可知道曼妙的身材不容久坐？所以千万不要忽略"坐"。

女性长期久坐，造成的后果绝非是身体发福这么简单，不知不觉中，身体健康正在遭受严重的威胁。久坐者大腿会变得越来越粗壮，腰部的赘肉也会越来越多，影响体形美，更严重的是久坐容易造成血液循环不顺畅，同时也会引发妇科疾病，甚至可能导致不孕症。特别是现代女性往往是对着电脑工作一天，而经常坐在电脑前，容易出现鼻咽干燥、嘴唇干裂、咽干声嘶、口苦干咳、肌肤干燥、眼睛干涩，浑身乏力，甚至情绪烦躁。

所以，为了健康、为了曼妙身材，女性朋友一定要珍惜每个站起来的机会，在工作的间隙寻找机会站起来。同时，平时也要合理安排好作息时间，适当地进行体育锻炼。长时间坐着，人就会感到腰酸背痛，不妨按照下面的方法，做一套健身操来缓解久坐疲劳之感：

（1）掌心向上，将左手拇指轻轻向手腕扳动，换右手做，重复几次。

（2）掌心向上，将手指逐个轻轻下按，同时呼气，换另一只手再做。

（3）按顺时针和逆时针方向转动手掌，左右各 5 ~ 10 次。

（4）上下抖动手。

（5）按顺时针和逆时针方向缓缓转动头部各 5 次。

（6）双肩上耸，吸气，然后放松呼气，反复做 4 ~ 5 次。

（7）转动肩关节，前后各 5 次。

（8）按顺时针和逆时针方向转动脚踝，左右各 10 次。

（9）交替踮脚，左右各 20 ~ 30 次。

（10）用指尖从太阳穴按摩至下颌。

（11）用指尖轻击头顶和太阳穴若干次。

（12）用大拇指和食指按摩眉弓。

（13）用手指按摩眼眶，然后沿鼻翼下按摩至上颌。

（14）用指尖按摩下颌。

（15）手掌按住鼻尖，分别向顺时针和逆时针方向各揉5次。

（16）用力将耳朵向上、向外牵拉，再将耳垂向下牵拉，各5次。然后将耳朵向前后各拉3次。

除此之外，还可以通过"食疗"的方法弥补久坐给身体带来的伤害，以下一些健康的食品适合久坐的女性食用，特别是对电脑一族的身体健康更有不小的帮助。

（1）水果。久坐者容易患痔疮，对此应该多吃水果，因为水果富含纤维素，可刺激胃肠蠕动，另一方面可吸附毒素，是名副其实的"排毒剂"。

（2）绿色蔬菜：绿色蔬菜能有效帮助清洁人体内的垃圾，其奥妙在于蔬菜拥有"秘密武器"——碱性成分，可使血液呈碱性，溶解沉淀于细胞内的毒素，使之随尿液排出体外。

（3）海带：海带可以有效针对电脑的"辐射"，因为它含有一种称作海带胶质的物质，可促使侵入人体的放射性物质从肠道排出。

（4）猪血：猪血的血浆蛋白丰富，血浆蛋白经消化酶分解后，可与进入人体的粉尘、有害金属微粒发生反应，变成难以溶解的新物质沉淀下来，然后排出体外。

（5）绿豆：现代医学研究证实，绿豆含有帮助排泄体内毒物，加速新陈代谢的物质，可有效抵抗各种形式的污染，正所谓"绿豆汤解百毒"。

（6）黑木耳：黑木耳的最大优势在于可以帮助排出纤维素物质，使这些有害纤维在体内难以立足。

（7）茶：不少茶具有明目抗辐射的作用，如枸杞茶、菊花茶、绿茶，既然电脑对视力危害很大，经常操作计算机的女性不妨多喝些茶。

女人赴宴，吃得优雅不容易

要想气质高雅，除了合宜的穿着打扮之外，得体的举止也是必备条件之一。赴宴，吃得饱容易，吃得优雅不容易。

在日常生活中，如果你希望在用餐时也能展现淑女风范，有一些餐桌礼仪一定要注意。

1. 入座时的礼仪

外出赴宴用餐时，先按照之前介绍的就坐礼仪坐在位置上，女孩子免不了会随身携带包包，就座后应该将包包放在背部与椅背间，而不是随便放在餐桌上或地上。入座之后要维持端正坐姿，但动作也不必过于僵硬，并且注意与餐桌保持适当的距离。

入座之后先不要急于准备餐巾，必须等大家都坐定之后，才可开始使用。餐巾摊开后，应该摊平放在大腿上，千万不要放进领口。而用餐完毕之后，应该将餐巾折好，置放在餐桌上再离开。

一般来说，餐具在就座之前就已经摆放好了，有些人或许会担心餐具的卫生问题，因而用餐巾来擦拭餐具，是很不礼貌的举动，会造成餐厅或主人的难堪。

2. 就餐时的礼仪

在夹菜时，不能用筷子在菜盘里挑来挑去，上下乱翻；遇到别人也来夹菜时，要注意避让，谨防"筷子打架"。

喝汤时要用汤匙，而不是将整个碗端起来喝，用汤匙喝汤时，汤匙应该由自己这边向外舀，切忌任意搅和热汤或用嘴吹凉，可以通过第一匙汤试探汤的冷热程度，也因此，第一匙汤千万不可太满，免得一口烫汤下去表情尴尬。喝汤时避免出声是最起码的礼貌，当汤快喝完时，可将汤盘用左手拇指和食指托起，向外倾斜以便取汤。喝完汤之后，汤匙应该放在汤盘或汤杯的碟子上。

在咀嚼食物时，嘴巴务必合起来，避免发出声音，而且口中食物未吞下之前，不要再送食物入口。筷子上沾着菜的时候，切忌用嘴来舔，舔筷子的形象非常不雅。

如果在用餐中途因故暂时离开时，筷子要轻轻地摆放在碗的旁边，不能搁在碗上，不能插在饭碗里，也不能一横一竖交叉摆放。

吃西餐的时候有时会喝咖啡或茶，餐厅一定会附上一支小汤匙，它的用途是搅散糖和奶精，所以尽量不要拿糖罐及奶精罐中的汤匙来搅拌自己的饮料，也不要用匙舀起咖啡来尝甜度。在喝咖啡或茶时，应该用食指和拇指拈住杯把端起来喝，至于碟子就不必端起来了。喝完之后，小汤匙要放在碟子上。

3. 就餐的禁忌

想要吃得优雅不容易，以下几种餐桌上的行为淑女是不会做的。

（1）外出就餐时候涂过浓的香水，让香水味盖过菜肴味道，使人无法更好地品尝美食。

（2）让餐具满是唇印。用餐前应先将口红擦掉，以免在杯子或餐具上留下唇印，给人不洁之感。

（3）用餐时说不合适的话题。为了调节用餐气氛，有人经常会说一些笑话，不过有的笑话内容低俗，有让就餐者听后倒胃口的恶心内容，这不仅影响用餐者的食欲，而且是一种不文明的表现。

（4）在餐桌上咳嗽、打喷嚏。万一忍不住，应说声"对不起"，打喷嚏和咳嗽都不能对着餐桌上的菜肴。

（5）在用餐时吐东西。如遇太辣或太烫之食物，可赶快喝下冰水作调适，实在吃不下时便到洗手间处理。

（6）菜肴中有异物时大惊失色。倘若在菜种见到异物就大惊失色通知他人难免会影响别人的食欲。应保持镇定，赶紧用餐巾把它挑出来。

（7）在桌上旁若无人地剔牙。食物屑塞进牙缝时，不妨先喝点儿水，看情况能否改善。若不行，便该到洗手间处理。

（8）刀叉、餐巾掉在地上时随便趴到桌下捡回，正确的方法是请服务员另外补给。

低头不见抬头见：电梯间礼仪

电梯间虽小，但在这低头不见抬头见的进进出出间，一个人的修养却完全暴露在电梯的乘客前。所以，要成为一个优雅的女士，就不能忽略电梯间的礼仪。

电梯间礼仪是社交礼仪重要的组成部分之一，特别是在与客人或者领导、长辈一同乘坐电梯时，需要按照以下步骤。

1. 进入电梯

与客人或领导、长辈来到电梯厅门前后，要先按电梯按钮。当电梯门打开，若发现客人不止一人时，可先行进入电梯，一手按开门按钮，另一手按住电梯侧门，礼貌地请客人、领导进入电梯轿厢。

2. 乘坐电梯

进入电梯后，按下客人或长辈要去的楼层按钮。若电梯行进间有其他人员进入，可主动询问要去几楼，帮忙按下。电梯内尽量侧身面对客人，如果没有其他人员一同乘坐电梯时，可以与客人、领导或者长辈略做交谈，有外人或其他同事在时，则根据情况看是否有交谈寒暄的必要，一般情况下，在电梯内尽可能地不寒暄。

3. 走出电梯

到达目的楼层：一手按住开门按钮，另一手并做出请出的动作，可说：您先请！等到客人走出电梯后，自己立刻步出电梯，并热诚地引导行进的方向。

电梯间虽小，但乘电梯的学问远不止这些，在乘坐电梯时还要注意到以下几点：

（1）对于专用电梯，假如本单位有相关的规定，就一定要自觉地遵守。有可能的话，工作人员不要和来访客人混用同一部电梯。

（2）对于无人管理的电梯，工作人员必须自己先进后出，以方便控制电梯。乘的如果是有人管理的电梯，应当"后进后出"。

（3）乘电梯时要尊重周围的乘客。进出电梯时，应该侧身而行，免得碰撞别人。进入电梯后，要尽量站在里面，以免站在近电梯门处妨碍他人进出，电梯内的人员尽量站成"凹"字形。进入电梯后，正面应朝电梯口，以免造成面对面的尴尬。下电梯前，在前面的人应站到边上，如果有必要，应先出去，以便让别人出去。

（4）电梯来了，让靠近电梯最近的人先上电梯。若电梯前有很多人在等候，不可争先恐后，让靠电梯最近的人先上电梯，当超载铃声响起，最后上来的人主动下来等后一趟。如果最后的人比较年长，年轻人要主动谦让。先进入电梯的人要为后面进来的人按住"开门"按钮，出去的时候，靠电梯最近的人先走。

乘坐电梯的时候，以下的一些行为是不礼貌的：

（1）与他人方向相反地站在电梯里。

（2）不按照顺序进出电梯，插队，甚至冲撞他人。

（3）不等待即将快步到达者而关闭电梯门。

（4）不帮助他人按楼层按钮。

（5）对着电梯里的镜子旁若无人地理头发或者涂口红。

（6）在电梯里大声喧哗，打情骂俏或者高声打电话。

（7）在电梯内吸烟和过度使用香水。

（8）带宠物进电梯。

（9）拎着鱼、肉等物品时，包裹不严密，蹭在他人身上。

当你要蹲下取物时

在公共场合中，一般来说，"蹲"这个动作是不雅观的，所以只有在非常必要的时候才可以蹲下来做某件事情。不过，如果你掌握了下蹲的姿势，也能在这个小动作之间展现自己的优雅。

日常生活中，我们难免需要蹲下捡东西或者系鞋带，对于女性来说，此时要特别注意自己的姿态，尽量迅速、美观、大方，应保持大方、端庄的蹲姿。

蹲姿的基本动作是：走到所取物品的旁边，蹲下屈膝去拿，而不要低头，也不要弓背，要慢慢地把腰部低下；两腿合力支撑身体，掌握好身体的重心，臀部向下。一般来说，下蹲的姿势有以下几种：

1. 高低式

所谓的高低是指下蹲时两膝的位置是一高一低。做这个动作的时候，一脚在前，小腿与地面呈垂直状态，脚底贴合地面，承担身体的大部分重量；一脚在后，膝盖位置低于另一条腿，脚掌贴地，脚跟上提。两腿膝盖的内侧应该靠紧，两脚之间的距离不要太大。一些茶室或 KTV 的服务人员对坐在沙发上的客人通常会采用这种姿态服务，给人以恭敬而优美自然的印象。

2. 优美式

顾名思义，以这种姿势下蹲最能显示女性优美的体态，尤其适合女性在穿短小裙装的时候。以这个动作下蹲时，上身微微前倾，双腿呈交叉的姿态。一脚在前，脚底贴合地面，并使小腿与地面呈垂直状态；另一条腿位于下方，膝盖由后下方稍向内偏，脚掌贴地，脚跟提起。采用这种姿势时，双腿前后紧贴，重心在这两条腿上。做这个动作时，如果能保持头、胸、膝呈现 S 形线条，则显得格外优雅，下蹲也能变成展示美的机会。

3. 轻松式

这种方法身体呈现出半跪的状态，比较轻松随意，适合不是很正规的场合。几个人在郊游时坐着或站着聊天累了，或者在无座的火车上累了想休息一下，或者修理物品时为了更好地用力，都可以采用这样的姿势。下蹲时，一脚脚底贴地，小腿与地面呈垂直状态，一腿膝盖点地，脚尖点地，脚跟提起，支撑臀部；两腿位置平行，尽力将内侧靠拢。

4. 随意式

日常生活中，在一些非正场合捡拾东西的时候可以用这种更为随意的姿势下蹲。下蹲时，微微向下弯腰，保持臀部向下，双膝略弯，两腿间距不要太大，让一条腿承受身体的重量即可。

女性在下蹲的时候这几种情况是不礼貌的，需要注意：

（1）突然下蹲。蹲下来的时候，速度不宜过快。当自己在行进中需要下蹲时，特别要注意这一点。

（2）离人太近。在下蹲时，应掌握好与人的距离，防止后面的人猝不及防。和他人同时下蹲时，更不能忽略双方的距离，以防彼此相互撞上或发生其他误会。

（3）方位不当。在他人身边下蹲时，最好是和他人侧身相向。正面面对他人，或者背部面对他人下蹲，通常都是不礼貌的。

（4）不要毫无遮掩。在大庭广众面前，尤其是身着裙装的女士，在下身毫无遮掩的情况，双腿一定要并紧。

（5）蹲在凳子、椅子上。凳子上、椅子上是万万不可下蹲的。虽然有些地方有蹲在凳子或椅子上的生活习惯，但是在公共场合这么做的话，是不能被接受的。

手势礼仪是你的第二张"面孔"

女人的优雅体现在举手投足之间，而手势在社交礼仪当中是十分重要的一项，称得上是人的第二张"面孔"，因此女性一定要将其重视起来，通过手势展现出个人魅力和影响力。

人的手是会说话的，这就是手势语。手势语作为一种肢体性语言，它能表达人们的思想感情，有时甚至比词汇语言更有力量。手势是人们在日常交往中频繁使用的仪态语言，集情意、指示、形象等多种表达功能于一体，是社交礼仪重要的组成部分，而我们也可以从手势之中推测出对方的心理活动，比如以手支头代表全神贯注地听人讲话；用手挠后脑、抓耳垂代表羞涩或无可奈何；双手相搓表示冷或在焦急地等待；咬手指或咬指甲透露出对方心理的不成熟；将手捂住嘴表示吃惊；双手自然摊开表示心情舒坦；握紧拳头表示愤怒；用手不停地摸嘴巴、眨眼睛是撒谎的表现。

太过拘谨的手势会给人以呆板之感，幅度过大的手势又会让人感到无礼，适时、适当的手势是必不可少的，在合适的场合用与之协调的手势语，往往能起到很好的作用。社交场合中的手势通常有以下几种：

1. 握手

握手是人们见面时经常用的一种手势，有慰问他人、表示感激、略表歉意的意思，同时，在告别时也要与他人握手。握手时，按照"尊者在先"的先后顺序，即地位高者先伸手，地位低者后伸手。和人握手时，一般握上 3～5 秒钟就行了。应用右手和人相握，双手相握不必常用。

2. 引领

引领手势用于宴请、会议、客人拜访时，作为主人的一方需要用手势给重要客人亲自带路或安排专门人员将客人带领到指定地点或座位。引领手势的使用规则包括以下几个方面：主人应走在客人的左斜前方，在拐弯或有楼梯台阶的地方，应用明确的手势指出前行方向并提醒客人"这边请"等。这种手势的基本动作是：右手五指并拢、伸直，手掌朝上，腕关节伸直，手掌与前臂形成一条直线，以右手掌尖微指被请之人，以指尖方向表示前行方向，待客人明白后再前行。

3. 送别

"出迎三步，身送七步"是迎送宾客最基本的礼仪。因此，在客人离开时应注意用正确的送别手势。送别手势的特点是要和身体的动作相配合，当客人起身告辞时整个送别的过程就开始了，陪同人员应该马上站起来，主动为客人取下衣帽，然后与客人握手告别，同时用合适的言辞送别，如"希望下次再来""再会"等礼貌用语。在门口、电梯口或汽车旁与客人告别时，要与客人握手，目送客人离开，不要急于返回，待客人移出视线后再返回。送别手势以让对方感受到主人的热情、周到、细致为宜。

4.送、取物品

为了表现出对对方的恭敬与尊重，无论是接过对方递给自己的物品还是给对方递送物品都要使用双手。比如：双方初次见面需要互换名片时，一般应用右手拿着自己的名片，用左手接对方的名片，然后用双手托住，以示礼貌。

在社交场合中女性手势礼仪要注意以下几点：

1.手势的示意要明确

在社交场合中，无论用手势表达何种意义，动作都需要到位，切忌含糊不清。比如在给别人指向方位时，动作不明岂不是令人费解；还有如果举手致意时不伸开手掌，则不伦不类了。

2.手势要与语言以及身体动作配合

手势应在实践中综合掌握、灵活运用，要与所讲的话、身体的动作以及面部的表情达成整体的协调。在交往中，为了增强语言的感染力，需要手势来配合，但要切记手势不宜过多，因为过多的手势会给人留下装腔作势、缺乏涵养的感觉。任何一种手势都应注意其幅度不宜过大，否则会让人感觉不稳妥、不礼貌，切忌指手画脚和手舞足蹈。同一个手势不要反复使用，以免使人感到单调、厌烦。

3.手势使用要讲场合

虽然手势让语言更好地达到效果，但并非多多益善，在使用时应有所节制，如果使用太多或滥用手势，在不合适的场合使用，会让人反感。没有节制地鼓掌，就让鼓掌的意义发生了质的变化而成了喝倒彩、鼓倒掌，有起哄之嫌，这样是失礼的。手势还要与语言、面部表情等协调，否则会给人一种装腔作势的感觉。比如，在进行正式的演讲活动时配合的手势要简洁有力、干脆利索，而不能拖沓随意、夸张怪异。

4.手势在使用时应注意区域和各国不同习惯

由于文化背景、习俗观念的不同，在世界不同的国家、地区、民族，同一个手势语的含义也不尽相同，有时甚至是相反。因此手势语不可随意使用。这也提醒职场女性，在与不同地域、不同民族的人接触交往时，必须先了解地区差异。比如在

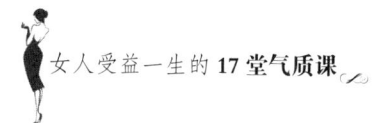

某些国家认为竖起大拇指、其余四指蜷曲表示称赞夸奖，但澳大利亚则认为竖起大拇指，尤其是横向伸出大拇指是一种污辱；英国人竖起大拇指是拦车要求搭车的意思。因此，到陌生的环境中时，有必要先熟悉一些不同手势在该地区的含义。

有这样一个例子：中国某公司工作人员被派遣与澳大利亚的商贸人员就某项产品的销售问题进行洽谈，经过两天的洽谈后，一切进展得非常顺利，眼看就要接近尾声了。此时，中方代表李先生通过两天的接触，对澳方代表中的一位工作人员非常钦佩，在即将签署协议时，李先生不由得对澳方的这位代表竖起了大拇指，以表达他的钦佩之情。结果，澳方突然取消了这次合作，本次商贸活动意外终止。是什么让本来顺利的合作毁于一旦呢？就是这个简单的竖大拇指的动作，原因就是中方代表只知道在国内竖大拇指是表示赞美、钦佩的意思，但在澳大利亚却有相反的意思，是非常无礼的骂人。由此可见，我们一定要懂得手势礼仪的基本知识，得体地使用手势语，以免为不应该出现的错误而追悔莫及。

女性在平时说话的时候不妨多多注意配合适当的手势，这样可以避免对方走神，让对方的注意力锁定在我们的身上，因为适当的手势语对听众有着非常大的吸引力，让对方在听觉和视觉上都有所欣赏。当然了，使用手势语也要讲究得体的原则，否则就会给人际交往带来不必要的麻烦，而在一般情况下，以下这些手势是不礼貌的行为，女性要时刻注意。

1. 指指点点

在任何情况下用大拇指指自己的鼻尖和用手指指点他人都是不礼貌的行为。谈到自己时应用手掌轻按自己的左胸，那样会显得端庄、大方、可信。而在介绍某人、为某人引路指示方向、请人做某事时，应该掌心向上，以肘关节为轴，上身稍向前倾，以示尊敬。一般情况下，掌心向上的手势有诚恳、尊重他人的含义，相反，伸出手指来指去，是要引起他人的注意，含有教训人的意味。

2. 摆弄手指

有的人喜欢反复摆弄自己的手指，手指动来动去、活动关节发出响声、来回攥拳头等，往往会给人一种无聊的感觉，让人难以接受。搬弄手指关节还给人一种不友好，甚至是挑衅的意味。

3. 用手抱头

很多人喜欢用单手或双手抱在脑后，这一体态的本意是放松，但在别人面前做这样动作的话，很容易给人一种目中无人的感觉。

4. 手插在口袋里

有的人喜欢把手插在口袋里，在工作和社交中的这种表现会让人觉得你在工作上不尽力，忙里偷闲。

5. 其他动作

诸如当众搔头皮、掏耳朵、抠鼻子、咬指甲、手指在桌上乱写乱画等这些动作，在公共场合都是十分不礼貌的。

手势作为传情达意的一种工具，如果运用得体的手势语有助于交流，有助于提升个人形象，但在交际活动时，以上那些手势会让人反感，严重影响自身形象，所以要避免出现那些不雅观的手势，以免破坏自身形象，有损自己的社交风范和气度。值得一提的是，日常说话时，我们应当将注意力集中于真情的流露，而将手势作为语言的辅助工具，自然地呈现出来。如果说话时不需要手的帮助，那么让手顺其自然就可以了，只是不要过于注重两手的位置，更不必顾虑旁人会留意你手的位置，不要让手势在社交活动中"喧宾夺主"。

完美现身塑造完美形象

第一印象十分重要，初到一个新地方，仅仅通过最先几秒钟的"现身"，你便在他人的脑海中留下了深刻的烙印，优雅的女性会"现身"，懂得把握好这段最初的时间，完美地塑造自己的形象。

"现身"对于女性来说，不仅指的是在舞会中或重要社交场合中以高贵优雅的姿态翩翩降临，在日常生活中，来到任何一个公共场合都可以说是一次"现身"，无论是办公室，还是公交车，或者是商场，只要是公共场合，就总会有一双眼睛正在一旁打量、评价女性的外表、自信，甚至智慧，而这些都只发生在短短的几秒钟之内，而这短短的几秒钟，往往就决定了他人对自己的看法。

如果这短短几秒的"现身"带着羞愧、不安，那么很有可能在未与人接触之前就已失掉人缘，失掉魅力。如果这短短几秒钟的"现身"能够充分展现自身的优点，便能奠定良好的社交基础。所以，成功现身十分重要，在这短短的几秒钟

之内，你必须以自身的优点说服周围的人：你确实有理由现身，值得获得人们的关注。

优雅的女人是这样现身的：她们充满活力，总是步履坚定、笑容亲切、姿态端庄且流露出一股真正的生命活力；她们姿态端庄，面带微笑，抬头挺胸，不会弯腰驼背显得羞怯自卑，也不会身体后倾显得高傲自大；她们左手提公文包，右手空出握手用，绝不会让自己躲在公文包后面而显得怯弱可欺；她们会马上给自己找准定位，尽快地融入周围环境当中，在和别人交往时，自觉地把自己和对方放在同等的位置上；她们还充满智慧，即使有所失态也会从容找到补救方案，比如走进办公室时突然摔倒或跌跌撞撞地走不稳步，此时最佳的补救方法是尽可能地迅速起身，并且恢复常态，神态自若地自我幽默一番，让自己和现场的人重获从容和轻松，甚至能够化尴尬为幽默，反而获得桑榆之利。

而以下现身方式，难免有损自己的形象：

（1）惊慌。适度紧张是正常的，但是这种紧张情绪一旦表现在你的肢体语言中，便会让人觉得经验不足，缺少自信。

（2）邋遢进入。比如边进门边整理衣服，不只你自己，连室内的人都会随着分神，也会让人觉得不够端庄、稳重。

（3）怒气冲冲地进入。这种现身方式会直接破坏别人对你的第一印象，没有人喜欢火暴性格的人，这会给人一种不知所措的感觉。

（4）动作呆板。以这种方式现身未免收敛过头，机械呆板的步伐加上面无表情，就像上了发条的玩具兵。会给人冷峻无情的感觉，甚至更糟的是让人看起来滑稽可笑。

（5）举止粗鲁。举止粗鲁、冒失，无论在哪里都必定要吃亏，如果你天生如此，那么就需要练习你的自制力，局促呆滞的神情、粗鲁冒失的言行会让别人觉得浑身不自在，而急着送客。

（6）目中无人。和别人第一次见面时最忌讳的事情莫过于两件：眼睛看着别处和不停地打哈欠。这样会让对方觉得你心不在焉，或者真的特别困，给别人留下了很乏味的印象。

美丽的女人会漂亮"现身"，不妨从现在开始把周围都想象成镜子来练习，这样你就可以处处约束自己放松的行为。每刻的你都是美丽的，每个场合的你，在他人眼中都气质不凡。

第十五课

言谈礼仪：谈吐得体为气质加分

说话时的距离大有讲究

女性在与人谈话时，首先要注意的就是和他人谈话的距离，如果距离不对，还未来得及让别人仔细听你讲的内容，你的形象分就已经丢掉了，无论谈话做了多么精心的准备，到头来也是一场空。

在社交场合中，人与人之间的空间距离是十分微妙的。这种空间距离不但界定了交往的形式，而且确定了交往的广度与深度。可以说，社交距离的远近，大致确定出相互间的亲疏程度。而在与人交谈的时候更要善于把握与对方的空间尺度。只有这样才能更为有效地进行人际交往，协调好各种关系，以达到谈话的目的。

一般情况下，谈话可以分为：亲密谈话、个人谈话、社交谈话、公共谈话四种。这四种交际由于性质与形式不同，必须在一定的空间距离范围内展开。多数情况下这种空间距离是有规有序的，不能人为打破，否则交谈就会出现障碍，甚至中断。比如：如果一个人在公共场所要向一个不认识的人问路，此时来到这个人面前说话时就要与之有较大的一段距离，离得太近则会招致对方的怀疑甚至反感。为什么会产生这种情绪呢？因为这种谈话的性质确定了不能近距离交谈，一旦破坏了这种格局，对话就会出现问题，或者根本就不能沟通。相反，如果彼此之间是友人或者是情人，在交谈的时候却保持过远的距离，同样会让对方产生狐疑与不安，徒生不必要的矛盾。因此，交谈必须掌握好空间距离。那么，如何调适交际的空

间距离呢?

首先要区分不同交流距离。上述四种性质的谈话相对应的便是四种交谈距离:亲密距离、个人距离、社交距离、公共距离。女性应当能够明确地区分好这四种距离,并且做出适当的反应。

1. 亲密距离

指的是情人或夫妻间、父母与子女之间,或是很要好的朋友之间谈话时保持的距离。在这种距离下,两人的身体很容易接触到一起,一般间隔在 15 ~ 45 厘米,甚至可以紧挨在一起,亲密无间。这种距离只有最亲近的人才彼此允许进入,如果关系达不到绝不能擅自使用,否则会令对方有被侵犯的感觉。

2. 个人距离

这种距离比亲密距离稍远一点儿,一般在 45 厘米至 1 米之间,可以用这样的方式进行把握:伸手可以握到对方的手,但不容易接触到对方的身体。通常熟人朋友间的交谈多采用这种距离。在社交场合,为了向对方表示一种亲近感,也可以使用这种距离。

3. 社交距离

社交距离是最普遍使用的,距离在 1 到 3 米之间。这种距离通常用于与个人关系不大的普遍人际交往,例如小型招待会上,双方隔几步的距离打招呼或寒暄几句便又分开。社交距离也是最为灵活的距离,如果双方相互有吸引力,也可以缩短距离,可灵活掌握。

4. 公共距离

这种距离指的是在公共场合人与人之间的距离,除了公共汽车、电梯等特定场合外,一般都在 3 米以外,如公园散步、路上行走、在剧场前厅等候看演出,还有演讲者与听众、教师讲课与学生之间的距离,等等。这种距离的特点是在这个社交距离范围内的每个人都有相对独立的空间,人们完全可以对处于空间的其他人不予理会和交往,这个距离内的人相互之间未必发生一定联系。因此,在这个空间进行交往,必须打破人与人之间的"空间",使两个人的距离缩短为个人距离或社交距离,才能够实现有效沟通。

一般来说,大约45厘米至60厘米的范围内属私人空间,它就像一个无形的"气泡"为自己"割据"了一定的"领域"。这个范围内,被人触犯就会感到不舒服、不安全，甚至恼怒起来。女性应该好好把握这个距离。当你要是与情人约会，可千万不能超过45厘米，否则对方觉得你疏远了他，对他没有热情，可能引起误解。

而与上级对话的最佳的交谈距离约为 1.2 ~ 2.1 米。小于该距离，上级会觉得你是在强迫；大于这个距离，上级会误认为你不真心实意想办事。通常我们可以根据上级办公桌的宽度来衡量。

若你想从一般朋友那里获得某种信息，有效的空间距离约为 2.1 ~ 3.7 米。小于这一空间给人以盛气凌人的印象；大于这一空间会使别人觉得你过于疏远，你也就不可能获得真实的信息。这个空间距离也是与普通朋友交谈的适当距离，过小不仅让别人觉得你们是在说不可告人之事，也让对方觉得你是别有所图；过大你们都会觉得话不投机，谈话无法进行。

说话要注意分寸

说话绝非一件简单的事，有时一句话能把人说笑，有时一句话也能把人说恼。谈话中的奥妙何在？答案其实就在说话的分寸之间！要成为一个受欢迎的女性，就须掌握说话的分寸！

我们生活在一个社会化的空间之中，无论是传递信息、沟通感情，还是交流思想，有一件事情起到关键的作用——说话。生活中，说话巧妙的人往往受人欢迎，言语笨拙的人则容易招人生厌。实践证明，正确把握好说话的分寸，能够给自己增添魅力、赢得更多走向成功的机会。正如能说话不等于会说话，会说话不等于说到位，只有将话说到位了，才能起到应有的作用，才能达到"一语惊起千层浪"的力度，也就是说，说话要掌握分寸。如何才能掌握说话的分寸呢？不妨按照以下几个原则：

1. 把握说话的对象

说话时要明白交谈双方的身份与地位。任何人，在任何场合说话，都有自己的特定身份。在交谈中就要扮演好这个"角色"。比如，在自己家里，对子女来说你是父亲或母亲，对父母来说你又成了儿子或女儿。如用对小孩子说话的语气对老人或长辈说话就不合适了，因为这是不礼貌的，是有失"分寸"的。交谈对象不同，我们在谈话中扮演的角色也不同，甚至一个人会同时扮演多种角色，在

说话时特别要注意角色的转换。

2. 把握说话的时机

说话时，不管是心存疑问还是要表达看法，都不能随意表达，不看时机是否合适。比如：当对方向你倾诉自己的不幸时，就算是心存好奇也不要为了满足自己的好奇心而追问不休，若是对方主动提起，则需表现出同情并听他诉说。与刚刚遭受到不幸的人谈话，你最好是让他尽自抒发。而如果是你想要倾诉，注意不要在谈公事时插入自己不幸事件的话题，因为这将使人为难——别人不知道该如何表示同情，还会让人觉得你过于情绪化，把自己放在首位。

3. 把握说话的场合

说话切忌不看场合，随心所欲，信口开河，想到什么说什么，这是不会说话的一种拙劣表现。人总是在一定的时间、一定的地点、一定的条件下生活的。在不同的场合，面对着不同人、不同事，从不同的目的出发，就应该说不同的话，用不同的方式说话，这样才能收到理想的言谈效果。譬如一些笑话在房间内说可能很有趣，但在大庭广众下说，效果就不好了，让人感觉你没有品位，而有些私密的话题就更不适合在公共场合说了。

4. 把握话题

有不少话题是不适合与他人探讨的，也就是我们平时所说的"八卦""小道消息""搬弄是非"，经常说这些话题的人不仅会让人觉得是"长舌妇"，更会给自己带来麻烦，殃及大事。因此，掌握说话的分寸应当注意一些谈话的禁忌，比如：尽量不要谈及自己或者他人的健康状况等隐私；不要涉及有争议性的敏感话题，如宗教、政治、党派等，以避免引起双方抬杠或对立僵持的状况；不要老是谈及价钱，否则会令人觉得你斤斤计较；不要提起一些老生常谈或过时的主题。更不要散布谣言，一旦说出口都会对他人和自己造成伤害。

5. 把握说话技巧

运用一些基本技巧能够起到很大帮助：说话要注意深浅，由浅入深，不要让人摸不着头脑；说话要注意轻重，正如"响鼓不用重槌敲"；说话要注意曲直，说出来尴尬的话不妨委婉地表达；说话要注意褒贬，俗话说"好话一句三冬暖，恶语伤人六月寒。"说话要有善意。所谓善意，也就是与人为善；说话还要学会沉默，恰当运用缄默方式，此时无声胜有声；说话要注意礼节，礼貌周到，自然大方，要注意称呼、用语、举止、表情、态度、人格上的礼貌，有理不在声高；说话要注意兴致，尽量"投其所好"等。

6. 把握说话的原则

无论是谈论什么话题，说话都要保持客观的原则。这里说的客观，就是尊重事实。事实是怎么样就怎么样，应该实事求是地反映客观实际。如果主观臆测、信口开河，则往往会把事情办糟。需要注意的是，客观地反映事实并不代表"直言不讳"，也应视场合、对象，注意表达方式。

7. 把握说话"妙法"

这里所说的"妙法"指的是说话时候能够随机应变，洞悉交谈对象的反应，机敏地调整自己的说话以把握说话的火候。机敏是机智、敏捷，体现的是人们对矛盾的感受能力以及由此产生的变通能力。这就要求我们必须善于发现问题，判定相应的对策，而且还要随着事情的变化不断调整应变策略。机敏者一般都是成熟稳重的，特别是身处窘境时，沉着稳重更有助于提供化解尴尬的妙法。

言之有物方显修养

一个谈吐不俗的女人说话的内容总是让别人感到有趣、值得一听，相反，如果一个女人的谈话内容让人一听就觉得无聊，或者总是说些鸡毛蒜皮的琐事，这样的人很容易让人敬而远之。所以，魅力女人要懂得"言之有物"。

社交中的交谈，往往是为了与别人沟通思想，要达到这一目的，首先必须注意说话的内容。交谈时使用的语言与文章中使用的语言不同，我们的目的既不是以幽默风趣的口吻及华丽的辞藻把对方迷得团团转，也不是通过运用高深的哲学理论，让对方崇拜自己。社交场合中说话的真意在于将信息正确地传达至对方的内心，以有组织的理论使对方更正确地认清事实。因此，说话时如果没有吸引人的内容作为根据，没有事实做依凭，再动听的语言也是苍白的、乏味的。一个谈吐不俗的女人一定要使自己的话语纯洁、明快、流畅、悦耳，语言明了，内容充实。

交谈时所使用语言中的形式与内容都是一个人的品位与礼仪水平的体现。内容准确、简洁是语言的基本礼仪，自然和谐的语言是优雅的礼仪。

在社交中，交谈的双方都想通过交谈获得知识、拓宽视野、增长见识、提高水平。因此，交谈要有观点、有内容、有内涵、有思想，而空洞无物、废话连篇的交谈是不会受人欢迎的。我们在交谈时，要明确地把话说出来，将所要传递的信息准确地输送到对方的大脑里，正确反映客观事物，恰当地揭示客观事理，贴切地表达思想感情，也就是所谓的"言之有物"。

与"言之有物"相反的，便是交谈缺乏内容，这样的对话显得空洞，不容易记住，一说就忘了，那么，什么样的对话是"言之无物"呢？可以通过下几个标准来评判：谈话的内容空泛，无实质性的东西，没有什么可以给人留下深刻印象，使人昏昏欲睡；谈话内容没有重点，听后容易忘记，记不住其中的内容；谈话缺乏形象性和生动性，没有强烈的时境感；谈话无法产生真实感，举事例也会显得苍白无力。

那么说话如何才能"言之有物"，可以从以下几个方面入手：

1."物"合语境

所谓的"物"合语境指的是说话的内容符合语言环境，语言环境，即说话的客观现场环境，包括时间、地点、目的以及交谈双方的身份等内容。如果是商务的场合就不要提及家常话题，如果是休闲的场合还讨论工作，则显得过于功利，也是非常失礼的。

2."物"因人异

所谓"物"因人异，指的是在交谈时要根据对象的不同而选择不同的交谈内容，多为谈话对象着想，根据对方的年龄、性格、性别、民族、职业、阅历、地位而选择适宜的话题。同时应当本着求同存异的原则，选择大家都感兴趣的话题作为谈话内容。否则，即使你说得再好，别人因为对这些内容不了解，依旧是一头雾水或者是感到索然无味，也达不到交谈的目的。

交谈时所选择的内容最好是自己或者对方所熟知甚至擅长的，这样在交谈中就会畅快淋漓，得心应手，并令对方感到自己谈吐不俗，对自己刮目相看；同时也应当将谈话的一部分主动权让给对方。应当注意的是，无论是选择自己擅长的内容，还是选择对方擅长的话题，都不应当涉及自己或者另一方一无所知的内容。否则会使对方感到十分难堪，或者令自己贻笑大方。

3."物"有内涵

人们习惯从一个人的言谈话语中感受到这个人的文化水平和气质，因此想做一个人见人爱的气质女人，就要好好雕琢自己的语言。气质真正的来源是内在的底蕴，有气质的女人语言具有质量，同时也非常吸引人，让人愿意和她交往。要想做到这点，就要经常看书，丰富自己的谈资。

4."物"跟时代

谈话时，如果总说一些过时的话题，势必让人觉得你跟不上时代的脚步，当别人侃侃而谈时，你便在交谈中丧失了主导地位。而对于一个女人来讲，不清楚当今社会上的最新热点的话题，则会给人以封闭的、无知的、见识少、没有自己独特见解的印象。因此，想要做一个谈吐不凡的女人，就需要你能够关注时代的发展，多看新闻。

5."物"无废话

这里的废话指的是没有意义的口头禅。当一个人说话的时候口头禅太多，就会降低说话的质量和达到的效果，而且让人觉得没有品位。口头禅作为习惯，既是一种无意识的动作，又是一种在一定思想指导下的行为。要想让说出的话简洁顺畅，就要避免口头禅，如果你已经有爱说口头禅的习惯，一定要努力克服和纠正这种无意义的"语言垃圾"，不妨这样做：可以有意识地放慢说话的速度，遇到想说的口头禅时，提醒自己不要说；或者将自己要戒除口头禅的想法告诉周围的朋友，求得他们的帮助和监督。坚持一段时间之后，说口头禅的坏习惯一定可以改掉。

建立良好的语言形象

语言，对于一个女人来讲，与衣着妆容、动作姿态一样重要，也是他人评价我们的重要方法。语言对于女人自身形象的树立起着重要的作用，所以，莫让不得体的语言毁了我们的形象！

语言形象是我们留给他人总体形象的一个重要组成部分，哪些说话方式会为我们的语言形象减分？哪些说话方式又能为我们的语言形象加分？下面就来盘点一下：

减分方式1：居高临下

凭借着自己的身份、地位、背景、资历、摆出一副盛气凌人的架子，无法平

等地与人交谈，给人以高高在上之感。

减分方式 2：自我炫耀

在交谈中，炫耀自己的长处、成绩，或是直言不讳或是拐弯抹角地为自己吹嘘，使人反感。

减分方式 3：忌口若悬河

完全意识不到对方对你所谈的内容不懂或不感兴趣，不顾对方的情绪，喋喋不休。

减分方式 4：心不在焉

作为倾听者，思想不集中，左顾右盼，或面带倦容、连打哈欠；或神情木然、毫无表情，让人扫兴。

减分方式 5：随意插嘴

还未等人把话说完，就轻易打断别人的话。

减分方式 6：节外生枝

突然岔开话题，当大家正在兴致勃勃地谈论一个话题时，你突然谈及一些风马牛不相及的事，显然不识火候。

减分方式 7：搔首弄姿

与人交谈时，做出一些不合时宜的动作，比如：指指点点、挤眉弄眼、挖鼻掏耳，给人以轻浮或缺乏教养的印象。

减分方式 8：挖苦嘲弄

别人在谈话时出现了错误或不妥，嘲笑挖苦，特别是在人多的场合，伤害对方的自尊心。或者对交谈以外的人说长道短，让谈话者从此会警惕你在背后也说他的坏话。甚至把别人的生理缺陷当作笑料，无视他人的人格。

减分方式 9：言不由衷

对不同看法，将自己的想法藏着掖着，一味附和，或者胡乱赞美、恭维别人，令人觉得虚伪。

减分方式 10：故弄玄虚

说话时故意将事实"加工"得神乎其神，语调时惊时惶、时断时续，或卖关子、玩儿深沉，让人捉摸不透。如此故弄玄虚，是很让人反感的。

减分方式 11：冷暖不均

多个人谈话时，不为他人的身份考虑周全，热衷于与某些人交谈而冷落另一些人。让人觉得受到了不公平的对待，感到不愉快。

减分方式 12：短话长谈

在谈话时啰啰唆唆，鸡毛蒜皮地"掘"话题，浪费大家的宝贵时光，大大降低了谈话的效率。

加分方式 1：关注对方

人首先是对自己感兴趣，而不是对其他事物感兴趣，换句话说，一个人关注自己胜过关注别人或别的事物一万倍。所以，谈话时要让对方充分感觉到你对他的关心。可以赞许和恭维他们，关心他们的家人；在回答他们的话之前请稍加停顿，以表现出专注倾听并认真思考他说的话的态度。

加分方式 2：他人是主

与别人交谈时我们应当谈论的是对方最感兴趣的话题，同样，尽量使用这些词——"您"或"您的"，而不是"我""我自己""我的"，更要引导别人谈论他们自己。

加分方式 3：和谐至上

交谈时，如果你赞同别人时，一定要说出来，比如有力地点头并说"是的""对"或注视着对方眼睛说："我同意你的看法""你的观点很好"。即使不赞同别人，也万万不可告诉他们，除非万不得已；更不要随意与人争论。当你犯错误时，要敢于承认，并且要正确处理冲突。

加分方式 4：认真聆听

一个好的听众一定会比一个擅讲者赢得更多的好感。在聆听时，要注视说话人以表示关注，可以用目光注视对方的双眉间。他人说话时不要打断说话者的话题，但可以在恰当时机巧妙、恰如其分地提问，表明自己有所深入思考。聆听时要动脑，了解对方脾气、性格，同时可发掘对方的需求，发现别人想要的东西，然后告诉他们你愿意帮助其达成目的以及如何帮助他。

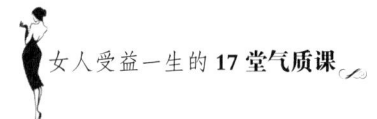

加分方式 5：转换角度

当你说一些有利于自己的事情时，人们通常会怀疑你和你所说的话，所以，不要直接阐述，而是转换角度引用他人的话，让别人来替你说话，即使那些人并不在现场或那个人并不存在。因为人们通常很少怀疑你间接描述的事实的真实性，会认为你是站在他一边看待和分析问题的，也就是说，要通过第三者的嘴去讲话。比如：如果有人问你，这产品的质量到底如何，你可以这样回答："我的邻居已用了三四年了，仍然好好的。"

加分方式 6：真诚赞美

若要赞美他人则必须真诚，倘若这种赞扬不真诚，还不如不说。赞美的技巧在于要赞扬行为本身，而不要赞扬人。比如："你的工作很出色"或者"你的这份工作报告写得很好"而不仅仅是"你是个好职员"。赞扬要具体、实在，不宜过分夸张，比如"你太漂亮了"不如说"这件衣服穿在你身上真漂亮"，说"你太聪明了"不如说"你这个办法可真好"。

加分方式 7：温和批评

在批评别人时，必须在单独相处时提出，尽量不要被更多的人听见，要给对方留点面子。

在批评别人前，必须略微给对方一点儿赞扬，或说点儿恭维的话，在创造了一个和谐的气氛后再展开批评。批评要对事不对人，要批评别人的错误行为，而不要批评当事人。在批评别人时，告诉他正确的方法，在你告诉他做错了的同时，应告诉他怎样做才是正确的，这样会使批评产生积极效果。在批评时不要翻旧账，将别人的错误累积在一起算总账。以友好的方式结束批评，即批评过后要加以鼓励、引导。

改掉令人讨厌的交谈习惯

有些女性在交流中有一些非常不好的习惯，这些习惯令人生厌，会影响别人对你的整体评价。这些不良的习惯也不符合礼仪的要求，作为注重礼仪的女性，一定要加以克服。

很多人觉得说话是一件自然而然的事情，语言则是从小到大再熟悉不过的东西，于是便忽视了对于说话方式的审视与学习，于是一些不好的交谈习惯便在不知不觉中慢慢产生，以下这些令人讨厌的交谈习惯，一旦发现就必须立刻纠正！

1. 在交谈之中"闭嘴"

交谈之中"闭嘴"指的是在交谈中缄默不语，导致冷场，显得十分尴尬。交谈对象侃侃而谈的过程中，自己始终保持沉默，会被视为对交谈对象的话不感兴趣。本来双方相谈甚欢，一方突然"打住"，会被理解成对对方不满，或对话题感到厌倦。所以，但凡碰上无意之中出现的交谈"暂停"，你一定要想办法尽快引出新话题或转移旧话题，以激发交谈者的情绪。

2. 在交谈之中"插嘴"

交谈之中"插嘴"指的是在他人讲话的中途，突然出来插上一句，打断对方的话。说话者在发言时都希望能充分、顺利地表达出自己的观点。所以，不要在别人认真谈论某件事情的时候贸然打断别人，这会把原本属于别人的注意力吸引到你身上来。在一般情况下，任何有礼貌的人都不应该打断他人讲话，上去插上一嘴，这样有喧宾夺主、自以为是之嫌。不要随便接别人正在说的话，先让人家说完，得到应有的注意和认同。即使是确实想对他人所说的话发表见解，也需要静待对方把话讲完。如果打算对他人所说的话加以补充，应先征得其同意，先说明"请允许我补充一点"，接下来再插进去。而且插话不宜过长、次数不宜过多，免得打断对方的思路。有急事打断他人的谈话时，则务必要先讲一句"对不起"。特别是与不相识者、异性、长者或上司交谈时，更不宜"不邀而至"，上去就插上一嘴。

3. 在交谈之中"多嘴"

交谈中"多嘴"指的是在谈话中问太多的问题，这会让谈话看起来就像是"审问"，或者让说话者觉得你是在打探他的隐私。如果你本想通过问问题表示对谈话内容的关注，建议你不要只问问题，也陈述一下你的看法或者在其中夹杂陈述。

4. 在交谈之中"杂嘴"

交谈之中"杂嘴"指的是使用语言不标准、不规范。比方说，应使用汉语普通话的商务场合，如果开口方言、闭口土语，不仅可能被他人误解，弄不好还会被视为做人不够开化。在对外交往中，应使用双方均能够接受的语言。

5. 在交谈之中"脏嘴"

交谈之中"脏嘴"指的是说话不文明，满口都是脏话与粗话。可以说，不说脏话和粗话是一个人说话最基本的要求，而女性说脏话是一件非常令人厌恶的事情，在任何情况下都不能得意忘形地口吐脏话。俗话说，习惯成自然。随便什么事情，只要养成了习惯，就会自然地发生。讲粗话也是如此，一个人一旦养成了讲粗话的习惯，往往是出口不雅，自己还意识不到。有些女性由于周围环境影响已经养成说粗话的习惯，要克服这种习惯并不是一件容易的事情。比较有效的办法是，找出自己出现频率最高的粗话，集中力量先改掉它，首先是改变讲话频率，每句末停顿一下；其次讲话前提醒自己，改变原有的条件反射。出现频率最高的粗话改掉了，其他的粗话也就不难克服了。

6. 在交谈之中"荤嘴"

交谈之中"荤嘴"指的是说话总是谈论那些丑闻艳事。无论从哪一方面而论，荤话都不宜拿到公共场合上来讲，无论男女在哪里都让人瞧不起，特别是女性只要讲了这样的话题，就极大地破坏了自己的形象。

7. 在交谈之中"争嘴"

交谈之中"争嘴"指的是非要就谈话主题的对错、好坏上与对方争出个高低胜负。谈话往往并不是真正的辩论，所以不要过分较真儿。即使你争论"赢得"了每次谈话，别人也不一定就会对你印象良好。有的女性非常强势，自以为"真理永远在自己手中"，自己永远正确，如此争论下去，只能让对方觉得你"得理不让人，没理搅三分"。

8. 在交谈之中"油嘴"

交谈之中"油嘴"指的是说话油滑，乱用幽默。谈吐幽默本是一种高尚的教养，它是指说话生动有趣，而且意味深长。在适当的情境中，使用幽默的语言讲话，可以使人们摆脱拘束不安的感觉，变得轻松而愉快。此外，幽默也能让讽刺和批判变得易于接受。然而幽默也需要区分场合与对象，需要顾及自己的身份。有的女性喜欢到处都"幽他一默"，只能让人觉得她油腔滑调，靠这种低档次的方式博得他人关注。

9. 在交谈之中"贫嘴"

交谈之中"贫嘴"指的是爱多说废话，爱乱开玩笑。爱耍"贫嘴"的人，动不动就拿交谈对象调侃、取笑、挖苦一通。不是没话找话，话头一起就絮絮叨叨，就是不分男女、不论长幼、不辨亲疏地乱开玩笑。耍"贫嘴"的女性，既令人瞧不起，又让人讨厌。

10. 在交谈之中"刀嘴"

交谈之中"刀嘴"指的是说话尖酸刻薄，让人没有面子。每个人都有自己的隐私，都不希望告之于人，不该"打破砂锅问到底"；每个人都有自己的短处，都不乐意将之展示于人，所以不应该在交谈时"哪壶不开提哪壶"。说话"刀嘴"的女人很容易得罪他人，处处树敌、时时开战，触犯了他人的大忌，终将会因自己的不检点而被社交圈淘汰。

11. 在交谈之中"广播嘴"

交谈之中"广播嘴"指的是爱传闲话、爱搬弄是非，这样的女性就是人们平时常说的"长舌妇"。他人出于对自己的信任所讲的一些心里话，应该"到己为止"。将别人和自己说的内容到处传播，无限度地张扬，是人格卑鄙的表现。尤其是有的女性在散播他人的事时喜欢添油加醋、无中生有，这就更加让人鄙视了。

拒绝他人，是一种应变的艺术

很多人都觉得拒绝他人是一件艰难的事情，面对对方提出的请求时，既不想辜负对方的企盼，又不想放弃自己的原则和底线，于是陷入两难境地，其实只要能够掌握拒绝的技巧，问题就能迎刃而解。

很多人逃避拒绝的根本原因是怕为对方带来伤害与冒犯，但对方所提出的要求又是我们的确无法实现的，此时你不妨向对方透露出这样的信息：你珍惜自己的时间，你有选择的权利，而且你也尊重那些你拒绝的人，并且正是因为你不想草率地做个承诺，不想对于已经做出的承诺敷衍了事，并且不想让对方空欢喜一场，所以才在没有把握的情况下拒绝对方。

同时，在拒绝对方时也要讲艺术。要告诉对方你的理由，真诚、明确地把你的难处和苦衷告诉他们。拒绝时要干脆明了，不要磨磨蹭蹭、犹豫不决，更不要模棱两可、拐弯抹角。"让我试试""我再想想办法"等这些语句会使对方还抱

一线希望，要避免使用，否则，对方会误认为你已答应了，反而误事。虽然拒绝时要果断、明确，避免不必要的误解，我们仍有一些技巧可以帮助我们委婉、巧妙地拒绝他人。

1. 以肯定的方式拒绝

这种方式就是在拒绝的话语之前加上一些对他人的赞美，比如你要拒绝一个提议时可以说："这个提议非常好，但目前我们还不宜采用。""好主意，不过我们恐怕一时还不能实行。"用肯定的态度表示拒绝，可以避免伤害对方的感情，而用"目前""一时"等字眼，则表示还未完全拒绝。

2. 以恭维的方式拒绝

拒绝别人又不想让别人觉得生气，甚至是心服口服，最好的做法是先恭维对方。例如，有人邀请你加入某机构，而你不愿去，你可以婉转地说："承蒙邀请，我很高兴。我对贵机构真的十分钦敬，可惜我工作实在太忙，无法分身，你的美意我只能心领了。"

3. 以委婉的方式拒绝

委婉的拒绝方式肯定更能让别人接受，比如"我认为你这种说法不对"与"我不认为你这种说法是对的"，"我觉得这样不好"与"我不觉得这样好"这两种表达方式，尽管前后的意思是一样的，只是变换了一些否定的结构，但在拒绝别人的时候，显然是后者更为委婉，较易为人接受，不像前者那样有咄咄逼人之势。

4. 以同情的方式拒绝

有些人在请求你时只向你暗示和唉声叹气，这时候就要首先读懂对方的潜台词。例如，一位外地朋友对你说："老李要出差到你那边，要不是住旅馆费用太贵，我也会跟他一起去。"这时你应该采取的策略是以同情的口吻说："是啊，对你的问题，我也爱莫能助。"如果等到对方提出让你帮助解决住宿问题时才回绝，便容易尴尬，

5. 以商量的方式拒绝

如果有人邀请你参加某集会，而你偏偏有事缠身无法接受邀请，你可以这样说："太对不起了，我今天的确太忙了，下个星期天行吗？"这句话要比直接拒绝别人好得多。

6.以帮助的方式拒绝

如果你无法为对方所请求的事提供帮助，但还是能为他做些力所能及的事情，不妨说："你跟我要求的这一点我帮不上忙，我用另外一个方法来帮助你。"这样一来，他还是会很感谢你的。或者在拒绝的同时，为对方参谋一下，帮他想出另外一条出路，实际上还是帮了他的忙。总之，虽然拒绝了，但却在其他方面给他一些帮助，是一种委婉的拒绝方式。

事实上，面对对方的请求，当我们真有不得已的苦衷时，如能委婉地说明，以婉转的态度拒绝，别人还是会感动于你的诚恳，不会强求的。如果我们在拒绝的时候能面带微笑，态度庄重，让别人感受到对他的尊重、礼貌，就算被拒绝了，对方也是能够欣然接受的。不过，拒绝他人时要注意避免以下几种状况：

（1）不假思索地拒绝。这会让人觉得你是一个冷漠无情的人，别人会觉得你并不重视他，甚至觉得你对他有成见。

（2）轻易地拒绝。有时候轻易地拒绝别人，会失去许多帮助别人、获得友谊的机会。

（3）盛怒下拒绝。即便是他人的请求对你有所冒犯，也不要怀有怒气地拒绝别人，这容易在语言上伤害别人，让人觉得你一点儿同情心都没有。

（4）无情地拒绝。无情地拒绝就是表情冷漠、语气严峻、毫无通融的余地，会令人很难堪，甚至怀恨在心。

（5）傲慢地拒绝。以盛气凌人、态度傲慢不恭的方式拒绝他人，会让对方觉得是在乞求你的怜悯，大大损害他人的自尊心，令人难以接受。

赞美也是一种有效的交往技巧

讨人喜欢的女性一定善于赞美他人，她们独具慧眼，能够挖掘对方隐藏的优点，她们的赞美之词让人觉得真诚，她们灵活运用赞美的技巧，能借此在对方眼中扩大自己的气质影响力。

巧妙的赞美让人如沐春风，感受到赞美者的真诚，不会让人觉得有阿谀奉承的感觉，如何才能恰到好处地赞美他人呢？要遵循以下三个原则。

1. 真诚

真诚是赞美的先决条件。只有名副其实、发自内心的赞美，才能显示出它的光辉、它的魅力。什么样的赞美才能让人感到真诚呢？首先，赞美的内容应该是对方拥有的、实事求是的，而不是无中生有，更不能将别人的缺陷、不足作为赞美的对象。比如，对一个嘴巴大的人，你夸他："瞧，你的小嘴多可爱！"或对一个胖子说："呀，你多苗条！"反而让人觉得是在讽刺，这种赞美不但不会换来好感，还会让对方厌恶，甚而造成彼此间的隔阂、误解，甚至让人耿耿于怀。其次，赞美要真正发自肺腑，情真意切。矫揉造作、言过其实，会让人感觉是一种谄媚，是别有用心，只能招来他人的厌恶和唾弃。

2. 适时

交际中认真把握时机，恰到好处地送上赞美会带来意想不到的效果。你需要一双发现他人优点的眼睛，有值得赞美的地方，就要善于及时大胆地赞美，千万不要错过机会。同时在别人成功之时，送上一句赞语，就犹如锦上添花，大大增加了赞美的效果，这时，人的心情格外舒畅，如果再能听到一句真诚的夸赞，很容易对你产生好感。

3. 适度

赞美的尺度掌握得如何直接决定了赞美的效果。恰如其分、点到为止的赞美才是真正的赞美。使用过多的华丽辞藻、过度的恭维、空洞的吹捧，只会使对方感到不舒服、不自在，甚至难受、肉麻、厌恶，其结果是适得其反。假如你的一位同学画画得不错，你对他说："你的画真是全世界最好的。"这样赞美的结果只能使双方都难堪，但若换个说法："你的画真不错，挺有韵味的。"你的同学一定很高兴。也就是说，赞美之言不能滥用，赞美一旦过头变成吹捧，赞美者不但不会收获交际成功的微笑，反而会陷于尴尬境地，正如"过犹不及"。

4. 多样

赞美也存在着经济学领域中的"效应边际递减原则"，简单说来就是同样的一句赞美的话，一个人听第一遍可能很开心，听第二遍就没有那么强烈的感觉了，再多听几遍就觉得索然无味甚至是烦腻，这就是边际效益递减。

比如我们前天赞美一位漂亮的女士"美"，昨天赞美一句"真漂亮"，今天还是赞美"你真的好漂亮"。她会觉得那不是赞美，那是陈词滥调。所以，对同一个人的赞美需要不时换一点儿新的花样，从不同角度、不同方面赞美他。当我们第一次听到一句令我们欣喜若狂的赞美时，我们会在很久的一段时间里一直把这句话念在心里。可是如果类似的话听过很多遍，再听到同样的赞美时，心里想的是，嗯，好吧，我知道。这告诉我们，如果你能猜测或者推断一个人会时常听到各种各样的赞美，比如那个人有出众的外表，或者成功的事业，或者极高的名望，你就需要注意，你不应该只是简单地重复他人的赞美。找出那个人自己都没有发现的闪光点，然后别出心裁地赞美吧。

如果你想赞美的点很可能和别人一样，那该怎么办呢？说话的关键不在于说什么，而在于怎么说。从赞美上来说，就是要"把每个字都唱出一种以前从未有过、以后也绝不会再有的意义"。

比如，你看见好友的微博上更新了一张照片，可能已经有很多人在照片下面留言"哇，真帅""穿西装真好看""特别有气质"云云。但你就绝对不能这样说，你要说"都说人的左右脸会有所差别，有一半会更好看些，我觉得你照片里总是左脸特别帅，看来你也更欣赏自己的左脸咯？"

5. 抽象

想要让你的赞美更具效果，就要尽量把具体的事情提高到抽象的角度。与此相反，批评他人的时候要尽量从抽象的水平降低到具体的角度。比如：如果你被一张照片打动，你原可以说"这张照片色调真是太美了"或者"构图不错"，但更出色的赞美是"你在摄影方面很有天赋啊，挺有洞察力，深邃却又细腻，照出来的照片比景色本身还更动人呢！"

6. 文化

在不同的文化环境中，赞美有时候需要直接热情，有时候却需要间接收敛一些。一般来说，高语境的国家的人说话比较委婉，比如：中国、日本；低语境的国家的人比较直接，比如：美国、德国、英国。

总之，想要让你的赞美为他人带来欣喜，就要善于找到对方真正的闪光点，最好是赞美对方最得意而别人却不以为然的事，并且在对方获得成功时，立即送上赞美。如果想要达到一定目的，可以赞美你所希望对方做的一切，这也是领导对下属常常运用的方法。为了对方容易接受，还可以运用第三者赞美，如："听某某人讲，你……"

与人相处，黑色玩笑开不得

谈吐不俗的女人会将玩笑作为人与人之间交往的润滑剂，玩笑开得恰当、得体、幽默、风趣，会为周围的人带来欢愉。开玩笑绝非一件简单的事，也要把握尺度，讲究对象、语言和方法。

玩笑在交谈中起到画龙点睛的作用，适当开玩笑可以拉近同事间的距离、缓和人际关系、活跃交谈气氛等。但是，在生活中，某些人开玩笑常常会开过了度，把调节气氛的幽默玩笑变成了黑色玩笑。

这些黑色笑话往往具有人身攻击的成分，将他人的弱点作为玩笑的笑点。黑色玩笑对人际关系的破坏力很强，因为任何人都不会笑着面对被揭开的疮疤，更不愿意沦为众人的笑柄。许多人也因为玩笑开得出格而导致朋友反目，甚至闹出麻烦。这些过了度的黑色玩笑是不会被人喜欢的。爱开黑色玩笑的人被习惯性地认定是"刻薄"的人，容易引起他人反感。因此，开玩笑一定要适度，要因人、因时、因环境、因内容而定。

1. 开玩笑要看对象

不同性格的人对于玩笑的接受程度是不一样的，和宽容大度的人开点玩笑，或许可调节气氛，但和一些容易计较的人开玩笑则要适可而止。同样，同事之间可能笑过就算了，但老板的尊严是绝对不能冒犯的，尽量不要跟老板开玩笑。

2. 开玩笑要看时间

俗话说人逢喜事精神爽。开玩笑，最好选择在对方心情舒畅时，或者当对方因小事生气时，通过开玩笑把对方的情绪扭转过来。但是，如果对方的情绪低落或是在盛怒之下，开玩笑就很可能是火上浇油了。

3. 开玩笑要看场合、环境

在一些严肃的场合不要开玩笑，特别是在治丧等悲哀的气氛中，玩笑是万万开不得的。

4. 开玩笑要注意内容

开玩笑时，一定要注意内容健康，风趣幽默，情调高雅。在社交活动中，忌开庸俗的玩笑。以下这些内容的玩笑千万开不得。

揭他人短处的玩笑。将对方生理缺陷、缺点、弱点等鲜为人知的短处当作笑料一一抖出，会严重伤害对方的自尊心。还会让人觉得开玩笑的根本出发点是为了贬低对方，指桑骂槐，达到抬高自己的目的，那就大错特错了。如果总重复开这方面的玩笑，被开玩笑的人会以为是跟他过不去，心中忌恨，反目成仇。

涉及他人隐私的玩笑。开玩笑常常会无意中涉及对方生活、工作上的隐私，如此时恰逢对方的恋人、亲人尤其是上级在场，很容易造成言者无心、听者有意，给对方惹来大麻烦。

把人逼进死胡同的玩笑。开玩笑时把一些力所不能及的事当成笑料，并让对方去做，把对方逼到死胡同里，而对方又正是一个要面子的人，众目睽睽，只好顶风为之，结果可能发生意外，以悲剧收场。

刨根问底的玩笑。将一些流言蜚语作为开玩笑内容，并步步紧逼，刨根问底，惹得对方反感至极。

庸俗无礼的玩笑。拿一些下流或私生活上的事作为笑料，既显得自己没素质，又搞得对方下不了台。

捉弄他人的玩笑。搞恶作剧，哄骗对方突发不幸、惊喜之事，待水落石出看到对方被捉弄惨相后幸灾乐祸。

带着污语说话。一出口便是一嘴脏话秽语的女人只能惹人厌恶，其实不仅自降人格，还惹得对方心中不快，周围听众避而远之。

身体语言是女人的魅力电波

身体语言是现代人必须掌握的一门交流语言，身体语言的交流比语言含蓄、微妙、可信。一个有气质的女人会懂得如何运用一切可以掌握的技巧去强化自己的形象，身体语言自然必不可少。

美国心理学家梅拉比安曾经用这样一个公式来说明身体语言的重要作用：

人类全部的信息表达 =7% 语言 +38% 声音 +55% 身体语言。可以说，身体语言是交流中举足轻重的一部分，女性在社交中常用的身体语言有以下几种。

1. 握手

握手是人们在首次见面和告别时常用的动作，也是重要的肢体语言。握手时要根据不同的对象采用不同的方式，比如：对同性的长辈，要先用右手握住对方的右手，再用左手握住对方的右手手背，这种双手相握的方式可以更好地表达对长辈的尊重和热情；对待同龄人、晚辈、同性，只要伸出右手，和对方紧紧一握就可以了。与异性握手时，只要握住对方的四个指头就可以，握手时机会用力紧握或者是抓住不放，这都是不礼貌的，都会给对方留下不好的第一印象。

2. 手势

我们在谈话的过程中往往都会不由自主地采用一些手势，合适的手势有助于我们表达的，但有的手势则会令人讨厌，比如用食指指点对方的手势，这样会让对方非常反感，也不要讲话时乱挥舞拳头或者动作夸张地"手舞足蹈"，这些手势都是不礼貌的。

3. 站立

与人交谈时站姿十分重要，特别是很多职场女性和客户站着谈业务或者与领导站着谈话时，如果这时你不断地摇晃肩膀，不断地倒换双脚，会让客户和领导感到你不耐烦，想尽快结束谈话，也不礼貌。正确的做法是做稍息的动作，一脚稍微在前，一脚靠后为重点，比较稳重，尽量不要摇头晃脑。

4. 坐姿

拜访接待客户，与领导同事商谈，坐姿也是我们职业女性最常用的肢体语言。在社交场合，千万不可坐得太过随意，瘫坐在沙发上，两腿向前伸得长长的，或者是跷着二郎腿晃来晃去，这会显得十分不礼貌，让人感到厌恶，觉得你不拘小节，甚至是引起客户的不信任。特别是有的女性穿着裙子也采取男性的坐姿，甚至还开着双腿，这些也会让客户不舒服，影响形象，如果对方也是位女性，十有八九业务谈不成，因为女性更讨厌女性的不端庄。

5. 鞠躬

鞠躬是初到一个地方时很好的打招呼方式，比如当我们初次进入办公室，看见里面有几个人时，绝对不能理都不理地坐下，不妨此时向大家鞠个躬，问声大家好，他人也会由于你的礼貌而帮助你促成你的目的。一般在面对几个人时，鞠躬是不错的肢体语言。

6. 点头

在许多场合点头微笑，也是一种很好的表示问候的肢体语言，比如：在会场、饭厅、办公室正在谈话，你都可以用点头的肢体语言表示自己的问候。

以上 6 种肢体语言是社交场合中最基本的也是应用得最普遍的，实际上，只要我们和人交往，每时每刻都会用到肢体语言，只有不断地提高自己的修养，注意生活中的细节，才能让自己变得优雅起来。了解了基本的肢体语言之后，我们还要知道运用身体语言一些禁忌，时刻提醒自己不要踏入雷区。

1. 忌肢体语言杂乱

有些肢体动作不能帮助表情达意，也就是我们常说的那些不良"小动作"，如用手摸鼻子、随便搓手、摸桌边等都是多余而杂乱的，如果有这些习惯要克服过来。

2. 忌肢体语言泛滥

空泛的、重复的、缺少信息价值的身体动作，像两手在空中不停地比画、双腿机械地抖动等，不但没用，而且极为有害。

3. 忌肢体语言卑俗

有些肢体语言只会起到副作用，比如卑俗的身体姿势，或者如同街边混混的"流氓"动作，视觉效果很差，非常损害自我形象。

想要通过肢体语言传递出女性的魅力电波，就要坚持改善身体姿态，不妨按照下面三个步骤。首先，要注意观察良好得体的姿势并适当模仿，掌握一定规律。如头部的正确姿势、面部表情、手势的正确运用、四肢的动作等，将模仿逐渐变成一种自己的习惯。

需要注意的是，身体语言中有很多是约定俗成的，所以，一定要符合标准。最后，注意肢体动作的整体效应，也就是要注意适人、适时、适地的"三适"原则。即要在适合的时间、适合的场合、适合的对象运用适合的身体语言。总之，要像掌握说话技巧一样从具体的场合、对象和表达内容出发，具体而灵活地运用，你就能成为一个有气质的女人。

幽默的女人更聪慧

会幽默的女人有一种独特的味道，她给人的感觉在美丽、优雅之外更多了一分聪慧，多了一分机智。会幽默的女人能让与她在一起的人感到轻松、惬意，让人享受与她的谈话。

即便你没有惊人的美貌、脱俗的气质，你也可以塑造一种个人魅力，那就是幽默。从表面看来，幽默好像只是说说笑话，实则不然，幽默能成为一种魅力。幽默是谈话中的一种艺术，它让人觉得有趣或可笑且又意味深长，它是说话者通过诙谐语言抒发情感、传递信息，以引起听众的快慰和兴趣，从而感化听众、启迪听众的一种方式。幽默是思想、学识、品质、智慧和机敏在语言中综合运用的成果。

幽默是一种语言技巧，它不同于滑稽，我们形容一个人滑稽，因为他表现了诙谐有趣的言语和动作，或是可笑逗趣的样子，简单一点儿说就是搞笑。此种行为较为通俗，也较容易上手，越是不顾形象越能发挥得淋漓尽致。搞笑不需要练习，不需要经过大脑的思索，如果加上充满戏剧性的夸张肢体动作，绝对会带给周围人们短暂的欢乐。但在社交场合中，一个只会以搞笑的方式博得人们关注的人最终会渐渐为人不屑，让人感到轻浮，因此一位优雅的女性是绝对不会采用这种方式的。而幽默与之比起来，却高雅得多。

幽默是含蓄而充满机智的，要求大脑飞速运转，想要幽默就必须要由心出发，思绪要走得比别人快，用巧思安排布下诱因，让你的听众随着你主导的思路渐渐且自发性地领悟，而发出会心的一笑。幽默也不是单纯地会讲笑话，要知道笑话只是一条条钓好的鱼，并不能代表你是个钓鱼高手。不过，幽默不是天生的，而是可以后天养成的，头脑灵活度、思想多元化、笑话库存的累积都会使你更有效地培养幽默感，无须为自己天生没有幽默感而自惭形秽。

幽默的极致是风雅、耐人寻味，是骨子里散发出来的一种气质。幽默的最高境界，不需要借由夸张的肢体语言或实际的笑话就可传达妙语如珠、妙趣横生的言行。一位风趣的女人是智慧和经验的完美体现。换句话说，在最适当的时机用最机智的言语或手法达到幽默却意义深远的效果，是需要多年的体验加上快乐健康的心态所配炼出来的。听起来虽然困难，我们仍然可以一步步地将自己培养成一位幽默的女性。

首先，让我们学会自嘲。无论语言多么有意思，如果你是在费尽力气自我吹嘘、自我标榜，也不会让人真心受到吸引。幽默的第一步是学会开自己玩笑，是从平凡的、趣味的、不甚完美的角度来观看自己，让别人有喘一口气的机会，也让自己从遥不可及的宝座上滚落红尘，与众生同声一笑。如果只会用损人的方式，不留口德地让对方难堪，让大家发笑，这是一种不智的行为。那样自认为聪明，其实只是让对方下不了台，让自己形象降低罢了。所以真正懂得幽默的人，是自我嘲笑，而不是嘲笑他人。

其次，扩大知识面。幽默是以智慧作为基础的，它需要一个人丰富的知识作为支撑。一个人只有有审时度势的能力、广博的知识，才能做到谈资丰富，妙言成趣，从而做出恰当的比喻。因此，要培养幽默感必须广泛涉猎各种知识，充实自我，还要借鉴一下古往今来名人的幽默之事。

再次，陶冶情操，乐观对待现实。幽默是一种生活的态度。它的先决条件是：一个人要能够全盘接受自己，也接受别人；能够了解人生的沉重与严肃，而后轻松看待它，最重要的，是心存善意，在聪明的冷眼之外，还有温情与热心。要使自己学会幽默，就要学会雍容大度，克服斤斤计较，同时还要乐观。乐观的人才能幽默起来，生活中只有多一点儿趣味和轻松，多一点儿笑容和游戏，才会多一份乐观与幽默。试想一下，一个整天愁眉苦脸、忧心忡忡的痛苦者怎么会让人感到开心呢。

最后，也是最重要的一点，就是培养深刻的洞察力，提高观察事物的能力，培养机智、敏捷的能力。只有迅速地捕捉事物的本质，以恰当的比喻、诙谐的语言，才能使人们产生轻松的感觉。当然在幽默的同时还应注意，重大的原则总是不能马虎，不同问题要不同对待，在处理问题时要有灵活性，做到幽默而不俗套，使幽默能够成为展现个人魅力的一种方式。

寒暄是人际关系的第一句

寒暄是交谈的"开场白"，是谈话双方做进一步交谈的基础。聪明的女人善用寒暄语，让对方在短短的几句话中就为自己的魅力所折服，心甘情愿地拜倒在自己的"妙语连珠"之下。

寒暄，简单说来就是社交场合中人们相逢之际所打的招呼，虽然寒暄往往十分简洁，却起到了重大作用，它帮助人们打破社交僵局，缩短人际距离，向交谈对象表示自己的敬意，或是借以向对方表示乐于与之多结交之意。所以说，在与他人见面之时，若能选用适当的寒暄语，就相当于让你的谈话有一个漂亮的开头。下面是好的寒暄所具备的一些条件。

1. 态度要真诚

客套话要运用得妥帖、自然、真诚，言必由衷，为彼此的交谈奠定融洽的气氛。寒暄时使用的语言既不要低俗又不能让人觉得有恭维之嫌，如："久闻大名，如雷贯耳！""今日得见，三生有幸！"就显得极不自然。

2. 因人而异

对不同的人应使用不同的寒暄语。对于不同性别、不同年龄、不同熟悉程度的人，采用的寒暄用语的口吻、话题也应有所不同。一般来说，上级和下级、长者和晚辈之间交往，如果处在前者的位置上，则最好能使对方感到主人平易近人；如果处在后者的位置上，则最好能使对方感到主人对自己的尊敬和仰慕。

3. 恰如其分

不同的文化环境所能接受的寒暄用语也是不一样的，比如过去我们喜欢用"你胖了"作为恭维话，但现在人们都想方设法减肥，如果对一位小姐说出这样的话反而惹对方不高兴。西方小姐在听到人家赞美她"你真是太美了"时会很兴奋，并会很礼貌地以"谢谢"作答。倘若在中国小姐面前讲这样的话就应特别谨慎，以免让对方觉得你另有他意。

4. 要看场合

在不同的地方使用不同的寒暄语。拜访人家时要表现出谦和，不妨说一句"打扰您了"；接待来访时应表现出热情，不妨说一句"欢迎"。庄重场合要注意分寸，一般场合则可以随便些。如"您好""谢谢"这类的问候语和答谢语适用场合较广，可在较大范围、各类人物之间使用。但如果不分场合、时间甚至在厕所见面也用"吃饭了没有"这句寒暄语，就让人觉得啼笑皆非，不知如何作答了。

不少人觉得寒暄通常都比较简短，很难有什么特别之处给对方留下深刻印象，其实不然，下面这些寒暄的技巧可以帮助你轻松拉近与对方的距离。

1. 言他式寒暄

"今天天气真好"是这类寒暄技巧的典范。当陌生人之间见面，一时难以找到话题，就会说类似于"今天真热啊"之类的话，可以打破尴尬的场面。言他式是初次见面较好的寒暄形式。

2. 场景式寒暄

场景式寒暄是针对具体的交谈场景临时产生的问候语，比如对方刚做完什么事、正在做什么事以及将做什么事，都可以作为寒暄的话题。如早晨在家门口或路上问："早晨好，上班去啊？"在食堂旁问"准备吃饭去啊"这种寒暄，随口而来，自然得体。

3. 夸赞式寒暄

心理学家根据人的天性曾作过如下论断：能够使人们在平和的精神状态中度过幸福人生的最简单的法则，就是给人以赞美；作为一个社会成员，都需要别人的肯定和承认，需要别人的诚意和赞美。夸赞式寒暄对于女性来说能够起到很特别的效果，即使对方知道你是在说场面话，也会感到一丝欣喜，比如："你今天穿的这件裙子不错啊。"对方会很高兴。对方换了一种妆容，你可以说："今天显得格外年轻啊。"

4. 攀认式寒暄

这种寒暄方式，就是尽力去发现双方有着这样那样的"亲""友"关系，如"同乡""同事""同学"甚至远亲等沾亲带故的关系，然后在寒暄时说出来。在初次见面时，寒暄攀认某种关系，一见如故，立即转化为建立交往、发展友谊的契机。三国时，鲁肃见诸葛亮的第一句话是："我，子瑜友也。"（子瑜是诸葛亮的哥哥诸葛瑾）这短短一句话，就奠定了鲁肃与诸葛亮之间的情谊。在现实生活中这种攀认型的事例比比皆是，如："我出生在北京，跟您这位北京人可算得上同乡啦！""您是搞通信的，我爱人是您同行，咱们可算是近亲啊！""噢，您也是北大毕业的，咱们可是校友呢。"在交际过程中，要善于寻找契机，发掘双方的共同点，从感情上靠拢对方，是十分重要的。

5. 敬慕式寒暄

这种寒暄着重表现对对方的尊重、仰慕。如："久仰大名！早就听说过您！您的大作，我已拜读，得益匪浅！""我以前经常听……说起您，说您在……方面很有才""您设计的公关方案真好"。

总的来说，寒暄语的使用应根据环境、条件、对象以及双方见面时的感受来选择和调整，没有固定的模式，只要见面时让人感到自然、亲切、没有陌生感就行。

聪明的女人要管好自己的嘴

人们常用"长舌妇""一个女人相当于五百只鸭子"来形容那些喜欢喋喋不休、爱嚼舌根的女性。社交场合中，要想成为一个讨人喜欢的女人，就要管好自己的嘴，明白哪些话是万万不能说的。

下面这些话题，可谓是社交谈话中的禁忌，聪明的女人会懂得回避。

1. 令对方不愉快的事情

不愉快的事情包括"敏感事"和"隐私"。所谓的"敏感事"指的是病亡、穷困、疾病、缺点等都是让对方较为敏感的事，这类话题不提为好。而"隐私"则无须解释了，随着社会的进步，交往中对人们的隐私越来越尊重，在交谈中凡涉及个人隐私的一切问题均应回避。

2. 他人的坏话

与人交谈时说他人的坏话会让对方觉得：她是不是在和别人说话时也说我的坏话呢？而同时我们也无法保证对方能够守口如瓶，为了避免麻烦上身，他人坏话不能讲。富兰克林在谈到他成功的秘诀时曾说："我不说任何人的坏话，我只说我所知道的每个人的长处。"背后对人说长论短，这是最令人厌恶的事情。

3. 对对方美丑的评论

与女士交谈时不论及对方美丑胖瘦、保养得好与不好等。但在社交场合，对对方的衣服、发型、气色表示真诚而适度的称赞还是需要的。

4. 令对方尴尬的问题

如果对方与自己并不熟悉，千万不要问对方衣服的质量、价格，首饰的真假等，这会使人难以回答，甚至陷入难堪境地。

5. 低俗荒谬的玩笑

社交场合不应以荒诞离奇、耸人听闻、黄色淫秽的内容为话题，也不应开低级庸俗的玩笑，这会让人觉得你低俗。

6. 政事与信仰

在一些可能产生社会效应的公开场合，不宜谈论当事国的政治问题，也不应随便议论他人的宗教信仰，对他人风俗习惯、个人爱好也不要妄加评论。

7. 有争议性的话题

有时我们并不清楚对方立场，此时应避免谈到具有争论性的敏感话题，如宗教、政治、党派等易引起双方抬杠或对立僵持的状况，免得一下让自己站到对方的对立面上。

8. 老生常谈的主题

过时的话题会让他人觉得你"老土"，重复多次的话题会使人在心里想"又来了"而感到厌烦。

9. 不确定的事

不要谈不知道其意思的或不肯定其正确性的话，也不要说推测的话，否则会让人觉得你是在说谎。

除此之外，我们还要根据谈话的场合，有意识地避免一些敏感话题，由于现代职业女性一天中大部分时间都是在办公室中度过的，所以有必要了解一下办公室说话的"雷区"。

1. 传播害人的谣言

工作中常有很多机会可以散布对他人前途不利的谣言，但是我们不要谈论这些闲话，往往这些话都是道听途说，有"添油加醋"的嫌疑，即使这些内容可能都是真的，但一旦说出口都会对他人造成伤害。多个人谈话时如果遇到讨论这些闲话，可以准备一些有趣的话题转移大家的注意力。

2. 家庭财产之类

与同事谈论自己家庭财产之类的私人秘密是绝对没有好处的，不谈论这些话题并不代表不够坦率，坦率是要分人和分事的，从来就没有不分原则的坦率。人们常说"说者无心，听者有意"。如果你恰好买了什么新东西或者外出旅游了一趟，完全没必要拿到办公室来炫耀，有些快乐，分享的圈子越小越好，否则很容易招来别人的嫉妒，甚至容易招人算计。

相应对策：无论露富还是哭穷，在办公室里都显得做作，与其讨人嫌，不如知趣一点儿，不该说的话不说。

3. 私人生活

工作中忌讳把个人情绪带进来，因此也别把自己的情感故事讲给别人听。办公室里聊天，往往都会只图痛快，不看对象，事后却懊悔不迭。但说出口的话泼出去的水，再也收不回来了。你分享的故事越多，他人知道你的弱点就越多，职场是竞技场，每个人都可能成为你的对手，即便是合作很好的搭档，也可能突然变脸，而你暴露得越多就越容易置身于攻击之下。

办公室是一个人多口杂的地方，我们随口说出的话都可能成为他人的把柄，比如你曾告诉她男友跟别人好了，她便会认为："连男朋友都不能搞定的人，公司的事情怎么放心交给她。"职场上风云变幻，环境险恶，所以我们要把自己的私域圈起来当成办公室话题的禁区，轻易不让职场上的人涉足。同样，"己所不欲，勿施于人"，如果你不先开口打听别人的私事，自己的秘密也不易被打听。更不能议论别人的家常事，否则用不了几个来回就能绕到你自己头上，引火烧身，那时再逃跑就显得被动。

4. 野心勃勃的话

在办公室大谈人生理想显然很滑稽，会让他人觉得你工作不踏实。在公司里，要是你没事整天念叨，很容易被老板当成敌人，或被同事看作异类，把自己放在同事的对立面上。在办公室里高调地公开自己的进取心，就等于公开向公司里的同僚挑战。僧多粥少，树大招风，落得被人处处提防的下场，还会被同事或上司看成威胁。而放低姿态，低调工作才是自我保护的好方法。我们也无须担心这会导致丧失表现的机会，因为你的价值体现在做多少事上，在该表现时表现即可，能人能在做大事上，而不在大话上。

善于巧言妙语化解尴尬

社交谈话中，我们很难百分之百地掌握局面，出现一些尴尬的谈话场景是难以避免的。一位善于交谈的女性会从容优雅地化解尴尬，而不是面红耳赤地下不了场，这样才能在交谈中游刃有余。

人非圣贤，孰能无过，更何况是复杂变幻的谈话场合，每个人都免不了犯错误。有时候是我们不小心揭了他人短或被他人揭了短，有时候是我们做了错事被人发现或发现别人做了错事，或者是同事像往常一样开了个玩笑，虽然双方本无恶意，但是你却不小心冒犯了别人或者受到了他人的冒犯，抑或者是自己未能践朋友之约或朋友未践自己之约……这些情况都不免让人感到尴尬，自己或他人遭遇窘迫手足无措，面红耳赤下不了场。尴尬能消磨人的意志与勇气，使人在接下来的交谈当中变得畏首畏尾起来。这时候，如果你掌握一些沟通技巧，就能化被动为主动了。在这种场合，若暂且放弃常规思维，对之以幽默，也许能事半功倍，瞬间即将尴尬化解得一干二净。下面是几种在谈话中化解尴尬的方法。

1. 自嘲法化解尴尬

这种方法适用于对方向我们提出了左右为难的问题，或者我们有了过错，受到别人的冷嘲热讽。此时不妨顺着对方的思路通过自嘲化解尴尬。这种方法的关键是抓住对方弱点，反守为攻，攻其不备。

举个例子：美国前总统克林顿曾经被记者围攻，记者问，总统对于媒体对您与莱温斯基小姐绯闻的报道作何评价？克林顿从容不迫地答道："取笑我的话已经被世人说尽了，再也没人能说出新鲜的了。"看起来是自嘲，实际上是批评媒体无休止的八卦。当然，这种方法需要我们反应快捷、拿捏到位、恰到好处。

2. 以其人之道还治其人之身化解尴尬

当对方挑衅，企图以巧言戏弄我们，陷我们于尴尬境地。如果本意恶劣，而且过分，最好的方法是以幽默辛辣的语言予以还击。幽默素材最好取材于对方话题，让其自吞苦果，将尴尬不知不觉地转移给对方，让对方饱尝自己导致的后果。

3. 模棱两可化解尴尬

模棱两可的技巧就是给予对方一个模糊的回答，这种方式适合对方对我们咄咄逼人的追问，此时给出模棱两可的答案，看起来似乎与对方的问题不相干，几乎没有回答他的追问，但又确实与此有关，使对方不能对你进行无理的指责。

4. 将错就错法化解尴尬

有时冒失的语言会同时将自己与他人一起置于尴尬的境地。这种情况的特点是：一个人做事不慎造成你的尴尬，你若只顾排除自己的尴尬，全然不顾对方，也许会使对方陷入更深的尴尬之中，自己虽然将尴尬化解掉了，但心里并不一定

舒服。在这种场合，最好的办法是将错就错，索性把双方的尴尬一起化解掉。

5. 装聋作哑化解尴尬

虽然装聋作哑是一种不得已的办法，在某种程度上是下策，但也不失为一种自我保护的方法，特别是当对方欺人太甚、丝毫不留情面的时候。另外，用装聋作哑的办法，可以先拖住对方，给自己留出进一步思考的时间。

6. 欲擒故纵法化解尴尬

这种方法适用于谈话双方有严重分歧，但碍于二人关系无法挑明。好朋友产生严重分歧不免尴尬，处理不好还会分道扬镳。执拗乃人之本性，用一般方法，一个人是难以改变另一个人根深蒂固的观念或习惯的。若用欲擒故纵的方法，也许会收到意想不到的效果。

如何表达谢意与歉意

在任何一部汉语词典里，很少有词语一讲出就能立刻赢得一个人的好感。然而，"谢谢"这个词却有这个魔力。同样，及时地说声"对不起"也能帮助人们化干戈为玉帛，聪明的女人会将这两个词挂在嘴边，并且巧妙地表达出来。

"谢谢"与"对不起"是社交场合中最基本的两个词语，但人们往往由于各种原因无法将它们说出口，现在就让我们了解一些如何自然得体又巧妙地表达谢意与歉意。

1. 表达谢意

表达谢意的最根本原则是让对方感受到你的诚心诚意。表达自己的感激之情不是做什么表面文章，这种感激应当是来自内心的。所以表达自己的感激之情的时候，一定要真诚。一般来说，谈话的双方在互相注视的时候，交流通常比较容易进行。所以，表达感激的时候，最好是专注地注视对方，让真情从眼神之中流露出来，谢意才显得真挚，而无须追求那些华丽的辞藻和冠冕堂皇的话。

想要让感激之情深入对方的心灵，就要在感谢时有具体所指。如果只是一个劲儿地说"谢谢"，别人却不知所以然，那是因为感激显得空洞无物。所以，在表达谢意的时候，一定要具体说出你感谢对方的原因。如："今天真的非常感谢您为我搬那么重的东西。"

感谢对方时同样要表示出回报对方的想法。虽然别人帮助我们并不是为了索取回报，但帮助应当是相互的，而且对方需要我们的帮助有时也有不好意思开口的时候，况且，知恩图报本身也是一种美德。所以，在表达谢意的时候，不妨表达一下回报之意。比如，你可以说："我很感激你提前和你同学打招呼，我的事情才顺利办下来。以后只要有用得着我的地方，敬请开口！"

最后，在表达谢意的时候要注意自己的措辞。首先，说出的话一定要清晰自然，语速缓慢，不要一带而过、含糊其辞，那样会给对方缺少真诚的感觉。其次，作为被帮助的受益者的我们，应当是感到愉悦的，我们的语气也应当是充满感情的。

2. 表达歉意

如果自己的言行有不当、冒犯之处，打扰、麻烦、妨碍、伤害了别人，最聪明的方法就是及时向对方道歉。道歉的话往往难以说出口，特别是第一句道歉的话，更是"对不起在心，口难开"。不妨试着用这样的句式："刚才的事情是我的态度不好，让你受委屈了，我真诚地向你道歉……"此外，道歉的语句要包含以下几层意思：第一，勇于承认自己的过失，不找借口；第二，认同对方的情绪，因为认同感会起到缓解"疼痛"的作用；第三，真诚地道歉后，试着给出补救办法。

在措辞方面，道歉语要谦恭而得体。有愧对他人之处，宜说"深感歉疚""非常惭愧"；渴望见谅，需说"多多包涵""请您原谅"；有劳别人，可说"打扰了""麻烦了"；一般场合，则可以讲"对不起""很抱歉""失礼了"。

有时道歉需要说明道歉的理由，此时道歉话语要简洁，不必重复啰唆。道歉的理由要是重要点。如果你明明是因为原因 A 而出错，你却以原因 B 来说明，对方可能会认为你不是在道歉，而是在向他发牢骚和示威。

道歉还应当及时。知道自己错了，马上就要说"对不起"，拖得越久，误会越深，取得别人谅解的可能性越小，就越会让人家"窝火"。及时道歉，还有助于当事人"退一步海阔天空"，避免因小失大。

道歉时态度应该端正，自然大方，不要遮遮掩掩、欲说还休或者是一脸尴尬。道歉时忌讳语气生硬，甚至轻蔑或挑衅，不要抱着赌气和不服气的心态，也不要声音含糊、轻描淡写地道歉，这样不仅无法得到对方的原谅，反而会使结果更糟糕。不过，道歉的语气也不要低声下气，更不要过分贬低自己，说什么"我真笨""我太傻了"，这样实际是在牺牲自己的尊严，可能让人看不起，更没必要去夸大自己的错误，完全把责任揽到自己头上，因为对方可能会因此得理不饶人、得寸进尺，向我们提出不合理的要求，给我们带来不必要的损失和麻烦。

女性更为好面子，当面道歉往往令人感到难以启齿，我们还可以这样做：借助肢体语言，就是通过具体行动表达自己的歉意；通过他人委婉转达自己的歉意；借势道歉就是选准一个时机，借谈另外的事情，表达出自己的歉意；说明自己说话做事的最初想法，曲折消除对别人造成的伤害；在公开场合赞美对方，达到向对方致歉的目的；借物表达歉意，写在信上寄给对方，还可以附带一个小礼物。

第十六课

社交礼仪让气质女人左右逢源

礼尚往来，做一个知书达理的女人

礼尚往来是社交礼仪中最基本的一项，巧妙地送出礼物，礼貌地接受礼物，会为你赢得更多的朋友，也会让人觉得你是一位知书达理的女性。

送礼、收礼的讲究颇多，下面介绍一下送礼、收礼的技巧与禁忌。

送礼的礼节有以下几点：

1. 礼物要"巧"

礼品的选择贵在巧妙，此处的"巧妙"指的并非是礼品本身多么的巧夺天工或者价值连城，而是礼品应考虑具体情况和场合。譬如在赴私人家宴时，应为女主人带些小礼品，如花束、水果、土特产等。有小孩的，可送玩具、糖果。应邀参加婚礼，除艺术装饰品外，还可赠送花束及实用物品，新年、圣诞节时，一般可送日历、酒、茶、糖果、烟等。个性化的礼物也是不错的选择。自制的礼物是世上独一无二的，它会更好地表达你的心思。

而无论哪种礼品，都要精心挑选包装。礼品不同于自用，好的内容重要，好的形式更添彩。送礼原则是尽可能地选漂亮包装。

2. 方式要"对"

礼物一般应当面赠送。但有时参加婚礼，也可事先送去。礼贺节日、赠送年礼，

可派人送上门或邮寄。这时应随礼品附上送礼人的名片，也可手写贺词，装在大小相当的信封中，信封上注明受礼人的姓名，贴在礼品包装皮的上方。

当众只给一群人中的某一个人赠礼的方式是不礼貌的。给关系密切的人送礼也不宜在公开场合进行，以避免给公众留下你们关系密切完全是靠物质的东西支撑的感觉。只有礼轻情义重的特殊礼物、表达特殊情感的礼物，才适宜在大庭广众面前赠送。

3. 态度要"礼"

送礼时要注意态度、动作和言辞。送礼物时，态度要平和友善、落落大方、言辞礼貌，并且易于受礼方接受。那种做贼似的悄悄地将礼品置于桌下或房某个角落的做法，不仅达不到馈赠的目的，甚至会恰得其反。在对所赠送的礼品进行介绍时，应该强调的是自己对受赠一方所怀有的好感与情义，而不是强调礼物的实际价值，否则，就落入了重礼而轻义的地步，甚至会使对方有一种接受贿赂的感觉。

4. 对象要"明"

送礼的一大讲究就是对于不同的人要送合适的礼品。一般来说，可以按照这样的规则：对家贫者，以实惠为佳；对富裕者，以精巧为佳；对恋人、爱人、情人，以纪念性为佳；对朋友，以趣味性为佳；对老人，以实用为佳；对孩子，以启智新颖为佳；对外宾，以特色为佳。不过礼品到底是礼品，不宜实用过头，最好要在实用和不实用之间，掌握好度。对高人雅士，一卷书可能比什么都强。

5. 禁忌要"避"

有些礼品虽然精美，但也不能乱送，譬如给老人不能送钟表，给夫妻或情人不能送梨，因国"送钟"与"送终"，"梨"与"离"谐音，是不吉利的。另外有些东西也绝不能当礼物送，如不能为健康人送药品，不能为异性朋友送贴身的用品等。另外最好不要给女性送衣服，即使你了解对方对于颜色款式的偏好，但最关键的障碍是尺码，瘦了固然麻烦，肥了会让对方产生不愉快：难道我有这么胖吗？

收礼的礼节有：

收礼的关键是如何表示感谢，我们一定要向对方表明我们感谢的并不是礼物本身而是对方送礼物给你的这一举动。如果你确实喜欢某件礼物，那就明确地告诉对方。千篇一律的谢谢显得苍白无力，不妨明确地赞美礼品的颜色、款式等，即使礼物本身并不是百分百合你心意，你仍可以找到一些悦耳的话或者至少是令人开心的模棱两可的话来说，譬如你可以感谢送礼人所花费的心血："你能想到我太好了。"

有些场合的确不能收礼，如果送礼人是善意的，向他解释一下将礼品退回的原因（如公司政策等）并对他表示感谢；如果送礼人不怀好意，比如带有一些暗示或者有附加条件，则只需告诉他礼品不合适。为了自我保护，把退还礼品时写的信复印一份，保存在卷宗里，并注明退还礼品的日期以及退还方式。

探望之前，准备要充分

探望病人更是一门学问，在生活中，当亲友、同事、同学患病时，前往探望、慰问是人之常情，也是一种礼节。探望病人不同于寻常的拜访，尤其在探望之前，更要做充分的准备。

人食五谷杂粮，生病是不可避免的。家人、亲戚、朋友或同事如果生病住院，探望的核心目的就是给病人带去安慰和祝他们早日康复的意愿。探病既是人之常情，也是女性社交必备的礼节。探望病人的方式得当，会给病人增添战胜疾病的信心和精神上的安慰。反之，则会给病人增加不必要的心理痛楚。因此，探望病人时遵守基本的礼仪是必不可少的，尤其是在探病之前要做好充分准备。

准备一：了解病人病情

在决定去探望某个病人之前，先向人简要了解一下病人的病情是十分必要的。需要了解的内容主要包括：病人得的是什么病，病情重不重，治疗情况如何，病人的心理和情绪怎么样，等等。这样有助于我们为探病做准备，比如：如果知道病人得的是传染疾病，正在隔离期间，医院一般规定是不能探望的，则可以通过写信去表示慰问。如果病人手术不久，十分虚弱，或者正在抢救之中，我们也不要贸然前往。有的病人刚住进医院，同事、亲友就川流不息前去探望，使病人和家属不胜负担，在这种情况下，也不宜集中在同一时间去凑热闹。同时，了解病人的心理状况还对与病人沟通有帮助。

准备二：选好探病时间

探望病人之前，要选择适当时机并进行预约。探病时间要尽量避开病人休息和医疗时间。由于病人的饮食和睡眠比常人更为重要，所以不宜在早晨、中午、深夜以及病人吃饭或休息时间前往探视。如果是探望住院的病人，还应在医院规定的时间内前往。最好还要向病人亲属了解一下病人的休息时间，以免打扰。在民俗方面，一般情况下看望病人须在上午或晚上，忌下午，初一、十五忌看病人。

准备三：规范言谈话语

由于特殊的心理状态，人在患病期间都相当的敏感，因此更要注意探病时的言谈话语。与病人谈话时，一般应先询问病人身体状况及治疗效果。在病人讲述病情时，要认真地听，不要心不在焉、左顾右盼。在谈话的内容上，针对患者的焦虑心态要多说一些轻松、宽慰的话，或释疑开导，或规劝安慰，以利于病人恢复平静稳定的心情。不要向病人介绍道听途说的偏方、秘方，不推荐未经临床实验的药物。还要多说一些关心、鼓励的话，让病人感到愉快，淡化病痛带来的苦恼，以增强病人战胜疾病的勇气，一定要避免谈及触发人负面情绪的话题。

当病人的病情需要保密时，探病的人不要和病人一起去乱猜，更要守口如瓶，不能对病人进行暗示。告别时，一般应谢绝病人送行，并询问病人是否有事相托，祝病人早日恢复健康。

准备四：其他行为礼节

探病时衣着要整洁，不要穿富有刺激性色彩的衣服。走路要轻，不能打扰其他病人的休息。探望病人所带的礼品是有一定的讲究的，既然送礼就要送到心坎里，不要送一些病人忌讳或华而不实的东西。一般来说送给病人的礼品大致有鲜花、水果及食品之类的东西，其中，以水果和鲜花，尤其是鲜花为最佳。送花必须注意场合和含义。最好选择香味比较淡雅的鲜花，因为浓郁的花香会使体弱的病人感到头晕，一定要注意不要只送白花，选花之前可以参考一下花语，还可以根据病人的病情送合适的水果或者保养品，需要注意的是，如果不了解病情，不可乱送，以免不利于病人身体康复。

不能选择容貌，可以选择笑容

微笑代表一种善意，能产生气质亲和力，使交际场合中的双方都感到轻松；微笑能制造一种宽容与接纳的感觉，使对方在被肯定的自我陶醉中无法拒绝你。即使你没有吸引眼球的容貌，笑容仍让你魅力无穷。

如果你善于运用微笑，那么将会有意想不到的效果。旅店帝王希尔顿一文不名的时候，他的母亲告诉他，必须寻找到一种简单容易、不花本钱而行之长久的办法去吸引顾客，方能成功。希尔顿最后找到了这样东西，那就是微笑！依靠"今天你微笑了吗"的座右铭，他成为了世界上最富有的人之一。

选择微笑，首先表示一位女性对于生活以及交际积极向上的态度。只有胆怯、惧怕、不自信、没有方向与力量感的人，才会整天愁眉苦脸，郁郁寡欢。而一个自信、有主见、有能力的人，能够清晰地看到自己应该努力的方向，遇事从容不迫、游刃有余，自然会微笑着面对一切。微笑正是将他这种对于生活的满怀信心与把握表露出来，而一个自信的人，一个对于生活有把握、对一切胸有成竹的女性，她的气质是强大而极具吸引力的。

选择微笑，还传递了一位女性对他人的态度。一个微笑，能令对方察觉你对他的肯定、赞扬、包容、鼓励与期望。微笑传递出的是一种信息，包含了女性的温柔与善良，而这种信息能量正是他人的心灵所强烈渴求的，你的气质既具备巨大的吸引力，又包含大量对方需要的同频信息，在互动交流中，你们将很容易产生共振，走向和谐。简单说来，微笑能给你带来更多朋友。

选择微笑，还能解救被动中的尴尬局面。微笑是化解无奈的灵丹，是缓冲困惑的妙药。两个冲突的个体，如果出现了微笑，也就减缓了将发生的紧张气氛，冷却了两颗将要爆炸的心，化解了很多不愉快的事；有时矛盾的双方谁都难以开口，但微笑却能帮助解救这种关系。

微笑是美好心灵的体现，因此，不要吝惜你的微笑，不过，在社交中微笑也有讲究，笑得自然，笑得亲切，笑得美好、得体，才能让人充分感到微笑的正能量。

首先，微笑要真诚。人对笑容的辨别力非常强，一个笑容代表什么意思、是否真诚，人的直觉都能敏锐判断出来。真诚的微笑会让对方内心产生温暖，引起对方的共鸣，使之陶醉在欢乐之中，加深双方的友情。反之，伪装出来的微笑则

让人感到虚伪，甚至让人觉得是冷笑、傻笑、干笑、苦笑、皮笑肉不笑。只有自然大方、真实亲切和不加修饰的微笑才具有感染力。

其次，微笑要有不同的含义。对不同的交往沟通对象应使用不同含义的微笑，传达不同的感情。尊重、真诚的微笑应该是给长者的，关切的微笑应该是给孩子的，暧昧的微笑应该是给自己心爱的人的，等等。

再有，微笑要适度。微笑是向对方表示一种礼节和尊重，我们倡导多微笑，但不建议你时刻微笑。微笑要恰到好处，比如当对方看向你的时候，你可以直视他微笑点头。对方发表意见时，一边听一边不时微笑。如果不注意微笑程度，微笑得放肆、过分、没有节制，就会有失身份，引起对方的反感。

最后，微笑也要看场合。在合适的时候送上一个微笑使人觉得自己受到欢迎、心情舒畅，而不分场合地微笑却会适得其反。比如出席一个庄严的集会，去参加一个追悼会，或是讨论重大的政治问题时，微笑就很不合时宜，甚至让人觉得别有意味，招人厌恶。因此，在微笑时，一定要分清场合。

学会用眼睛来说话

眼睛是心灵的窗口，眼神则是这扇窗口的色彩。每位女性都应学会用眼神来表达自己，永远也不要忘记这样一句忠告：会使用眼神的女人才是真正的女人，有时一个眼神胜过千言万语。

不同的眼神表现着不同的意义。自信的眼神能给人带来魅力，宁静的眼神让人感到稳重，快乐的眼神传递出青春活力，诚挚的眼神能让人感受到信赖……看懂眼神，你就能读懂一个人的内心，在人际交往中，精明的女人善于察言观色，在最短的时间内弄懂对方的真实思想，进而自己在最短的时间内做出相应的反应，以使对话能够更合对方心意地进行下去。下面是几种常见眼神的含义。

正视对方片刻：坦诚相待。

瞪眼相视：敌意。

斜扫一眼：不屑一顾或者鄙视对方。

长时间逼视：命令。

不住地上下打量：挑衅。

翻白眼：反感和自大。

眼睛眨个不停：心中充满疑问。

两眼瞪圆：吃惊。

眯着眼看：既可表示高兴，也可能让对方觉得你对他不尊重。

左顾右盼、低头偷看：困窘或不自然。

行注目礼：尊敬。

伴着微笑而注视对方：融洽的会意。

随着皱眉而注视他人：担忧和同情。

面无悦色的斜视：表示鄙意。

看完对方突然一笑：讥讽。

突然圆眼瞪人：一种警告或制止。

从头到脚地巡察别人：审视。

一旦被别人注视而将视线突然移开：表示自卑，有相形见绌之感。

无法将视线集中在对方身上，并很快收回视线：内向性格，不善交际。

听别人讲话时，点头的同时却不将视线集中在谈话者身上：表示对来者和话题不感兴趣……

而作为一个有教养的职场女性，要学会控制自己的情感，不要让它轻易流露出来影响到周围的人。如果我们在职场中没有顾忌地表现自己的好恶，常常就会因此而得罪同事或者上司，这样就得不偿失了。比如：当我们遇到一些自己看不过去的现象，就轻易地做出一种鄙夷或不屑的眼神，这样做只能使自己陷于孤立的境地。

在社交中，怎样用眼神为对方留下好印象呢？可以按照以下原则：

自信的目光绝不是一闪而过的，如果你想给对方留下深刻印象，就要多凝视一会儿。同样，如果你想在和对方的争辩中获胜，那你千万不要把目光离开，以示坚定。如果你不知道别人为什么看你时，你就要稍微留意一下他的目光，便于决定对策。如果你和别人碰面，觉得不自在，你就要把目光移开，减少不快。

而在谈话过程中，如果你发现对方漫不经心而又出现闭眼姿势，你就要知趣暂停，若还想做有效的沟通，那就要主动地随机应变。如果你想将谈话气氛变得更为融洽，则应 60% ~ 70% 的时间注视对方，同理，当你与别人谈话 30 分钟时，如果对方看着你的时间不足 10 分钟，说明他在轻视你；如果有 10 ~ 20 分钟，说明他对你是友好的；如果有 20 ~ 30 分钟的时间都在注视，说明两种情况：一是

表示重视，二是表示敌视。而你也可以用同样的方法，用"注视"表达自己的观点。

注视的部位是两眼和嘴之间的三角区域，这样信息的传接会被正确而有效地理解，目光过于向上，会给人一种目中无人、骄傲自大的感觉；过于向下又会显得自卑，不够坚定。如果你想在交往中，特别是和陌生人的交往中，获取成功，那就要以期待的目光，注视对方的讲话，不卑不亢，只带浅淡的微笑和不时地目光接触，这是常用温和而有效的方式。当对方沉默不语时，就不要盯着对方，以免加剧他不安的尴尬局面，更不能有东张西望的目光，给人以缺乏修养、不懂得尊重别人的印象。

声音是女人裸露的灵魂

说话是一门艺术，不但要让人听懂，还要让人听得舒服，而声音便是"沟通中最强有力的乐器"，在社交过程中，女性要让自己的声音成为"乐器"，而不是招人厌恶的噪音源。

古人经常用"吐纳珠玉之声"来形容优美的嗓音，实际上，动听的声音给听者以美的享受，更有着重要的社交意义，西方世界成功的政治家们都知道如何运用声音的魅力去蛊惑选民，很多音质不美妙的政治家都经历过各种方式来提高、改善自己的音质，由此可见，声音在社交中的重要意义。

每个人的声音也会依据谈话对象、具体情形的不同而变化。声音更会反映出说话者的心理活动。比如：在面试时颤抖的声音，在生气时变得尖厉的声音，在演讲时为了克服怯场而特意提高的声音……这些声音的变化在无形中就将我们的情绪暴露出来。

其实，用声音的变化传递信息，以达到一定的目的在生活中到处都是，我们却因为习惯了反而注意不到，比如：爸爸会提高音量让争吵的小孩安静下来，妈妈会轻言细语让恐慌的孩子放下心来，老板会用长官的语调让员工变得服服帖帖，售货员会放低音量来吸引举棋不定的顾客，而爱侣之间的低声呢喃为对方传递爱意……

在社交过程中，女性应该从以下四个方面调整自己的声音：

1. 语调

在讲话时保持语调的起伏，抑扬顿挫的声音会让人觉得自己对正在交谈的话题很有兴趣，而以平淡、乏味的声音来交谈会让人有昏昏欲睡的感觉。人们常用语调的变换来强调谈话内容的重点，而始终平淡的声音则很难让人找到你说话的重点所在，自然也就达不到沟通的目的。

2. 声调

讲话是要保持声调高低始终，过于尖锐的声调会让人觉得难以忍受，讲话时要避免将力气都集中在嗓子眼，仿佛是跟别人吵架时拉高的声音；而过于低沉的声调让人听起来很累，给人以有气无力的感觉。总之，说话的语调要尽可能沉稳和亲切一些，这样会使对方觉得你待人真诚，也容易收到较好的效果。

3. 音量

太大的音量容易成为交谈中气势逼人的角色，也容易让人反感，让人感觉是在装腔作势。音量太小会使你显得不够权威，容易被人忽视，使人听着费劲，误以为怯懦。说话的音量要根据场合以及听者的远近而定，一般来说最好控制在对方听得见的限度内。

4. 语速

讲话过快会让人听不清楚，还会使人产生"这个人讲话没经过大脑"的感觉，也许她讲的话并没有错误，却令人不敢太相信；过慢则会让人失去耐心；而忽快忽慢，又会给人一种慌慌张张、吞吞吐吐、没有条理的感觉。最平常温和的语速，一分钟平均要说300个字。10分钟是2500个字，因为中间会有停顿的地方，播音员是每分钟500个字。我们的语速都应当保持相对的稳定，也就是快慢适宜、舒张有度，同时在一定的时间内保持匀速。最好在讲话的过程中留一些停顿，以便让人有一个反应的过程。这样，不仅可以使自己的语言清晰易懂，还可以显示出自己胸有成竹、有条有理。

总是，社交场合的谈话，可以放慢速度强调一些主要词句，在一般内容上稍微加快变化。随着内容和情绪的变换，说话的音量和音调也应该发生变换，在不同声音段里，要有高潮、有舒缓，充分表达出需要透露的信息，这样才能引人入胜、扣人心弦。

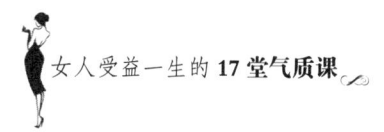

不做令人生厌的客人

走亲访友是最常见的一种交际形式，在走亲访友之前应作好必要的准备，如果计划不周，到主人家里时会手忙脚乱，甚至出现令人尴尬的场面。

每位女性都应当懂得做客的礼仪，不要做一名令人生厌的客人。以下是我们在日常生活中应当遵守的做客礼仪。

做客礼仪一：及时应约

如果做客是由对方提出的，当接到别人邀请做客的信件或电话后，要认真考虑是否愿意前往，无论答应还是拒绝都要及时告诉对方，以免让友人焦急等待。一旦应邀，一定要守约，没有特殊理由不能失约。

做客礼仪二：提前预约

如果拜访是由你提出的，最好事先给对方去封信或打个电话，预先约定一个时间以便对方事先作好安排。如果事先已经约定好了时间，就应遵守约定，准时到达，以免让别人久等。如果发生了特殊情况不能前去，应尽可能提前通知对方，并表示歉意。随便失约是很不礼貌的事情。

做客礼仪三：巧妙赴约

赴约的时间应当是预先约定时间。按主人提议或同意的时间抵达，早到或迟到都是不礼貌的。尤其是早到，很可能使男女主人难堪，因为他们也许还在穿衣打扮或在准备晚餐。

在没有约定吃饭的情况下，要避开吃饭时间。如果因事急需要拜访，应尽量避免在深夜打搅对方；如万不得已，见到约见人后应立即先致歉意，并说明打搅的原因。

做客礼仪四：礼貌应约

到达主人门前，应先擦干净鞋上的泥土，然后按铃或敲门，敲门要把握好力度和节奏，切忌用力敲打或用脚踹门。如果是雨雪天气赴约，进门前注意将鞋子、雨伞清理干净。

主人开门后，不应直接进入屋内坐下，首先要向主人问候寒暄，还要同主人的家属及客人打招呼。待主人安排或指定座位后再坐下，同时要注意坐的姿势。主人家中养有猫狗，不应表现出害怕、讨厌，更不要去踢、去轰。

在主人家中要约束自己的举止，未经许可翻动物品也是不礼貌的行为。除非是主人提供给你的或者报架上的书刊杂志，否则即使桌上有，也应先征求意见。未经主人的邀请或没有获得主人的同意，不得要求参观主人的居室，即使是较熟悉的朋友也不要随意触动屋内的个人物品和室内的陈设。

做客时，经常会遇见主人与拜访者互动的情况，当主人为你递上沏好的茶时，应立即欠身双手相接，并致谢。如果茶水太烫，要等凉凉了再喝，必要时也可以把杯盖揭开，不要一边吹一边喝。把杯盖放到茶几上的时候，盖口朝上。喝茶时要慢慢品饮，不宜啜出声音。如果主人没有主动请抽烟，身为客人不宜主动提出要求。主人不抽，即使请你抽，也应克制。当主人问起你需要吃些什么或喝什么时，简单地说"什么都行"会令人无所适从，不如说"请您给我些××"显得更有礼貌。

在餐桌上，客人应该无拘束地享用，即使不是自己很喜欢的食品，最好也应象征性地吃一点儿，不吃不喝会有失礼节。对于是否需要帮助主人收拾碗筷这个问题，你可以直接询问"需要我们帮忙收拾吗？"但是主人如果回答说"不，等一会儿我自己去收拾"，你就不要坚持了。

做客礼仪五：完美告辞

一次完美的拜访要以一个令人愉快的告辞结束。告辞之前要稳定，不要显得急不可耐。辞行时应与主人及家属和在场的客人一一握手或点头致意。如果来访的客人很多，自己有事提前离开，就应低声向主人告辞并表示歉意，以免惊动其他客人；如果已被其他客人发现，就应礼貌地致歉和告别。需要注意的是，提出告辞时，主人往往会说上几句"再坐坐"之类的客套话，那往往也只是纯粹的礼节性客套。所以如果没有非说不可的话，就要毫不犹豫地起身告辞。

有时主人不好直接提出拜访结束，身为客人的我们也要会判断告辞的时机，当主人表现出非常疲倦的样子；双方话不投机，或当你说话的时候主人反应冷淡，甚至不愿搭理；主人站起身来，或是把你们的谈话总结了一下，并说出以后可以再继续交流的话；主人虽然显得很"认真"，但反复看手表或时钟，这都表明是时候告辞了，再拖延时间恐怕会影响主人休息了。

在沟通中放飞心情

女人生来就是沟通的高手，她们以柔美和亲和力更容易打入一个陌生的"阵营"中。在社交活动中，女人如果能将与生俱来的魅力与沟通技巧相结合，便能营造出一个愉快的交谈氛围。

在沟通的过程中，礼仪规范显得十分重要，用错了一个词，或多说了一句话，或不注意词语的色彩，或选错话题等而导致交往失败或影响人际关系的事屡见不鲜。因此，在交谈中必须遵从一定的礼仪规范，才能达到双方交流信息、沟通思想的目的。沟通过程需要注意哪些问题呢？主要包括语言使用、话题选择、交谈雷区三方面内容。

1. 语言使用

在沟通的过程中，言语要谦和、平等、亲切、谦和。避免以下几点：

（1）使用不尊重他人的言语。比如：端架子、摆派头、以上压下、以大欺小、倚老卖老、盛气凌人，或者随便教训、指责别人。

（2）言辞冗长，让人抓不住重点。比如：没话找话、短话长说、啰里啰唆、废话连篇、节外生枝、任意发挥、不着边际，让人听起来不明白。在交谈时，应力求言简意赅，简单明白，节省时间，少讲废话。繁言无要，要言不烦，这是交谈中十分重要的一点。

（3）乱用方言。不分对象地采用方言、土语交谈，会让人觉得不受尊重，尤其是多方交谈，有个别人听不懂方言时，会产生被排挤、冷落之感。因此，交谈对象若非家人、乡亲，则最好在交谈之中别采用对方有可能听不懂的方言、土语。

（4）肆意使用外语。在普通性质的交谈中，应当讲中文，讲普通话。若无外宾在场，则最好慎用外语。与国人交谈时使用外语，不能证明自己水平高，反而有卖弄之嫌。

（5）使用不文雅的语句和说法。比如粗话、脏话、黑话、荤话、怪话、气话。还要注意不宜明言的一些事情要用委婉的词句来表达。

2. 话题选择

话题选择要充分考虑对方的语言习惯、文化层次、兴趣欲望等多方面内容。

一般来说，以下话题，可以作为沟通的常用话题：

（1）既定的内容，即交谈双方业已约定，需要商议的内容。

（2）高雅的内容，谈论一些高雅的内容会让你们之间的沟通更深一个层次，但是千万别不懂装懂，免得贻笑大方。

（3）轻松的内容，在交谈时要有意识地选择那些能给交谈对象带去开心与欢乐的轻松的话题，这样会让谈话氛围更融洽。

（4）擅长的内容，交谈的内容应选择自己或者对方所熟知甚至擅长的内容会让谈话更加顺利。

而在谈话中，一定要避免讲以下话题：

（1）个人隐私。在交谈中，若双方是初交，则有关对方年龄、收入、婚恋、家庭、健康、经历等内容不要涉及。

（2）捉弄对方。在交谈中，切不可对交谈对象尖酸刻薄、油腔滑调、乱开玩笑、口出无忌，要么挖苦对方所短，要么调侃取笑对方，成心要让对方出丑或是下不了台。

（3）非议诽谤。绝对不要让你们的谈话成为传播闲言碎语、制造是非、无中生有、造谣生事的过程。

（4）惹人不快。沟通中不要谈及一些令交谈对象感到伤感、不快的话题，以及对方不感兴趣的话题。若此种情况不慎出现，则应立即转移话题，必要时要向对方道歉。

3. 交谈雷区

下面是一些交谈的雷区，一定要注意避免，如果不慎遇到，需要巧妙地挽救。

（1）独白。既然交谈讲究双向沟通，那么在交谈中就要目中有人，礼让他人，要多给对方发言的机会，让大家相互都有交流。不要一人独白，侃侃而谈，只管自己尽兴，要给他人留下张嘴的机会。

（2）冷场。不允许在交谈中走向另一个反面，即从头到尾保持沉默，不置一词，从而使交谈变相冷场，破坏现场的气氛。不论交谈的主题与自己是否有关、自己是否对其感兴趣，都应热情投入、积极合作。万一交谈中因他人之故冷场暂停，不要沉默置之不理，而应努力救场，可转移旧话题，引出新话题，使交谈畅行无阻。

（3）插嘴。在中途予以打断，突如其来、不经允许地去插上一嘴，不仅干扰了对方的思绪，破坏了交谈的效果，而且会给人以自以为是、喧宾夺主之感。

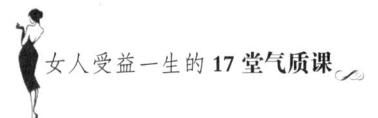

确须发表个人意见或进行补充时，应待对方把话讲完，或是在对方首肯后再讲。不过，插话次数不宜多、时间不宜长，与陌生人的交谈则绝对不允许打断或插话。

（4）抬杠。也就是所说的喜爱与人争辩、固执己见、强词夺理。沟通本身就是一个各抒己见、言论自由的过程，重在集思广益、活跃气氛、取长补短。若自己为是，自以为一贯正确，无理辩三分，得理不让人，非要争个面红耳赤、你死我活，不仅大伤和气，而且有悖交谈主旨。

（5）否定。在交谈之中，要善于聆听他人的意见，若对方所述无伤大雅，无关大是大非，一般不宜当面否定。除非触及一些原则性问题，一般没有必要判断其是非曲直，更没有必要当面对其加以否定，因此在交谈中不要去任意否定对方的见解。

在沟通中，仅仅会"说"是远远不够的，沟通是一个双向的过程，"聆听"的重要性绝不次于"说"，正如人们所说："健谈的人不缺乏，缺的是一双善于聆听的耳朵。"学会倾听别人的讲话是交流的基本要求，而女性目光专注地聆听，更是一种非常迷人的姿态。那么如何做一个合格的"聆听者"呢？

"聆听"不仅是你的耳朵的任务，还需要肢体动作的配合。自己接受对方的观点时，应以微笑、点头等动作表示同意。身体后仰、抱着胳膊、跷着腿，从心理学角度看，是对对方保持警戒的状态。歪着脑袋、摇头晃脑，容易使人误以为"是不是对我的意见不满意"？另外，不停地抖腿、转动手中的笔、两手紧握弄得关节嘎嘎作响，都是应该引起注意的无意识的坏习惯。聆听者在听取信息后，为使对方感到你的确在听而非发呆，可以根据情景，或微笑，或点头，或发出"哦""嗯"的应答声甚至可以适时插入一两点提问，例如，"哦，原来这样，那后来呢""真的吗"等。这样就能够实现谈话者与聆听者不断地交流，形成心理上的某种默契，使谈话更为投机。

手机是你的另一张面孔

随着科技的发展，手机大大缩短了人们之间的距离，密切了人们之间的联系，可以说现代人对于电话的依赖程度已经到了登峰造极的地步，也因此，手机的使用是否得当，也充分地暴露出一个人的礼仪素养。

如今，手机与人们的密切关系已经不言而喻，在这样一个科技时代，手机仿佛就是人们的另一张面孔，你怎样使用手机，就会给他人留下相应的形象。因此，使用手机时，礼仪显得非常重要。

手机礼仪一：放置位置要合适

在一切公共场合，手机在没有使用时，都要放在合乎礼仪的常规位置。

放手机的常规位置有：一是随身携带的公文包里，这种位置最正规；二是上衣的内袋里；也可以放在不起眼的地方，如手边、背后、手袋里。不要在并没使用的时候放在手里，也不要放在桌子上，特别是不要对着对面正在聊天的客户。

手机礼仪二：电话短信莫扰人

在会议中、和别人洽谈等场合，手机铃声是和谐气氛的一大杀手，此时最好把手机关掉，起码也要调到震动状态。这样既显示出对别人的尊重，又不会打断发言者的思路。而那种在会场上铃声不断，像是业务很忙，会使大家的目光都转向你，则显得你缺少修养。同样，在餐桌上，关掉手机或是把手机调到振动状态还是必要的，可以避免正吃到兴头上的时候，被一阵烦人的铃声打断。

手机礼仪三：须关机时要关机

有些时候，即使手机调成振动也还是会有影响，比如整个观影过程中，即使没有铃声的打扰，拿出手机发信息，手机屏幕发出的强光，在黑暗中显得"光彩夺目"，虽然只是一时，但还是影响了其周围的观众。

而开车时、乘坐飞机时、在加油站里时更要把手机关掉，因为这时使用手机存在着安全隐患，执意使用便是不尊重生命，包括自己的，更包括周围其他人的。

手机礼仪四：短信电话要礼貌

不要在别人能注视到你的时候查看短信。一边和别人说话，一边查看手机短信，对别人不尊重。公共场合特别是楼梯、电梯、路口、人行道等地方，不可以旁若无人地使用手机，应该把自己的声音尽可能地压低一下，而绝不能大声说话。

手机礼仪五：主动拨打多着想

给对方打手机时首先要为对方着想：这个时间他方便接听吗？并且要有对方不方便接听的准备，尤其当知道对方是身居要职的忙人时。在给对方打手机时，注意从听筒里听到的回音来鉴别对方所处的环境。如果很静，应想到对方在会议

上；当听到噪音时对方就很可能在室外，开车时的隆隆声也是可以听出来的。有了初步的鉴别，对能否顺利通话就有了准备。但不论在什么情况下，是否通话还是由对方来定为好，所以"现在通话方便吗"通常是拨打手机的第一句问话。

手机礼仪六：接打电话讲礼貌

打电话过程中绝对不能吸烟、喝茶、吃零食，即使是懒散的姿势对方也能够"听"得出来。接电话时也要尽可能问清事由，避免误事。要结束电话交谈时，一般应当由打电话的一方提出，然后彼此客气地道别，说一声"再见"，再挂电话，不可只管自己讲完就挂断电话。

手机礼仪七：莫叫铃声惹人笑

现在很多人都使用个性的手机铃声或者彩铃，虽然是个性的彰显，但是一些另类的铃声并不适合在严肃的场合使用。同时，彩铃毕竟是给拨打者听的，切勿因为一己之乐给他人留下不好印象。

文明旅行最快乐

旅行，从根本上讲是一个踏入有着与我们不同文化的地方的过程，作为旅行者的我们就如同客人一般，而旅行也像做客一样讲究礼仪规范。文明的旅行最快乐，旅行中的衣食住行都要讲礼貌。

1. 衣

旅行时衣着的选择跟其他场合的要求恰恰相反，在旅游时，西服笔挺，打着领带，脚蹬硬底皮鞋，反而会显得十分奇怪。尤其是出国旅游时，都穿休闲服装和软底鞋，西装革履是中国旅游者的"一大奇观"，这样的穿着，自己感觉不到舒适随意，硬底鞋也不便于行走。女性外出旅行千万别穿着高跟鞋和一步裙，一个是自己非常不方便，另外如果是跟团旅行也会对其他乘客造成妨碍。

2. 食

国内旅游，由于用餐的习惯差异并不大，用餐礼仪容易把握，而出国旅游，经常会遇到吃自助餐，而且多为西餐。西餐一般是先上冷餐，包括蔬菜、色拉、香肠等，然后是汤，面包一般是预先放在旁边的盘子里，最后上肉、鱼、鸡等主菜。无论是在国内还是国外，吃自助餐时应注意：取菜要按上述的顺序；每次取菜时，不必堆成满满一盘，最好分若干次去取，满满一盘惹人笑话；每次取食要量"力"而行，不要剩下为好；不要拿吃完的空盘再去取菜。

3.住

人们常说"把酒店当家"，实际上指的是把酒店当做家一样爱护，而不是当作自己家一样随便。一般入住酒店时会有导游及地陪安排登记，这个时候不要争先恐后，更不要在酒店大堂内大声喧哗。在国外，一般三星级以上的酒店会有服务生把行李送至房间，除了表示感谢外，还应给小费，一般可给 1 美元或折合成等值的当地货币。

在客房居住时，电视音量切不可太大，以免影响他人。不能随意弄脏酒店的东西，要对酒店服务人员保持礼貌，如果遇到雨雪天气，要收好雨伞，把脚上的泥擦干净再进入酒店。不同地区的酒店规矩不同，比如南方的很多酒店，不允许把榴莲带入酒店，一定要注意酒店的告示。要爱护酒店的公用物品，切忌用酒店的浴巾、毛巾擦鞋。切忌将小件衣服洗后挂在客房的台灯上连夜"烘"干。在洗手间，切忌把水弄得整个盥洗台到处都是。离开房间的时候，被子要稍微整理一下，使用过的毛巾等卫生用品要集中放在一块儿，浴巾搭在浴盆边上或放在里面，方便酒店人员整理。

4.行

无论在哪儿旅游，旅游者都要注意遵守交通法规。尤其是在国外旅游，任意闯红灯，不走人行横道这些行为是给国家和民族抹黑的事情。很多国家规定，只要有人踩上斑马线，汽车必须停下来让行人先走，我国游客一定要注意，不要已经站到斑马线上，还做手势表示让汽车先走。

5.其他

跟团出去，切记要有集团观念，要一切行动听指挥，不要因为你一个人耽误了全团人的时间。参观旅游景点时，不可以喧闹和大声说笑，在不允许拍照的地方一定要把相机收起来，要注意"禁止闪光灯"这样的标志。旅游时很容易出现洗手间人多的情况，一定要排队等候，不能插队。上完厕所一定要冲水，要把手洗干净。参观任何一个地方都特别提醒你多准备一些环保小袋子，注意环境保护，

不允许随意丢弃果皮、饮料瓶等废物。

如果参观地的居民衣着具有民族特色，不要大惊小怪，指点评论，否则显得十分不礼貌，甚至对方会感到被侮辱。出行前应尽量详细地了解目的地国家的礼仪习俗，有些行为在国内是正常的举止，在国外就成了失礼。

参加婚礼，要甘愿做绿叶

婚礼是一生中最快乐的时刻之一，也是重要的社交场合之一，参加婚礼的女性应如天使，为新人带去新婚的祝福，切勿因为不讲礼仪而为别人婚礼这一幸福时刻带来不快。

1. 应邀准备

在收到新人的邀请喜帖后要马上作出回应，需要马上打电话或是回函给对方，无论参加或不参加，都要先对新人说声"恭喜"，然后再告知出席与否，好让对方能掌握正确的出席人数。

参加婚礼的重要准备之一就是备好祝贺的红包，红包袋的种类不少，结婚对一个人来说可是人生大事，一定要隆重豪华，所以千万别忘了写上祝福的话。上班族的礼金金额在 100~1000 元，根据自己的经济条件视情况而定即可，礼金要偶数，因为偶数象征着双双对对的祝福，最忌 4（死）和 9（苦），另外，礼金的纸钞最好是新的。

挑选参加婚礼的服装也是不可轻视的。可以尽量穿着豪华亮丽的服装出席，但无论怎样选择，都须谨记一个原则: 不要抢新娘的风头。有几种颜色是不能穿的: 白色或者很淡的米色系列以及大红色，因为这通常是新娘当天着装的颜色，另外在款式也不要与新人"撞衫"，否则很可能会引起新娘的不快。柔嫩的粉色系是不错的选择；若是穿深色，最好佩戴小饰品来点缀，以免太过沉重。尽量穿套装或是洋装，休闲味不要太重。最好不要穿着黑色衣物参加婚礼，以免让新人感觉晦气。

2. 参加婚礼

婚礼当天需要提前半小时到达，如果迟到、早退的话要事先通知对方。迟到时不要自行进入会场，最好让招待人员领你进去。在出场之前要整理一下仪容，不要匆匆忙忙地赶到，不然很没礼貌。参加婚礼通常在接待柜前先将礼金袋交给接待人员，并签名祝贺。在接待柜前，先对新人的亲戚道贺，报上大名，并要说谢谢他们的招待。之后递上礼袋，正面朝上递给对方，此时顺便说些祝福的话。然后在签名簿上签名，如果夫妻一起出席，要先写先生的名字，再写太太的名字。

3. 婚宴入座

入座时要先跟邻席的人打招呼，如果跟你同桌的人都是陌生人，你也要表现出愉悦的心情。就座前先对同桌的人自我介绍一番，才不会显得尴尬，但也不要让自己太出风头。

婚宴开始后至敬酒前这段时间是媒人和来宾致辞。要安静地聆听致辞，不可喧闹。致辞时可能要边听边用餐，但要记住最初和最后一定要放下餐具鼓掌。如果同桌有人上台演讲的话，尽量不要用餐，专心聆听。

如果需要向新人敬酒，则要把握好时间，一般来说每一次敬酒时间不宜超过3分钟。因此，应该避免东拉西扯没完没了。向新人敬酒时，可以表达关怀、幽默风趣、率真感人的内容，甚至可以戏谑，这些都无伤大雅。你的态度可以严肃，也可以机敏谐趣。不过，最重要的是，你应该事先演练一番，态度要诚恳。同新郎新娘讲话、开玩笑时应注意掌握分寸，以免令新郎新娘难堪。

在婚宴上，不要对新郎新娘的穿着打扮、容貌长相，主人对婚礼的各项安排，酒菜质量以及主持人的讲话等当众评头论足，吹毛求疵。即使是说赞赏的话，应注意掌握分寸，否则会让人觉得虚伪。应多谈一些令人愉快的话题，避免谈论令人伤心或烦恼的话题，使婚礼充满笑声。

若要提前离开婚宴，最好等来宾都致完辞后再走。离开时不需要再跟新郎、新娘打招呼，但要跟坐同桌的两侧人打招呼。

黑色葬礼，庄严肃穆寄哀思

生老病死乃人之常情。亲友过世了，都会举行一个隆重的丧葬仪式，葬礼是一个庄严肃穆寄托哀思的场合，也属于社交的一部分，由于场合的特殊性，葬礼亦有很多特殊的礼仪。

　　虽然不同民族的葬礼习俗不同，总的来说葬礼都是一个庄严肃穆的社交场合，葬礼上的意义也更是细致和严格。出席亲属丧葬仪式时，作为一个家庭整体的出席，女性作为家里的女儿或儿媳，是一个家庭的重要代表，更要注意自己的言行举止，不能失了分寸。

　　首先，葬礼的服装要求十分严格，女性在参加葬礼或吊唁活动时，应穿深色正式服装，藏蓝色或者黑色，内穿白色或暗色衬衣，不可穿红戴绿，不用花手帕，切忌浓妆艳抹，戴装饰品。

　　接到"讣告"之后，可以通过写唁函、发唁电给死者的家属，以示哀悼。很亲近的亲友可以登门吊唁，并帮助家属治丧。但如死者的亲人不愿接见亲友，则不宜登门致哀。如果参加葬礼，可以给葬礼送花，可在葬礼举行前，通过葬礼承办人或花店办理。如"讣告"上写明"敬辞鲜花"，则应当遵从，不必送花。送花时，应附上写有悼唁字句或"献给×××"字样的飘带，并附有赠花者的姓名。如果各方面条件具备，也可以写挽联、诗或文章以纪念死者。

　　非宗教性的葬礼，常常就在公墓的礼堂或墓地举行。如果应邀参加葬礼，在葬礼上的举止一定要注意。一些过当的举动例如号啕大哭应避免，在措辞上也应注意，葬礼会场是肃穆的，葬礼上言辞应收敛，高谈阔论、嬉笑打闹都是对亡者及家属的不敬，说话压低声音，举止轻缓稳重，才能显出诚意和风度。一些民族的葬礼上是不能哭泣的，同时也尽量不要过分流露悲伤，因为那会增加死者亲属的悲痛。在葬礼进行时，不要目不转睛地注视着哀伤的死者亲属。吊唁者不可三五成群、窃窃私语，不可漫不经心、东张西望，行礼时动作要真挚自然。总之，葬礼应始终保持庄严肃穆的气氛，深思默祷，向死者沉痛致哀。

　　葬礼上，关怀及安慰对于亡者的亲属很必要，在死者家属握手时，可以低声说几句表示悼唁和慰问的话，如"接受我深切的哀悼""请节哀""多保重""生老病死，一切都是自然现象""节哀顺变""为了爱你的人和你爱的人，一定要坚强地走下去""不要太难过了""照顾好身体，家人一定不希望看到大家太难过！"等等，当然，如果你不知道说什么，那么也不要轻易开口，以免说错话反而给死者亲友增添悲伤。

　　需要注意的是，参加葬礼之前，一定要熟悉一下死者民族或者所信仰的宗教的丧葬传统，以免在葬礼上引起误会，被认为是不尊重死者。

第十七课

礼仪是女人家庭幸福的资本

批评是婚姻的毒药

现实生活中，夫妻关系失衡的不少，究其原因，也往往是我们不注意自己的言行，对自己的配偶有过高的苛求。其实平淡、简单的日子才是真实的生活。一个幸福的家庭是由两个人一起努力营造的，过多的指责只会使这个家庭向破碎的边缘滑行。

现实不同于电视剧，每个家庭也有不同的内部形态，只有夫妻双方共同经营的平等家庭，才能营造出幸福和美好的婚姻，夫妻双方都能在家庭里感到爱的涟漪的微动，虽然漫长的时间褪去了年轻的激情，但是留下的是柴米油盐的温馨，一份理解、一份支持才可以帮助夫妻相携相伴地走着岁月的年轮。不能否认的是婚姻需要经营，家庭也需要打理，配偶需要关怀，日子需要一同走过。

然而，不幸的是，在现实的家庭中，总会遇到一些小矛盾，也会碰到生活的不如意，容易渐渐变得对自己的婚姻不满了起来，也许这样的家庭一开始过得还算是顺风顺水，就算算不上琴瑟相和、举案齐眉，也可以说得上是相安无事。女人最容易因为一些小事斤斤计较，慢慢也会产生一些抱怨与唠叨，渐渐埋怨的劲头盖过了过日子的劲头，就是悲剧的开始。有时候这种婚姻中的女人看着别家住上了大房子，别家的男人挣得比自家的男人多，抑或是别家开了好车，慢慢地心理发生了倾斜，不满意挂在了嘴边，整天挤兑自己的男人。

其实无非也就是整天说自己的男人没本事、窝囊废、没有一点男子气概等等。也许你认为这些都只是一些闲言碎语，不是很严重，但是要知道，这是夫妻之中最忌讳的语言。刻薄的话往往是葬送婚姻的闸门，一旦打开了之后，后果就会无法收拾。因此如果你不改变自己说话刻薄、批评自己男人的习惯的话，势必会让自己的配偶逃避这婚姻带来的伤害，为了婚姻更加和谐美满，你应该要更聪明些。

夫妻生活是一种艺术，婚姻家庭是我们的舞台。夫妻之间的生活也不是几个字就能表达清楚的，要靠我们用心去揣摩自己的角色。虽然生活不比演戏，但是生活中的的确确需要这些实在的艺术，表演的优劣全看我们的技巧了，技巧是用智慧来浸淫的，但批评对方不是夫妻相处之道。

其实有些女人不满足于自己男人的无能，并不是想离婚，只是一时的气愤和不满而已，只是这样的人不知道从哪里冒出这样大的肝火？做人要知足常乐。当男人常常待在家，你就嫌弃他没有自己的事业，太没用；当男人经常出去交际应酬的时候，你又嫌弃他不顾及家庭，也不够在乎你。其实在生活中，事业与家庭的平衡点不易找，做人不易，所以，要用更多的理解和爱心对待自己的配偶。一个家庭的好坏，不是一个人的责任，作为女人也应该有自己的半边天，和男人共同撑起这一片天空。而且一些现实的因素并不能被一个人所左右，工资的高低和自己单位的好坏要挂钩，就算配偶没有进入好单位也并不是他的过错，因为好单位并不能轻易进去，有时候行业分配不公也会造成这一现象，把本不是配偶的过错扣在其头上，这不是公平的表现。

一个女人，如果你选择了一个英俊潇洒的大众情人般的男人，那么结婚以后你就别为了他身边经常围绕一些狂蜂浪蝶而吃醋；如果你选择了一个花心的大款男人，结婚之后就不要因为他的众多情人而痛苦烦恼；如果你选择了一个事业心太强的工作达人，结婚之后你就别为他整天忙于工作，没时间陪你而埋怨他；如果你选择了一个整天围着你转疼爱在意你但能力一般的男人，结婚之后你就不要因为他没有别的男人会赚钱而数落他。没有一个人是十全十美的，每个人的婚姻也不可能那样幸福完满。当发现对方身上的缺点的时候，千万别去数落对方的不完美，因为你自己本身也不完美。接受你所选择的，克服一切困难，踏踏实实过好你现在的日子才是最重要的。

家庭也是社会中的一个小单元，家庭的稳定和谐可以让人以愉悦的心情投入到工作中去，作为一个女人尤其应该学会包容。人与人之间相处，不能锱铢必较，斤斤计较的女人很难处理好家庭生活之中的问题，家庭生活自然也不能幸福美满。

夫妻之间最重要的一点就是能够互相理解，理解的基础就是能够互相包容，既要包容优点，同样也要包容缺点，因此不能在有一些不满意的时候就口不择言伤害对方的感情。

每个人都有不可避免的缺点与不足，在热恋中，双方都会收敛自己，尽量把自己好的一面露给对方。而且在热恋之中的人往往是"情人眼中出西施"，就算是对方的缺点在自己看来也是优点。一旦结婚以后，双方原有的缺点都会慢慢显露出来，再加上家庭生活中本来也会遇到很多的矛盾，这个时候，如果夫妻之中的任何一方，抓住对方之不足，一不高兴就要埋怨，那么这样的婚姻肯定是无法长久下去。

人的本性之中缺陷之一就是喜欢攀比，通过互相比较也会产生心理的不平衡，因此在家庭生活中千万不要经常和人家进行比较，因为永远有比你有钱、比你有能力的人，但其实也有很多过得不如你的人。如果总是喜欢比较，获得的更多的是一种失落。比到最后就会经常互相埋怨，例如埋怨对方没有本事，埋怨对方不会赚钱，埋怨对方不能给家中带来豪华的生活等。到最后吵得不可开交，进而影响夫妻之间的感情，到最后只好分道扬镳各奔东西。因此唠叨、抱怨是将婚姻送进坟墓的最大敌人，很多原本很般配的伴侣最终走向陌路，起因只是因为女人的抱怨和唠叨。

1. 不吝惜赞美和感谢

消极的情绪可以慢慢杀死一个人，而生活中的消极言语则可以杀死两个人的婚姻。夫妻双方都有自己的优点与缺点，婚姻是一面镜子，你在看到对方身上的缺点的时候，也应当看到对方身上的优点，长此以往对方也自然能看到你的优点。如果你希望老公欣赏你、赞美你的话，你当然应该先去赞美你的伴侣。虽然你们已经是夫妻，但是很多事情也并不是你想象的理所应当的，作为女人，应当学会适时地对伴侣展示关爱和表示感谢之情，如果你的伴侣在长时间的婚姻中只有付出而没有回报，甚至只能获得抱怨的话，那么你的婚姻就会真的走向麻木和死亡了。

2. 得理也要饶人

夫妻之间共同相处，最珍贵的是谅解，最可爱的是了解，最难得的是理解，最可悲的是误解。夫妻之间不可能事事都意见一致，有时候争吵也是难免的。当争吵的时候情绪激动，难免口出秽言，说"过头话"，做"过头事"。因此，夫

妻争吵有"四忌"：忌口出秽言，忌翻旧账，忌回娘家搬人，忌人身攻击。一定要记住，在家庭生活中时常产生矛盾，这种矛盾是不可以用粗暴的方法来解决的，如果伴侣有不对的地方，你可以直接提出来，但是不能无休止地、没完没了地唠叨，因为这样只能让对方离自己越来越远。

人生苦短，转眼就是百年，一个人活在世界上的时间也并不是很长，当你看到一个又一个的生命离我们远去，当你看到身边的人一个一个慢慢离开，你就更应该珍惜活在世上的日子，更加珍惜身边人，珍惜和家人相处的时光。如果每一个家庭中的成员可以少一些埋怨，多一些理解，少一些指责，多一份包容，那么婚姻自然可以更加圆满幸福。切记，互相埋怨是婚姻的大敌！

在老公的朋友面前给足他面子

男人都是非常要面子的，并且最忌讳伴侣在自己的朋友面前不给自己面子，因为那是极其损害男性尊严的事情。虽然很多女人明知道这一点，还是一而再再而三地去触犯伴侣的底线，其实这种行为是既不明智又缺乏礼仪的。

在婚姻生活中，女人给男人面子就是给自己面子，聪明的女人懂得要把男人的面子放在最前面。

有人说，男人什么都可以丢，就是不能丢了面子。也有人说，男人的面子是女人给的。但是结婚之后，不少女人总是有意无意地疏忽了自己男人的面子问题，在外面也不注意要给自家的男人留一丁点儿面子，男人的虚荣心自然大受打击。她们中有些人婚后忙于服侍男人、照顾孩子和老人，也疏于梳妆打扮，一副邋遢的样子，在不经意间就在男人的朋友、同事面前丢了男人的面子都不自知；有的女性在外面，就连男人能驾驭自己老婆的那种浅浅的面子都不给男人留，更甚者竟然在男人的亲人、朋友或同事面前奚落自己的男人，或者当场责骂自己的男人，指责男人的不是。这样如何能保持婚姻的长久呢？聪明的女人懂得在适当的时候静静地面带微笑听男人倾诉烦恼，知道在适当的时候给自己的男人打圆场，知道适当的时候见好就收，不让自己的男人有一点儿的尴尬。只有这样得体合宜的女人才能真正拴住男人的心，才能真正享受婚姻生活的长久快乐。

男人视面子如生命，因此，女人一定要在外面给足男人的面子。男人兜里的钱最好不要少于 500 块，这样如果男人临时有个饭局请个客也可以出得起钱，不会在其他的同事和朋友面前丢份儿。老公若能如此被宽待，他就可以了解、体会到你的体贴与包容，绝对会理解你、支持你，也更有利于婚姻的长久与和平。其实，给男人兜里放上充足的钱，他还会给你带来意想不到的更多的惊喜。切记，女人千万不可因小失大。因为，平时被老婆管得越严的男人，就越会留一些小金库和私房钱，毕竟男人间吃吃喝喝、朋友间的交际是常事。而且，男人在私房钱的这个问题上，会觉得你不仁我不义，花钱就变得更加大手大脚毫无羞愧感，平时拿出私房钱经常请同事吃饭也是常事。为了避免引起不必要的争端，他只好在老婆面前硬着头皮愣充好汉。甚至在公司发奖金的时候，也会和同事串通起来商量口径，对老婆隐瞒奖金的真正数额。但是你如果站在他的角度多想想，给他合适的钱，他花钱的时候也会变得小心翼翼。

作为老婆，在外人面前应该尽量表现得小鸟依人，让外人觉得男人在家里是说一不二、当家之主。一些正在喝酒聚会的男人当着众人，和老婆打电话时声调提高八度："好了好了，今天我晚点回家，你就别啰唆了，我正忙着，我挂了！"此时，其实很多同事朋友都竖起耳朵细听等着看好戏，因此你即使遇到了这种情况的时候也千万别动怒别中计，可以和颜悦色道："好的，老公，你少喝点酒，酒后千万别开车。如果太晚了回不来就打电话告诉一声哦。"等回到家之后，老公一定会为你天衣无缝的配合逗你开心。很多在外呼风唤雨的男人，在他人面前是一副大男人的样子，可回到家却是居家好男人，心肝宝贝叫个不停，脏活儿累活儿抢着干，这就是因为女人调教有道。聪明的女人懂得花心思维护自己男人的面子，也可以把两个人的小氛围经营得越发和谐。

1. 在他人面前，不要随便唠叨和训斥对方

在配偶的朋友或者同事面前，千万不要随便责怪对方，显示自己的能干与高明。在自己的孩子面前，尤其要维护对方的面子，树立长辈的尊严和形象。如果总是在孩子面前指责自己的男人，就会使丈夫在孩子面前失去威信。男人在家里可以是"妻管严"做什么都可以，但是在外面的时候，他就希望全世界都看到自己的太太是多么的温柔贤淑。

2. 在家里待客时，给足丈夫面子

妻子要时刻注意约束自己的言行，在朋友的面前尤其如此，要避免使用命令口吻对丈夫说话，或做有损于丈夫威信的事情。一定要记得内外有别的原则，夫

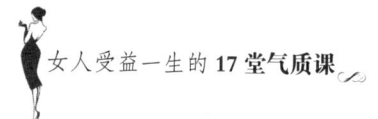

妻私底下可以平等，甚至女方的地位可以高一些，但是绝不要把夫妻两个人的特殊相处拿到他人的面前来，这样可以有效避免损害丈夫的自尊心。当丈夫的朋友来家里做客的时候，作为一个贤淑得体的妻子一定要热情地招待，让他的朋友羡慕他有一个好太太。在他和朋友聊天的时候，你可以坐在一边偶尔闲聊几句，但是即使你对他有再多不满，也不能在闲聊之中当众数落、埋怨他，否则，你的男人可能会恼羞成怒。在适当的时候说得体的话，是一个有礼仪的女人该懂得的，别忘记了这个道理在你的爱人身上也一样的适用。

3. 从不在公共场合挑剔他

在公共场合，即使他的生活细节和基本礼仪不到位，当他做错什么的时候，你也要悄悄替他打圆场；如果他有什么漏洞的时候，就要慢慢替他补上。如果你在这个时候直接指责他，只能有损他的面子，就算对你的形象来说，也只能是起不好的反作用。

4. 不要当着他和好友的面曝他的隐私

不能在好友面前曝光自己男人的隐私，即使是开玩笑也不行。密友就是密友，老公就是老公，千万不要在密友面前曝光老公的隐私，别以为有了自己这根纽带，他们就成了一家人，很可能因为这些隐私，反而大伤老公的面子。

5. 在可能的范围内宽容他

男人都爱面子，有时候在公共场合因为他的面子就无法顾及你的面子，只要无伤大雅，就可以一笑了之。只要你给他点面子，满足他的虚荣心，这种时候把他当成一个小孩子，他会非常高兴。

6. 公共场合成为让他骄傲的伴侣

成功的男性在很多应酬的场合都需要携带女伴出席，作为他的伴侣，如果女性懂得修饰自己，言谈举止非常得体大方，那就会让自己的男人觉得非常有面子，夫妻本是一体，他的面子也就是你自己的面子。在交际性的场合，作为妻子更要注意自己的身份，把握自己的言行，千万不能把在家那种习惯性的做法拿到场面上来叫丈夫出丑。而且要表现出有教养、受人尊敬、与丈夫同心同德、互敬互爱的妻子的形象，才会受到丈夫的尊重与爱。如果你每次都以一种邋遢和不修边幅的形象出现在众人面前，那么他以后一定不愿意带你出去，关于这一点男女之间并没有区别，大家都喜欢美好的事物，并且具有一定的虚荣心，因此女人一定要了解并且满足男人的虚荣心。

此外，即使是夫妻单独在一起的时候，也不能随心所欲地伤害对方的面子，一方面要注意说话的方式方法，另一方面还要学会互相尊重，因为只有这样，才能使夫妻感情不断增深，恩爱白头到老。

男人的面子，意味着男人的自尊与自信，学着给自己的男人留足面子，你也可以享受到一些意想不到的果实，他会更疼爱、更珍惜你。给自己的男人留面子也等于给自己留下余地，可以让自己变得温柔体贴，让他变得阳刚潇洒，快乐也就无时不在。

懂不懂得给自己的男人留面子，也是作为一个女人成熟不成熟的标志，更是一个女人的必修课。女人在外能够识大体，就是给足自己的男人面子，他会懂得，更加会心存感激。回到家，即使面对你的"暴风骤雨"，他也会心甘情愿快乐地接受。给足男人面子，其实，也是在为自己争得一份爱与尊重。

包容对方的性格与生活习惯

挑剔对方的瑕疵可能是婚姻美满最大的敌人之一。夫妻之间相处，日久天长失去了情人眼，看到的都是对方的缺点，慢慢就会产生厌恶感。久而久之，你会变得更加挑剔，而你们的婚姻也会岌岌可危。明智的女人懂得包容对方的性格和生活习惯，维护自己的爱情和婚姻。

三毛曾经说过："爱情如果不落实到穿衣、吃饭、数钱、睡觉这些实实在在的生活里去，是不容易天长地久的。"每个人都有各自的性格和生活习惯，并且这些是在家庭里形成、并在长久的生活过程之中固定下来的。因此，结婚后的男女双方性格和生活习惯存在某些差异是一件很正常的事情。偏偏有些女人会奢望自己的男人爱自己，就与自己同呼吸、共命运，保持步调一致，哪怕是生活习惯也要一致。从生理上说，大部分女人天生都会有一种改造的欲望，如果丈夫的某些方面不符合自己的要求，就会按捺不住地想改造男人。而这个改造的标准就是按照自己进行的，比如说自己不抽烟不喝酒，就想把自己的男人也改造成烟酒不沾的类型；自己性格比较沉静不喜欢吵闹，就会拒绝与丈夫朋友的往来，不希望男人呼朋唤友；自己有洁癖就希望丈夫一天三次换衣服，处处注意卫生；自己心

细周全，便希望男人也心思细腻滴水不漏，左右逢源。

　　女人的改造欲望往往容易膨胀，一开始也许只是一些细枝末节的小事，慢慢地就开始包罗万象，最后连男人的一举一动、一颦一笑都要符合自己的规范，不许越雷池半步。但是实际上的改造效果往往不尽如人意，正是因为这样，女人会加倍努力改造男人，女人有一千条改造的理由，男人便有一千条不改的理由。在劝说对方改造的过程中，女人费尽心思、磨破嘴皮、软硬兼施、招数用尽后，她会发现男人的性格和习惯依旧没变，他仍旧我行我素，但是感情却没了。爱情需要保护，就像一件易碎品，如一只瓷瓶一般，如果瓷瓶上有一个疙瘩，那么怎么看都不舒服。但是如果你想尽办法去打磨这个疙瘩，虽然你的初衷是好的，但我们往往看到这样的结局：疙瘩还没有打磨掉，瓷瓶就已经先碎了。

　　有这样一个故事：一对夫妇都喜欢吃苹果，但是常为吃苹果而争吵。妻子怕苹果皮上有残留的农药，吃苹果的时候一定要把苹果皮削掉；而丈夫则认为苹果皮很有营养，把皮削掉太可惜。随着吃的苹果越来越多，吵架也就越来越多，最后，竟吵到他俩的老师家，请老师明断是非。老师对妻子说："你先生吃了这么多年不削皮的苹果，现在还好好的，你担心什么呢？"老师又对丈夫说："你嫌你太太不吃苹果皮太浪费，那么你就把她削的皮拿去吃了，不就没事了吗？"老师还说："因为各自的家庭环境不同，成长过程不同，每个人的生活习惯也会有所不同。因此，不要勉强别人来认同自己的习惯，同时，也要宽容别人的习惯，才能使婚姻更为长久。"小两口茅塞顿开，从此之后再也没有因为类似问题而争吵过。

　　有人说，恋爱的时候要睁大双眼，看清对方的优点与缺点，结婚后则要睁一只眼闭一只眼，这话不无道理。你的伴侣也许在生活习惯上有诸多"缺点"，例如起床不叠被子、桌上总是一团糟、牙膏由上面开始乱挤、洗碗不擦桌等。也许正是因为这些生活中的小习惯让你实在看不惯，累积在一起你就会生气。可是当你静下心来后问问自己，是叠被子这种小习惯重要呢还是你俩的感情重要呢？如果因为叠被子这种细小的生活习惯而伤害了彼此之间的感情，岂不是因小失大了吗？如果你试着用理解、尊重和包容去对待你的伴侣，相信他也会努力用同样的态度回报你。

　　和谐的关系来自于理解配合而非一味求同，婚姻幸福的密码在于"求大同，存小异"。因此夫妻俩不必勉强对方来认同自己的习惯，同时更要宽容理解对方的习惯。每个人都有缺点，面对彼此的缺点，还是宽容一点儿好，要知道，在婚姻生活中，宽容往往比改造更重要，也更为实在。有些妻子总是喜欢改造自己的男人，然后再自豪地向别人炫耀："看，我们俩连生活习惯都一样。"其实这种行为更多的是一种表演，因为完全的一致难以达成。婚姻中最重要的是互相包容与合拍。两个人是因为相爱才结婚，因此没有必要把自己的婚姻演化成表演，更加不用费尽心思使双方任何生活习惯都保持一致，这不仅徒劳无功，还会限制婚姻的进展。

感情里没有对错，夫妻之间也是没有输赢的战争。因此，对自己的爱人，既要了解也要谅解；需要道歉也需要道谢；要宽容，但不要纵容，即"大事不糊涂，小事不计较"。夫妻之间的矛盾和问题，大多只是因为生活中的小习惯，多是"小事"，实在不值得因为这样而"大动干戈"。除了一些原则性的行为，妻子都应该尽量给予宽容和理解。

1. 多设身处地想问题

如果每个人都只会从自己的角度去看问题的话，就会认为自己都是对的，别人都是错的，这始终不是解决问题的办法。由于生理上的不同，男人和女人看问题的角度也不一样，当出现了不同意见的时候，就很容易发生争吵，这样就容易影响夫妻感情。其实大多数夫妻之间吵闹，究其原因，并不是因为实质性的问题，只是因为一些鸡毛蒜皮的小事。但是如果双方都坚持自己是对的，那么误会和争吵就会越来越多，影响彼此的感情。夫妻之间和谐相处的关键，并不在于性格是否相同、相近或不同，而是在于夫妻之间懂得如何相处，懂得互相包容与理解。性格差异较大的夫妻，就应该多站在对方的立场去考虑考虑，彼此都能退一步，那么就可以海阔天空了。同时还要各自扬长避短，树立正确的认识，端正思想，主动地包容对方。可以让善于交际的一方主外，不善于交际的一方主内；做事心细的一方理财，比较粗线条的一方理事。如果照着这样的原则去处理，那么就没有化解不了的矛盾，也不会有解决不了的问题。

2. 多要求自己，少要求对方

虽说人的性格很难改变，但是也不会是一成不变，夫妻双方应该注意逐步克服自己性格之中的不足之处。性子比较急的，就应该用心克服自己的急躁情绪，办事再沉稳一些；性子比较慢的，则应注意一下速度与效率。但是，千万不要试图去"改造"对方，而是要尊重对方、帮助对方。

3.在历数他的缺点之前，先罗列他的优点

婚姻之中最忌讳妻子数落丈夫的种种不是，这样很容易引起争吵与意见不合。当你也有这样的想法时，不妨先想一想他的优点。不要总说他一无是处，要知道，每个人都有优点，当你能正视对方优点的时候，你才能客观地与他谈论他的缺点，不会沦为无理取闹。

正所谓"情人眼中出西施"，你可以理解为热切的感情蒙蔽了理智的双眼，所以对方的一切瑕疵都可以包容，一切错误都可以被理解。但是如果你能始终拥有一颗宽容的心，可以包容对方性格和生活习惯的缺点，那么你一样也拥有一双"情人的眼"。如果夫妻双方都可以用情人的眼睛互相看待，婚姻就能持久保鲜。多一些宽容，人的生活中就会多一分阳光，多一分温暖。宽容别人就是解放自己。

距离产生美，给对方一些空间

很多热恋中的年轻人都想把对象据为己有，不给对方一点空间，自以为时时刻刻黏在一起就是爱对方的表现，其实这是一种非常自私的想法。其实爱对方不代表要时时刻刻拴着对方，反而意味着要多给对方一点空间，因为爱也需要保鲜。

有些女性的依赖性会强一些，时时刻刻都希望和对方在一起，但是有时候其实需要多给对方一点空间，更加不能去查对方的手机、电脑等，一个时刻紧盯着别人的女人是不会受欢迎的，很容易让人产生一种厌烦的感觉。男生和女生的想法其实很不一致，女人喜欢在一有空的时候就想着对方，一无聊就想找对方聊天，也不会顾及对方在做什么，但是时间久了，男人就会觉得你的依赖性太强，一天到晚不干正事，没有他就不行，慢慢也会觉得厌烦。

有些男人相信自己的女人，告诉她一些信息，却反而招来了她的进一步的好奇心，追查蛛丝马迹。例如男人把QQ号密码告诉你，你却登陆他的QQ把里面有点儿蛛丝马迹的异性好友删除。其实不妨换个角度思考一下，如果男人不相信你，就不会把密码告诉你。反之，如果你的男人把你重要的好友删除了，你会不会生气呢？每个人的忍耐都是有限度的，谁都会有受不了的那一天。虽然男人爱你，但是也不会时时刻刻都有空陪着你，也不会成天到晚地都得恭候你。因此，你为了爱就更应该学会体谅伴侣，而不是要求对方什么事都得围着你转，那样的爱是被迫而爱，谁都不会做爱的奴隶的，换个角度也为他考虑一下。

恋爱的时间久了，不再是热恋了，也许他会没有那么多时间陪着你，但是这并不代表他不爱你，而是已经习惯了你的存在，他觉得你不会为了小事而向他发火。有时候，夫妻双方会因为一些小事吵架，有些就会选择离家出走或者短时不理对方。有时候他们还会找朋友去发泄心中的怒气。如果是向同性朋友倾诉还好一些，如果是异性朋友的话，在交流的过程中可能出现一些不可想象的悲剧。那些夹在中间的异性朋友是最够义气的人，有的时候因为你们一句话，可能会给他们带来恋爱中最甜蜜的热效应。但是更多时候也因为你们一两句贴心的话，就让对方大打出手，甚至失去朋友之间的友谊。

男人是群居动物，经常需要出去聚餐或者应酬，偶尔有个异性朋友请客吃饭，或者去参加一些娱乐活动都很正常，因为这些都是朋友间最简单的活动。但是如果你总是管着对方，总是禁止这个禁止那个，那么当你的爱人和一只宠物有什么区别吗？交友是没错的，友谊天长地久这句话已经说了许多年，难道你们结婚之后生活中就不需要朋友了吗？在恋爱中你应该学会给对方空间，相信对方。

其实具体的做法还是在于你自己，只要自己做好了，对方也能够放心。只要你做的事问心无愧，你爱的人对你真心一片，那么你就可以避免这些小孩子之间的戏码了。自己的错不应该由别人来承担，有时候你的伴侣之所以会生气也可能是因为已经受够了你的某些做法所以才会怒气相向，当发生这种情况的时候，你应当第一时间了解到自己应该多给对方一点儿空间，毕竟生活里并不是只有爱情和婚姻。爱他就应该多给他一点儿空间，爱要学会体谅。

也许你经常可以看到一对满面倦容的夫妻在周末一起散步，他们看起来脚步沉重也很累，其实两个人的心里都很累，但是他们谁也不愿意承认。他们的周末往往这样度过，因为周一到周五都要上班，就两个人一起度过周末，但是这样反而束缚了彼此的社交圈子，彼此感觉又累又没有空间。

恋爱也有潜规则，这项规则就是给彼此更多的私人空间。但是不幸的是，很多人都深深地相信：爱和私人空间是矛盾的。女人大多认为，如果爱对方的话，就应该尽可能地花更多的时间去陪着自己。然而，事实上每个人都需要有独处的空间和时间，对于男人来说尤其如此，否则他们不可能活得开心，也就不可能让他人开心。有些情侣数天、数周、数月甚至更少时间都待在一起的时候，他们会觉得很开心；而更多人则需要一些独处的空间和时间来保持适当的距离，只有适

当的距离，才会使恋爱中的人变得更开心。他们需要空间来休养并且重新梳理自己的思想。对于有些男人来说，静静地一个人待一会儿就是一种最好的放松方式，也是他重振精神的办法。这其实根本没有错，是一种很自然的表现。

你不能否认男人需要空间和时间来放松，如果因为对方想要一些私人空间而你不给的话，不仅你的伴侣会不开心，也同样会使你自己也不开心。如果男人没有得到自己想要的独处时间和空间，心情就会变得烦躁郁闷，迟早有一天会把气出到你的身上。而在这种情况下，争吵是没有赢家的，只会伤害彼此的感情。

也许你会听到男人说"我需要一点儿时间静静"，你就会认为说这话的人不够爱你。其实，一个男人需要自我空间并不代表着他不够爱你。当然，在这种情况下，你应该表示支持与理解，让他安安静静地一个人待着。你应该尊重并理解自身的空间，也更加理解你的伴侣对独处时间的需要，要明白的是他想要一个待着并不是说要离开你，而是想要暂时离开所有人，他想要的只是自己的私人时间和空间。聪明的妻子应当明白夫妻之间是亲密有间的，但是人与人之间再亲密，也要保持一定的独立空间。

1.距离产生美

夫妻之间也需要一定的距离和空间，作为女人一定要明白，你和伴侣之间其实是互相依赖的关系，而不是单方面地依赖对方。因为这种单方面的依赖只会给对方造成压力，其实是用所谓的爱制造了一个牢笼。一个聪明的女人懂得保持一定的神秘感和各自的空间，让伴侣在得到自由空间的同时，又能感受到家庭的温暖，让婚姻真正保鲜。

2.不要总是缠着对方

对于男人最好不查岗、不跟踪、不刨根问底，不要让你的配偶觉得你总是缠着他，而是让他在乎你、尊敬你。如果你总缠着对方那么只会物极必反，你的紧盯缠人反而会让他感觉到无法呼吸，慢慢地就算人还在身边，心也早已经飞远了。大度宽容的女人是不会动不动就偷看丈夫的手机短信的，更加不会丈夫晚回家就疑神疑鬼寻找蛛丝马迹，而是对自己的魅力充满信心，认真用心地经营好婚姻。

事实上，在缺乏教养的人身上，勇敢就会成为一种粗暴，学识就会成为一种迂腐，机智则会成为逗趣，质朴则会成为粗鲁，温厚就会成为诌媚。夫妻间的关系和顺，永远与他们的自我修养成正比。而对女人来说，最重要的礼仪，就是在婚姻中不断提升自己，给对方更多的自由空间。

聆听对方的心声，让心灵更靠近

伴侣之间如果想要长久地保持爱情的长久，想要永久幸福地生活下去，在日常生活中两人除了相互扶持、尊重与体谅对方之外，还得学会适当地聆听对方的心声，让彼此间的心灵更加靠近。

根据有关调查研究发现，在不同国家、不同种族、不同教育背景、不同年龄特征、不同收入水平的1400个家庭中，都会出现一种有趣的现象，那就是丈夫在家里撒娇的频率甚至会超过妻子。这种现象也就说明了在现实生活中的男人，白天要辛苦经营事业，平时则要努力经营家庭，辛苦的他们也需要一个感情宣泄的平台。因此，作为贤妻的女人在这个时候，就更加应该及时敞开胸怀接纳男人的心声，这样不仅在融洽两人感情的同时，还可以有效地帮男人减缓各种压力。因此，女人不仅要把自己的男人当成伴侣，还要把男人当作朋友，要像一个最好的朋友那样去随时倾听对方的心声，女人在平时所学习的礼仪与教养，不仅仅是在外面用来展示自己，更应该在家庭里给予自己的伴侣。

生活中，也许很多的丈夫都会抱怨自己的女人根本就不听自己说的话，自己的女人也不懂得察言观色，那么女人应该怎样做一个合格的妻子，才能聆听出男人的心声呢？下面教你聆听男人心声的两大奇招，让我们一起来看看吧。

1. 当男人正在思考如何表达自己时，不要打岔

"你又干扰到我的思绪了！""你让我都忘了想说什么了！"也许你听到自己的男人多次说过这种话，也许你和他讨论事情的过程中就可以听见好几次。也许你碰到这种情形会嘀咕："我没有妨碍你啊！我也想告诉你我的感受。难道你要我只干坐在这里，闭上嘴巴只听你说吗？"如果你的男人够诚实不会拐弯抹角的话，他会告诉你："没错，就是这样。"也许这就是一场家庭矛盾的开端了，女人会认为男人根本不想听自己说话，开始厌烦自己、对自己也开始不够重视了，当胡思乱想被撕开了一个小口子之后，剩下的矛盾就更容易一个接一个地产生了。其实，那只是男人不喜欢被干扰的表现，他并不是不喜欢听你说话，你还应该考虑别的原因。男人在思考问题，去想自己的感受的时候，通常必须集中精神。他们并不像女人这样可以天生一心两用，对于他们来说，他们很难在同一时间进行两件事情，那么你就应该明白，为什么男人总是要比女人费更大的劲儿才能顺利

地思考问题，说出他们自己的感受了吧？男人做事的时候很难一心两用，当你明白了这个道理之后，你自然会明白男人不喜欢在他们思考时被打岔的道理。如果你在谈话中打断了男人的思绪，将会暂时性地将他从感觉的状态抽离出来。

假如你的伴侣正在思考问题，或者正试着整理他的感觉（这是一种大多数的男人至今都还没有学会的技能）。恰巧在这个时候你又去和他讲话，那么便会会分散他的心神。也许你只是出于好意想给他一点儿建议，但他却必须中断原本正在进行的思路，去听你说话。这样的中断往往会使你的伴侣远离了思考的重心，这会导致他变得激动甚至生气，那么也就更容易造成矛盾的开端。

出于天性的原因，男人是目标导向，因此当他们开始着手思考一个问题的时候，他们更倾向于顺着思路去完整地思考完一个问题。对于女人而言，在谈话的时候突然从某一话题转入另一话题，然后又扯到其他毫不相干的事情去，然后又言归正传，这是很正常的事情，这种跳跃性的思维不会让你觉得有任何的难度，但是这种事往往会让男人觉得不可思议。你一定要记住，男人往往比女人更倾向于目标导向，他们是直线思考的动物，或者说更习惯于线性的思考模式，而女人则比较零星间断。因此，当你们一起交流问题的时候，也许你的伴侣想要从重点 a 推演到 b 点时，你却将 c 点、d 点甚至 e 点打岔进去，那么就会势必迫使他远离原先的标的。他会直觉地认为那是一种对他完成目标的障碍，而完全不能体会你单纯想给予建议的良好初衷。大多数男人都会渴求一种"无误"的成就感，因此，如果你在此时提出建议的话，他们就会自动将它诠释成你在指责他们说："你做错了！"当男人想要表达自己的时候，他不仅要说出心里的话，他还得注意自己说的对不对。也许你不敢相信，但是事实上，男人很在意他们说的话。也许有些话听进你的耳里并无多大的意义，但是你的男人却仍然会小心翼翼，生怕出一丝差错。

2. 静静听他说话，不要干扰他

平时在和你的伴侣进行沟通交流的时候，一定要注意先让他表达出他想表达的想法，不要在中间插话。当你不确定他是否已经全部表达完的时候，你可以用下面这两句话问他，这样可以确定他是不是把想说的话都已经说完了。这两句话就是："还有其他的事你想告诉我吗？"或是"你还有其他要补充的吗？"当你尊重他的想法，让他把自己想说的话全部说完的时候，他自然也会回馈你，给你一个合适的机会表达你自己的感受。当然，你也可以在自己说话的过程中坚持让他也不要来干扰你、打断你。这并不意味着每次谈话都要这样轮流演讲，那就太刻板难受了。但是一定要注意在表达事情感觉的时候，或是在引介某一主题的时候，都应该尊重对方，在对方说话的时候不插嘴，倾听对方心里的声音，并认真听完，这种妙法真的非常有助益。

改善妯娌之间的紧张关系

兄弟姐妹之间的血缘关系最为亲厚，但是彼此之间也需要讲究礼仪，兄弟的伴侣之间的相处对于一个家庭的稳定和家族成员之间的和睦感情具有非常重大的影响。很多女人就是因为处理不好妯娌之间的关系，从而导致了兄弟反目。

俗话说得好，"清官难断家务事"，因此，对于妻子来说，不仅需要处理好与丈夫之间的关系，还要处理好与丈夫亲戚的关系，其中处理好妯娌关系就显得尤其重要。有人说："亲兄弟，仇妯娌"。这话并不一定都是事实，但是足以说明在家庭关系中，最紧张、最难处理的恐怕就要数妯娌之间的关系，如果妯娌之间关系处理不当产生矛盾，那么这种矛盾必然要反映到兄弟关系和家庭关系中来。因此，妯娌之间的融洽关系，可以有助于处理好兄弟关系和整个家庭关系。那么，为什么妯娌之间的关系是最难相处、最紧张的呢？原因主要如下：

其一，互不了解，互有猜疑

妯娌之间并不像兄弟姐妹那样从小生活在一起，感情基础自然不像兄弟姐妹那样深厚，只是因为彼此的丈夫是兄弟才成为亲戚，互相之间的脾气、爱好、特长也不像兄弟姐妹那样互相了解，因此很容易抱有戒心，产生猜疑。加之女人本身处理家务事宜较多，产生矛盾的可能性也较大，很容易因为一些家长里短或是家庭利益，暴露一些上不了台面的思想，从而发生矛盾，产生磨擦。

其二，自私心理重，遇事爱计较

一旦当了妻子，迈进婆家的大门之后，女人首先想的不会是如何维持和发展这个大家庭，而是在想如何早点多分一点家产分家过自己的小日子。她们常常抱着这样的想法：反正要分家，不能只有我当傻瓜。于是，妯娌之间相互斤斤计较，公用东西不多办，食用东西不多买，能抠就抠，能拿就拿，一心只想着如何去占"大家"的便宜。性格稍强势的妯娌唯恐自己吃亏受气，事事都想着要占上风，一点儿都不肯让步。有的妯娌比较小心眼儿，就经常会计较一些小事情，有时候你嫌她干得少，她嫌你出钱不多；你说婆婆偏心眼，她说公公心眼偏；你骂她孩子缺教养，她骂你孩子缺根弦。这些都只是小事情，但是如果唠唠叨叨个没完指桑骂槐就很容易伤害彼此的感情。更有甚者，互相之间矛盾激化之后，变成了死疙瘩，还会伤害兄弟之间的情谊，导致最后无法生活在一起，只好分家。

其实想要改善妯娌之间的紧张关系，也不是很难的一件事情，要注意以下几点：

1. 不传话

妯娌之间即使产生了一些误会，也不应该将这些事情在没有查明的情况下就告诉自己的丈夫，这样日久天长地积累误会的话，将会导致兄弟之间的关系逐渐破裂，产生隔阂。作为一个合格的妻子，应当开阔胸怀，不要斤斤计较个人得失，正确对待妯娌之间容易产生矛盾的问题。比如，公婆年纪比较大，在帮助儿媳们做一些力所能及的家务事和带养孩子方面，很难做到半斤八两一样平。在这种情况下，应当放开胸怀，少计较一些，不应只顾自己，只算自己的小账，因为这些鸡毛蒜皮的小事就去丈夫的面前说三道四挑矛盾。又如，做父母的往往会对生活困难的儿媳帮助多一点，那么应该理解支持父母的这种善良心肠，不要眼红更不要攀比。此外，在兄弟分家时，对分配家产、供养父母及其他各种关系的处理，都要劝说自己的爱人宽大心胸，乐于吃亏。这样，妯娌之间的矛盾自然会减少，情感自然会更融洽。

2. 将心比心互相体谅

妯娌之间，贵在谦让，多站在对方的立场上，为对方着想。人人都有自尊心，妯娌之间的自尊心则更强。如果每个人都想讨便宜占上风，那么势必就会出现针尖对麦芒的局面，局面自然也会僵持。但是如果彼此都能体谅谦让一些，事情就没有那么难办了。比如，家里的重活脏活要抢着干，遇到好事尽量让给对方。如果有了好吃的东西，不妨就让对方多吃点；如果戏票、电影票的数量不够的话，那就让先让对方去看；如果公婆给对方买东西或者送礼物，不去乱打听，也不会乱嫉妒，不会因为公婆为对方看孩子、送钱这种小事而多嘴计较等。这并不是软弱，更不是好欺负的表现，这恰恰能说明你的风格高尚。俗话说："己心换人心"，"你敬我一尺，我敬你一丈"。如果大家都这么想，那么就不会产生什么深仇大恨了，凡事都能退一步的话，自然也能看到更为广阔的天空。特别是对于爱计较的妯娌，如果一方主动热情相帮，那么日久天长，双方关系也会逐渐得到改善的。

3. 以诚为贵

虽然妯娌们原来的生活环境不同、家庭状况不同、个人经历也不同，相互之间的了解也不深入，只是因丈夫的关系才共同成为一个大家庭的成员。要知道的是，人与人之间的关系是脆弱的，有时候讲话不得体的话，也很容易引起矛盾。家庭生活之中的大部分矛盾，往往就是因为双方产生的一些误解越积越多、越累越深导致的，妯娌之间更是如此。在一个大家庭之中，上有公婆，下有孩子，还有兄弟之间的关系，难免发生一些家长里短的家务事，当发生这种情况的时候，应该诚恳交谈，相互交流看法和意见。

4. 平等交流

妯娌们平时有时间可以坐在一起多聊聊，闲聊有利于增加彼此之间的感情，可以谈谈自己的家庭、自己的生活经历等。但是不要因为自己有一点儿小资本就引以为傲，谁也不要以为自己比别人高。尤其是那些当领导干部的和一般工人、农民的妯娌之间更应该如此。要知道，通过彼此之间的相互交流，可以加深了解，增进感情，减少误会。

5. 不斤斤计较

小事情最容易引起彼此之间的矛盾，因此肚量应该放大一些，即使有时公婆有所偏爱，也要以情义为重。如果平时孩子们一起，发生了争吵打架的情形，也应当先训诫自己的孩子，而不能去责备别人的孩子。

6. 不攀比嫉妒

女人之间的攀比妒忌最容易产生对立情绪，因此妯娌间应当防止攀比竞争，以免造成对立与矛盾。比如，嫂子娘家条件好、资助多，小家庭很红火，也不应该以此傲视弟媳；如果弟媳有文凭，工作条件好，人又漂亮，也不应该因此看不起嫂子。如果嫂子生了男孩，弟媳生了女孩，嫂子不应以此挖苦弟媳，弟媳也不应该因此而妒忌嫂子。

有这样一对妯娌，因为一些家长里短的小事情，相互之间有隔阂，特别是弟媳对兄嫂的意见很大，连兄嫂家的门槛都不愿意踏入。后来，弟媳生孩子的时候，兄嫂却热情主动地去探望弟媳，帮助弟媳，在弟媳身体不舒服的时候，还亲自护送她到医院去，并加以细心照料与护理，还给弟媳送了很多食物补身体，为胖侄子做了新衣服。弟媳终于被兄嫂的真诚所感动了，原先的意见与隔阂也消失得无影无踪。此后，她们成了一对远近称道的好妯娌，兄弟间的关系也随之更加亲密。

妯娌们由不同档次、不同环境的家庭走进了同一个大家庭，她们的生活习惯、性格爱好等也都不尽相同，有的甚至相去甚远，但这并不能成为彼此之间关系不和睦的理由。每一个大家庭也是一个小集体，因此作为大家庭之中的成员也应该齐心协力维护这个小集体，一心一意和睦地过日子，共同把这个家建设成为友好温暖的小集体。因此，这就需要妯娌们顾大局、讲风格、少猜疑、少计较，互相关心，互相尊重。一个家庭常常因妯娌之间的矛盾，闹得全家不得安宁，甚至弄得兄弟之间大打出手，大伤感情，因此应该极力维护大家庭的和谐，处理好妯娌之间的感情，聪明的女人可以将难搞的妯娌关系处理得宜，恰如其分。

总之，友好和睦的关系是靠大家互相尊重而赢得的。妯娌之间相处的精髓在于：要多为别人着想，不能事事计较，算自己的小账，不要总想占便宜、占上风、不吃亏。

美丽的女人不一定有气质，有气质的女人必定美丽。